海南省食品检验检测中心
国家市场监管总局重点实验室（热带果蔬质量与安全） 编制

豇豆中405种农药及其
代谢物高通量非靶向筛查技术规程

JIANGDOU ZHONG 405 ZHONG NONGYAO JIQI
DAIXIEWU GAOTONGLIANG FEIBAXIANG SHAICHA JISHU GUICHENG

李 备 魏 静 黄勇平 ◎ 著

中国纺织出版社有限公司

图书在版编目（CIP）数据

豇豆中 405 种农药及其代谢物高通量非靶向筛查技术规程／李备，魏静，黄勇平著. --北京：中国纺织出版社有限公司，2023.6

ISBN 978-7-5229-0612-6

Ⅰ.①豇… Ⅱ.①李…②魏…③黄… Ⅲ.①豇豆—农药残留—残留量测定—中国 Ⅳ.①S481

中国国家版本馆 CIP 数据核字（2023）第 091727 号

责任编辑：闫　婷　　责任校对：高　涵　　责任印制：王艳丽

中国纺织出版社有限公司出版发行
地址：北京市朝阳区百子湾东里 A407 号楼　邮政编码：100124
销售电话：010—67004422　传真：010—87155801
http://www.c-textilep.com
中国纺织出版社天猫旗舰店
官方微博 http://weibo.com/2119887771
三河市宏盛印务有限公司印刷　各地新华书店经销
2023 年 6 月第 1 版第 1 次印刷
开本：710×1000　1/16　印张：16.25
字数：210 千字　定价：98.00 元

凡购本书，如有缺页、倒页、脱页，由本社图书营销中心调换

本书参与人员

李 备　魏 静　黄勇平
尹青春　汤祝华　吴基任
梁晓涵　党 政　潘永波
余欢欢　林 青　高云慨
陈春泉　陈敏妮　钟文瑜
郑开伦

序

豇豆深受老百姓喜爱，是千家万户餐桌上的美味，也是海南蔬菜中的"拳头"品种，但多年来，农药残留问题一直困扰着海南豇豆的生产和经营，当地政府高度重视，将其列为瓜菜质量高危品种进行监管。然而，受农药种类多、现有标准方法检验周期长、标准品限制检测项目不足等影响，海南豇豆检验滞后成为监管难题。

针对该监管难题，海南省市场监管局组织技术力量进行攻坚，历时一年半，实现了检验技术新突破。实验室利用超高压液相色谱-四级杆飞行时间质谱法，研发建立了豇豆中多种农药及其代谢物的高通量非靶向快速筛查技术。该技术在不需要标准品的情况下，可针对豇豆一次性快速筛查405种农药及代谢物残留，快速发现目标物，明显缩短法检时间，兼具快速、便捷、高效和准确的特点，具有很强的科学性、先进性和实用性。

该技术的成功研发，将为海南豇豆质量安全监管提供全面、及时的检验支持，有力保障"餐桌上的安全"。同时也为其他果蔬的安全监管提供了检验技术模板，为海南瓜菜高危品种监管提供坚实的技术支持。将有助于加快形成海南果蔬独特的质量安全检验检测体系，加快海南自由贸易港热带高效农业现代化进程。

2023 年 3 月 28 日

目　录

第一章　豇豆中农药及其代谢物的提取与检测方法 ⋯⋯⋯⋯⋯⋯⋯⋯⋯⋯⋯ 1
　　1　范围 ⋯⋯⋯⋯⋯⋯⋯⋯⋯⋯⋯⋯⋯⋯⋯⋯⋯⋯⋯⋯⋯⋯⋯⋯⋯⋯⋯⋯ 1
　　2　规范性引用文件 ⋯⋯⋯⋯⋯⋯⋯⋯⋯⋯⋯⋯⋯⋯⋯⋯⋯⋯⋯⋯⋯⋯ 1
　　3　原理 ⋯⋯⋯⋯⋯⋯⋯⋯⋯⋯⋯⋯⋯⋯⋯⋯⋯⋯⋯⋯⋯⋯⋯⋯⋯⋯⋯ 1
　　4　试剂和材料 ⋯⋯⋯⋯⋯⋯⋯⋯⋯⋯⋯⋯⋯⋯⋯⋯⋯⋯⋯⋯⋯⋯⋯⋯ 1
　　5　仪器 ⋯⋯⋯⋯⋯⋯⋯⋯⋯⋯⋯⋯⋯⋯⋯⋯⋯⋯⋯⋯⋯⋯⋯⋯⋯⋯⋯ 2
　　6　试样制备 ⋯⋯⋯⋯⋯⋯⋯⋯⋯⋯⋯⋯⋯⋯⋯⋯⋯⋯⋯⋯⋯⋯⋯⋯⋯ 2
　　7　分析步骤 ⋯⋯⋯⋯⋯⋯⋯⋯⋯⋯⋯⋯⋯⋯⋯⋯⋯⋯⋯⋯⋯⋯⋯⋯⋯ 2
　　8　结果计算 ⋯⋯⋯⋯⋯⋯⋯⋯⋯⋯⋯⋯⋯⋯⋯⋯⋯⋯⋯⋯⋯⋯⋯⋯⋯ 4

第二章　农药及其代谢物信息 ⋯⋯⋯⋯⋯⋯⋯⋯⋯⋯⋯⋯⋯⋯⋯⋯⋯⋯⋯ 6

第三章　农药及其代谢物保留时间、定量限及加标回收率 ⋯⋯⋯⋯⋯⋯⋯ 20

第四章　农药及其代谢物一级质谱及二级质谱离子信息 ⋯⋯⋯⋯⋯⋯⋯⋯ 35

第五章　农药及其代谢物离子流图及一级质谱图 ⋯⋯⋯⋯⋯⋯⋯⋯⋯⋯⋯ 49

第一章　豇豆中农药及其代谢物的提取与检测方法

1　范围

本技术规程适用于豇豆中405种农药及其代谢物（附录A）残留量的超高压液相色谱-四级杆飞行时间质谱测定方法。

2　规范性引用文件

通过规范性引用下列文件中的内容而构成本规程中必不可少的条款。其中，注日期的引用文件，仅该日期对应的版本适用于本文件；不注日期的引用文件，其最新版本（包括所有的修改单）适用于本文件。

GB/T 6682 分析实验室用水规格和试验方法。

3　原理

试样用乙腈提取，提取液经 Prime HLB 萃取柱净化，超高压液相色谱-四级杆飞行时间质谱法检测，外标法定量。

4　试剂和材料

除非另有说明，在分析中仅使用分析纯的试剂，水为 GB/T 6682 规定的一级水。

4.1　试剂

(1) 乙腈（CH_3CN，CAS 号：75-05-8）。

(2) 乙腈（CH_3CN，CAS 号：75-05-8）：色谱纯。

(3) 甲醇（CH_3OH，CAS 号：67-56-1）：色谱纯。

(4) 氯化钠（NaCl，CAS 号：7647-14-5）。

(5) 乙酸（CH_3COOH，CAS 号：64-19-7）。

(6) 甲酸（HCOOH，CAS 号：64-18-6）：色谱纯。

(7) 甲酸铵（$HCOONH_4$，CAS 号：540-69-2）。

4.2 溶液配制

（1）甲酸铵-甲酸水溶液（2mmol/L）：称取0.1261g甲酸铵，用0.01%甲酸水溶液溶解并稀释至1000mL，摇匀。

（2）甲酸铵-甲酸甲醇溶液（2mmol/L）：称取0.1261g甲酸铵，用0.01%甲酸甲醇溶液溶解并稀释至1000mL，摇匀。

4.3 标准品

405种农药及其代谢物标准品，参见附录A，纯度≥95%。

4.4 标准溶液配制

购买Bepure公司的LC-Q-TOF标准品，浓度均为10μg/mL，避光-18℃及以下条件保存，有效期6个月。

4.5 材料

（1）Prime HLB 萃取柱：6cc/200mg。

（2）微孔滤膜（有机相）：13mm×0.22μm，或相当者。

（3）陶瓷均质子：2cm（长）×1cm（外径），或相当者。

5 仪器

（1）超高压液相色谱-四级杆飞行时间质谱联用仪：配有电喷雾离子源（ESI）。

（2）分析天平：感量0.01g。

（3）离心机：转速不低于5000r/min。

（4）组织捣碎机。

（5）涡旋混合器。

6 试样制备

6.1 试样制备

豇豆随机取样2kg，在不同部位切取小片或截成小段后进行处理；将取后的样品切碎，充分混匀，用四分法取一部分或全部用组织捣碎机匀浆后，放入聚乙烯瓶中。

6.2 试样贮存

将试样按照测试和备用分别存放，于-18℃及以下条件保存。

7 分析步骤

7.1 前处理

称取10g试样（精确至0.01g）于50mL塑料离心管中，加入10mL乙腈及1颗陶瓷均质子，剧烈震荡 1min，加入 5g 氯化钠，剧烈震荡 1min 后 9000r/min 离心 5min。吸取 2mL 上清液于接滤膜的 Prime HLB 萃取柱中，缓慢推动注射器，使其流速为 1 滴/s，收集滤液待测定。

7.2　测定

7.2.1　液相色谱参考条件

（1）色谱柱：C_{18}［HSS T3，2.1mm（内径）×100mm，1.8μm］。

（2）流动相：A 相为甲酸铵-甲酸水溶液，B 相为甲酸铵-甲酸甲醇溶液。流动相梯度条件见表 1。

（3）流速：0.3mL/min。

（4）柱温：40℃。

（5）进样量：5μL。

表 1　流动相及其梯度条件

时间/min	0	1	1.5	2.5	18	23	27	27.1	30
流动相 V_A	97	97	85	50	70	2	2	2	97
流动相 V_B	3	3	15	50	30	98	98	98	3

7.2.2　质谱参考条件

（1）离子源类型：ESI 源（正/负）。

（2）扫描方式：TOF MS-IDA-MS/MS（正/负）、TOF MS-SWTACH-MS/MS（正/负）。

（3）电喷雾电压（ISFV）：正离子 5500V，负离子-4500V。

（4）离子源温度（TEM）：350℃。

（5）雾化气（GS1）：345kPa。

（6）辅助加热气（GS2）：345kPa。

（7）气帘气（CUR）：0.241MPa。

（8）去簇电压（DP）：60V。

（9）碰撞能量（CE）：（35±15）V。

（10）一级母离子、二级子离子监测：每种农药分别选择母离子及其同位素 3 个，子离子 3 个。所有需要检测的子离子按照出峰顺序，分时段分别检测。每种农药的保留时间、母离子、子离子质谱参数，参见第三章和第四章。

7.2.3　基质匹配标准工作曲线及数据库的建立

选择豇豆空白样品按照 7 部分进行前处理，得到空白基质溶液。精确吸取一定量4.4中标准混合液,逐级用空白基质溶液稀释成质量浓度为0.002mg/L、0.005mg/L、0.01mg/L、0.02mg/L、0.05mg/L、0.1mg/L、0.2mg/L的基质匹配标准工作溶液,根据仪器性能和检测需要选择不少于5个浓度点,供超高压液相色谱-四级杆飞行时间质谱仪测定。以农药母离子的质量色谱图峰面积为纵坐标,相对应的基质匹配标准工作溶液质量浓度为横坐标,绘制基质匹配标准工作曲线。同时建立标准物质的数据库。

7.2.4 定性及定量

7.2.4.1 保留时间

被测试样中目标农药色谱峰的保留时间与相应标准色谱峰的保留时间相比较,相对误差应在±2.5%之内。

7.2.4.2 离子丰度比

在相同实验条件下进行样品测定时,如果检出的色谱峰的保留时间与标准样品相一致,并且在扣除背景后的样品质谱图中,目标化合物选择的母离子同位素、子离子均出现,而且同一检测批次,对同一化合物,样品中目标化合物的母离子质量数、母离子同位素峰型、子离子与质量浓度相当的基质标准溶液相比及标准品数据库相匹配,则可判断样品中是否存在目标农药。

7.2.4.3 定量

外标法定量。

7.3 试样溶液的测定

将基质匹配标准工作溶液和试样溶液依次注入液相色谱-质谱联用仪中,根据保留时间和离子匹配定性,测得母离子的质量色谱图峰面积,待测样液中农药的响应值应在仪器检测的定量测定线性范围之内,超过线性范围时应根据测定浓度进行适当倍数稀释后再进行分析。

7.4 平行试验

按以上步骤对同一试样进行平行试验测定。

7.5 空白试验

除不加试样外,采用完全相同的测定步骤进行平行操作。

8 结果计算

试样中各农药残留量以质量分数 ω 计,数值以毫克每千克(mg/kg)表示,按以下公式计算:

$$\omega = \frac{\rho \times V}{m} \times \frac{1000}{1000}$$

式中：ρ——从基质匹配标准工作曲线中得到的试样溶液中被测物的质量浓度，mg/L；

V——提取液体积，mL；

m——试样的质量，g。

计算结果以重复性条件下获得的两次独立测定结果的算术平均值表示，保留两位有效数字，含量超 1mg/kg 时保留三位有效数字。

第二章 农药及其代谢物信息（表2）

表2 农药及其代谢物信息

序号	农药中文名称	农药英文名	CAS号	分子式
1	1,3-二苯脲	N,N'-Diphenylurea	102-07-8	$C_{13}H_{12}N_2O$
2	6-苄氨基嘌呤	Benzyladenine	1214-39-7	$C_{12}H_{11}N_5$
3	阿苯达唑	Albendazole	54965-21-8	$C_{12}H_{15}N_3O_2S$
4	乙基杀扑磷	Athidathion	19691-80-6	$C_8H_{15}N_2O_4PS_3$
5	多菌灵	Carbendazim	10605-21-7	$C_9H_9N_3O_2$
6	卡草胺	Carbetamide	16118-49-3	$C_{12}H_{16}N_2O_3$
7	环庚草醚	Cinmethylin	87818-31-3	$C_{18}H_{26}O_2$
8	赛唑隆/磺噻隆	Ethidimuron	30043-49-3	$C_7H_{12}N_4O_3S_2$
9	乙嘧酚	Ethirimol	23947-60-6	$C_{11}H_{19}N_3O$
10	氰菌胺	Fenoxanil	115852-48-7	$C_{15}H_{18}Cl_2N_2O_2$
11	唑螨酯	(E)-Fenpyroximate	134098-61-6	$C_{24}H_{27}N_3O_4$
12	氟吗啉	Flumorph	211867-47-9	$C_{21}H_{22}FNO_4$
13	呋草酮	Flurtamone	96525-23-4	$C_{18}H_{14}F_3NO_2$
14	氟蚁腙	Hydramethylnon	67485-29-4	$C_{25}H_{24}F_6N_4$
15	甲氧咪草烟	Imazamox	114311-32-9	$C_{15}H_{19}N_3O_4$
16	吡虫啉尿素	Imidacloprid-urea	120868-66-8	$C_9H_{10}ClN_3O$
17	N-[3-(1-乙基-1-甲基丙基)-1,2-唑-5-基]-2,6-二甲氧基苯酰胺	Isoxaben	82558-50-7	$C_{18}H_{24}N_2O_4$
18	甲氧虫酰肼	Methoxyfenozide	161050-58-4	$C_{22}H_{28}N_2O_3$
19	烯啶虫胺	E-Nitenpyram	150824-47-8	$C_{11}H_{15}ClN_4O_2$
20	戊菌隆	Pencycuron	66063-05-6	$C_{19}H_{21}ClN_2O$
21	脱甲基-甲酰氨基-抗蚜威	Desmethyl-formamido-pirimicarb	27218-04-8	$C_{11}H_{16}N_4O_3$
22	(Z)-嘧草醚	(Z)-Pyriminobac-methyl	147411-70-9	$C_{17}H_{19}N_3O_6$
23	鱼藤酮	Rotenone	83-79-4	$C_{23}H_{22}O_6$
24	苯嘧磺草胺	Saflufenacil	372137-35-4	$C_{17}H_{17}ClF_4N_4O_5S$

续表

序号	农药中文名称	农药英文名	CAS 号	分子式
25	稀禾定	Sethoxydim	74051-80-2	$C_{17}H_{29}NO_3S$
26	乙基多杀菌素	Spinetoram	935545-74-7	$C_{43}H_{69}NO_{10}$
27	刺糖菌素	Spinosad A	168316-95-8	$C_{41}H_{65}NO_{10}$
28	噻菌灵	Thiabendazole	148-79-8	$C_{10}H_7N_3S$
29	噻苯咪唑-5-羟基	5-Hydroxythiabendazole	948-71-0	$C_{10}H_7N_3OS$
30	噻虫嗪	Thiamethoxam	153719-23-4	$C_8H_{10}ClN_5O_3S$
31	甲基噻烯卡巴腙	Thiencarbazone-methyl	317815-83-1	$C_{12}H_{14}N_4O_7S_2$
32	久效威亚砜	Thiofanox-sulfoxide	39184-27-5	$C_9H_{18}N_2O_3S$
33	硫菌灵/托布津/统扑净	Thiophanat ethyl	23564-06-9	$C_{14}H_{18}N_4O_4S_2$
34	敌百虫	Trichlorfon	52-68-6	$C_4H_8Cl_3O_4P$
35	啶虫脒	Acetamiprid	135410-20-7	$C_{10}H_{11}ClN_4$
36	N-去甲基啶虫脒	Acetamiprid-N-desmethyl	190604-92-3	$C_9H_9ClN_4$
37	唑嘧菌胺	Ametoctradin	865318-97-4	$C_{15}H_{25}N_5$
38	胺唑草酮	Amicarbazone	129909-90-6	$C_{10}H_{19}N_5O_2$
39	苄嘧磺隆	Bensulfuron-methyl	83055-99-6	$C_{16}H_{18}N_4O_7S$
40	苯噻菌胺	Benthiavalicarb isopropyl	177406-68-7	$C_{18}H_{24}FN_3O_3S$
41	呋喃丹	Carbofuran	1563-66-2	$C_{12}H_{15}NO_3$
42	3-羟基呋喃丹	3-Hydroxycarbofuran	16655-82-6	$C_{12}H_{15}NO_4$
43	氯虫苯甲酰胺	Chlorantraniliprole	500008-45-7	$C_{18}H_{14}BrCl_2N_5O_2$
44	环虫酰肼	Chromafenozide	143807-66-3	$C_{24}H_{30}N_2O_3$
45	四螨嗪	Clofentezine	74115-24-5	$C_{14}H_8Cl_2N_4$
46	噻虫胺	Clothianidin	210880-92-5	$C_6H_8ClN_5O_2S$
47	丁醚脲	Diafenthiuron	80060-09-9	$C_{23}H_{32}N_2OS$
48	除虫脲	Diflubenzuron	35367-38-5	$C_{14}H_9ClF_2N_2O_2$
49	双(二甲胺基)磷酰氟	Dimefox	115-26-4	$C_4H_{12}FN_2OP$
50	恶唑隆	Dimefuron	34205-21-5	$C_{15}H_{19}ClN_4O_3$
51	呋虫胺	Dinotefuran	165252-70-0	$C_7H_{14}N_4O_3$
52	敌草隆	Diuron	330-54-1	$C_9H_{10}Cl_2N_2O$
53	埃玛菌素	Emamectin	119791-41-2	$C_{49}H_{75}NO_{13}$
54	胺苯磺隆	Ethametsulfuron-methyl	97780-06-8	$C_{15}H_{18}N_6O_6S$
55	乙虫清	Ethiprole	181587-01-9	$C_{13}H_9Cl_2F_3N_4OS$

续表

序号	农药中文名称	农药英文名	CAS 号	分子式
56	伏草隆	Fluometuron	2164-17-2	$C_{10}H_{11}F_3N_2O$
57	氟啶酰菌胺	Fluopicolide	239110-15-7	$C_{14}H_8Cl_3F_3N_2O$
58	氟嘧菌酯	Fluoxastrobin	361377-29-9	$C_{21}H_{16}ClFN_4O_5$
59	嗪草酸甲酯	Fluthiacet-methyl	117337-19-6	$C_{15}H_{15}ClFN_3O_3S_2$
60	氯吡脲	Forchlorfenuron	68157-60-8	$C_{12}H_{10}ClN_3O$
61	噻螨酮	Hexythiazox	78587-05-0	$C_{17}H_{21}Cl N_2O_2S$
62	甲基咪草烟	Imazapic	104098-48-8	$C_{14}H_{17}N_3O_3$
63	灭草烟	Imazapyr	81334-34-1	$C_{13}H_{15}N_3O_3$
64	灭草喹	Imazaquin	81335-37-7	$C_{17}H_{17}N_3O_3$
65	咪草烟	Imazethapyr	81335-77-5	$C_{15}H_{19}N_3O_3$
66	吡虫啉	Imidacloprid	138261-41-3	$C_9H_{10}ClN_5O_2$
67	3-(5-叔丁基-3-异恶唑基)-1,1-二甲基脲	Isouron	55861-78-4	$C_{10}H_{17}N_3O_2$
68	双炔酰菌胺	Mandipropamid	374726-62-2	$C_{23}H_{22}ClNO_4$
69	（E）-苯氧菌胺	（E）-Metominostrobin	133408-50-1	$C_{16}H_{16}N_2O_3$
70	磺草唑胺	Metosulam	139528-85-1	$C_{14}H_{13}Cl_2N_5O_4S$
71	甲氧隆	Metoxuron	19937-59-8	$C_{10}H_{13}ClN_2O_2$
72	苯菌酮	Metrafenone	220899-03-6	$C_{19}H_{21}BrO_5$
73	甲基硫环磷	Phosfolan-methyl	5120-23-0	$C_5H_{10}NO_3PS_2$
74	埃卡瑞丁	Icaridin	119515-38-7	$C_{12}H_{23}NO_3$
75	唑啉草酯	Pinoxaden	243973-20-8	$C_{23}H_{32}N_2O_4$
76	吡蚜酮	Pymetrozin	123312-89-0	$C_{10}H_{11}N_5O$
77	嘧螨醚	Pyrimidifen	105779-78-0	$C_{20}H_{28}ClN_3O_2$
78	虫酰肼	Tebufenozide	112410-23-8	$C_{22}H_{28}N_2O_2$
79	噻虫啉	Thiacloprid	111988-49-9	$C_{10}H_9ClN_4S$
80	噻吩黄隆	Thifensulfuron-methyl	79277-27-3	$C_{12}H_{13}N_5O_6S_2$
81	甲基硫菌灵	Thiophanate-methyl	23564-05-8	$C_{12}H_{14}N_4O_4S_2$
82	杀虫脲	Triflumuron	64628-44-0	$C_{15}H_{10}ClF_3N_2O_3$
83	（Z）-苯氧菌胺	（Z）-Metominostrobin	133408-51-2	$C_{16}H_{16}N_2O_3$
84	1-萘乙酰胺	1-Naphthylacetamide	86-86-2	$C_{12}H_{11}NO$
85	2,6-二氯苯甲酰胺	2,6-Dichlorobenzamide	2008-58-4	$C_7H_5Cl_2NO$

续表

序号	农药中文名称	农药英文名	CAS 号	分子式
86	苯草醚	Aclonifen	74070-46-5	$C_{12}H_9ClN_2O_3$
87	草毒死（二丙烯草胺）	Allidochlor	93-71-0	$C_8H_{12}ClNO$
88	莠灭净	Ametryn	834-12-8	$C_9H_{17}N_5S$
89	灭害威	Aminocarb	2032-59-9	$C_{11}H_{16}N_2O_2$
90	环丙嘧啶醇	Ancymidol	12771-68-5	$C_{15}H_{16}N_2O_2$
91	莎稗磷	Anilofos	64249-01-0	$C_{13}H_{19}ClNO_3PS_2$
92	莠去津	Atrazine	1610-17-9	$C_9H_{17}N_5O$
93	二丁基阿特拉津	Atrazine-desethyl	6190-65-4	$C_6H_{10}ClN_5$
94	氟氯氢菊脂（去异丙基莠去津）	Atrazine-desisopropyl	1007-28-9	$C_5H_8ClN_5$
95	氧环唑	Azaconazole	60207-31-0	$C_{12}H_{11}Cl_2N_3O_2$
96	叠氮津	Aziprotryne	4658-28-0	$C_7H_{11}N_7S$
97	氟丁酰草胺	Beflubutamid	113614-08-7	$C_{18}H_{17}F_4NO_2$
98	苯霜灵	Benalaxyl	71626-11-4	$C_{20}H_{23}NO_3$
99	恶虫威	Bendiocarb	22781-23-3	$C_{11}H_{13}NO_4$
100	麦锈灵	Benodanil	15310-01-7	$C_{13}H_{10}INO$
101	解草酮	Benoxacor	98730-04-2	$C_{11}H_{11}Cl_2NO_2$
102	N-苯甲酰-N-(3,4-二氯苯基)-DL-丙氨酸乙酯	Benzoylprop-ethyl	22212-55-1	$C_{18}H_{17}Cl_2NO_3$
103	联苯三唑醇	Bitertanol	55179-31-2	$C_{20}H_{23}N_3O_2$
104	啶酰菌胺	Boscalid	188425-85-6	$C_{18}H_{12}Cl_2N_2O$
105	除草定	Bromacil	314-40-9	$C_9H_{13}BrN_2O_2$
106	溴丁酰草胺	Bromobutide	74712-19-9	$C_{15}H_{22}BrNO$
107	糠菌唑	Bromuconazole	116255-48-2	$C_{13}H_{12}BrCl_2N_3O$
108	乙嘧酚磺酸酯	Bupirimate	41483-43-6	$C_{13}H_{24}N_4O_3S$
109	氟丙嘧草酯	Butafenacil	134605-64-4	$C_{20}H_{18}ClF_3N_2O_6$
110	苯酮唑	Cafenstrole	125306-83-4	$C_{16}H_{22}N_4O_3S$
111	萎锈灵	Carboxin	5234-68-4	$C_{12}H_{13}NO_2S$
112	杀虫脒	Chlordimeform	6164-98-3	$C_{10}H_{13}ClN_2$
113	膦基聚羧酸	Chloridazon	1698-60-8	$C_{10}H_8ClN_3O$
114	氯磺隆	Chlorsulfuron	64902-72-3	$C_{12}H_{12}ClN_5O_4S$

豇豆中 405 种农药及其代谢物高通量非靶向筛查技术规程

续表

序号	农药中文名称	农药英文名	CAS 号	分子式
115	赛草青	Chlorthiamid	1918-13-4	$C_7H_5Cl_2NS$
116	异恶草酮	Clomazone	81777-89-1	$C_{12}H_{14}ClNO_2$
117	草净津	Cyanazine	21725-46-2	$C_9H_{13}ClN_6$
118	草灭特	Cycloate	1134-23-2	$C_{11}H_{21}NOS$
119	环莠隆	Cycluron	2163-69-1	$C_{11}H_{22}N_2O$
120	环氟菌胺	Cyflufenamid	180409-60-3	$C_{20}H_{17}F_5N_2O_2$
121	环丙津	Cyprazine	22936-86-3	$C_9H_{14}ClN_5$
122	环唑醇	Cyproconazole	94361-06-5	$C_{15}H_{18}ClN_3O$
123	酯菌胺	Cyprofuram	69581-33-5	$C_{14}H_{14}ClNO_3$
124	灭蝇胺/环丙氨嗪	Cyromazine	66215-27-8	$C_6H_{10}N_6$
125	二嗪磷	Diazinon	333-41-5	$C_{12}H_{21}N_2O_3PS$
126	二氯丙烯胺	Dichlormid	37764-25-3	$C_8H_{11}Cl_2NO$
127	苄氯三唑醇	Diclobutrazol	75736-33-3	$C_{15}H_{19}Cl_2N_3O$
128	双氯氰菌胺	Diclocymet	139920-32-4	$C_{15}H_{18}Cl_2N_2O$
129	避蚊胺	DEET	134-62-3	$C_{12}H_{17}NO$
130	乙酰甲胺磷	Acephate	30560-19-1	$C_4H_{10}NO_3PS$
131	右旋烯丙菊酯	Allethrin	584-79-2	$C_{19}H_{26}O_3$
132	苯氰菊酯	Cyphenothrin	39515-40-7	$C_{24}H_{25}NO_3$
133	倍硫磷	Dicrotophos	141-66-2	$C_8H_{16}NO_5P$
134	乙拌磷亚砜	Disulfoton-sulfoxide	2497/7/6	$C_8H_{19}O_3PS_3$
135	灭菌磷	Ditalimfos	5131-24-8	$C_{12}H_{14}NO_4PS$
136	羟苯甲酯	Oxydemeton-methyl	301-12-2	$C_6H_{15}O_4PS_2$
137	甲基砜内吸磷	Demeton-S-methyl-sulfone	17040-19-6	$C_6H_{15}O_5PS_2$
138	甲草胺	Alachlor	15972-60-8	$C_{14}H_{20}ClNO_2$
139	唑啶磷	Azamethiphos	35575-96-3	$C_9H_{10}ClN_2O_5PS$
140	乙基保棉磷	Azinphos-ethyl	2642-71-9	$C_{12}H_{16}N_3O_3PS_2$
141	嘧菌酯	Azoxystrobin	131860-33-8	$C_{22}H_{17}N_3O_5$
142	丙硫克百威	Benfuracarb	82560-54-1	$C_{20}H_{30}N_2O_5S$
143	噻嗪酮	Buprofezin	69327-76-0	$C_{16}H_{23}N_3OS$
144	丁草胺	Butachlor	23184-66-9	$C_{17}H_{26}ClNO_2$
145	仲丁灵	Butralin	33629-47-9	$C_{14}H_{21}N_3O_4$

续表

序号	农药中文名称	农药英文名	CAS 号	分子式
146	硫线磷	Cadusafos	95465-99-9	$C_{10}H_{23}O_2PS_2$
147	甲萘威	Carbaryl	63-25-2	$C_{12}H_{11}NO_2$
148	硫丹	Carbosulfan	55285-14-8	$C_{20}H_{32}N_2O_3S$
149	氟啶脲	Chlorfluazuron	71422-67-8	$C_{20}H_9Cl_3F_5N_3O_3$
150	绿麦隆	Chlorotoluron	15545-48-9	$C_{10}H_{13}ClN_2O$
151	毒死蜱	Chlorpyrifos	2921-88-2	$C_9H_{11}Cl_3NO_3PS$
152	甲基毒死蜱	Chlorpyrifos-methyl	5598-13-0	$C_7H_7Cl_3NO_3PS$
153	蝇毒磷	Coumaphos	56-72-4	$C_{14}H_{16}ClO_5PS$
154	苯腈磷	Cyanofenphos	13067-93-1	$C_{15}H_{14}NO_2PS$
155	杀螟腈	Cyanophos	2636-26-2	$C_9H_{10}NO_3PS$
156	嘧菌环胺	Cyprodinil	121552-61-2	$C_{14}H_{15}N_3$
157	除线磷	Dichlofenthion	97-17-6	$C_{10}H_{13}Cl_2O_3PS$
158	敌敌畏	Dichlorvos	62-73-7	$C_4H_7Cl_2O_4P$
159	乙霉威	Diethofencarb	87130-20-9	$C_{14}H_{21}NO_4$
160	乐果	Dimethoate	60-51-5	$C_5H_{12}NO_3PS_2$
161	(E)-烯唑醇	(E)-Diniconazole	83657-24-3	$C_{15}H_{17}Cl_2N_3O$
162	敌瘟磷	Edifenphos	17109-49-8	$C_{14}H_{15}O_2PS_2$
163	乙硫磷	Ethion	563-12-2	$C_9H_{22}O_4P_2S_4$
164	灭线磷	Ethoprophos	13194-48-4	$C_8H_{19}O_2PS_2$
165	苯线磷	Fenamiphos	22224-92-6	$C_{13}H_{22}NO_3PS$
166	苯线磷砜	Fenamiphos-sulfone	31972-44-8	$C_{13}H_{22}NO_5PS$
167	氯苯嘧啶醇	Fenarimol	60168-88-9	$C_{17}H_{12}Cl_2N_2O$
168	腈苯唑	Fenbuconazole	114369-43-6	$C_{19}H_{17}ClN_4$
169	仲丁威	Fenobucarb	3766-81-2	$C_{12}H_{17}NO_2$
170	甲氰菊酯	Fenpropathrin	39515-41-8	$C_{22}H_{23}NO_3$
171	倍硫氧磷	Fenthion-oxon	6552/12/1	$C_{10}H_{15}O_4PS$
172	倍硫氧磷砜	Fenthion-oxon-sulfone	14086-35-2	$C_{10}H_{15}O_6PS$
173	倍硫氧磷亚砜	Fenthion-oxon-sulfoxide	6552-13-2	$C_{10}H_{15}O_5PS$
174	倍硫磷砜	Fenthion-sulfone	3761-42-0	$C_{10}H_{15}O_5PS_2$
175	倍硫磷亚砜	Fenthion sulfoxide	3761-41-9	$C_{10}H_{15}O_4PS_2$
176	氰戊菊酯	Fenvalerate	51630-58-1	$C_{25}H_{22}ClNO_3$

续表

序号	农药中文名称	农药英文名	CAS 号	分子式
177	氟氰戊菊酯	Flucythrinate	70124-77-5	$C_{26}H_{23}F_2NO_4$
178	地虫硫磷	Fonofos	944-22-9	$C_{10}H_{15}OPS_2$
179	噻唑膦	Fosthiazate	98886-44-3	$C_9H_{18}NO_3PS_2$
180	庚烯磷	Heptenophos	23560-59-0	$C_9H_{12}ClO_4P$
181	己唑醇	Hexaconazole	79983-71-4	$C_{14}H_{17}Cl_2N_3O$
182	抑霉唑	Imazalil	35554-44-0	$C_{14}H_{14}Cl_2N_2O$
183	茚虫威	Indoxacarb	144171-61-9	$C_{22}H_{17}ClF_3N_3O_7$
184	异稻瘟净	Iprobenfos	26087-47-8	$C_{13}H_{21}O_3PS$
185	缬霉威	Iprovalicarb	140923-17-7	$C_{18}H_{28}N_2O_3$
186	氯唑磷	Isazofos	42509-80-8	$C_9H_{17}ClN_3O_3PS$
187	氧异柳磷	Isofenphos-oxon	31120-85-1	$C_{15}H_{24}NO_5P$
188	恶唑磷	Isoxathion	18854-01-8	$C_{13}H_{16}NO_4PS$
189	醚菌酯	Kresoxim-methyl	143390-89-0	$C_{18}H_{19}NO_4$
190	利谷隆	Linuron	330-55-2	$C_9H_{10}Cl_2N_2O_2$
191	马拉氧磷	Malaoxon	1634-78-2	$C_{10}H_{19}O_7PS$
192	马拉硫磷	Malathion	121-75-5	$C_{10}H_{19}O_6PS_2$
193	地安磷	Mephosfolan	950-10-7	$C_8H_{16}NO_3PS_2$
194	甲胺磷	Methamidophos	10265-92-6	$C_2H_8NO_2PS$
195	杀扑磷	Methidathion	950-37-8	$C_6H_{11}N_2O_4PS_3$
196	异丙甲草胺	Metolachlor	51218-45-2	$C_{15}H_{22}ClNO_2$
197	速灭磷	Mevinphos	7786-34-7	$C_7H_{13}O_6P$
198	久效磷	Monocrotophos	6923-22-4	$C_7H_{14}NO_5P$
199	敌草胺	Napropamide	15299-99-7	$C_{17}H_{21}NO_2$
200	氧乐果	Omethoate	1113-02-6	$C_5H_{12}NO_4PS$
201	多效唑	Paclobutrazol	76738-62-0	$C_{15}H_{20}ClN_3O$
202	乙基对氧磷	Paraoxon-ethyl	311-45-5	$C_{10}H_{14}NO_6P$
203	甲基对氧磷	Paraoxon-methyl	950-35-6	$C_8H_{10}NO_6P$
204	二甲戊灵	Pendimethalin	40487-42-1	$C_{13}H_{19}N_3O_4$
205	稻丰散	Phenthoate	2597-03-7	$C_{12}H_{17}O_4PS_2$
206	甲拌磷	Phorate	298-02-2	$C_7H_{17}O_2PS_3$
207	氧甲拌磷砜	Phorate-oxon-sulfone	2588-06-9	$C_7H_{17}O_5PS_2$

续表

序号	农药中文名称	农药英文名	CAS 号	分子式
208	甲拌氧磷	Phorate-oxon	2600-69-3	$C_7H_{17}O_3PS_2$
209	甲拌氧磷亚砜	Phorate-oxon-sulfoxide	2588-05-8	$C_7H_{17}O_4PS_2$
210	甲拌磷砜	Phorate sulfone	2588-04-7	$C_7H_{17}O_4PS_3$
211	甲拌磷亚砜	Phorate sulfoxide	2588-03-6	$C_7H_{17}O_3PS_3$
212	伏杀硫磷	Phosalone	2310-17-0	$C_{12}H_{15}ClNO_4PS_2$
213	硫环磷	Phosfolan	947-02-4	$C_7H_{14}NO_3PS_2$
214	磷胺	Phosphamidon	13171-21-6	$C_{10}H_{19}ClNO_5P$
215	辛硫磷	Phoxim	14816-18-3	$C_{12}H_{15}N_2O_3PS$
216	啶氧菌酯	Picoxystrobin	117428-22-5	$C_{18}H_{16}F_3NO_4$
217	哌草磷	Piperophos	24151-93-7	$C_{14}H_{28}NO_3PS_2$
218	抗蚜威	Pirimicarb	23103-98-2	$C_{11}H_{18}N_4O_2$
219	脱甲基抗蚜威	Desmethyl-pirimicarb	30614-22-3	$C_{10}H_{16}N_4O_2$
220	乙基抗蚜威	Pirimiphos-ethyl	23505-41-1	$C_{13}H_{24}N_3O_3PS$
221	甲基抗蚜威	Pirimiphos-methyl	29232-93-7	$C_{11}H_{20}N_3O_3PS$
222	炔丙菊酯	Prallethrin	23031-36-9	$C_{19}H_{24}O_3$
223	丙草胺	Pretilachlor	51218-49-6	$C_{17}H_{26}ClNO_2$
224	咪鲜胺	Prochloraz	67747-09-5	$C_{15}H_{16}Cl_3N_3O_2$
225	丙溴磷	Profenofos	41198-08-7	$C_{11}H_{15}BrClO_3PS$
226	霜霉威	Propamocarb	24579-73-5	$C_9H_{20}N_2O_2$
227	敌稗	Propanil	709-98-8	$C_9H_9Cl_2NO$
228	丙虫磷	Propaphos	7292-16-2	$C_{13}H_{21}O_4PS$
229	炔螨特	Propargite	2312-35-8	$C_{19}H_{26}O_4S$
230	异丙氧磷	Propetamphos	31218-83-4	$C_{10}H_{20}NO_4PS$
231	丙环唑	Propiconazole	60207-90-1	$C_{15}H_{17}Cl_2N_3O_2$
232	残杀威	Propoxur	114-26-1	$C_{11}H_{15}NO_3$
233	吡唑醚菌酯	Pyraclostrobin	175013-18-0	$C_{19}H_{18}ClN_3O_4$
234	吡菌磷	Pyrazophos	13457-18-6	$C_{14}H_{20}N_3O_5PS$
235	哒螨灵	Pyridaben	96489-71-3	$C_{19}H_{25}ClN_2OS$
236	三氟甲吡醚	Pyridalyl	179101-81-6	$C_{18}H_{14}Cl_4F_3NO_3$
237	啶斑肟	Pyrifenox	88283-41-4	$C_{14}H_{12}Cl_2N_2O$
238	喹硫磷	Quinalphos	13593-03-8	$C_{12}H_{15}N_2O_3PS$

续表

序号	农药中文名称	农药英文名	CAS 号	分子式
239	治螟磷	Sulfotep	3689-24-5	$C_8H_{20}O_5P_2S_2$
240	氟胺氰菊酯	tau-Fluvalinate	102851-06-9	$C_{26}H_{22}ClF_3N_2O_3$
241	戊唑醇	Tebuconazole	107534-96-3	$C_{16}H_{22}ClN_3O$
242	特丁硫磷	Terbufos	13071-79-9	$C_9H_{21}O_2PS_3$
243	特丁氧磷亚砜	Terbufos sulfoxide-oxon	56165-57-2	$C_9H_{21}O_4PS_2$
244	特丁氧磷	Terbufos-oxon	56070-14-5	$C_9H_{21}O_3PS_2$
245	特丁硫磷亚砜	Terbufos sulfoxide	10548-10-4	$C_9H_{21}O_3PS_3$
246	特丁氧磷砜	Terbufos sulfone-oxon	56070-15-6	$C_9H_{21}O_5PS_2$
247	特丁硫磷砜	Terbufos sulfone	56070-16-7	$C_9H_{21}O_4PS_3$
248	(Z)-杀虫畏	(Z)-Tetrachlorvinphos	22248-79-9	$C_{10}H_9Cl_4O_4P$
249	胺菊酯	Tetramethrin	7696-12-0	$C_{19}H_{25}NO_4$
250	甲苯氟磺胺	Tolylfluanid	731-27-1	$C_{10}H_{13}Cl_2FN_2O_2S_2$
251	三唑酮	Triadimefon	43121-43-3	$C_{14}H_{16}ClN_3O_2$
252	三唑醇	Triadimenol	55219-65-3	$C_{14}H_{18}ClN_3O_2$
253	三唑磷	Triazophos	24017-47-8	$C_{12}H_{16}N_3O_3PS$
254	磷酸三丁酯	Tributyl phosphate	126-73-8	$C_{12}H_{27}O_4P$
255	三环唑	Tricyclazole	41814-78-2	$C_9H_7N_3S$
256	磷酸三苯酯	Triphenyl phosphate	115-86-6	$C_{18}H_{15}O_4P$
257	蚜灭多	Vamidothion	2275-23-2	$C_8H_{18}NO_4PS_2$
258	苯醚甲环唑	Difenoconazole	119446-68-3	$C_{19}H_{17}Cl_2N_3O_3$
259	枯莠隆	Difenoxuron	14214-32-5	$C_{16}H_{18}N_2O_3$
260	二甲草胺	Dimethachlor	50563-36-5	$C_{13}H_{18}ClNO_2$
261	异戊乙净	Dimethametryn	22936-75-0	$C_{11}H_{21}N_5S$
262	二甲吩草胺	Dimethenamid	87674-68-8	$C_{12}H_{18}ClNO_2S$
263	烯酰吗啉	Dimethomorph	110488-70-5	$C_{21}H_{22}ClNO_4$
264	2-二甲氨基甲酰基-3-甲基-5-吡唑基-N,N-二甲基氨基甲酸酯	Dimetilan	644-64-4	$C_{10}H_{16}N_4O_3$
265	氟环唑	Epoxiconazole	133855-98-8	$C_{17}H_{13}ClFN_3O$
266	茵草敌	EPTC	759-94-4	$C_9H_{19}NOS$
267	禾草畏	Esprocarb	85785-20-2	$C_{15}H_{23}NOS$

续表

序号	农药中文名称	农药英文名	CAS 号	分子式
268	乙氧呋草黄	Ethofumesate	26225-79-6	$C_{13}H_{18}O_5S$
269	乙氧基喹啉	Ethoxyquin	91-53-2	$C_{14}H_{19}NO$
270	乙螨唑	Etoxazole	153233-91-1	$C_{21}H_{23}F_2NO_2$
271	咪唑菌酮	Fenamidone	161326-34-7	$C_{17}H_{17}N_3OS$
272	喹螨醚	Fenazaquin	120928-09-8	$C_{20}H_{22}N_2O$
273	拌种咯	Fenpiclonil	74738-17-3	$C_{11}H_6Cl_2N_2$
274	苯锈啶	Fenpropidin	67306-00-7	$C_{19}H_{31}N$
275	丁苯吗啉	Fenpropimorph	67564-91-4	$C_{20}H_{33}NO$
276	3-苯基-1,1-二甲基脲	Fenuron	101-42-8	$C_9H_{12}N_2O$
277	氟虫腈	Fipronil	120068-37-3	$C_{12}H_4Cl_2F_6N_4OS$
278	氟虫腈硫醚	Fipronil sulfide	120067-83-6	$C_{12}H_4Cl_2F_6N_4S$
279	氟甲腈	Fipronil desulfinyl	205650-65-3	$C_{12}H_4Cl_2F_6N_4$
280	麦草氟-异丙酯	Flamprop-isopropyl	52756-22-6	$C_{19}H_{19}ClFNO_3$
281	氟啶虫酰胺	Flonicamid	158062-67-0	$C_9H_6F_3N_3O$
282	氟草灵	Fluazifop (free acid)	69335-91-7	$C_{15}H_{12}F_3NO_4$
283	吡氟禾草灵	Fluazifop-butyl	69806-50-4	$C_{19}H_{20}F_3NO_4$
284	氟噻草胺	Flufenacet	142459-58-3	$C_{14}H_{13}F_4N_3O_2S$
285	氟虫脲	Flufenoxuron	101463-69-8	$C_{21}H_{11}ClF_6N_2O_3$
286	丙炔氟草胺	Flumioxazin	103361-09-7	$C_{19}H_{15}FN_2O_4$
287	氟吡菌酰胺	Fluopyram	658066-35-4	$C_{16}H_{11}ClF_6N_2O$
288	乙羧氟草醚	Fluoroglycofen-ethyl	77501-90-7	$C_{18}H_{13}ClF_3NO_7$
289	氟喹唑	Fluquinconazole	136426-54-5	$C_{16}H_8Cl_2FN_5O$
290	氟咯草酮	Flurochloridone	61213-25-0	$C_{12}H_{10}Cl_2F_3NO$
291	氟唑菌酰胺	Fluxapyroxad	907204-31-3	$C_{18}H_{12}F_5N_3O$
292	氟铃脲	Hexaflumuron	86479-06-3	$C_{16}H_8Cl_2F_6N_2O_3$
293	环嗪酮	Hexazinone	51235-04-2	$C_{12}H_{20}N_4O_2$
294	咪草酸	Imazamethabenz-methyl	81405-85-8	$C_{16}H_{20}N_2O_3$
295	丁脒酰胺	Isocarbamid	30979-48-7	$C_8H_{15}N_3O_2$
296	西嗪草酮	Isomethiozin	57052-04-7	$C_{12}H_{20}N_4OS$
297	二氯吡啶酸酯乙酸酯	Isopropalin	33820-53-0	$C_{15}H_{23}N_3O_4$
298	稻瘟灵	Isoprothiolane	50512-35-1	$C_{12}H_{18}O_4S_2$

续表

序号	农药中文名称	农药英文名	CAS 号	分子式
299	异丙隆	Isoproturon	34123-59-6	$C_{12}H_{18}N_2O$
300	双苯恶唑酸	Isoxadifen-ethyl	163520-33-0	$C_{18}H_{17}NO_3$
301	苯噻酰草胺	Mefenacet	73250-68-7	$C_{16}H_{14}N_2O_2S$
302	吡唑解草酯	Mefenpyr-diethyl	135590-91-9	$C_{16}H_{18}Cl_2N_2O_4$
303	嘧菌胺	Mepanipyrim	110235-47-7	$C_{14}H_{13}N_3$
304	灭锈胺	Mepronil	55814-41-0	$C_{17}H_{19}NO_2$
305	苯嗪草酮	Metamitron	41394-05-2	$C_{10}H_{10}N_4O$
306	吡唑草胺	Metazachlor	67129-08-2	$C_{14}H_{16}ClN_3O$
307	叶菌唑	Metconazole	125116-23-6	$C_{17}H_{22}ClN_3O$
308	敌乐胺	Dinitramine	29091-05-2	$C_{11}H_{13}F_3N_4O_4$
309	二氧威	Dioxacarb	6988-21-2	$C_{11}H_{13}NO_4$
310	双苯酰草胺	Diphenamid	957-51-7	$C_{16}H_{17}NO$
311	异丙净	Dipropetryn	4147-51-7	$C_{11}H_{21}N_5S$
312	氟氯草定	Dithiopyr	97886-45-8	$C_{15}H_{16}F_5NO_2S_2$
313	吗菌灵	Dodemorph	1593-77-7	$C_{18}H_{35}NO$
314	甲呋酰胺	Fenfuram	24691-80-3	$C_{12}H_{11}NO_2$
315	环酰菌胺	Fenhexamid	126833-17-8	$C_{14}H_{17}Cl_2NO_2$
316	苯硫威	Fenothiocarb	62850-32-2	$C_{13}H_{19}NO_2S$
317	恶唑禾草灵	Fenoxaprop-ethyl	66441-23-4	$C_{18}H_{16}ClNO_5$
318	苯氧威	Fenoxycarb	72490-01-8	$C_{17}H_{19}NO_4$
319	氯氟吡氧乙酸	Fluroxypyr	69377-81-7	$C_7H_5Cl_2FN_2O_3$
320	氟草烟1-甲基庚基酯	Fluroxypyr-1-methylheptyl ester	81406-37-3	$C_{15}H_{21}Cl_2FN_2O_3$
321	呋嘧醇	Flurprimidol	56425-91-3	$C_{15}H_{15}F_3N_2O_2$
322	氟硅唑	Flusilazole	85509-19-9	$C_{16}H_{15}F_2N_3Si$
323	氟酰胺	Flutolanil	66332-96-5	$C_{17}H_{16}F_3NO_2$
324	粉唑醇	Flutriafol	76674-21-0	$C_{16}H_{13}F_2N_3O$
325	麦穗灵	Fuberidazole	3878-19-1	$C_{11}H_8N_2O$
326	呋线威	Furathiocarb	65907-30-4	$C_{18}H_{26}N_2O_5S$
327	拌种胺	Furmecyclox	60568-05-0	$C_{14}H_{21}NO_3$
328	吡氟氯禾灵	Haloxyfop	69806-34-4	$C_{15}H_{11}ClF_3NO_4$
329	甲基吡氟氯禾灵	Haloxyfop-methyl	69806-40-2	$C_{16}H_{13}ClF_3NO_4$

续表

序号	农药中文名称	农药英文名	CAS 号	分子式
330	乙氧基乙基吡氟氯禾灵	Haloxyfop-2-ethoxyethyl	87237-48-7	$C_{19}H_{19}ClF_3NO_5$
331	丁烯酸苯酯	Pebulate	1114-71-2	$C_{10}H_{21}NOS$
332	戊菌唑	Penconazole	66246-88-6	$C_{13}H_{15}Cl_2N_3$
333	氟吡酰草胺	Picolinafen	137641-05-5	$C_{19}H_{12}F_4N_2O_2$
334	猛杀威	Promecarb	2631-37-0	$C_{12}H_{17}NO_2$
335	扑灭通	Prometon	1610-18-0	$C_{10}H_{19}N_5O$
336	扑草净	Prometryn	7287-19-6	$C_{10}H_{19}N_5S$
337	毒草胺	Propachlor	1918-16-7	$C_{11}H_{14}ClNO$
338	扑灭津	Propazine	139-40-2	$C_9H_{16}ClN_5$
339	环酯草醚	Pyriftalid	135186-78-6	$C_{15}H_{14}N_2O_4S$
340	嘧霉胺	Pyrimethanil	53112-28-0	$C_{12}H_{13}N_3$
341	吡丙醚	Pyriproxyfen	95737-68-1	$C_{20}H_{19}NO_3$
342	2-氨基-3-氯-1,4-萘醌	Quinoclamine	2797-51-5	$C_{10}H_6ClNO_2$
343	喹氧灵	Quinoxyfen	124495-18-7	$C_{15}H_8Cl_2FNO$
344	仲丁通	Secbumeton	26259-45-0	$C_{10}H_{19}N_5O$
345	西玛津	Simazine	122-34-9	$C_7H_{12}ClN_5$
346	2-甲氧基-4,6-双（乙氨基）均三嗪	Simeton	673-04-1	$C_8H_{15}N_5O$
347	西草净	Simetryn	1014-70-6	$C_8H_{15}N_5S$
348	杀草丹	Thiobencarb	28249-77-6	$C_{12}H_{16}ClNOS$
349	仲草丹	Tiocarbazil	36756-79-3	$C_{16}H_{25}NOS$
350	甲基立枯磷	Tolclofos-methyl	57018-04-9	$C_9H_{11}Cl_2O_3PS$
351	唑虫酰胺	Tolfenpyrad	129558-76-5	$C_{21}H_{22}ClN_3O_2$
352	野麦畏	Triallate	2303-17-5	$C_{10}H_{16}Cl_3NOS$
353	抑芽唑	Triapenthenol	76608-88-3	$C_{15}H_{25}N_3O$
354	甲基苯噻隆	Methabenzthiazuron	18691-97-9	$C_{10}H_{11}N_3OS$
355	呋菌胺	Methfuroxam	28730-17-8	$C_{14}H_{15}NO_2$
356	甲氧丙净	Methoprotryne	841-06-5	$C_{11}H_{21}N_5OS$
357	嗪草酮	Metribuzin	21087-64-9	$C_8H_{14}N_4OS$
358	兹克威	Mexacarbate	315-18-4	$C_{12}H_{18}N_2O_2$
359	禾草敌	Molinate	2212-67-1	$C_9H_{17}NOS$

续表

序号	农药中文名称	农药英文名	CAS 号	分子式
360	庚酰草胺	Monalide	7287-36-7	$C_{13}H_{18}ClNO$
361	绿谷隆	Monolinuron	1746-81-2	$C_9H_{11}ClN_2O_2$
362	腈菌唑	Myclobutanil	88671-89-0	$C_{15}H_{17}ClN_4$
363	哒草呋	Norflurazon	27314-13-2	$C_{12}H_9ClF_3N_3O$
364	草完隆	Noruron	18530-56-8	$C_{13}H_{22}N_2O$
365	氟酰脲	Novaluron	116714-46-6	$C_{17}H_9ClF_8N_2O_4$
366	氟苯嘧啶醇	Nuarimol	63284-71-9	$C_{17}H_{12}ClFN_2O$
367	呋酰胺	Ofurace	58810-48-3	$C_{14}H_{16}ClNO_3$
368	坪草丹	Orbencarb	34622-58-7	$C_{12}H_{16}ClNOS$
369	解草腈	Oxabetrinil	74782-23-3	$C_{12}H_{12}N_2O_3$
370	恶草酮	Oxadiazon	19666-30-9	$C_{15}H_{18}Cl_2N_2O_3$
371	恶霜灵	Oxadixyl	77732-09-3	$C_{14}H_{18}N_2O_4$
372	氧化萎锈灵	Oxycarboxin	5259-88-1	$C_{12}H_{13}NO_4S$
373	炔苯酰草胺	Propyzamide	23950-58-5	$C_{12}H_{11}Cl_2NO$
374	苄草丹	Prosulfocarb	52888-80-9	$C_{14}H_{21}NOS$
375	丙硫磷	Prothiophos	34643-46-4	$C_{11}H_{15}Cl_2O_2PS_2$
376	吡喃灵	Pyracarbolid	24691-76-7	$C_{13}H_{15}NO_2$
377	咯喹酮	Pyroquilon	57369-32-1	$C_{11}H_{11}NO$
378	盖草灵	Quizalofop free acid	76578-12-6	$C_{17}H_{13}ClN_2O_4$
379	喹禾灵	Quizalofop-ethyl	76578-14-8	$C_{19}H_{17}ClN_2O_4$
380	生物苄呋菊酯	Resmethrin	10453-86-8	$C_{22}H_{26}O_3$
381	螺螨酯	Spirodiclofen	148477-71-8	$C_{21}H_{24}Cl_2O_4$
382	螺甲螨酯	Spiromesifen	283594-90-1	$C_{23}H_{30}O_4$
383	螺虫乙酯	Spirotetramat	203313-25-1	$C_{21}H_{27}NO_5$
384	螺虫乙酯-酮基-羟基	Spirotetramat metabolite BYI08330-cis-keto-hydroxy	1172134-11-0	$C_{18}H_{23}NO_4$
385	螺虫乙酯-烯醇-葡萄糖苷	Spirotetramat metabolite BYI08330 enol-glucoside	1172614-86-6	$C_{24}H_{33}NO_8$
386	螺虫乙酯-单-羟基	Spirotetramat metabolite BYI08330-mono-hydroxy	1172134-12-1	$C_{18}H_{25}NO_3$
387	螺恶茂胺	Spiroxamine	118134-30-8	$C_{18}H_{35}NO_2$

续表

序号	农药中文名称	农药英文名	CAS 号	分子式
388	2-(硫氰酸甲基硫基)苯并噻唑	TCMTB	21564-17-0	$C_9H_6N_2S_3$
389	吡螨胺	Tebufenpyrad	119168-77-3	$C_{18}H_{24}ClN_3O$
390	丁基嘧啶磷	Tebupirimfos	96182-53-5	$C_{13}H_{23}N_2O_3PS$
391	牧草胺	Tebutam	35256-85-0	$C_{15}H_{23}NO$
392	丁噻隆	Tebuthiuron	34014-18-1	$C_9H_{16}N_4OS$
393	特草灵	Terbucarb	1918-11-2	$C_{17}H_{27}NO_2$
394	特丁通	Terbumeton	33693-04-8	$C_{10}H_{19}N_5O$
395	特丁津	Terbuthylazine	5915-41-3	$C_9H_{16}ClN_5$
396	特丁净	Terbutryn	886-50-0	$C_{10}H_{19}N_5S$
397	四氟醚唑	Tetraconazole	112281-77-3	$C_{13}H_{11}Cl_2F_4N_3O$
398	特氨叉威	Thiofanox	39196-18-4	$C_9H_{18}N_2O_2S$
399	肟菌酯	Trifloxystrobin	141517-21-7	$C_{20}H_{19}F_3N_2O_4$
400	氟菌唑	Triflumizole	68694-11-1	$C_{15}H_{15}ClF_3N_3O$
401	灭菌唑	Triticonazole	131983-72-7	$C_{17}H_{20}ClN_3O$
402	烯效唑	Uniconazole	83657-22-1	$C_{15}H_{18}ClN_3O$
403	灭草猛	Vernolate	1929-77-7	$C_{10}H_{21}NOS$
404	苯酰菌胺	Zoxamide	156052-68-5	$C_{14}H_{16}Cl_3NO_2$
405	吡咪唑	Rabenzazol	40341-04-6	$C_{12}H_{12}N_4$

第三章 农药及其代谢物保留时间、定量限及加标回收率（表3）

表3 农药及其代谢物保留时间、定量限及加标回收率

序号	农药中文名称	农药英文名	保留时间/min	定量限/(mg·kg^{-1})	加标回收率/%
1	1,3-二苯脲	N,N'-Diphenylurea	8.599	0.005	77.5
2	6-苄氨基嘌呤	Benzyladenine	5.855	0.005	70.6
3	阿苯达唑	Albendazole	11.547	0.005	92.4
4	乙基杀扑磷	Athidathion	15.482	0.01	108.0
5	多菌灵	Carbendazim	4.655	0.005	98.7
6	卡草胺	Carbetamide	6.038	0.005	107.9
7	环庚草醚	Cinmethylin	22.219	0.01	89.3
8	赛唑隆/磺噻隆	Ethidimuron	4.365	0.005	109.1
9	乙嘧酚	Ethirimol	7.211	0.005	72.2
10	氰菌胺	Fenoxanil	17.087	0.005	109.6
11	唑螨酯	(E)-Fenpyroximate	23.140	0.005	93.8
12	氟吗啉	Flumorph	10.280	0.005	106.3
13	呋草酮	Flurtamone	12.218	0.005	114.7
14	氟蚁腙	Hydramethylnon	21.178	0.005	93.5
15	甲氧咪草烟	Imazamox	4.575	0.005	74.8
16	吡虫啉尿素	Imidacloprid-urea	4.279	0.005	84.4
17	N-[3-(1-乙基-1-甲基丙基)-1,2-唑-5-基]-2,6-二甲氧基苯酰胺	Isoxaben	13.547	0.005	109.5
18	甲氧虫酰肼	Methoxyfenozide	14.568	0.01	86.7
19	烯啶虫胺	E-Nitenpyram	3.882	0.005	68.7
20	戊菌隆	Pencycuron	20.587	0.005	95.0
21	脱甲基-甲酰氨基-抗蚜威	Desmethyl-formamido-pirimicarb	6.636	0.005	104.8
22	(Z)-嘧草醚	(Z)-Pyriminobac-methyl	11.547	0.005	113.8
23	鱼藤酮	Rotenone	16.950	0.005	107.5

续表

序号	农药中文名称	农药英文名	保留时间/min	定量限/(mg·kg^{-1})	加标回收率/%
24	苯嘧磺草胺	Saflufenacil	12.013	0.005	110.0
25	稀禾定	Sethoxydim	22.064	0.005	90.9
26	乙基多杀菌素	Spinetoram	22.237	0.01	72.3
27	刺糖菌素	Spinosad A	20.804	0.005	77.0
28	噻菌灵	Thiabendazole	5.219	0.01	83.3
29	噻苯咪唑-5-羟基	5-Hydroxythiabendazole	4.104	0.005	68.5
30	噻虫嗪	Thiamethoxam	4.007	0.005	110.0
31	甲基噻烯卡巴腙	Thiencarbazone-methyl	5.013	0.005	96.0
32	久效威亚砜	Thiofanox-sulfoxide	4.338	0.01	96.4
33	硫菌灵/托布津/统扑净	Thiophanat ethyl	10.117	0.005	99.4
34	敌百虫	Trichlorfon	4.713	0.005	115.2
35	啶虫脒	Acetamiprid	4.570	0.005	104.0
36	N-去甲基啶虫脒	Acetamiprid-N-desmethyl	4.586	0.005	104.0
37	唑嘧菌胺	Ametoctradin	20.639	0.005	58.0
38	胺唑草酮	Amicarbazone	6.525	0.01	124.0
39	苄嘧磺隆	Bensulfuron-methyl	7.995, 11.169	0.005	114.0
40	苯噻菌胺	Benthiavalicarb isopropyl	14.411	0.005	106.0
41	呋喃丹	Carbofuran	6.784	0.005	112.0
42	3-羟基呋喃丹	3-Hydroxycarbofuran	4.574	0.005	110.0
43	氯虫苯甲酰胺	Chlorantraniliprole	11.107	0.005	102.3
44	环虫酰肼	Chromafenozide	15.992	0.01	110.0
45	四螨嗪	Clofentezine	19.820	0.005	75.8
46	噻虫胺	Clothianidin	4.374	0.005	100.1
47	丁醚脲	Diafenthiuron	23.140	0.01	118.6
48	除虫脲	Diflubenzuron	16.629	0.005	95.4
49	双(二甲胺基)磷酰氟	Dimefox	4.337	0.005	100.4
50	恶唑隆	Dimefuron	11.097	0.005	110.0
51	呋虫胺	Dinotefuran	3.704	0.01	86.0
52	敌草隆	Diuron	9.467	0.005	96.5

续表

序号	农药中文名称	农药英文名	保留时间/min	定量限/(mg·kg^{-1})	加标回收率/%
53	埃玛菌素	Emamectin	22.328	0.005	74.6
54	胺苯磺隆	Ethametsulfuron-methyl	7.995, 11.169	0.005	108.0
55	乙虫清	Ethiprole	12.904	0.005	113.7
56	伏草隆	Fluometuron	8.109	0.005	110.0
57	氟啶酰菌胺	Fluopicolide	13.749	0.005	113.5
58	氟嘧菌酯	Fluoxastrobin	15.738	0.005	108.5
59	嗪草酸甲酯	Fluthiacet-methyl	17.896	0.005	98.2
60	氯吡脲	Forchlorfenuron	9.586	0.005	68.3
61	噻螨酮	Hexythiazox	22.554	0.005	77.5
62	甲基咪草烟	Imazapic	4.794	0.005	65.4
63	灭草烟	Imazapyr	4.187	0.005	32.0
64	灭草喹	Imazaquin	6.314	0.005	92.0
65	咪草烟	Imazethapyr	5.647	0.005	84.0
66	吡虫啉	Imidacloprid	4.288	0.005	104.0
67	3-(5-叔丁基-3-异恶唑基)-1,1-二甲基脲	Isouron	7.273	0.005	105.2
68	双炔酰菌胺	Mandipropamid	13.667	0.005	120.0
69	(E)-苯氧菌胺	(E)-Metominostrobin	10.127	0.005	113.5
70	磺草唑胺	Metosulam	6.972	0.01	112.9
71	甲氧隆	Metoxuron	5.559	0.005	101.8
72	苯菌酮	Metrafenone	20.523	0.005	95.2
73	甲基硫环磷	Phosfolan-methyl	4.121	0.005	101.6
74	埃卡瑞丁	Icaridin	10.916	0.005	100.4
75	唑啉草酯	Pinoxaden	20.474	0.005	86.4
76	吡蚜酮	Pymetrozin	3.864	0.005	77.2
77	嘧螨醚	Pyrimidifen	22.265	0.005	62.0
78	虫酰肼	Tebufenozide	17.803	0.005	120.2
79	噻虫啉	Thiacloprid	4.919	0.005	112.4
80	噻吩黄隆	Thifensulfuron-methyl	6.036	0.005	105.0

续表

序号	农药中文名称	农药英文名	保留时间/min	定量限/(mg·kg^{-1})	加标回收率/%
81	甲基硫菌灵	Thiophanate-methyl	6.535	0.005	117.0
82	杀虫脲	Triflumuron	20.211	0.005	111.2
83	(Z)-苯氧菌胺	(Z)-Metominostrobin	10.127	0.005	108.0
84	1-萘乙酰胺	1-Naphthylacetamide	5.936	0.005	110.0
85	2,6-二氯苯甲酰胺	2,6-Dichlorobenzamide	4.159	0.005	109.6
86	苯草醚	Aclonifen	17.051	0.025	67.5
87	草毒死（二丙烯草胺）	Allidochlor	5.896	0.005	120.0
88	莠灭净	Ametryn	11.207	0.005	106.0
89	灭害威	Aminocarb	4.268	0.005	62.5
90	环丙嘧啶醇	Ancymidol	6.899	0.005	98.0
91	莎稗磷	Anilofos	18.954	0.005	97.7
92	莠去津	Atratone	7.714	0.005	98.0
93	二丁基阿特拉津	Atrazine-desethyl	5.115	0.005	105.8
94	氟氯氢菊脂（去异丙基莠去津）	Atrazine-desisopropyl	4.334	0.005	100.4
95	氧环唑	Azaconazole	9.616	0.005	99.1
96	叠氮津	Aziprotryne	12.905	0.005	103.3
97	氟丁酰草胺	Beflubutamid	18.504	0.005	109.6
98	苯霜灵	Benalaxyl	19.399	0.005	104.0
99	恶虫威	Bendiocarb	6.619	0.005	114.0
100	麦锈灵	Benodanil	8.690	0.005	99.2
101	解草酮	Benoxacor	10.730	0.005	109.5
102	N-苯甲酰-N-(3,4-二氯苯基)-DL-丙氨酸乙酯	Benzoylprop-ethyl	19.603	0.005	105.2
103	联苯三唑醇	Bitertanol	20.123	0.025	92.0
104	啶酰菌胺	Boscalid	12.967	0.005	99.3
105	除草定	Bromacil	6.738, 10.728	0.005	103.0
106	溴丁酰草胺	Bromobutide	16.238	0.005	113.0
107	糠菌唑	Bromuconazole	14.359, 16.980	0.005	100.4

续表

序号	农药中文名称	农药英文名	保留时间/min	定量限/(mg·kg^{-1})	加标回收率/%
108	乙嘧酚磺酸酯	Bupirimate	16.993	0.005	96.8
109	氟丙嘧草酯	Butafenacil	16.138	0.005	114.5
110	苯酮唑	Cafenstrole	14.522	0.005	102.4
111	萎锈灵	Carboxin	7.373	0.005	98.6
112	杀虫脒	Chlordimeform	4.135	0.005	120.1
113	膦基聚羧酸	Chloridazon	4.739	0.005	99.2
114	氯磺隆	Chlorsulfuron	6.792	0.005	104.7
115	赛草青	Chlorthiamid	5.021	0.005	59.7
116	异恶草酮	Clomazone	10.815	0.005	104.8
117	草净津	Cyanazine	6.125	0.005	120.0
118	草灭特	Cycloate	20.528	0.005	98.2
119	环莠隆	Cycluron	9.835	0.005	93.6
120	环氟菌胺	Cyflufenamid	20.632	0.005	118.9
121	环丙津	Cyprazine	9.181	0.005	106.4
122	环唑醇	Cyproconazole	13.762、14.636	0.005	97.6
123	酯菌胺	Cyprofuram	7.711	0.005	113.0
124	灭蝇胺/环丙氨嗪	Cyromazine	3.177	0.025	50.0
125	二嗪磷	Diazinon	19.353	0.005	107.2
126	二氯丙烯胺	Dichlormid	7.155	0.025	116.8
127	苄氯三唑醇	Diclobutrazol	17.950	0.025	98.9
128	双氯氰菌胺	Diclocymet	16.116、16.935	0.01	102.8
129	避蚊胺	DEET	9.343	0.01	99.2
130	乙酰甲胺磷	Acephate	3.450	0.005	52.0
131	右旋烯丙菊酯	Allethrin	22.248	0.005	99.4
132	苯氰菊酯	Cyphenothrin	23.449	0.1	79.4
133	倍硫磷	Dicrotophos	4.155	0.025	98.0
134	乙拌磷亚砜	Disulfoton-sulfoxide	8.355	0.005	104.0
135	灭菌磷	Ditalimfos	7.679、14.834	0.005	120.7

续表

序号	农药中文名称	农药英文名	保留时间/min	定量限/(mg·kg^{-1})	加标回收率/%
136	羟苯甲酯	Oxydemeton-methyl	3.896	0.05	55.4
137	甲基砜内吸磷	Demeton-S-methyl-sulfone	3.969	0.005	103.6
138	甲草胺	Alachlor	15.860	0.01	96.8
139	唑啶磷	Azamethiphos	6.285	0.01	125.0
140	乙基保棉磷	Azinphos-ethyl	15.457	0.005	93.2
141	嘧菌酯	Azoxystrobin	12.219	0.005	106.8
142	丙硫克百威	Benfuracarb	22.003	0.01	62.5
143	噻嗪酮	Buprofezin	22.140	0.025	89.9
144	丁草胺	Butachlor	22.299	0.025	98.6
145	仲丁灵	Butralin	22.949	0.005	90.8
146	硫线磷	Cadusafos	20.872	0.025	95.8
147	甲萘威	Carbaryl	7.257	0.01	101.2
148	硫丹	Carbosulfan	23.937	0.01	64.4
149	氟啶脲	Chlorfluazuron	23.144	0.01	84.2
150	绿麦隆	Chlorotoluron	8.339	0.005	90.2
151	毒死蜱	Chlorpyrifos	22.456	0.005	81.9
152	甲基毒死蜱	Chlorpyrifos-methyl	20.375	0.005	90.1
153	蝇毒磷	Coumaphos	19.359	0.005	96.9
154	苯腈磷	Cyanofenphos	18.556	0.005	93.3
155	杀螟腈	Cyanophos	9.079	0.005	100.6
156	嘧菌环胺	Cyprodinil	17.232	0.005	64.6
157	除线磷	Dichlofenthion	22.226	0.005	87.6
158	敌敌畏	Dichlorvos	6.451	0.005	97.4
159	乙霉威	Diethofencarb	11.963	0.005	101.3
160	乐果	Dimethoate	4.644	0.005	102.3
161	(E)-烯唑醇	(E)-Diniconazole	20.272	0.005	81.4
162	敌瘟磷	Edifenphos	18.683	0.005	96.0
163	乙硫磷	Ethion	22.376	0.005	91.1
164	灭线磷	Ethoprophos	15.698	0.005	94.0
165	苯线磷	Fenamiphos	17.142	0.005	91.5

续表

序号	农药中文名称	农药英文名	保留时间/min	定量限/(mg·kg^{-1})	加标回收率/%
166	苯线磷砜	Fenamiphos-sulfone	7.216	0.005	102.3
167	氯苯嘧啶醇	Fenarimol	13.765	0.005	85.6
168	腈苯唑	Fenbuconazole	16.577	0.005	102.7
169	仲丁威	Fenobucarb	11.334	0.01	102.9
170	甲氰菊酯	Fenpropathrin	22.974	0.005	96.7
171	倍硫氧磷	Fenthion-oxon	10.566	0.025	101.1
172	倍硫氧磷砜	Fenthion-oxon-sulfone	4.625	0.01	114.0
173	倍硫氧磷亚砜	Fenthion-oxon-sulfoxide	4.487	0.005	97.2
174	倍硫磷砜	Fenthion-sulfone	7.612	0.005	112.0
175	倍硫磷亚砜	Fenthion sulfoxide	7.084	0.005	110.0
176	氰戊菊酯	Fenvalerate	23.434	0.005	58.6
177	氟氰戊菊酯	Flucythrinate	22.798	0.01	98.4
178	地虫硫磷	Fonofos	18.430	0.05	105.0
179	噻唑膦	Fosthiazate	8.179	0.1	111.7
180	庚烯磷	Heptenophos	9.702, 11.445	0.005	106.5
181	己唑醇	Hexaconazole	19.092	0.01	88.9
182	抑霉唑	Imazalil	9.111	0.01	80.5
183	茚虫威	Indoxacarb	21.273	0.005	107.7
184	异稻瘟净	Iprobenfos	18.012	0.005	104.6
185	缬霉威	Iprovalicarb	15.501, 15.701	0.005	109.6
186	氯唑磷	Isazofos	14.825, 20.029	0.005	110.8
187	氧异柳磷	Isofenphos-oxon	15.211	0.005	110.0
188	恶唑磷	Isoxathion	20.029	0.05	99.4
189	醚菌酯	Kresoxim-methyl	17.818	0.005	100.2
190	利谷隆	Linuron	11.446	0.005	100.9
191	马拉氧磷	Malaoxon	6.920	0.005	113.6
192	马拉硫磷	Malathion	13.765	0.005	111.2

第三章 农药及其代谢物保留时间、定量限及加标回收率

续表

序号	农药中文名称	农药英文名	保留时间/min	定量限/(mg·kg^{-1})	加标回收率/%
193	地安磷	Mephosfolan	6.423	0.005	106.2
194	甲胺磷	Methamidophos	3.114	0.005	57.8
195	杀扑磷	Methidathion	10.161	0.005	107.7
196	异丙甲草胺	Metolachlor	16.357	0.005	94.4
197	速灭磷	Mevinphos	5.079	0.005	110.8
198	久效磷	Monocrotophos	4.065	0.005	91.2
199	敌草胺	Napropamide	15.796	0.05	101.1
200	氧乐果	Omethoate	3.604	0.025	69.9
201	多效唑	Paclobutrazol	13.347	0.005	105.7
202	乙基对氧磷	Paraoxon-ethyl	8.714	0.005	100.9
203	甲基对氧磷	Paraoxon-methyl	5.678	0.005	131.8
204	二甲戊灵	Pendimethalin	22.533	0.005	95.4
205	稻丰散	Phenthoate	17.832	0.005	99.0
206	甲拌磷	Phorate	4.614	0.05	113.6
207	氧甲拌磷砜	Phorate-oxon-sulfone	4.851	0.005	105.6
208	甲拌氧磷	Phorate-oxon	10.254	0.01	99.0
209	甲拌氧磷亚砜	Phorate-oxon-sulfoxide	4.608	0.005	115.0
210	甲拌磷砜	Phorate sulfone	8.779	0.01	106.4
211	甲拌磷亚砜	Phorate sulfoxide	8.380	0.01	86.0
212	伏杀硫磷	Phosalone	20.133	0.005	86.7
213	硫环磷	Phosfolan	5.324	0.005	98.6
214	磷胺	Phosphamidon	5.788	0.005	82.0
215	辛硫磷	Phoxim	17.411	0.005	93.7
216	啶氧菌酯	Picoxystrobin	17.586	0.005	90.6
217	哌草磷	Piperophos	21.222	0.005	124.0
218	抗蚜威	Pirimicarb	7.901	0.005	80.6
219	脱甲基抗蚜威	Desmethyl-pirimicarb	5.163	0.005	83.4
220	乙基抗蚜威	Pirimiphos-ethyl	22.198	0.005	87.2
221	甲基抗蚜威	Pirimiphos-methyl	20.077	0.005	91.0
222	炔丙菊酯	Prallethrin	20.987	0.005	83.4

续表

序号	农药中文名称	农药英文名	保留时间/min	定量限/(mg·kg^{-1})	加标回收率/%
223	丙草胺	Pretilachlor	21.397	0.005	68.9
224	咪鲜胺	Prochloraz	19.713	0.005	79.9
225	丙溴磷	Profenofos	21.599	0.005	71.5
226	霜霉威	Propamocarb	3.593	0.005	73.5
227	敌稗	Propanil	11.490	0.005	86.5
228	丙虫磷	Propaphos	18.608	0.005	78.6
229	炔螨特	Propargite	22.829	0.005	94.9
230	异丙氧磷	Propetamphos	14.289	0.005	76.2
231	丙环唑	Propiconazole	18.830	0.005	84.2
232	残杀威	Propoxur	6.621	0.005	75.4
233	吡唑醚菌酯	Pyraclostrobin	19.952	0.005	91.2
234	吡菌磷	Pyrazophos	20.386	0.005	60.2
235	哒螨灵	Pyridaben	23.453	0.005	40.0
236	三氟甲吡醚	Pyridalyl	24.549	0.005	73.2
237	啶斑肟	Pyrifenox	14.311, 15.623	0.005	82.0
238	喹硫磷	Quinalphos	17.411	0.005	92.2
239	治螟磷	Sulfotep	18.452	0.005	88.3
240	氟胺氰菊酯	tau-Fluvalinate	23.623	0.005	75.7
241	戊唑醇	Tebuconazole	18.279	0.005	80.2
242	特丁硫磷	Terbufos	4.502	0.005	88.6
243	特丁氧磷亚砜	Terbufos sulfoxide-oxon	5.537	0.005	90.6
244	特丁氧磷	Terbufos-oxon	15.177	0.005	72.1
245	特丁硫磷亚砜	Terbufos sulfoxide	11.774	0.005	94.4
246	特丁氧磷砜	Terbufos sulfone-oxon	5.940	0.005	90.0
247	特丁硫磷砜	Terbufos sulfone	11.749	0.005	87.1
248	(Z)-杀虫畏	(Z)-Tetrachlorvinphos	17.434	0.005	82.8
249	胺菊酯	Tetramethrin	21.899	0.005	61.1
250	甲苯氟磺胺	Tolylfluanid	18.296	0.005	88.4
251	三唑酮	Triadimefon	13.955	0.005	85.6

续表

序号	农药中文名称	农药英文名	保留时间/min	定量限/(mg·kg^{-1})	加标回收率/%
252	三唑醇	Triadimenol	13.956, 14.555	0.005	87.8
253	三唑磷	Triazophos	14.646	0.005	94.8
254	磷酸三丁酯	Tributyl phosphate	21.224	0.005	73.0
255	三环唑	Tricyclazole	5.284	0.005	84.8
256	磷酸三苯酯	Triphenyl phosphate	19.659	0.005	82.6
257	蚜灭多	Vamidothion	4.501	0.005	81.6
258	苯醚甲环唑	Difenoconazole	20.686	0.005	96.8
259	枯莠隆	Difenoxuron	9.499	0.005	106.7
260	二甲草胺	Dimethachlor	10.240	0.005	97.0
261	异戊乙净	Dimethametryn	17.010	0.005	109.7
262	二甲吩草胺	Dimethenamid	12.494	0.005	88.8
263	烯酰吗啉	Dimethomorph	12.375, 13.381	0.005	103.0
264	2-二甲基氨基甲酰基-3-甲基-5-吡唑基-N,N-二甲基氨基甲酸酯	Dimetilan	4.743	0.005	100.4
265	氟环唑	Epoxiconazole	16.106	0.005	83.4
266	茵草敌	EPTC	16.807	0.005	97.8
267	禾草畏	Esprocarb	21.974	0.005	110.0
268	乙氧呋草黄	Ethofumesate	11.862	0.005	66.5
269	乙氧基喹啉	Ethoxyquin	13.539	0.01	96.4
270	乙螨唑	Etoxazole	22.877	0.005	101.4
271	咪唑菌酮	Fenamidone	12.518	0.005	47.2
272	喹螨醚	Fenazaquin	23.432	0.005	90.2
273	拌种咯	Fenpiclonil	10.462	0.005	73.4
274	苯锈啶	Fenpropidin	10.067	0.01	79.4
275	丁苯吗啉	Fenpropimorph	13.909	0.005	104.0
276	3-苯基-1,1-二甲基脲	Fenuron	4.631	0.01	105.9
277	氟虫腈	Fipronil	17.753	0.005	146.9

豇豆中 405 种农药及其代谢物高通量非靶向筛查技术规程

续表

序号	农药中文名称	农药英文名	保留时间/min	定量限/(mg·kg^{-1})	加标回收率/%
278	氟虫腈硫醚	Fipronil sulfide	18.574	0.005	114.0
279	氟甲腈	Fipronil desulfinyl	16.746	0.005	128.6
280	麦草氟-异丙酯	Flamprop-isopropyl	19.385	0.005	112.4
281	氟啶虫酰胺	Flonicamid	3.999	0.005	76.7
282	氟草灵	Fluazifop (free acid)	10.896	0.005	113.0
283	吡氟禾草灵	Fluazifop-butyl	22.009	0.005	111.6
284	氟噻草胺	Flufenacet	15.860	0.005	78.9
285	氟虫脲	Flufenoxuron	22.811	0.005	96.2
286	丙炔氟草胺	Flumioxazin	10.925	0.005	108.0
287	氟吡菌酰胺	Fluopyram	15.316	0.005	101.4
288	乙羧氟草醚	Fluoroglycofen-ethyl	21.502	0.02	141.4
289	氟喹唑	Fluquinconazole	14.995	0.005	104.4
290	氟咯草酮	Flurochloridone	14.409	0.005	98.5
291	氟唑菌酰胺	Fluxapyroxad	13.746	0.005	113.9
292	氟铃脲	Hexaflumuron	21.497	0.02	101.5
293	环嗪酮	Hexazinone	6.786	0.005	100.8
294	咪草酸	Imazamethabenz-methyl	7.114	0.005	106.6
295	丁脒酰胺	Isocarbamid	5.048	0.005	98.4
296	西嗪草酮	Isomethiozin	18.457	0.02	117.9
297	二氯吡啶酸酯乙酸酯	Isopropalin	23.219	0.02	101.6
298	稻瘟灵	Isoprothiolane	13.502	0.01	106.8
299	异丙隆	Isoproturon	9.195	0.005	98.4
300	双苯恶唑酸	Isoxadifen-ethyl	17.445	0.005	110.5
301	苯噻酰草胺	Mefenacet	14.373	0.005	94.3
302	吡唑解草酯	Mefenpyr-diethyl	19.695	0.005	122.8
303	嘧菌胺	Mepanipyrim	14.554	0.005	79.6
304	灭锈胺	Mepronil	13.753	0.005	100.8
305	苯嗪草酮	Metamitron	4.665	0.01	101.6
306	吡唑草胺	Metazachlor	9.251	0.005	106.0
307	叶菌唑	Metconazole	19.647	0.005	94.2

续表

序号	农药中文名称	农药英文名	保留时间/min	定量限/(mg·kg^{-1})	加标回收率/%
308	敌乐胺	Dinitramine	19.605	0.01	108.0
309	二氧威	Dioxacarb	4.641	0.01	110.0
310	双苯酰草胺	Diphenamid	10.254	0.005	96.6
311	异丙净	Dipropetryn	17.484	0.005	118.9
312	氟氯草定	Dithiopyr	21.624	0.005	0.0
313	吗菌灵	Dodemorph	10.697	0.05	80.5
314	甲呋酰胺	Fenfuram	6.810, 7.622	0.005	108.4
315	环酰菌胺	Fenhexamid	15.324	0.01	68.5
316	苯硫威	Fenothiocarb	16.810	0.005	98.8
317	恶唑禾草灵	Fenoxaprop-ethyl	21.753	0.005	94.0
318	苯氧威	Fenoxycarb	17.095	0.025	102.6
319	氯氟吡氧乙酸	Fluroxypyr	22.739	0.005	92.0
320	氟草烟1-甲基庚基酯	Fluroxypyr-1-methylheptyl ester	22.739	0.01	92.0
321	呋嘧醇	Flurprimidol	13.573	0.005	104.6
322	氟硅唑	Flusilazole	17.105	0.005	102.3
323	氟酰胺	Flutolanil	13.688	0.005	113.2
324	粉唑醇	Flutriafol	8.925	0.005	103.0
325	麦穗灵	Fuberidazole	5.493	0.005	107.4
326	呋线威	Furathiocarb	22.090	0.005	102.0
327	拌种胺	Furmecyclox	18.476	0.005	78.8
328	吡氟氯禾灵	Haloxyfop	16.131	0.005	78.0
329	甲基吡氟氯禾灵	Haloxyfop-methyl	21.036	0.005	121.9
330	乙氧基乙基吡氟氯禾灵	Haloxyfop-2-ethoxyethyl	21.942	0.005	111.4
331	丁烯酸苯酯	Pebulate	20.290	0.005	98.8
332	戊菌唑	Penconazole	17.753	0.005	94.4
333	氟吡酰草胺	Picolinafen	22.094	0.005	95.5
334	猛杀威	Promecarb	12.664	0.025	80.2
335	扑灭通	Prometon	9.944, 10.179	0.005	96.6

续表

序号	农药中文名称	农药英文名	保留时间/min	定量限/(mg·kg^{-1})	加标回收率/%
336	扑草净	Prometryn	14.419	0.005	97.8
337	毒草胺	Propachlor	9.319	0.005	109.0
338	扑灭津	Propazine	11.807	0.005	101.6
339	环酯草醚	Pyriftalid	11.196	0.005	110.4
340	嘧霉胺	Pyrimethanil	11.436	0.005	82.4
341	吡丙醚	Pyriproxyfen	22.322	0.005	68.0
342	2-氨基-3-氯-1,4-萘醌	Quinoclamine	6.184	0.005	109.0
343	喹氧灵	Quinoxyfen	22.344	0.005	61.2
344	仲丁通	Secbumeton	9.944, 10.179	0.005	96.6
345	西玛津	Simazine	6.810, 7.622	0.005	108.6
346	2-甲氧基-4,6-双（乙氨基）均三嗪	Simeton	5.976	0.005	104.6
347	西草净	Simetryn	8.453	0.005	95.2
348	杀草丹	Thiobencarb	19.997	0.005	101.6
349	仲草丹	Tiocarbazil	22.842	0.025	91.2
350	甲基立枯磷	Tolclofos-methyl	19.773	0.005	96.5
351	唑虫酰胺	Tolfenpyrad	22.187	0.005	74.6
352	野麦畏	Triallate	22.568	0.005	89.8
353	抑芽唑	Triapenthenol	17.250	0.005	102.0
354	甲基苯噻隆	Methabenzthiazuron	8.618	0.005	87.4
355	呋菌胺	Methfuroxam	10.626	0.005	71.0
356	甲氧丙净	Methoprotryne	11.303	0.005	100.6
357	嗪草酮	Metribuzin	6.765	0.005	112.4
358	兹克威	Mexacarbate	9.642	0.005	105.2
359	禾草敌	Molinate	13.409	0.005	101.4
360	庚酰草胺	Monalide	15.935	0.005	107.4
361	绿谷隆	Monolinuron	7.713	0.005	105.6
362	腈菌唑	Myclobutanil	13.925	0.005	105.2

续表

序号	农药中文名称	农药英文名	保留时间/min	定量限/(mg·kg^{-1})	加标回收率/%
363	哒草呋	Norflurazon	9.810	0.005	111.5
364	草完隆	Noruron	12.021	0.005	94.4
365	氟酰脲	Novaluron	21.747	0.005	122.0
366	氟苯嘧啶醇	Nuarimol	11.902	0.005	96.4
367	呋酰胺	Ofurace	6.792	0.005	112.6
368	坪草丹	Orbencarb	19.427	0.005	99.1
369	解草腈	Oxabetrinil	10.995	0.005	118.0
370	恶草酮	Oxadiazon	22.245	0.005	113.9
371	恶霜灵	Oxadixyl	5.716	0.005	75.6
372	氧化萎锈灵	Oxycarboxin	4.890	0.005	116.8
373	炔苯酰草胺	Propyzamide	13.167	0.005	109.4
374	苄草丹	Prosulfocarb	21.348	0.005	94.2
375	丙硫磷	Prothiophos	23.527	0.005	69.2
376	吡喃灵	Pyracarbolid	7.072	0.005	108.4
377	咯喹酮	Pyroquilon	6.334	0.005	96.2
378	盖草灵	Quizalofop free acid	14.647, 22.244	0.005	120.9
379	喹禾灵	Quizalofop-ethyl	21.715	0.005	96.8
380	生物苄呋菊酯	Resmethrin	23.642	0.005	82.4
381	螺螨酯	Spirodiclofen	23.238	0.005	99.2
382	螺甲螨酯	Spiromesifen	22.899	0.01	101.2
383	螺虫乙酯	Spirotetramat	15.791	0.005	102.8
384	螺虫乙酯-酮基-羟基	Spirotetramat metabolite BYI08330-cis-keto-hydroxy	10.238	0.025	105.4
385	螺虫乙酯-烯醇-葡萄糖苷	Spirotetramat metabolite BYI08330-enol-glucoside	4.185	0.005	73.4
386	螺虫乙酯-单-羟基	Spirotetramat metabolite BYI08330-mono-hydroxy	6.630	0.005	109.4
387	螺恶茂胺	Spiroxamine	11.657, 11.967	0.005	72.6

续表

序号	农药中文名称	农药英文名	保留时间/min	定量限/(mg·kg^{-1})	加标回收率/%
388	2-(硫氰酸甲基硫基)苯并噻唑	TCMTB	11.253	0.005	87.3
389	吡螨胺	Tebufenpyrad	21.987	0.005	94.8
390	丁基嘧啶磷	Tebupirimfos	22.152	0.025	115.0
391	牧草胺	Tebutam	16.496	0.025	105.5
392	丁噻隆	Tebuthiuron	7.110	0.005	103.9
393	特草灵	Terbucarb	21.027	0.005	108.0
394	特丁通	Terbumeton	10.805	0.005	101.2
395	特丁津	Terbuthylazine	10.626	0.005	71.0
396	特丁净	Terbutryn	14.953	0.005	96.0
397	四氟醚唑	Tetraconazole	15.784	0.005	110.8
398	特氨叉威	Thiofanox	5.714	0.025	109.2
399	肟菌酯	Trifloxystrobin	21.302	0.005	109.2
400	氟菌唑	Triflumizole	21.239	0.005	96.0
401	灭菌唑	Triticonazole	15.593	0.01	95.5
402	烯效唑	Uniconazole	16.431	0.005	95.2
403	灭草猛	Vernolate	20.196	0.005	102.8
404	苯酰菌胺	Zoxamide	18.763	0.005	103.8
405	吡咪唑	Rabenzazol	9.090	0.005	83.9

注　加标回收率为0.05mg/kg添加量时的回收率。

第四章 农药及其代谢物一级质谱及二级质谱离子信息（表4）

表4 农药及其代谢物一级质谱及二级质谱离子信息

序号	农药中文名称	一级质谱	二级全扫质谱CE：（35±15）
1	1,3-二苯脲	213.1019、214.1056	77.0385、92.0494、94.0648
2	6-苄氨基嘌呤	226.1083、227.1117	65.0385、91.0539、226.1083
3	阿苯达唑	266.0958、267.0991、268.0928	234.0697、191.0147、192.0226
4	乙基杀扑磷	331.0003、332.0034、332.9970	58.0288、84.9606、85.0395
5	多菌灵	192.0764、193.0799	160.0509、132.0554、105.0439
6	卡草胺	237.1231、238.1270	58.0650、65.0386、77.0387
7	环庚草醚	275.2009	77.0386、79.0540、105.0698
8	赛唑隆/磺噻隆	265.0421、266.0449、267.0389	62.9900、63.9977
9	乙嘧酚	210.1598、211.1633	210.1601、140.1063、182.1285
10	氰菌胺	329.0818、330.0852、331.0792	86.0961、188.9864、302.0712
11	唑螨酯	422.2067、423.2108、424.2128	366.1449、135.0431、422.2068
12	氟吗啉	372.1603、373.1639、374.1656	285.0925、165.0543、372.1615
13	呋草酮	334.1054、335.1088、336.1102	247.0739、334.1058、178.0778
14	氟蚁腙	495.1971、496.2010	149.0229、323.1468、495.1957
15	甲氧咪草烟	306.1446、307.1481、308.1493	306.1461、261.1246、246.0882
16	吡虫啉尿素	212.0583、213.0618、214.0556	65.0388、92.0507、93.0560
17	N-[3-(1-乙基-1-甲基丙基)-1,2-唑-5-基]-2,6-二甲氧基苯酰胺	333.1808、334.1846	107.0129、150.0314、165.0551
18	甲氧虫酰肼	369.2180、370.2192	149.0627、133.0649、91.0543
19	烯啶虫胺	271.0953、272.0986、273.0928	474.3919、475.6594、889.1895
20	戊菌隆	329.1410、330.1450、331.1387	125.0152、329.1418
21	脱甲基-甲酰氨基-抗蚜威	253.1291、254.1326	72.044
22	(Z)-嘧草醚	362.1345、363.1378	149.0235、201.0467、279.0940
23	鱼藤酮	395.1483、396.1524、397.1548	395.1501、213.0914、192.0785
24	苯嘧磺草胺	501.0615、502.0656、503.0599	349.0001、366.0269、197.9748

续表

序号	农药中文名称	一级质谱	二级全扫质谱CE：（35±15）
25	稀禾定	328.1939、329.1976、330.1947	178.0872、180.1026、150.0913
26	乙基多杀菌素	760.4995、761.5038、762.5092	149.0233、205.0858、279.1591
27	刺糖菌素	732.4684、733.4723、734.4757	142.1229、732.4693
28	噻菌灵	202.0431、203.0463、204.0397	202.0444、175.0330、131.0603
29	噻苯咪唑-5-羟基	218.0381、219.0412、220.0350	147.0554、191.0274、218.0382
30	噻虫嗪	292.0267、293.0293、294.0240	181.0547、211.0654、131.9669
31	甲基噻烯卡巴腙	391.0376、392.0410、393.0359	229.9580、130.0609、139.9923
32	久效威亚砜	235.1110、236.1143	62.9899、63.9977
33	硫菌灵/托布津/统扑净	371.0842、372.0874、373.0818	65.0378、118.0523、151.0327
34	敌百虫	256.9300、257.9342、258.9271	109.0041、78.9944、127.0133
35	啶虫脒	223.0743、224.0775、225.0718	126.0114、56.0495、90.0341
36	N-去甲基啶虫脒	209.0588、210.0616、211.0557	72.9836、77.0389、107.0492
37	唑嘧菌胺	276.2179、277.2215	276.2185、176.0927、149.0812
38	胺唑草酮	242.1612	85.0759、128.0691、143.0928
39	苄嘧磺隆	411.0970、412.1002、413.0981	149.0600、182.0563、119.0493
40	苯噻菌胺	382.1594、383.1630、384.1595	127.0019、180.0278、420.1419
41	呋喃丹	222.1122、223.1157	123.0442、165.0910、55.0540
42	3-羟基呋喃丹	238.1076、239.1100	107.0492、135.0798、163.0749
43	氯虫苯甲酰胺	481.9791、482.9804、483.9765	283.9224、450.9351、194.0003
44	环虫酰肼	395.2332、396.2374、397.2382	175.0754
45	四螨嗪	303.0199、304.0235、305.0171	138.0105、102.0336、51.0234
46	噻虫胺	250.0160、251.0192、252.0133	131.9669、169.0540、113.0167
47	丁醚脲	385.2308、386.2341、387.2317	329.1686、278.1535、287.1206
48	除虫脲	311.0394、312.0428、313.0367	141.0144、158.0410
49	双（二甲胺基）磷酰氟	155.0741、156.0779	83.0297、127.0018、180.0281
50	恶唑隆	339.1217、340.1250、341.1194	72.0444、167.0010、339.1221
51	呋虫胺	203.1137、204.1169、205.0861	73.0636、87.0794、114.1030
52	敌草隆	233.0240、234.0275、235.0213、236.0249	72.0448、159.9711
53	埃玛菌素	886.5309、887.5350、888.5405	886.5311、158.1176
54	胺苯磺隆	411.1080、412.1117、413.1081	160.0508、203.1426、219.1743

续表

序号	农药中文名称	一级质谱	二级全扫质谱CE：（35±15）
55	乙虫清	396.9900、397.9934、398.9873、399.9902	350.9498、254.9707、396.9904
56	伏草隆	233.0894、234.0930	72.0442、233.0897
57	氟啶酰菌胺	382.9728、383.9763、384.9699、385.9738	172.9573
58	氟嘧菌酯	459.0867、460.0896、461.0849	188.0383、427.0612、429.0581
59	嗪草酸甲酯	404.0301、405.0339、406.0272	404.0314、273.9983、344.0102
60	氯吡脲	248.0583、249.0615、250.0556	129.0219、93.0450、155.0006
61	噻螨酮	353.1085、354.1120、355.1061	168.0570、228.0242、194.0363
62	甲基咪草烟	276.1339、277.1375	163.0496、231.1129、216.0766
63	灭草烟	262.1185、263.1219	107.0732、117.0574、122.0964
64	灭草喹	312.1340、313.1376	199.0504、267.1128、312.1340
65	咪草烟	290.1495、291.1532	177.0661、230.0918、290.1499
66	吡虫啉	256.0598、257.0628、258.0572	209.0594、175.0981、174.0900
67	3-(5-叔丁基-3-异恶唑基)-1,1-二甲基脲	212.1391、213.1424	72.0444、167.0815、212.1394
68	双炔酰菌胺	412.1307、413.1346、414.1290	328.1103、125.0153、204.1020
69	（E）-苯氧菌胺	285.1232、286.1266	140.0496、166.0654、194.0596
70	磺草唑胺	418.0138、419.0170、420.0112	140.0264、174.9951、418.0138
71	甲氧隆	229.0739、230.0771、231.0713	72.0442、100.0223、229.0735
72	苯菌酮	409.0650、410.0687、411.0632	209.0822、166.0621
73	甲基硫环磷	227.9913、228.9942、229.9876	167.9881、109.0048、61.0107
74	埃卡瑞丁	230.1750、231.1785	252.1573
75	唑啉草酯	401.2435、402.2472、403.2491	317.1872、401.2432
76	吡蚜酮	218.1033、219.1065	105.0445
77	嘧螨醚	378.1946、379.1977、380.1921、381.1949	184.0635、230.2485、378.1943
78	虫酰肼	353.2225、354.2247、355.2271	133.0654、105.0700
79	噻虫啉	253.0307、254.0340、255.0280	126.0106、90.0338
80	噻吩黄隆	388.0379、389.0412、390.0362	167.0565、204.969625、141.0768
81	甲基硫菌灵	343.0530、344.0560、345.0502	151.0328、160.0508

续表

序号	农药中文名称	一级质谱	二级全扫质谱 CE：(35±15)
82	杀虫脲	359.0408、360.0440、361.0384	138.9944、156.0214
83	(Z)-苯氧菌胺	285.1231、286.1269	139.0538、140.0496、166.0654
84	1-萘乙酰胺	186.0912、187.0947	89.0386、115.0544、141.0701
85	2,6-二氯苯甲酰胺	191.9792、192.9827、193.9764	108.9841、144.9617、172.9554
86	苯草醚	265.0375	182.0603、194.0478、248.0349
87	草毒死（二丙烯草胺）	174.0678、175.0715、176.0652	56.0495、98.0964、141.0701
88	莠灭净	228.1273、229.1303、230.1240	186.0806、228.1268、96.0544
89	灭害威	209.1282、210.1317	77.0389、122.0601、136.0758
90	环丙嘧啶醇	257.1283、258.1317	81.0447、135.0440、257.1282
91	莎稗磷	368.0306、369.0341、370.0279	124.9823、170.9696、198.9645
92	莠去津	212.1503、213.1537	100.0505、170.1034、212.1503
93	二丁基阿特拉津	188.0696、189.0728、190.0667	71.9403、131.9628、146.0223
94	氟氯氢菊脂（去异丙基莠去津）	174.0540、175.0567、176.0511	68.0243、104.0010、174.0543
95	氧环唑	300.0303、301.0338、301.1419、302.0276、303.0308	91.0542、119.0492、186.0541
96	叠氮津	226.0867、227.0893	68.0244、156.0340、256.2636
97	氟丁酰草胺	356.1269、357.1302	148.1119、121.0878、91.0539
98	苯霜灵	226.1751、327.1785	109.0288、81.0340、59.0491
99	恶虫威	224.0917、225.0952	53.0385、81.0336
100	麦锈灵	323.9877、324.9917	202.9353、230.9300、323.9878
101	解草酮	260.0240、261.0276、262.0211	65.0388、89.0388、125.0154
102	*N*-苯甲酰-*N*-(3,4-二氯苯基)-DL-丙氨酸乙酯	366.0661、367.0693、368.0633	70.0397、306.1038、164.1179
103	联苯三唑醇	338.1864、339.1891、341.0943	307.0637、271.0871、343.0399
104	啶酰菌胺	343.0397、344.0432、345.0370、346.0406	68.0244、156.0340、256.2637
105	除草定	262.0269、263.0218、264.0246	81.0447、135.0441、204.9613
106	溴丁酰草胺	312.0957、313.0991、314.0939	158.9764、70.0405、375.9628
107	糠菌唑	377.9592、378.9627、379.9568	317.1644、166.0964、210.1595
108	乙嘧酚磺酸酯	317.1640、318.1672、319.1620	166.0976、210.1602、272.1066

第四章 农药及其代谢物一级质谱及二级质谱离子信息

续表

序号	农药中文名称	一级质谱	二级全扫质谱CE：(35±15)
109	氟丙嘧草酯	475.0885、477.0857	57.0699、137.9552、281.0516
110	苯酮唑	351.1485、352.1519	143.0168、86.9901、93.0574
111	萎锈灵	236.0737、237.0773、238.0714	117.0576、197.0847、125.0150
112	杀虫脒	197.0837、198.0872、199.0810	222.0436、104.0491、128.9840
113	膦基聚羧酸	222.0426、223.0464、224.0402	141.0771、167.0561、56.0497
114	氯磺隆	358.0370、359.0407、360.0345	131.9448、187.9345、204.9613
115	赛草青	207.9564、208.9594	125.0149
116	异恶草酮	240.0784、241.0821、242.0758	214.0861、104.0011、241.0964
117	草净津	241.0962、242.0993、243.0934	67.0546、123.0807、158.0506
118	草灭特	216.1416、217.1450	55.0543、83.0856、203.0227
119	环莠隆	199.1801、200.1838	203.0223、241.0397、295.0869
120	环氟菌胺	413.1285、414.1321、415.1330	143.0093、183.0165、203.0266
121	环丙津	228.1007、229.1038、230.0981	70.0402、125.0149、292.1207
122	环唑醇	292.1210、293.1243、294.1184	70.0400、119.0859、125.0154
123	酯菌胺	280.0735、281.0734、282.0707	167.1040、85.0509、60.0556
124	灭蝇胺/环丙氨嗪	167.1037、168.1066	83.0604、125.0823、107.1039
125	二嗪磷	305.1084、306.1108、307.1054	153.1022、169.0793、284.2945
126	二氯丙烯胺	208.0289、209.0325、210.0260	70.0411、158.9763、328
127	苄氯三唑醇	328.0974、329.1013	70.0401、158.9766、240.2322
128	双氯氰菌胺	313.0869、314.0906、315.0842	202.0184、150.0273、120.0566
129	避蚊胺	192.1380、193.1416	94.9890、124.9818、142.9924
130	乙酰甲胺磷	184.0193	124.9820、142.9924
131	右旋烯丙菊酯	301.1410、302.1536、303.1955	225.0287、181.0643、141.0498
132	苯氰菊酯	376.1907、377.1944	278.9018、171.9879、181.0659
133	倍硫磷	238.0834、239.0875	96.9510、124.9822
134	乙拌磷亚砜	291.0308、292.0336、293.0272	64.9786、128.9230、156.9537
135	灭菌磷	299.0621、300.0455、301.1409	130.0287、148.0397、244.2063
136	羟苯甲酯	247.0219、248.0253、249.0187	109.0051、124.9823、169.0089
137	甲基砜内吸磷	263.0171、264.0199、265.0139	133.0887、148.1122、132.0808
138	甲草胺	270.1256、271.1286、271.1228	174.0546、216.1016、104.0010
139	唑啶磷	324.9806、325.9840、326.9783	98.9841、111.9946

续表

序号	农药中文名称	一级质谱	二级全扫质谱CE：(35±15)
140	乙基保棉磷	346.0443、347.0472	77.0386、132.0446
141	嘧菌酯	404.1235、405.1273	372.1022、329.0812、316.1085
142	丙硫克百威	411.1948、412.1988	195.0477、252.0699、190.0903
143	噻嗪酮	306.1629、307.1663	106.0644、116.0520、145.0419
144	丁草胺	312.1728	162.1280、238.1002、147.1040
145	仲丁灵	296.1604、297.1640	222.0882、240.0990、149.0235
146	硫线磷	217.0944、272.0979、273.0910	130.9382、96.9504、158.9695
147	甲萘威	202.0861	145.0658、127.0546、117.0698
148	硫丹	381.2205、382.2238、383.2212	62.0061、104.0530、160.1155
149	氟啶脲	539.9709、540.9678、541.9681	382.9372、158.0415、141.0147
150	绿麦隆	213.0786、214.0823、215.0760	128.9232、156.9536
151	毒死蜱	349.9337、350.9371、351.9308	192.9278、96.9509、213.9048
152	甲基毒死蜱	321.9023、322.9055、323.8994	124.9820、289.8761、78.9940
153	蝇毒磷	363.0216、364.0256、365.0191	131.0483、147.0046、226.9925
154	苯腈磷	304.0552、305.0588	79.0544、130.9362、179.9688
155	杀螟腈	244.0193、245.0189	78.9945、124.9825、211.9934
156	嘧菌环胺	226.1335、227.1369	226.1343、210.1023、133.0757
157	除线磷	317.1149	78.9945、124.9825、211.9934
158	敌敌畏	220.9531、222.9503、224.9476	109.0046、127.0152、78.9944
159	乙霉威	268.1543、281.0517	124.0393、152.0699、180.1006
160	乐果	230.0068、231.0088、232.0027	124.9820、156.9535、78.9940
161	(E)-烯唑醇	326.0818、327.0846、328.0792	70.0401、326.0824、158.9755
162	敌瘟磷	311.0323、312.0357、313.0298	111.0265、172.9818、283.0012
163	乙硫磷	384.9950、385.9982、386.9916	142.9379、170.9693、96.9504
164	灭线磷	243.0633、244.0669、245.0600	130.9387、96.9510、172.9853
165	苯线磷	304.1128、305.1163、306.1106	217.0080、201.9845、234.0344
166	苯线磷砜	336.1027、337.1060、338.1014	266.0253、188.0472、308.0716
167	氯苯嘧啶醇	331.0430、332.0467、333.0402	268.0528、331.0404、138.9943
168	腈苯唑	337.1212、338.1248、339.1190	125.0148、70.0402、337.1211
169	仲丁威	208.1330、209.1368	95.0496、57.0697、77.0385
170	甲氰菊酯	350.1749、351.1788、352.1806	125.0952、97.0990、55.0545

第四章 农药及其代谢物一级质谱及二级质谱离子信息

续表

序号	农药中文名称	一级质谱	二级全扫质谱CE：(35±15)
171	倍硫氧磷	263.0503、264.0535	66.0458、185.9906、200.9754
172	倍硫氧磷砜	295.0398、296.0434	96.9515、98.9841、182.1910
173	倍硫氧磷亚砜	279.0447、280.0485	98.9839、126.9615
174	倍硫磷砜	311.0171、312.0203、313.0148	124.9824、200.0058、278.9914
175	倍硫磷亚砜	295.0219、296.0258、297.0191	109.0060、200.9021、278.0264
176	氰戊菊酯	437.1631、438.1659、439.1600	125.0145、167.0600、181.0636
177	氟氰戊菊酯	469.1935、470.1972、471.1987	199.0923、412.1523、181.0640
178	地虫硫磷	247.0374、248.0408、249.0342	108.9872、80.9561、62.9453
179	噻唑膦	284.0539、285.0572、286.0505	104.0172、137.9592、199.9605
180	庚烯磷	251.0233、252.0271、253.0206	127.0155、125.0149、109.0046
181	己唑醇	315.0853、316.0793、317.826	70.0412、158.9769
182	抑霉唑	297.0556、298.0591、299.0532	158,9760、297.0562、255.0089
183	茚虫威	528.0780、529.0818、530.0764	203.0195、150.0107、218.0426
184	异稻瘟净	289.1023、290.1059、291.0995	91.0541
185	缬霉威	321.2168、322.2206、323.2225	119.0855、117.0697、91.0533
186	氯唑磷	314.0486、315.0522、316.0461	58.0669、162.1280、178.1088
187	氧异柳磷	330.1467、331.1404、332.0372	65.0388、121.0286、200.9948
188	恶唑磷	314.0608、315.0643	93.0574、118.0646、170.0481
189	醚菌酯	314.1388、315.1423、316.1437	116.0496、131.0731、222.0919
190	利谷隆	249.0190、250.0224、251.0162	159.9716、132.9604、182.0242
191	马拉氧磷	315.0657、316.0698、317.0643	99。0075、127.0386、142.9915
192	马拉硫磷	331.0429、332.0466、333.0408	99.0078、124.9823、127.0390
193	地安磷	270.0378、271.0411、272.0346	59.9901、98.9841、139.9435
194	甲胺磷	142.0085、142.9926	94.0052、124.9817、63.9945
195	杀扑磷	302.9693、303.9716、304.9659	85.0397、145.0065、56.0289
196	异丙甲草胺	284.1408、285.1446、286.1385	176.1435、252.1158、134.0957
197	速灭磷	225.0526、247.0346	127.0159、109.0051、67.0182
198	久效磷	224.0681、246.0504	127.0161、58.0291、109.0049
199	敌草胺	272.1643、273.1679	171.0808、129.1148、114.0917
200	氧乐果	214.0295、215.0330、216.0259	124.9815、109.0044、154.9919
201	多效唑	294.1364、295.1401、296.1341	70.0406、125.0150、294.1365

续表

序号	农药中文名称	一级质谱	二级全扫质谱 CE：(35±15)
202	乙基对氧磷	276.0628、277.0666	96.9510、98.9839、114.9738
203	甲基对氧磷	248.0316、249.0352	55.0453、142.1610、202.0882
204	二甲戊灵	282.1453、283.1473	212.0669、194.0563、119.0604
205	稻丰散	321.0379、322.0415、323.0352	124.9821、107.0495、135.0445
206	甲拌磷	261.0380、262.0413、263.0344	75.0265、96.9507、142.9381
207	氧甲拌磷砜	277.0326、278.0362、279.0293	80.9748、98.9845、155.1195
208	甲拌氧磷	245.0430、246.0462、247.0394	75.0262
209	甲拌氧磷亚砜	261.0376、262.0413、263.0344	109.0054、127.0145
210	甲拌磷砜	293.0098、294.0131、295.0064	114.9611、96.9506、142.9379
211	甲拌磷亚砜	277.0151、278.0182、279.0114	96.9509、114.9616
212	伏杀硫磷	367.9944、368.9978、369.9917	182.0005、138.0103、110.9990
213	硫环磷	256.0226、257.0256、258.0191	139.9563、61.0105、167.9872
214	磷胺	300.0759、301.0799、302.0736	127.0155、72.0446、100.0756
215	辛硫磷	299.0612、300.0645、301.0590	77.0399、96.9613、129.0448
216	啶氧菌酯	368.1104、369.1128、370.1152	145.0646、115.0539
217	哌草磷	354.1317、355.1351、356.1294	177.0909、119.0848、149.0595
218	抗蚜威	239.1497、240.1528	72.0446、182.1286、137.0699
219	脱甲基抗蚜威	225.1344、226.1375	71.0606、168.1127
220	乙基抗蚜威	334.1344、335.1380	55.0532、150.0298、198.1056
221	甲基抗蚜威	306.1031、307.1064	108.0555、164.1180、306.1030
222	炔丙菊酯	301.1791、302.1833	105.0700、123.1170、133.0650
223	丙草胺	312.1725、313.1754、314.1696	252.1150、176.1427、147.1037
224	咪鲜胺	376.0382、377.0419、378.0354	70.0651、166.9215、194.9159
225	丙溴磷	372.9428、373.9407、374.9407	302.8646、284.8540、128.0023
226	霜霉威	189.1595、190.1632	102.0575、74.0246、58.0655
227	敌稗	218.0131、219.0170、220.0103	127.0183、161.9871、218.0143
228	丙虫磷	305.0967、306.1003	139.0229、170.9676、187.9691
229	炔螨特	368.1889、369.1923、370.1885	175.1122、107.0486、57.0703
230	异丙氧磷	281.0516、282.0929、283.0494	63.9948、109.9824
231	丙环唑	342.0769、343.0806、344.0743	158.9875、342.0776、69.0700
232	残杀威	210.1125、211.1147	93.0338、111.0444、65.0387

第四章　农药及其代谢物一级质谱及二级质谱离子信息

续表

序号	农药中文名称	一级质谱	二级全扫质谱CE：(35±15)
233	吡唑醚菌酯	388.1053、389.1095、390.1035	163.0636、149.0472、296.0590
234	吡菌磷	374.0933、375.0967、376.0929	98.9840、194.0563、222.0883
235	哒螨灵	365.1446、366.1483、367.1425	147.1171、309.0826、132.0928
236	三氟甲吡醚	489.9748、490.9793、491.9718	108.9606、164.0318、183.0208
237	啶斑肟	295.0395、296.0435、297.0370	93.0571、295.0399
238	喹硫磷	299.0610、300.0642、301.0594	96.9510、147.0555、163.0326
239	治螟磷	323.0300、324.0336、325.0272	114.9611、96.9505、142.9922
240	氟胺氰菊酯	503.1345、504.1376、505.1325	181.0643、208.0754、180.0797
241	戊唑醇	308.1521、309.1558、310.1499	70.0404、125.0147、308.1527
242	特丁硫磷	288.0485、290.0520、290.0452	57.0704、103.0573、130.9376
243	特丁氧磷亚砜	289.0689、290.0725、291.0656	109.0107、163.0327
244	特丁氧磷	273.0742、274.0777、275.0707	57.0701、102.9331
245	特丁硫磷亚砜	305.0463、306.0480、307.0418	130.9386、187.0013、96.9508
246	特丁氧磷砜	305.0636、306.0672、307.0612	94.9622、113.0011
247	特丁硫磷砜	321.0411、322.0446、323.0378	114.9611、96.9504、171.0237
248	(Z)-杀虫畏	366.9037、368.1112、368.9012	127.0155、203.9296、238.8987
249	胺菊酯	332.1857	57.0696、164.0708、268.2634
250	甲苯氟磺胺	346.9855、347.9880、348.9825	137.0290、237.9648
251	三唑酮	294.1000、295.1035、296.0977	69.0698、197.0729、141.0096
252	三唑醇	296.1159、297.0823、298.0836	119.0588、161.0997、162.0655
253	三唑磷	314.0718、315.0751、316.0696	162.0658、119.0599、281.0507
254	磷酸三丁酯	267.1719、268.1753	65.0386、98.9842、252.1153
255	三环唑	190.0430、191.0465、192.0387	136.0221、163.0332、190.0444
256	磷酸三苯酯	327.0777、328.0816	70.0650、194.9173、308.0038
257	蚜灭多	288.0485、289.0520、290.0458	118.0329、146.0642、58.0298
258	苯醚甲环唑	406.0716、407.0753、408.0692	251.0034、337.0397、406.0721
259	枯莠隆	287.1383、288.1422	72.0443、123.0441、287.1387
260	二甲草胺	256.1098、257.1134、258.1074	148.1121、226.0813、
261	异戊乙净	256.1588、257.1620、258.1556	158.0499、186.0804、256.1586
262	二甲吩草胺	276.0817、277.0852、278.0789	244.0563、168.0840、111.0256
263	烯酰吗啉	388.1306、389.1347、390.1289	301.0631、165.0547、388.1311

续表

序号	农药中文名称	一级质谱	二级全扫质谱 CE：(35±15)
264	2-二甲基氨基甲酰基-3-甲基-5-吡唑基-N,N-二甲基氨基甲酸酯	241.1292、242.1326	72.0444、130.1583、186.2221
265	氟环唑	330.0801、331.0837、332.0777	121.0452、123.0241、70.0402
266	茵草敌	190.1259、191.1288	80.0599、128.1071、190.1245
267	禾草畏	266.1570、267.1608	91.0544
268	乙氧呋草黄	287.0946、288.0985、289.0923	121.0646、161.0597、133.0636
269	乙氧基喹啉	218.1534、219.1572	218.1549、174.0914、160.0760
270	乙螨唑	360.1762、361.1801、362.1821	141.0141、304.1139、360.1767
271	咪唑菌酮	312.1162、313.1198、314.1146	92.0499、236.1184、65.0387
272	喹螨醚	307.1800、308.1836、309.1861	161.1327、147.0552、307.1812
273	拌种咯	236.9980、238.0015、238.9952	140.0492、202.0281
274	苯锈啶	274.2524、275.2564、276.2595	274.2535、147.1159、86.0961
275	丁苯吗啉	304.2633、305.2669、306.2692	304.2645、147.1165、119.0851
276	3-苯基-1,1-二甲基脲	165.1019、166.1055	72.0442、77.0387
277	氟虫腈	436.9469、437.9339、438.9434	249.9586、329.9595、277.9539
278	氟虫腈硫醚	422.9489、423.9490、424.9464	261.9610、313.9639、382.9584
279	氟甲腈	388.9794、389.9667、390.9770	350.9874、281.9917、330.9801
280	麦草氟-异丙酯	364.1109、365.1145、366.1087	105.0336
281	氟啶虫酰胺	230.0532、231.0568	148.0371、174.0165、203.0431
282	氟草灵	328.0789、329.0828	254.0431、282.0736、328.0804
283	吡氟禾草灵	384.1414、385.1451、386.1467	282.0806、328.0832、254.0737
284	氟噻草胺	364.0736、365.0774、366.0716	152.0507、124.0555、109.0442
285	氟虫脲	489.0437、490.0471、491.0414	158.0419、141.0149
286	丙炔氟草胺	355.1087、356.1124	254.0431、282.0736、355.1089
287	氟吡菌酰胺	397.0533、398.0576、399.0510	173.0210、208.0141、397.0544
288	乙羧氟草醚	465.0677、466.0707、467.0652	343.9945、300.0043、222.9775
289	氟喹唑	376.0161、377.0194、378.0135	272.0150、287.0259、306.9837
290	氟咯草酮	312.0166、314.0138	120.0809、224.1179、312.0165
291	氟唑菌酰胺	382.0976、383.1013	342.0846、314.0890、234.0527
292	氟铃脲	465.0677、466.0683、467.0670	158.0421、141.0152

第四章　农药及其代谢物一级质谱及二级质谱离子信息

续表

序号	农药中文名称	一级质谱	二级全扫质谱 CE：(35±15)
293	环嗪酮	253.1657、254.1690	171.0873、71.0603、85.0755
294	咪草酸	289.1540、290.1578	144.0444、161.0710、229.1334
295	丁脒酰胺	186.1232、187.1268	119.9966、162.0431、96.9511
296	西嗪草酮	269.1429、270.1462	57.0699、130.0435、200.0849
297	二氯吡啶酸酯乙酸酯	310.1759、311.1795	296.2940、310.1765
298	稻瘟灵	291.0717、292.0752、293.0688	188.9675、144.9771、231.0140
299	异丙隆	207.1487、208.1522、210.0680	72.0458、134.0966、207.1493
300	双苯恶唑酸	296.1278、297.1312	98.9844、204.0813、232.0760
301	苯噻酰草胺	299.0842、300.0878	120.0805、148.0753、91.0536
302	吡唑解草酯	373.0712、374.0748、375.0687	70.0399、98.9843、327.0296
303	嘧菌胺	224.1179、225.1213	106.0651、209.0947、224.1174
304	灭锈胺	270.1483、271.1523	91.0544、119.0492、149.0234
305	苯嗪草酮	203.0925、204.0958、205.0858	203.0930、175.0978、104.0496
306	吡唑草胺	278.1054、279.1090、280.1028	134.0965、105.0694
307	叶菌唑	320.1521、321.1558、322.1498	70.0402、125.0147、320.1528
308	敌乐胺	323.0962、324.0994	57.0700、124.9823、174.9714
309	二氧威	224.0918、225.0433	77.0387、95.0493、186.2219
310	双苯酰草胺	240.1377、241.1416	118.0656、134.0968、281.0516
311	异丙净	256.1584、257.1616、258.1559	144.0337、214.1118、256.15833
312	氟氯草定	402.0619、403.0652	271.9993、354.0588、402.0621
313	呜菌灵	282.2787、283.2824	98.0964、116.1068、282.2784
314	甲呋酰胺	202.0860、203.0894	132.0325、202.0853
315	环酰菌胺	302.0705、303.0743、304.0678	97.1026、302.0731、55.0550
316	苯硫威	254.1205、255.1241	72.0449
317	恶唑禾草灵	362.0786、363.0825、364.0764	288.0434、244.0519、362.0803
318	苯氧威	302.1385、303.1422、304.1432	88.0395、116.0702、256.0969
319	氯氟吡氧乙酸	254.9736、256.9707	146.0041、180.9735、208.9688
320	氟草烟1-甲基庚基酯	367.0989、368.1019、369.0961	146.0041、180.9735、208.9688
321	呋嘧醇	313.1158、314.1195	109.0631、219.1759、262.0707
322	氟硅唑	316.1074、317.1103、318.1081	165.0696、247.0751、165.0696
323	氟酰胺	324.1200、325.1242	242.0629、262.0690、282.0741

续表

序号	农药中文名称	一级质谱	二级全扫质谱 CE：(35±15)
324	粉唑醇	302.1096、303.1133、304.1153	70.0403、123.0243、109.0445
325	麦穗灵	185.0705、186.0743	65.9258、157.0759
326	呋线威	383.1630、384.1670、385.1627	195.0473、167.0526、162.0667
327	拌种胺	252.1592、253.1628	110.0600、170.0811
328	吡氟氯禾灵	362.0402、363.0440、364.0380	55.0552、122.9928、149.0243
329	甲基吡氟氯禾灵	376.0553、377.0593、378.0534	91.0540、200.2007、288.0398
330	乙氧基乙基吡氟氯禾灵	434.0973、435.1011、436.0953	91.0544、272.0095、283.0502
331	丁烯酸苯酯	204.1413、205.0860	57.0699、72.0446、128.1072
332	戊菌唑	284.0713、285.0749、286.0684	158.9761、70.0402、172.9917
333	氟吡酰草胺	377.0908、378.0943、379.0960	238.0481、359.0807、377.0918
334	猛杀威	208.1331、209.1367	91.0543、94.0415、109.0651
335	扑灭通	226.1659、227.1693	109.0649、91.0542
336	扑草净	242.1431、243.1462、244.1395	158.0491、200.0961、242.1435
337	毒草胺	212.0833、213.0871、214.0808	170.0372、94.0654、106.0651
338	扑灭津	230.1163、231.1198、232.1137	68.0245、146.0227、188.0697
339	环酯草醚	319.0742、320.0779	139.0504、301.0641、319.0739
340	嘧霉胺	200.1181、201.1214	200.1186、168.0678、107.0601
341	吡丙醚	322.1430、323.1468、324.1496	96.0487、185.0613、129.0703
342	2-氨基-3-氯-1,4-萘醌	208.0157、209.0195、210.0131	105.0334、208.0158
343	喹氧灵	308.0039、309.0077、310.0012	196.9793、213.9823、308.0031
344	仲丁通	226.1660、227.1693	134.0960、142.0729、184.1191
345	西玛津	202.0857、203.0894	202.0855、132.0320、104.0008
346	2-甲氧基-4,6-双（乙氨基）均三嗪	198.1343、199.1376	55.0538、288.0408、316.0342
347	西草净	214.1119、215.1149	214.1132、124.0870、68.0248
348	杀草丹	258.0711、259.0748、260.0684	89.0389、125.0156、127.0128
349	仲草丹	279.1593、280.1727、281.1761	91.0539、150.0267
350	甲基立枯磷	300.9619、301.9652、302.9588	174.9710、124.9817、268.9351
351	唑虫酰胺	384.1475、385.1509、386.1451	197.0960、384.1475、171.0318
352	野麦畏	304.0093、305.0112、306.0066	142.9212、86.0599、304.0090
353	抑芽唑	264.2066、265.2103	70.0401、264.2069

续表

序号	农药中文名称	一级质谱	二级全扫质谱CE：(35±15)
354	甲基苯噻隆	222.0692、223.0721、224.0659	124.0220、150.0248、165.0482
355	呋菌胺	230.1171、231.1209	67.0544、137.0596、230.1177
356	甲氧丙净	272.1537、273.1569、274.1510	170.0494、240.1274、272.1533
357	嗪草酮	215.0956、216.0987、217.1010	215.0971、187.107、84.0809
358	兹克威	223.1435、224.1470	151.0994、284.0392、264.0336
359	禾草敌	188.1101、189.1134、190.1061	126.0912、98.0964、83.0854
360	庚酰草胺	240.1145、241.1183、242.1120	85.1012、128.0265、240.1147
361	绿谷隆	215.0580、216.0615、217.0554	98.9999、203.1436、219.1747
362	腈菌唑	289.1211、290.1248、291.1187	70.0402、125.0150、151.0301
363	哒草呋	304.0458、305.0491、306.0433	264.0338、284.0391、304.0451
364	草完隆	223.1803、224.1840	67.0543、135.1169、223.1803
365	氟酰脲	493.0201、494.0235、495.0177	158.0421、141.0147
366	氟苯嘧啶醇	315.0690、316.0731、317.0669	67.0543、135.1169、223.1803
367	呋酰胺	282.0885、283.0924、284.0862	149.0234、150.0270、151.0286
368	坪草丹	258.0711、259.0747、260.0685	89.0389、125.0160
369	解草腈	233.0917、234.0955	77.0390、104.0489
370	恶草酮	345.0767、346.0803、347.0741	176.9504、219.9572、184.9877
371	恶霜灵	279.1334、280.1372、281.0509	89.0392、117.0572、132.0813
372	氧化萎锈灵	268.0634、269.0673	225.0215、250.9861、283.0499
373	炔苯酰草胺	256.0287、257.0323、258.0260	172.9564、189.9820、108.9835
374	苄草丹	252.1418、253.1442、254.1393	91.0541
375	丙硫磷	344、9701、345.9687、346.9674、	55.0542、91.0545、128.0625
376	吡喃灵	218.1176、219.1213	55.0178、97.0284、125.0594
377	咯喹酮	174.0907、175.0944	117.0572、132.0806、174.0908
378	盖草灵	345.0767、346.0689、374.0741	148.9553、184.9877、219.9565
379	喹禾灵	373.0949、374.0987、375.0930	57.0708、71.0858、268.2633
380	生物苄呋菊酯	339.1947、340.1988	149.0232、205.0858、339.1851
381	螺螨酯	411.1122、412.1161、413.1100	71.0859、313.0399、295.0292
382	螺甲螨酯	371.2217、372.2255、373.2267	273.1492、255.1388、187.0753
383	螺虫乙酯	374.1960、375.1996、376.0240	216.1024、270.1496、302.1758
384	螺虫乙酯-酮基-羟基	318.1699、319.1737	214.0861、268.1342、214.0861

续表

序号	农药中文名称	一级质谱	二级全扫质谱CE：（35±15）
385	螺虫乙酯-烯醇-葡萄糖苷	464.2284、465.2321、466.2319	302.1754、270.1484、216.1012
386	螺虫乙酯-单-羟基	304.1907、305.1946	254.1547、211.1485、131.0853
387	螺恶茂胺	298.2736、299.2773	135.1169、207.0328、223.1803
388	2-(硫氰酸甲基硫基)苯并噻唑	238.9770、239.9875、240.9677	109.0110、136.0220、179.9940
389	吡螨胺	334.1678、335.1715、336.1659	117.0215、145.0527、334.1672
390	丁基嘧啶磷	319.1235、320.1273、321.1245	138.0795、153.1025、231.0360
391	牧草胺	234.1847、235.1884	91.0542、192.1391、234.0851
392	丁噻隆	229.1114、230.1148、231.1084	172.0907、116.0275、157.0667
393	特草灵	278.2113、279.2150	94.0415、109.0649
394	特丁通	226.1659、227.1692	100.0507、142.0725、170.1035
395	特丁津	230.1171、231.1208、232.1141	174.0548、146.0221、132.0321
396	特丁净	242.1428、243.1462、244.1396	91.0325、158.0497、186.0803
397	四氟醚唑	374.1960、375.1996	158.9767、70.0407、372.0304
398	特氨叉威	219.1125、220.1159	89.0393、117.0514、132.0813
399	肟菌酯	409.1371、410.1408、411.1422	186.0528、116.0492、206.0814
400	氟菌唑	346.0928、347.0966、348.0904	73.0650、278.0555、69.0443
401	灭菌唑	318.1362、319.1400、320.1341	70.0399、125.0156
402	烯效唑	292.1213、293.1234、294.1188	70.0403、125.0145、292.1218
403	灭草猛	204.1412、205.0858	86.0601、128.1072、204.1423
404	苯酰菌胺	336.0315、337.0352、338.0286	186.9709、158.9760
405	吡咪唑	213.1130、214.1163	69.0705、172.0875

第五章 农药及其代谢物离子流图及一级质谱图（图 1～图 405）

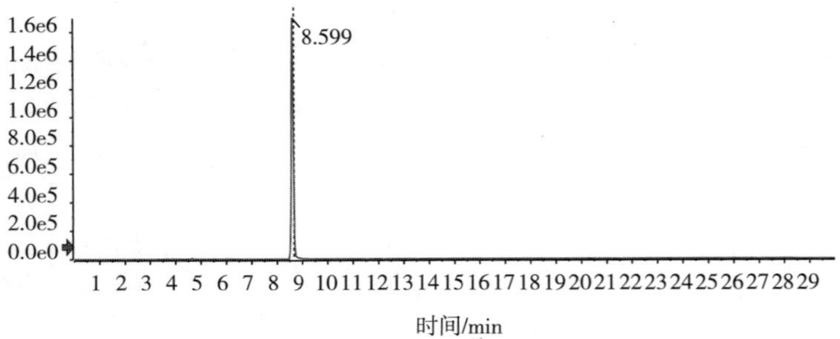

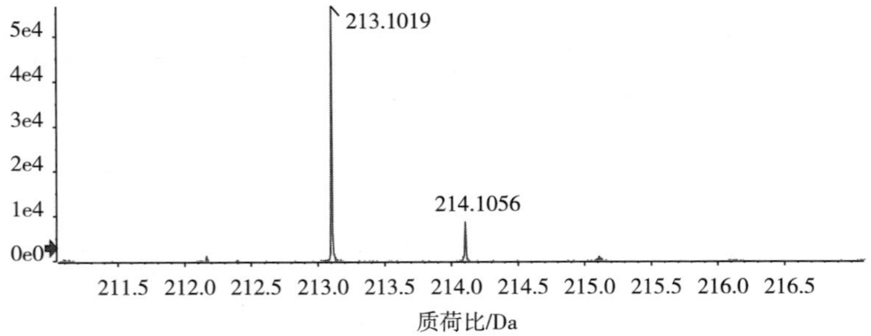

图 1 1,3-二苯脲

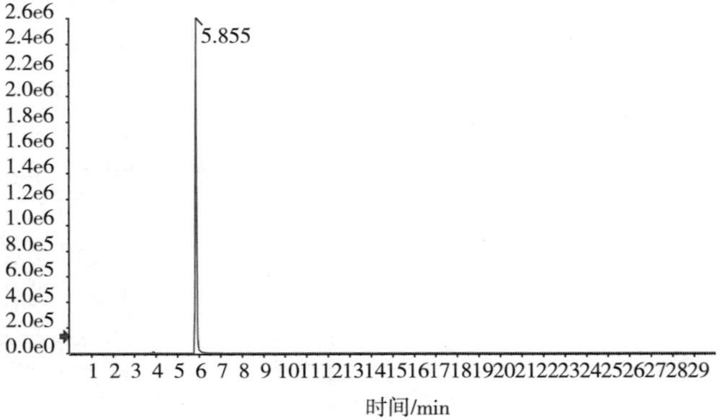

图 2 6-苄氨基嘌呤

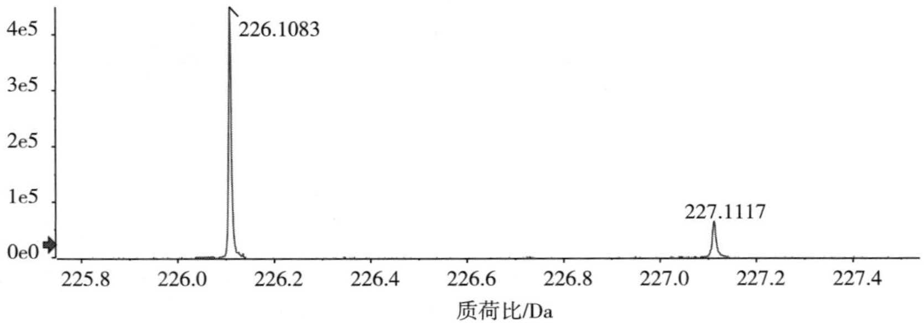

图 3 阿苯达唑

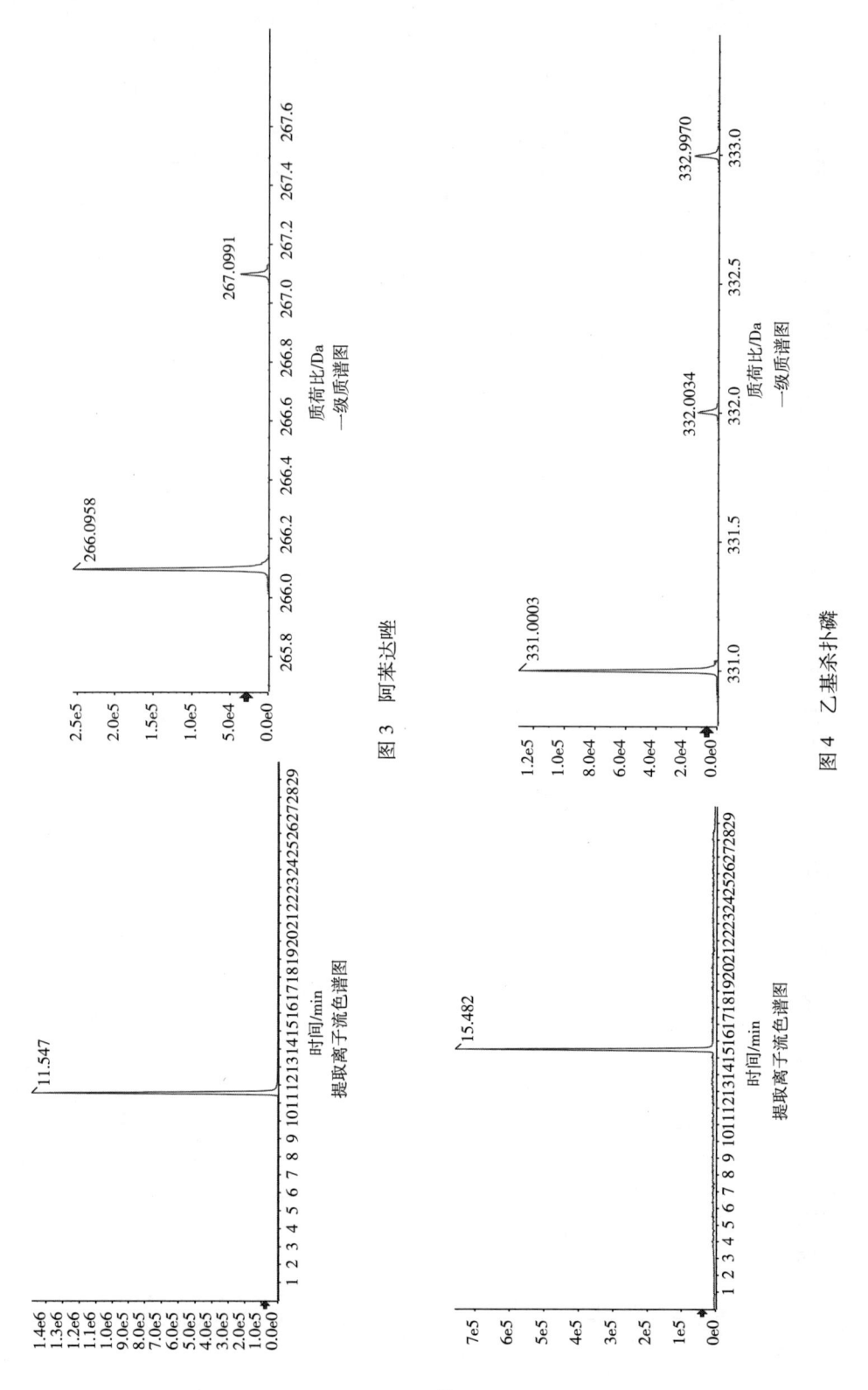

图 4 乙基杀扑磷

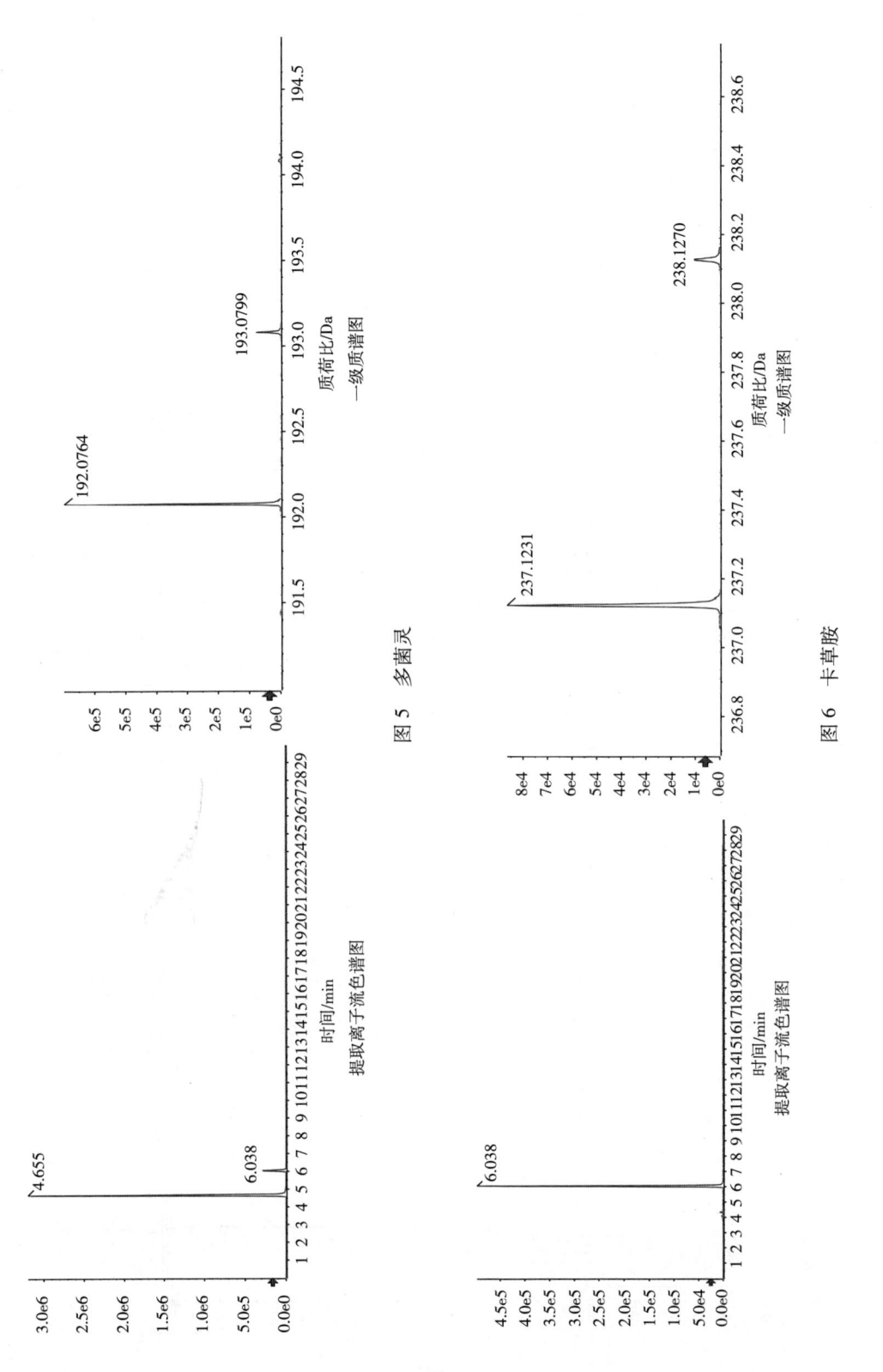

第五章　农药及其代谢物离子流图及一级质谱图

图 5　多菌灵

图 6　卡草胺

图 7　环庚草醚

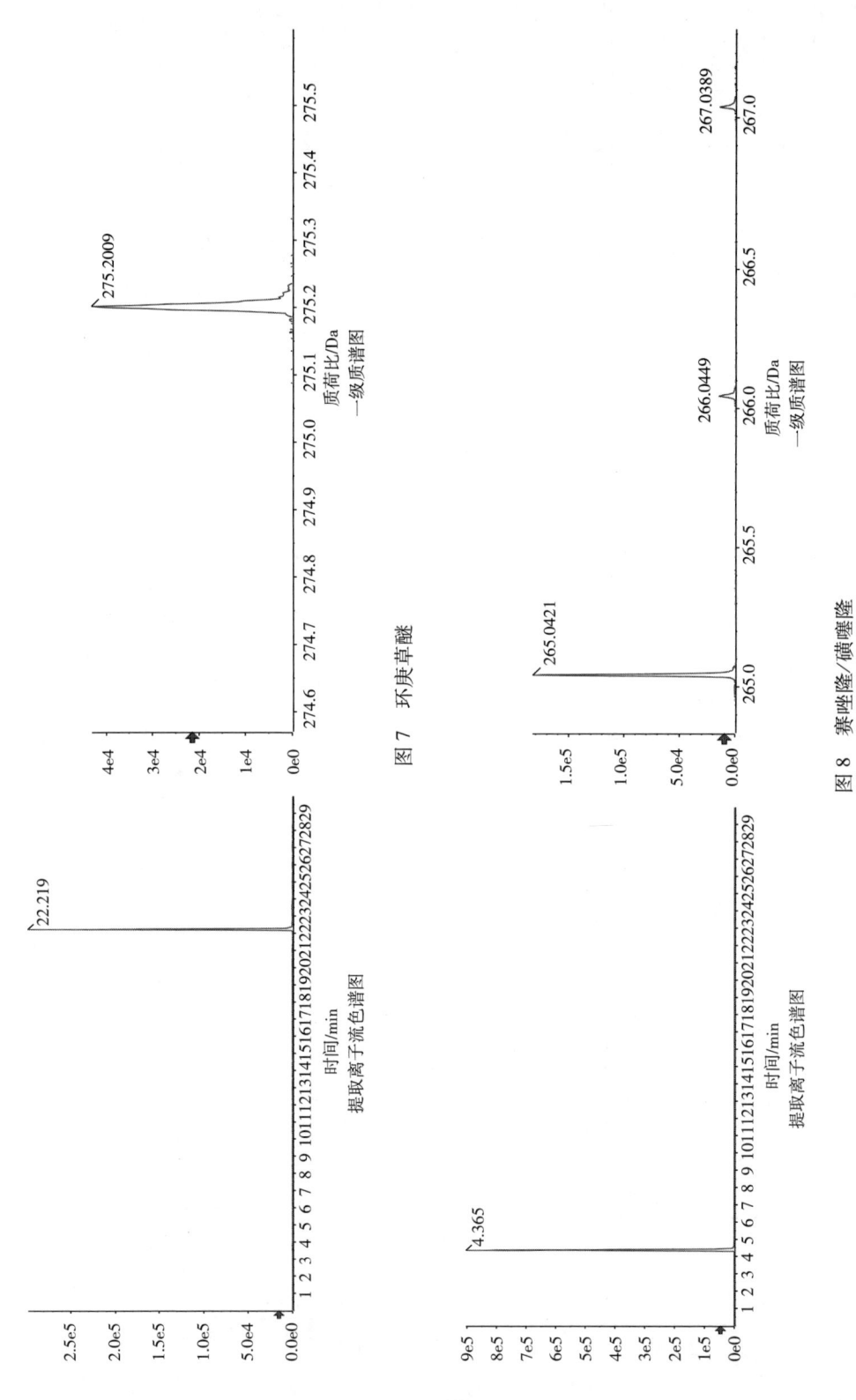

图 8　赛唑隆/磺噻隆

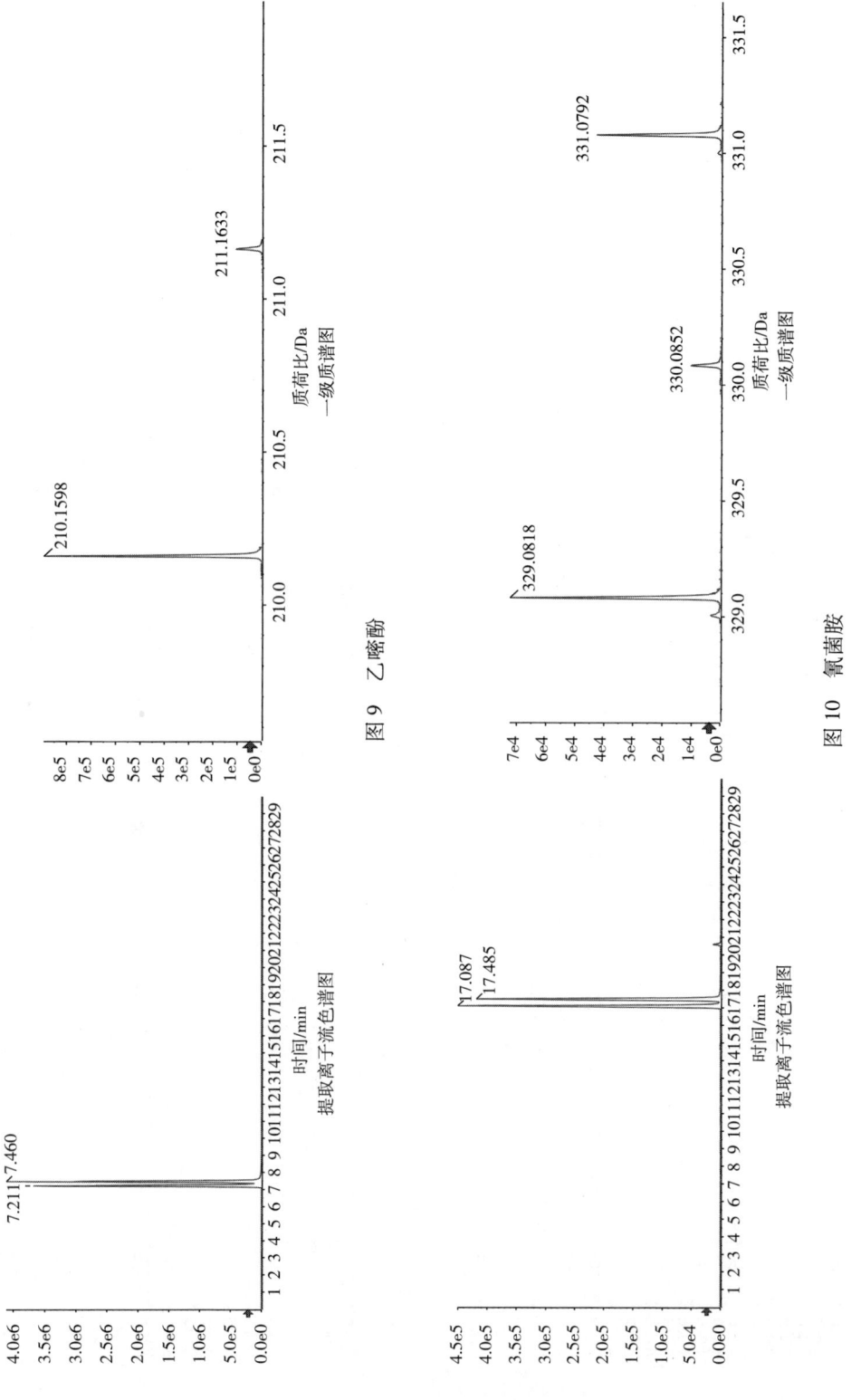

第五章　农药及其代谢物离子流图及一级质谱图

图 9　乙嘧酚

图 10　氰菌胺

图 11 唑螨酯

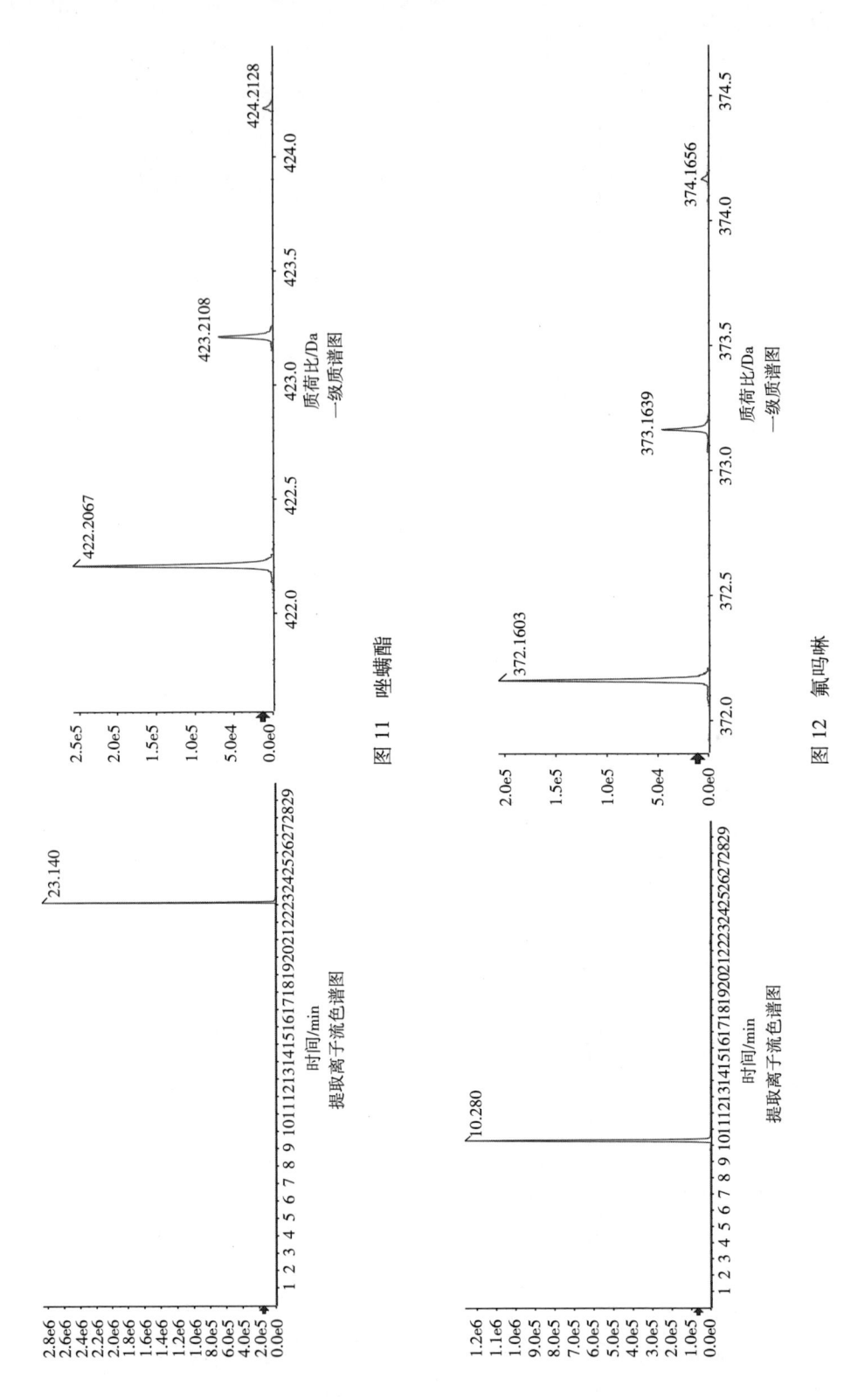

图 12 氟吡啉

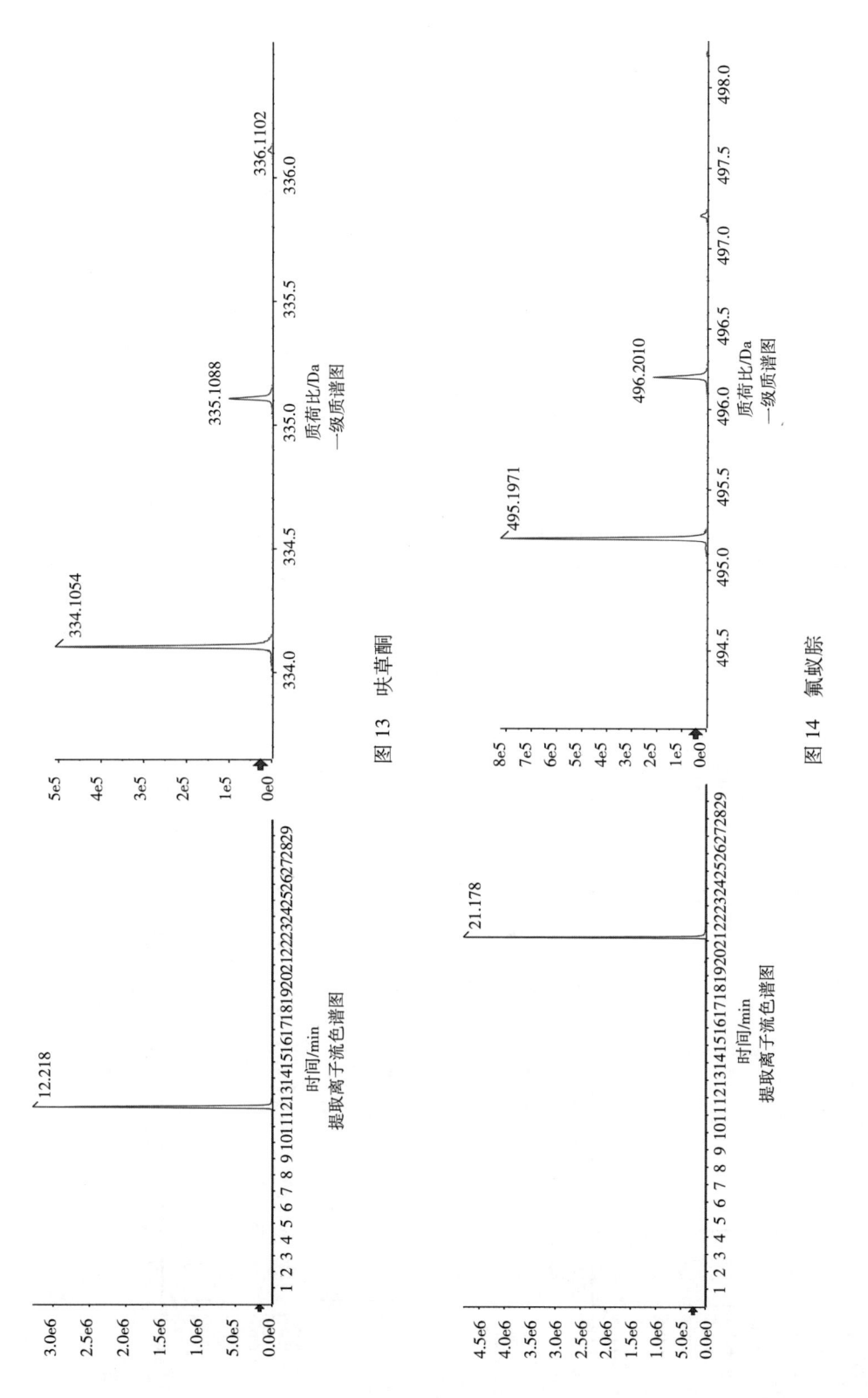

第五章　农药及其代谢物离子流图及一级质谱图

图 13　呋草酮

图 14　氟蚁腙

图 15 甲氧咪草烟

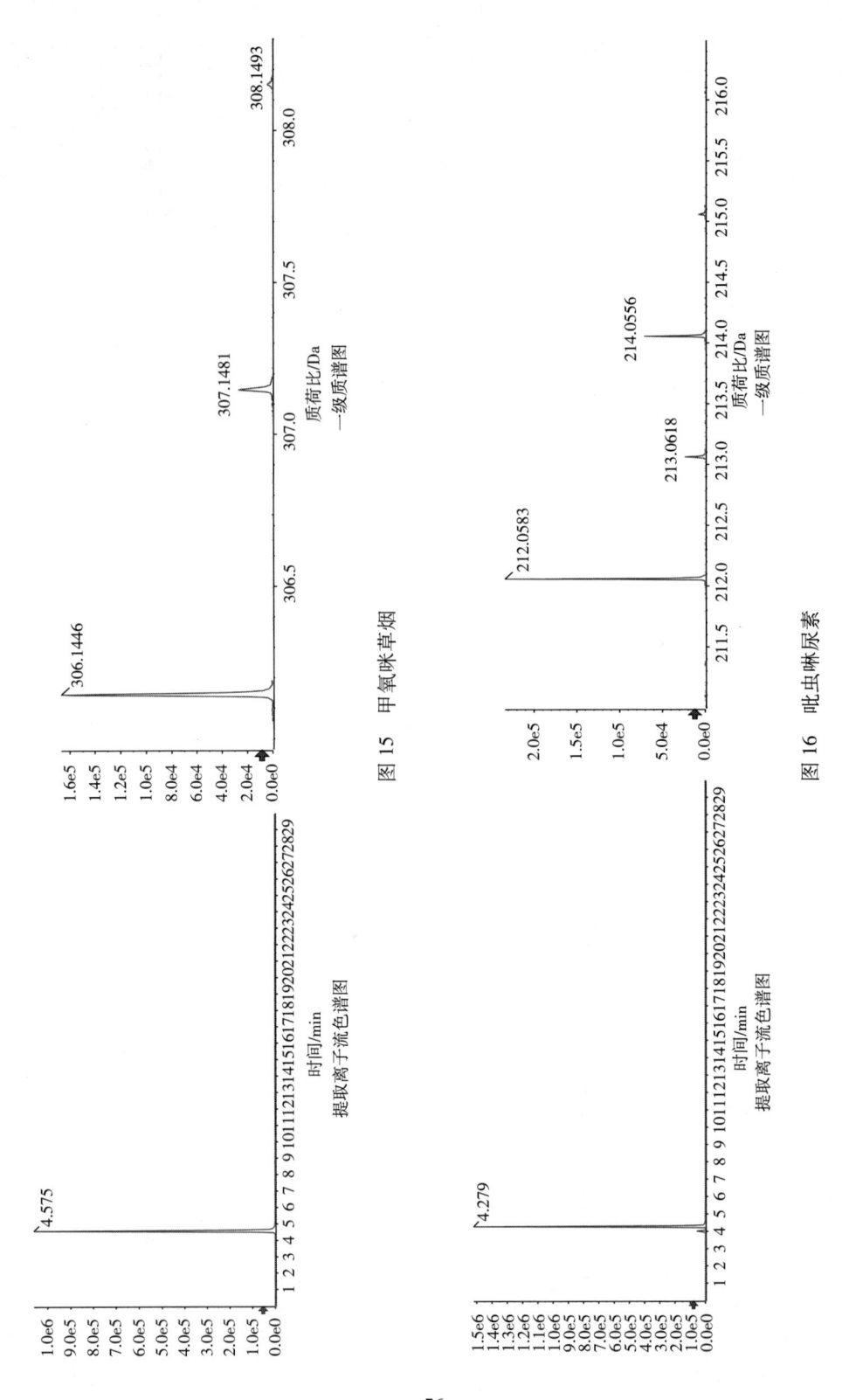

图 16 吡虫咪尿素

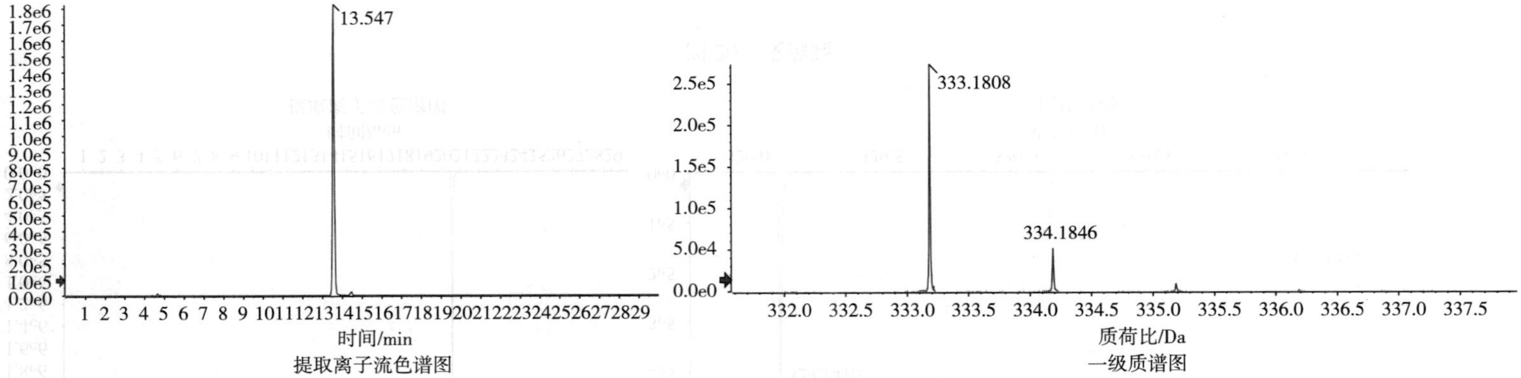

第五章 农药及其代谢物离子流图及一级质谱图

图 17 N-[3-(1-乙基-1-甲基丙基)-1,2-噁唑-5-基]-2,6-二甲氧基苯酰胺

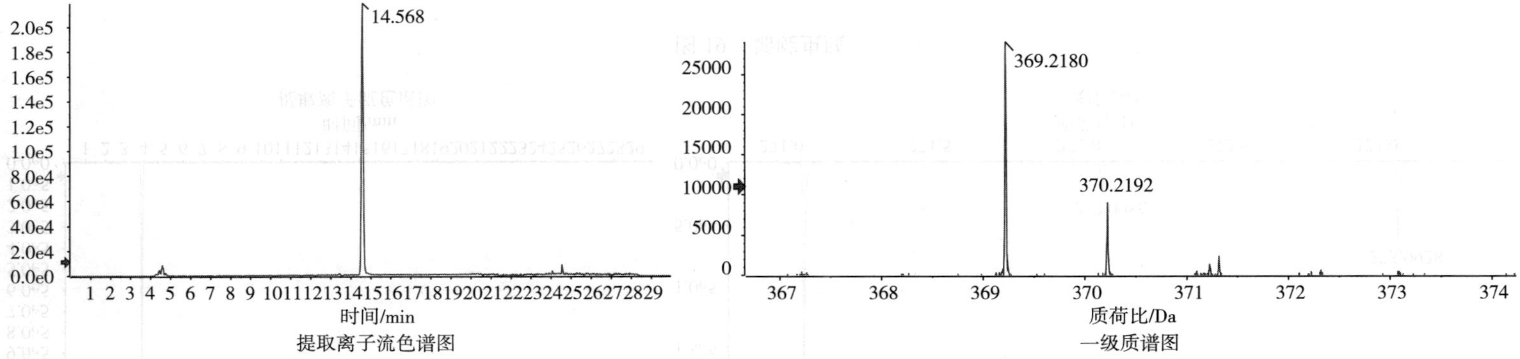

图 18 甲氧虫酰肼

图 19　烯啶虫胺

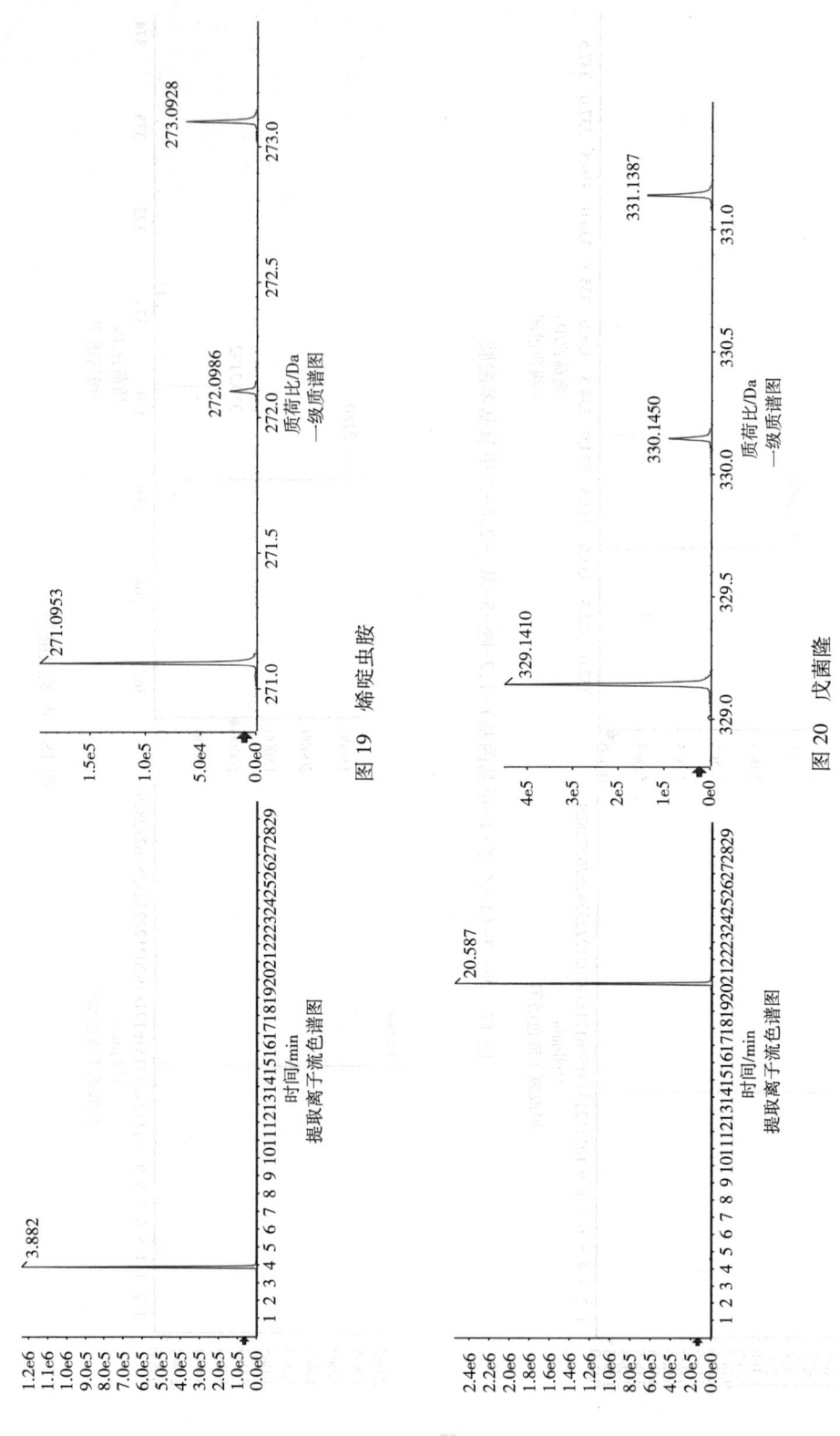

图 20　戊菌隆

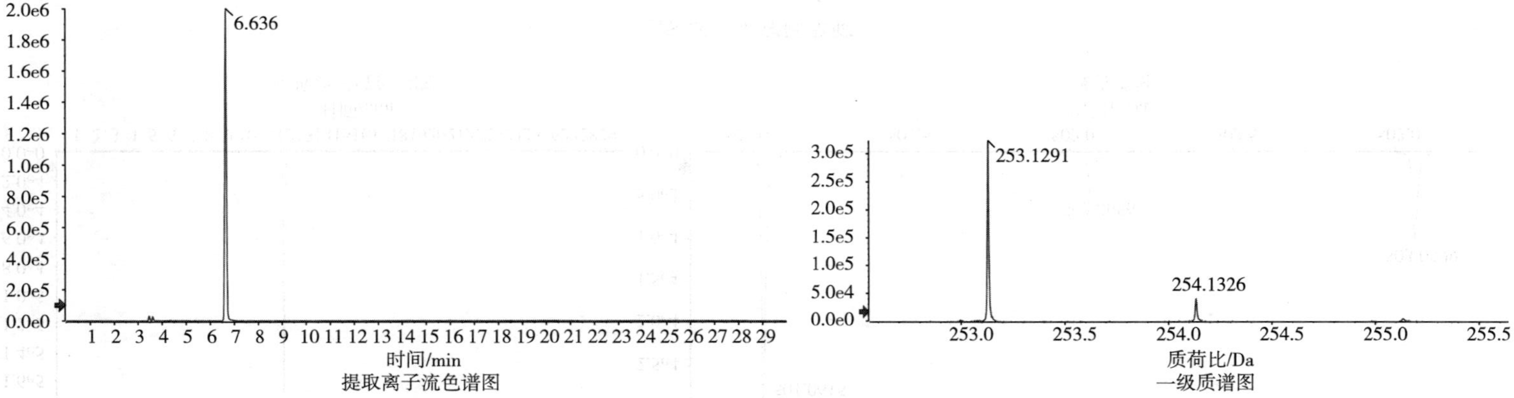

第五章 农药及其代谢物离子流图及一级质谱图

图 21 脱甲基-甲酰氨基-抗蚜威

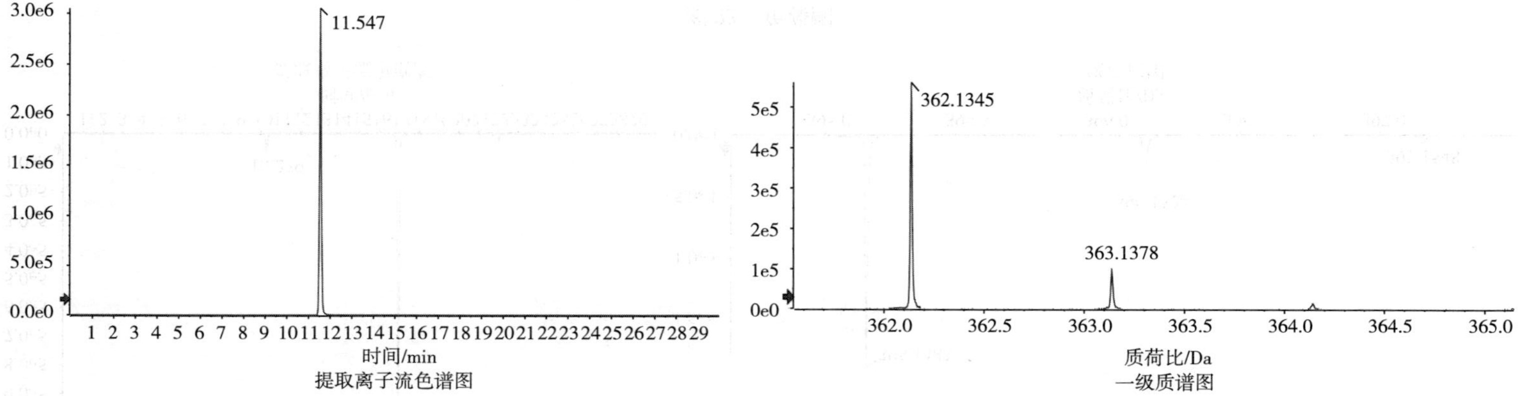

图 22 （Z）-嘧草醚

图 23　鱼藤酮

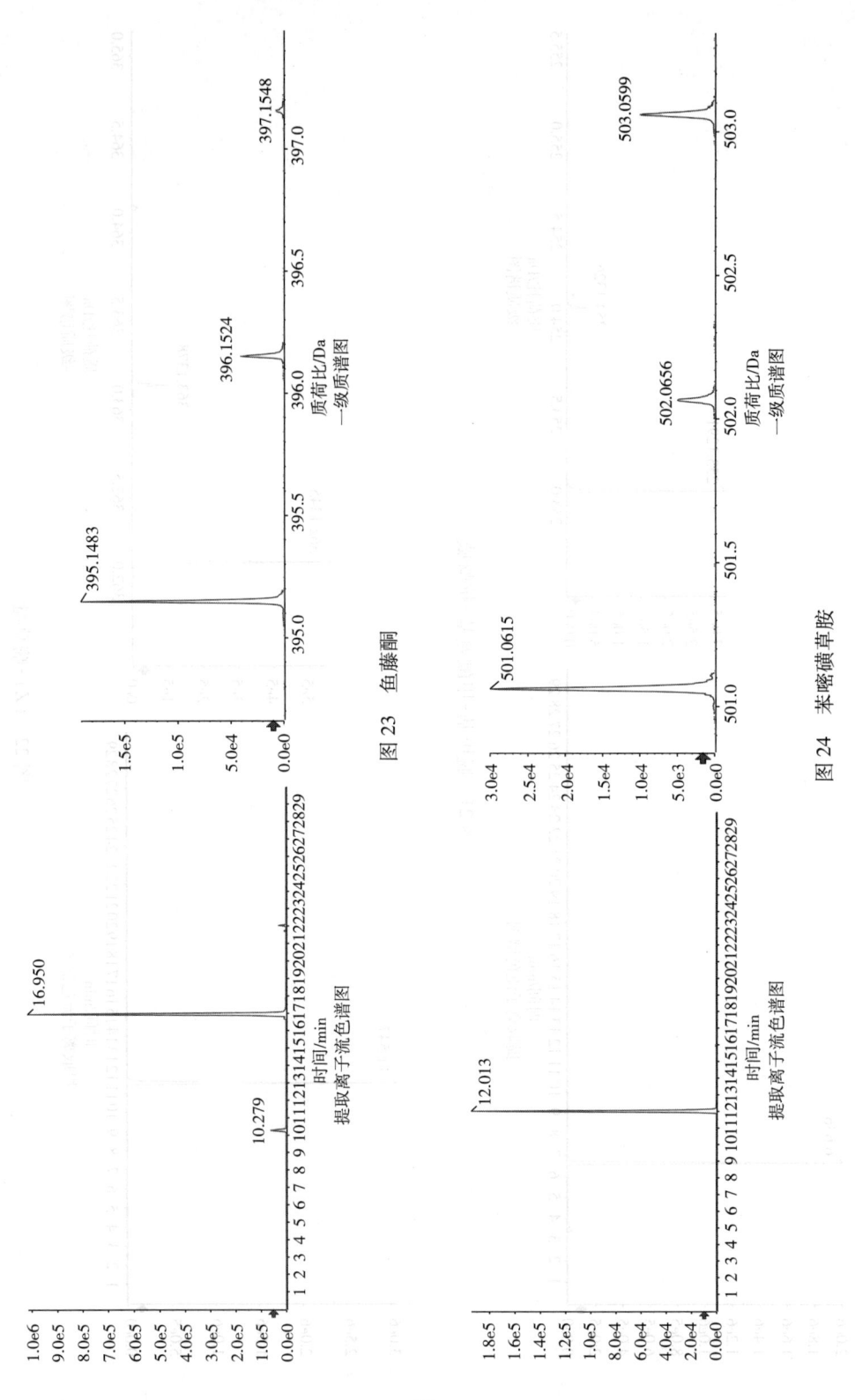

图 24　苯嘧磺草胺

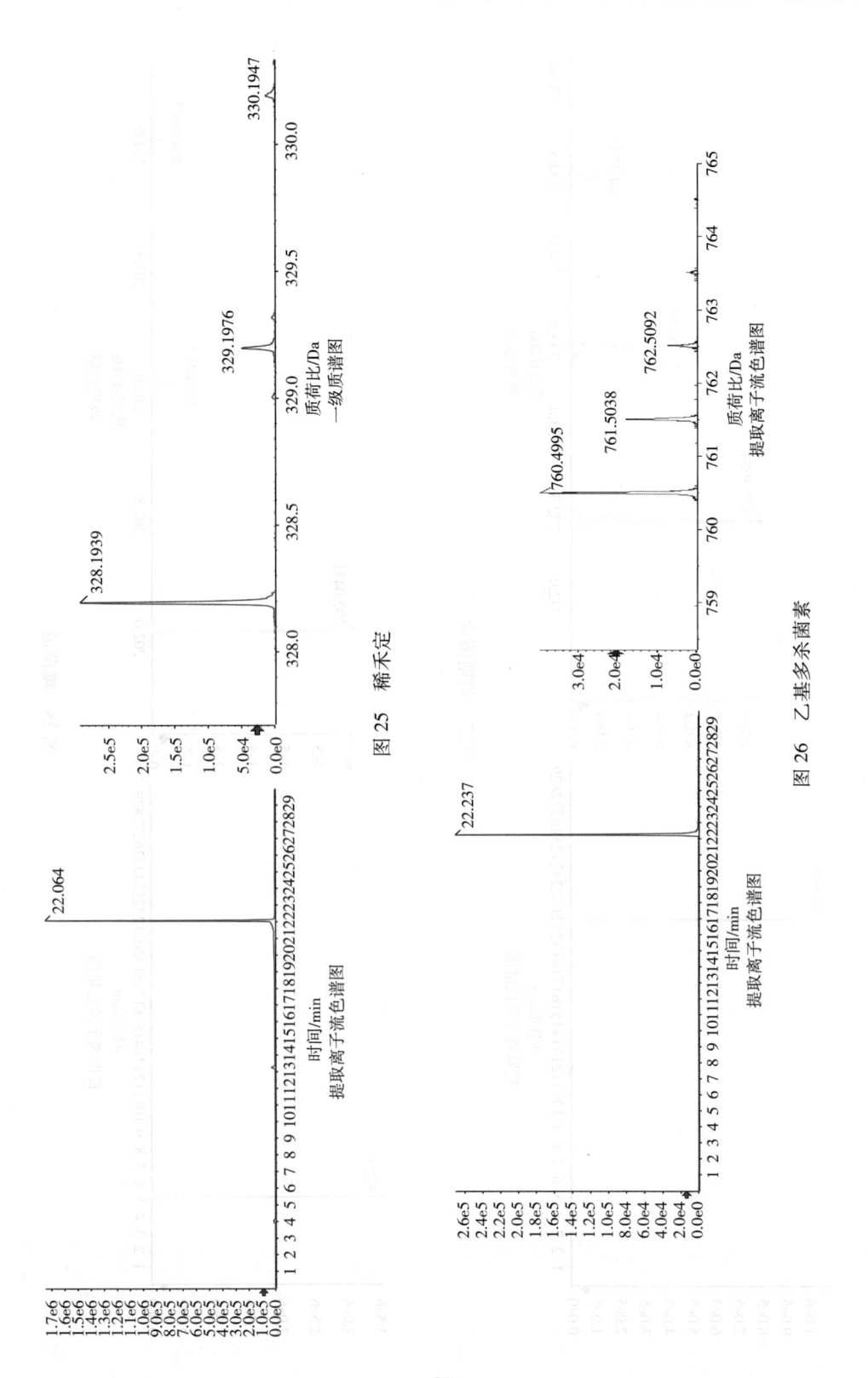

第五章　农药及其代谢物离子流图及一级质谱图

图 25　稀禾定

图 26　乙基多杀菌素

图 27 刺糖菌素

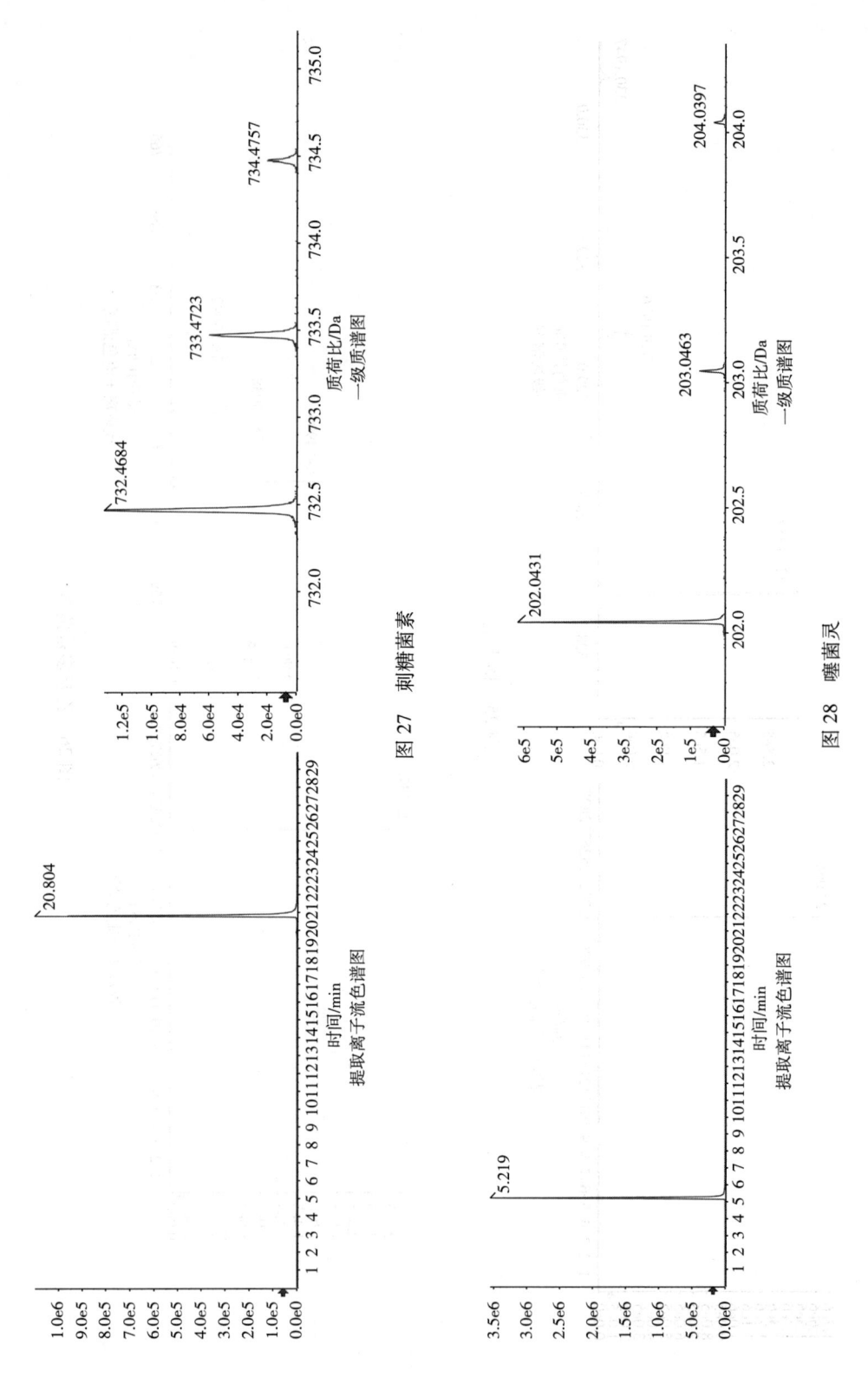

图 28 噻菌灵

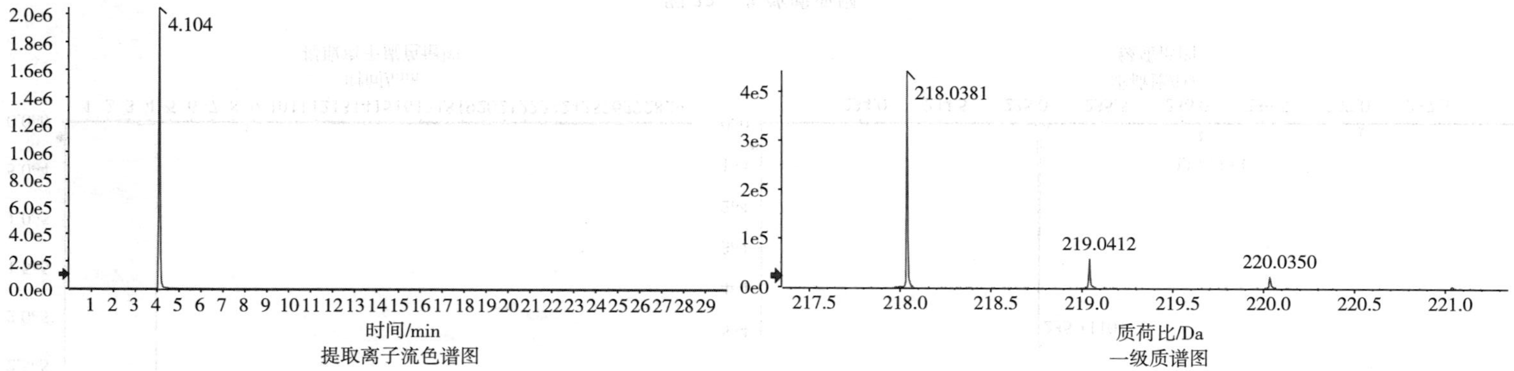

第五章 农药及其代谢物离子流图及一级质谱图

图 29 噻苯咪唑-5-羟基

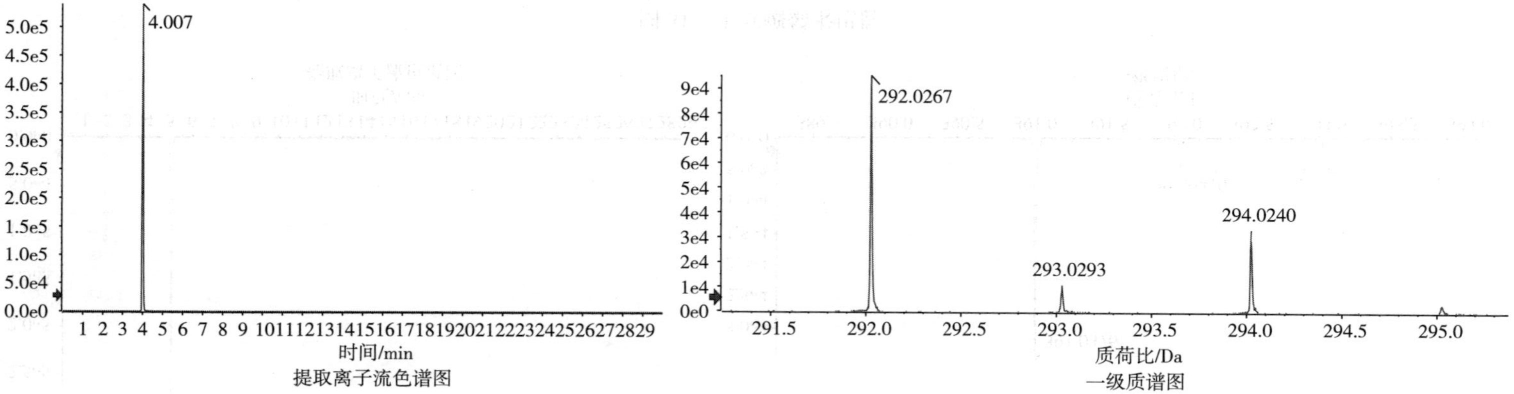

图 30 噻虫嗪

图 31 甲基噻嗪卡巴腙

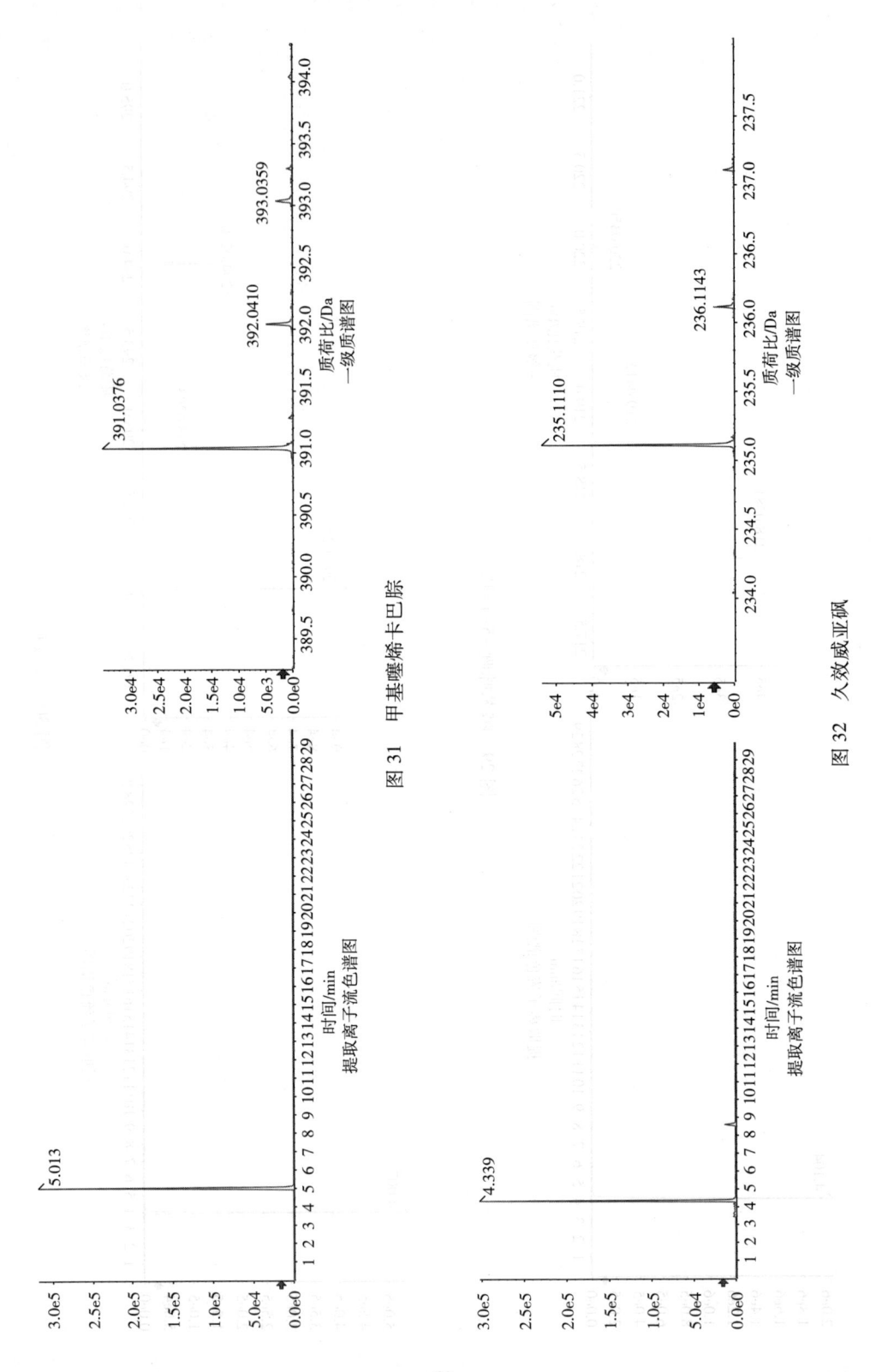

图 32 久效威亚砜

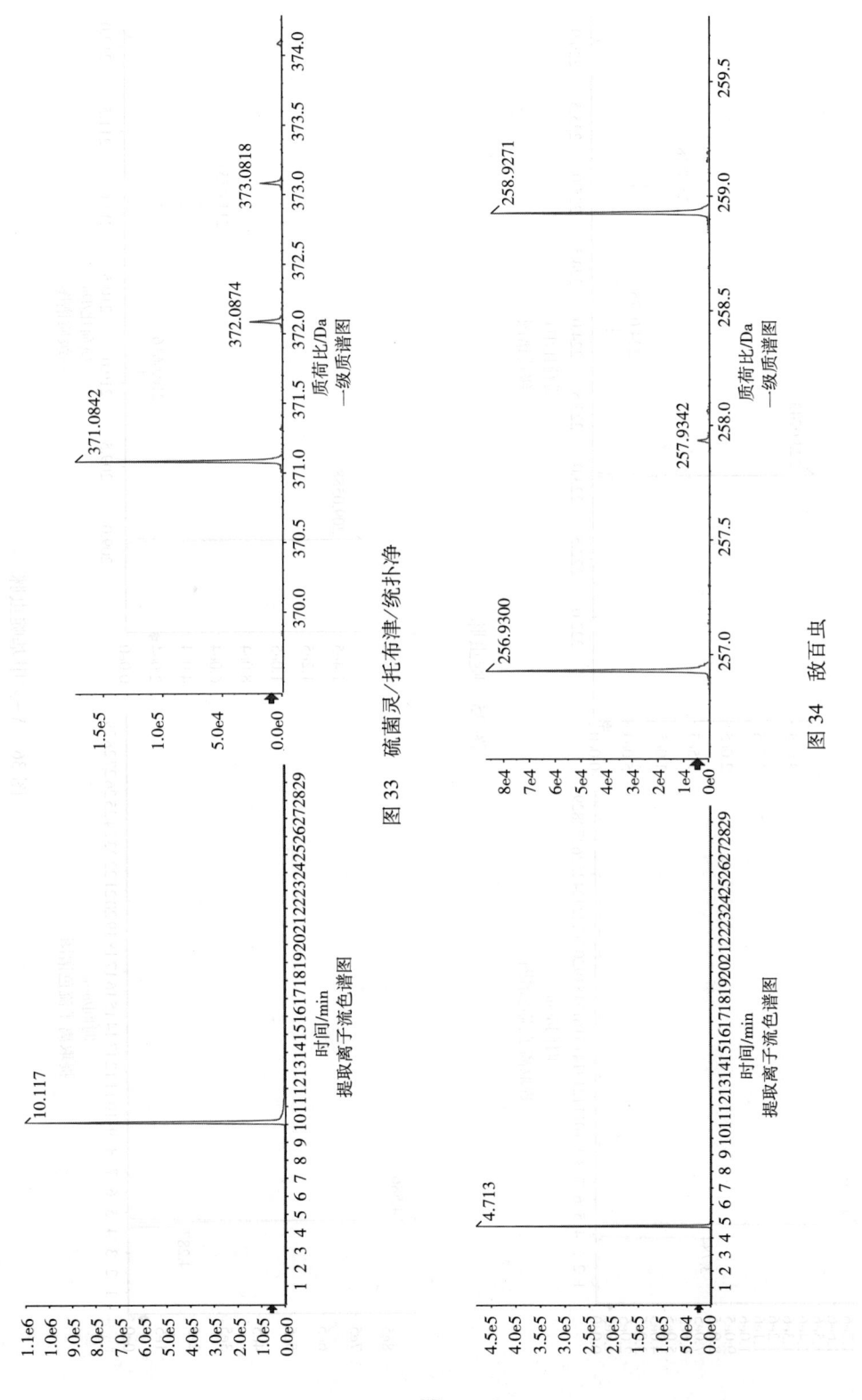

第五章 农药及其代谢物离子流图及一级质谱图

图 33 硫菌灵/托布津/统扑净

图 34 敌百虫

图 35 啶虫脒

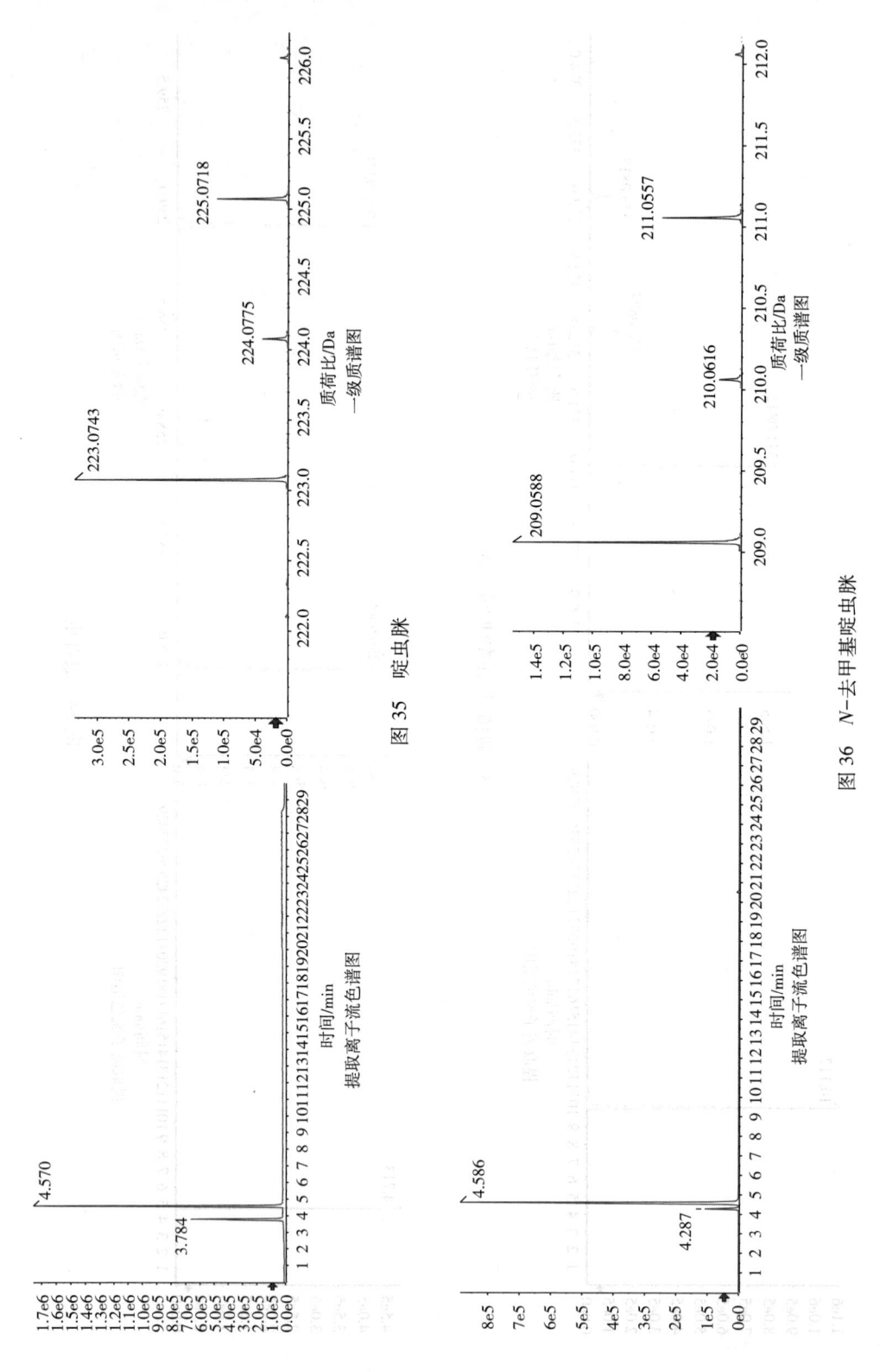

图 36 N-去甲基啶虫脒

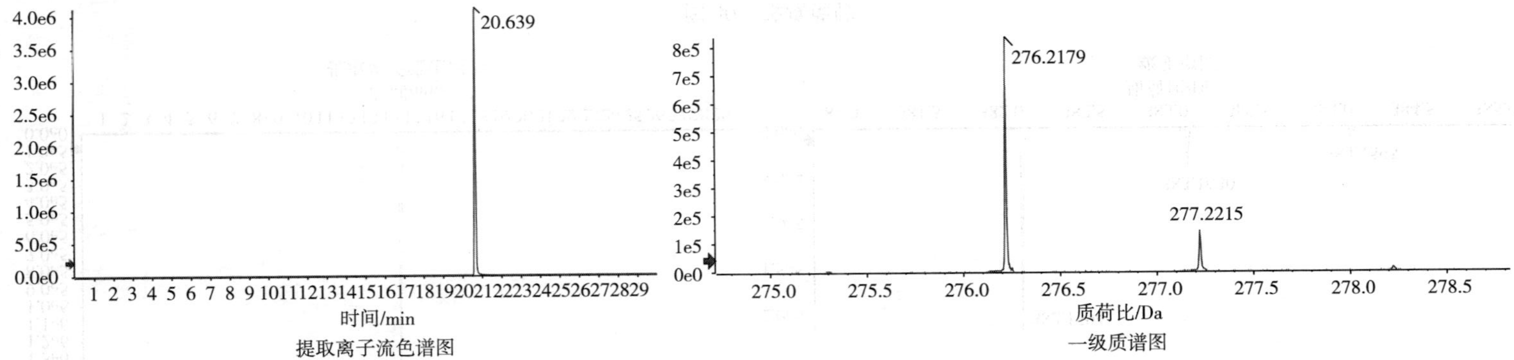

图 37 唑嘧菌胺

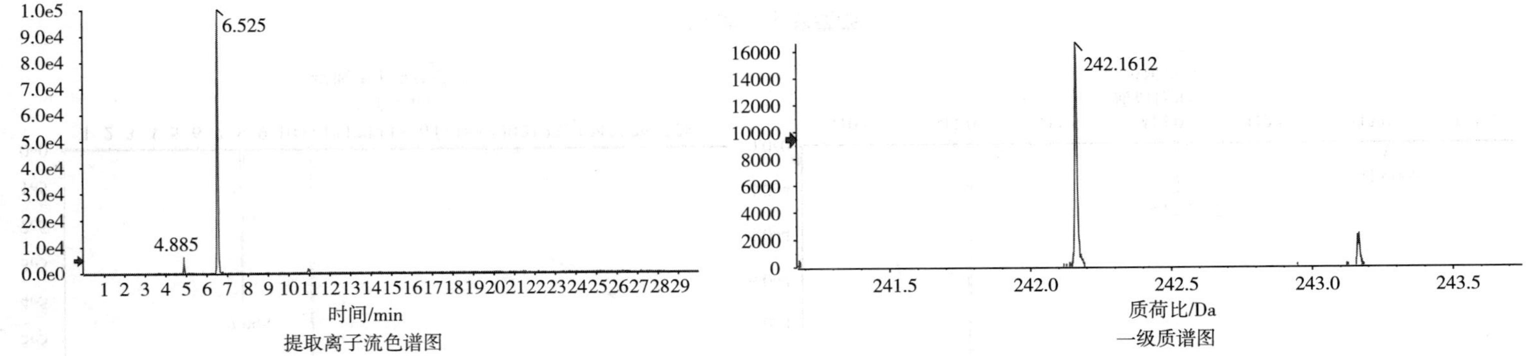

图 38 胺唑草酮

图 39 苄嘧磺隆

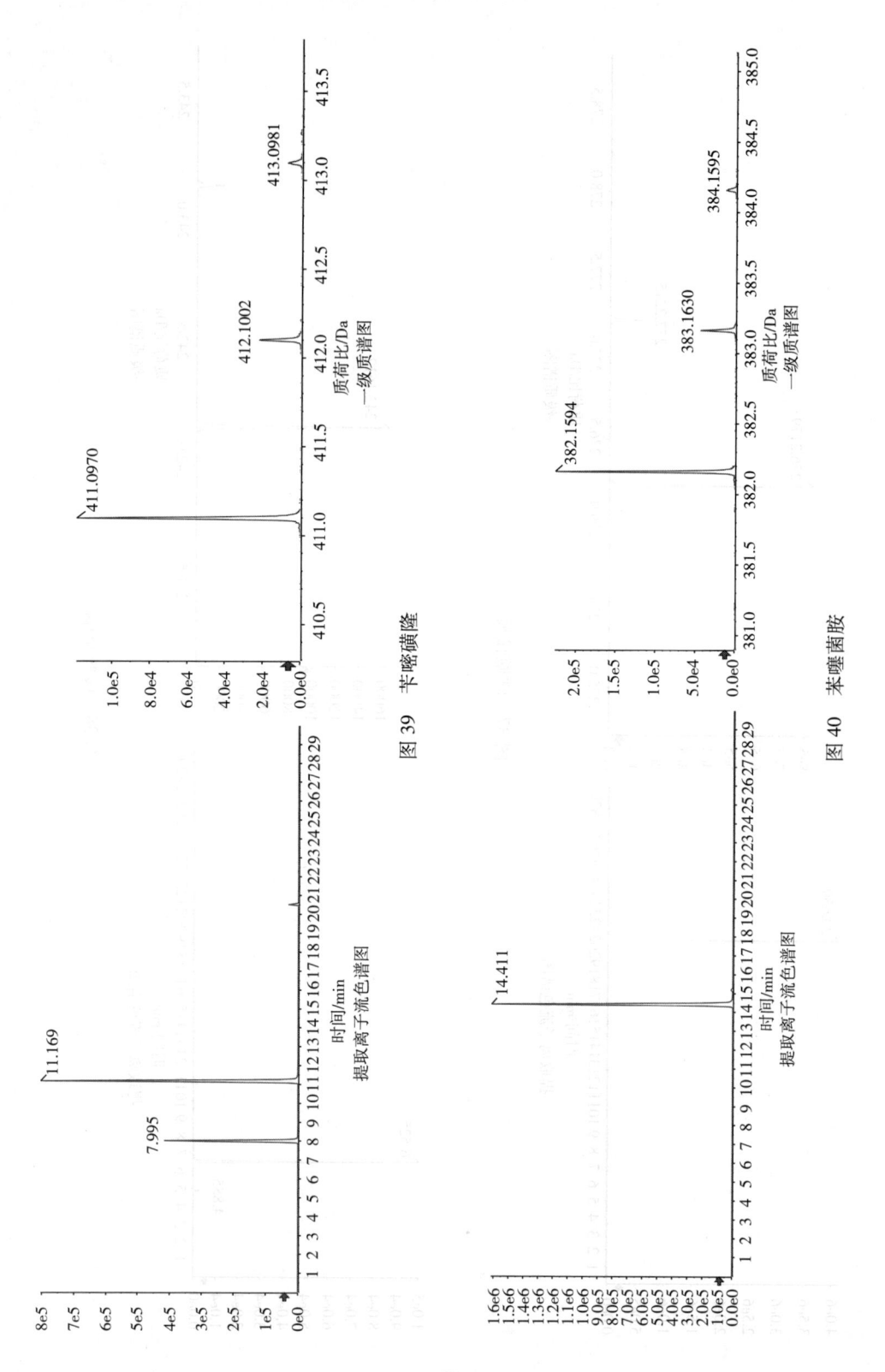

图 40 苯噻菌胺

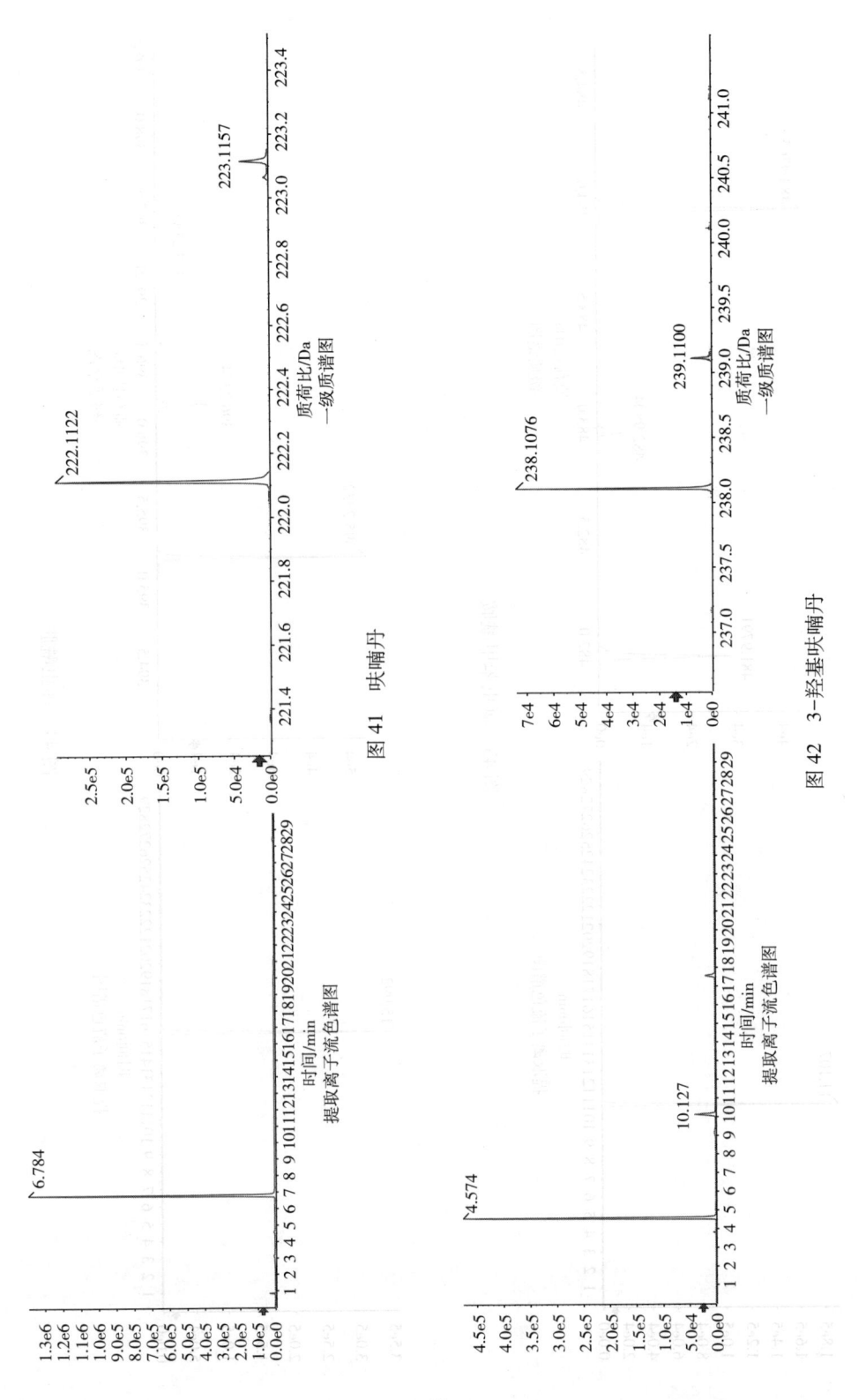

第五章 农药及其代谢物离子流图及一级质谱图

图 41 呋喃丹

图 42 3-羟基呋喃丹

图 43 氯虫苯甲酰胺

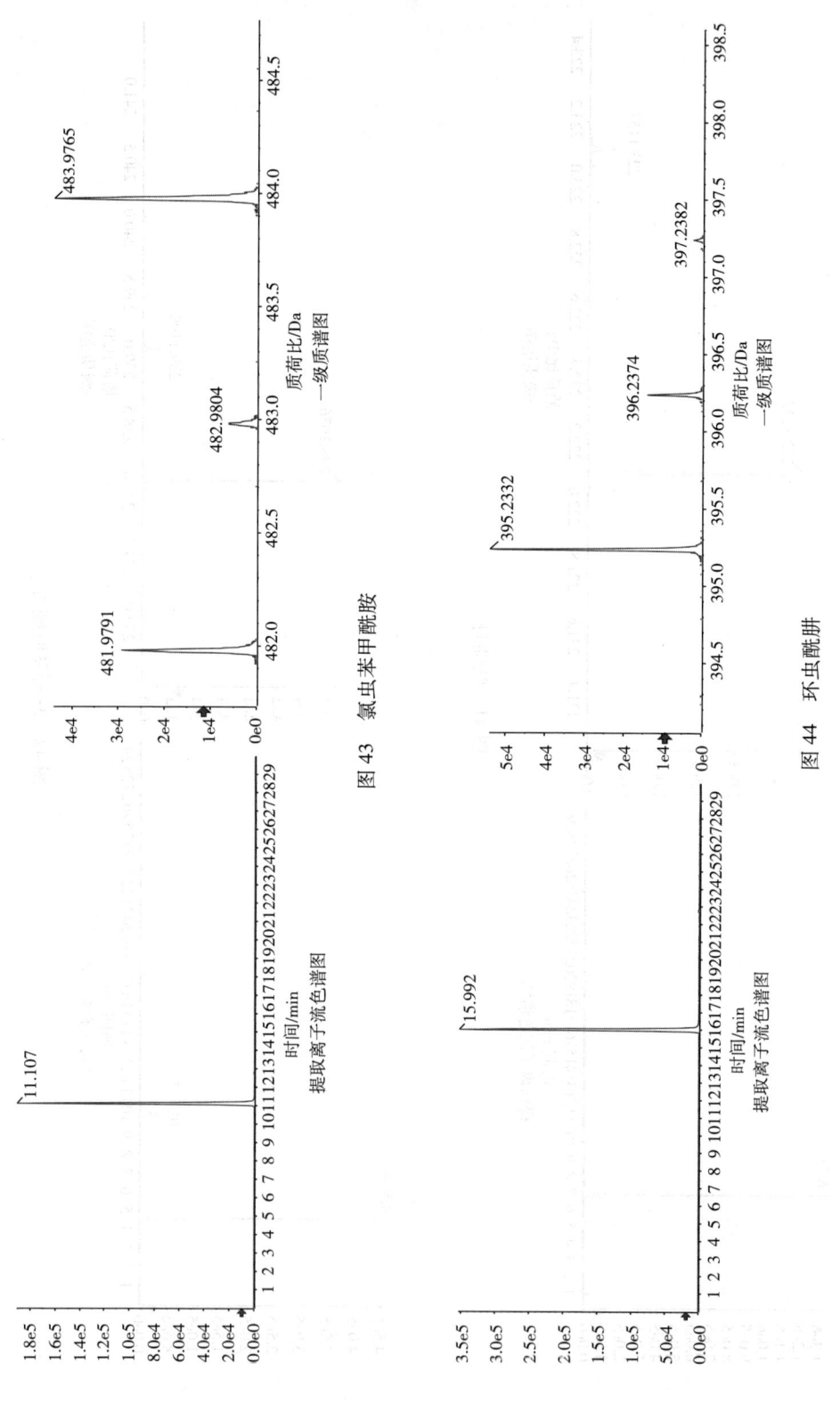

图 44 环虫酰肼

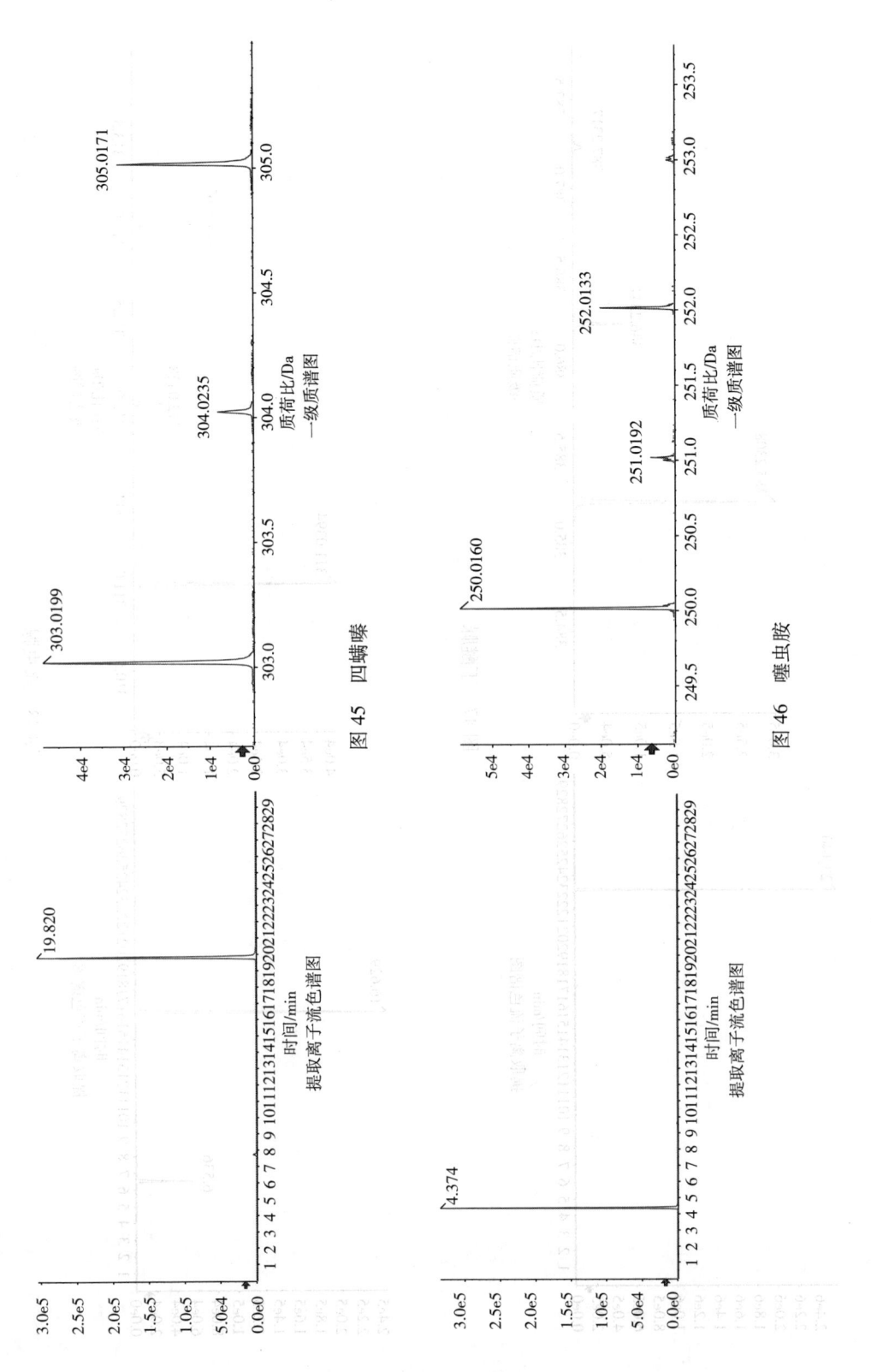

第五章 农药及其代谢物离子流图及一级质谱图

图 45 四螨嗪

图 46 噻虫胺

图 47 丁醚脲

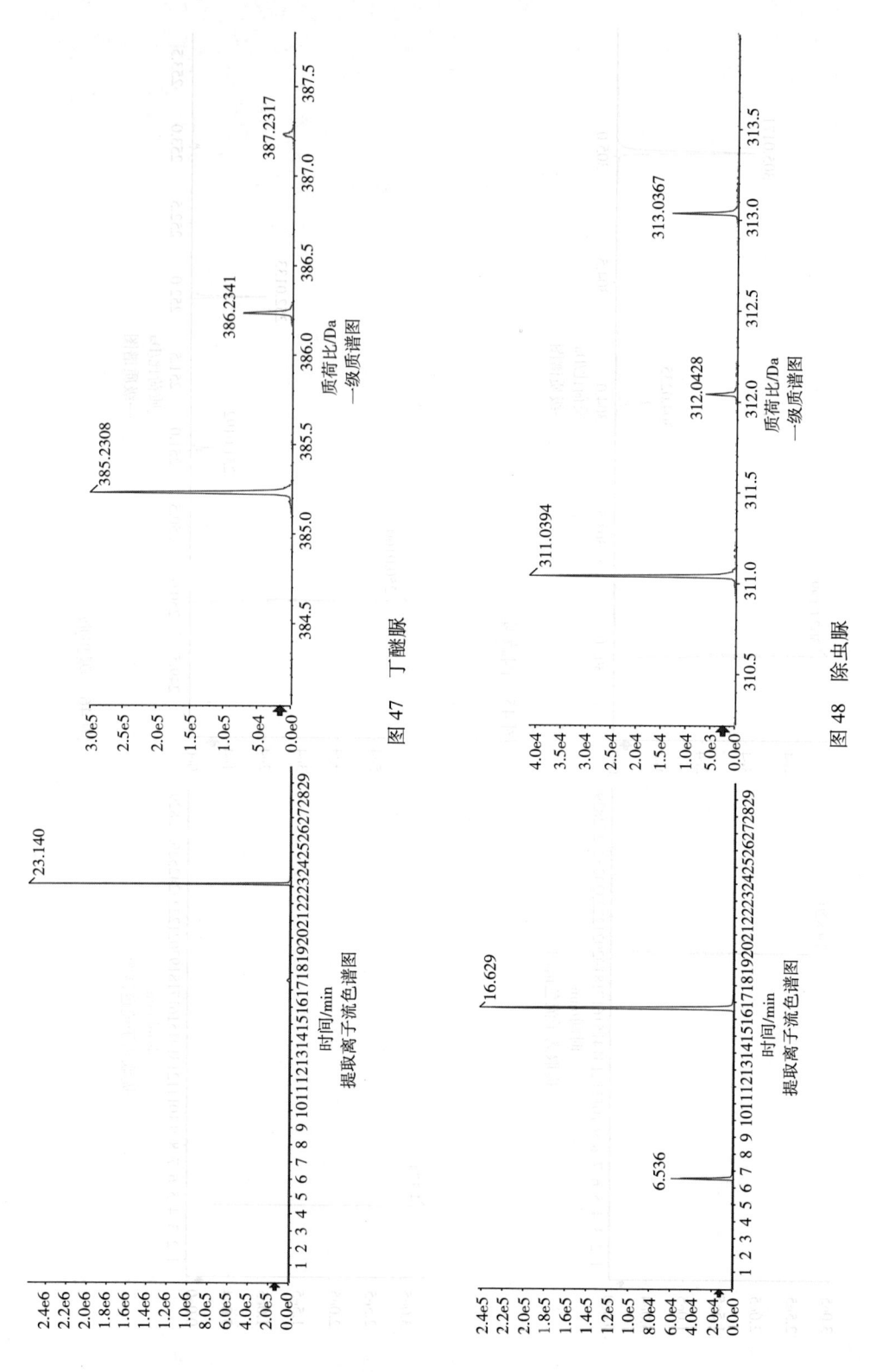

图 48 除虫脲

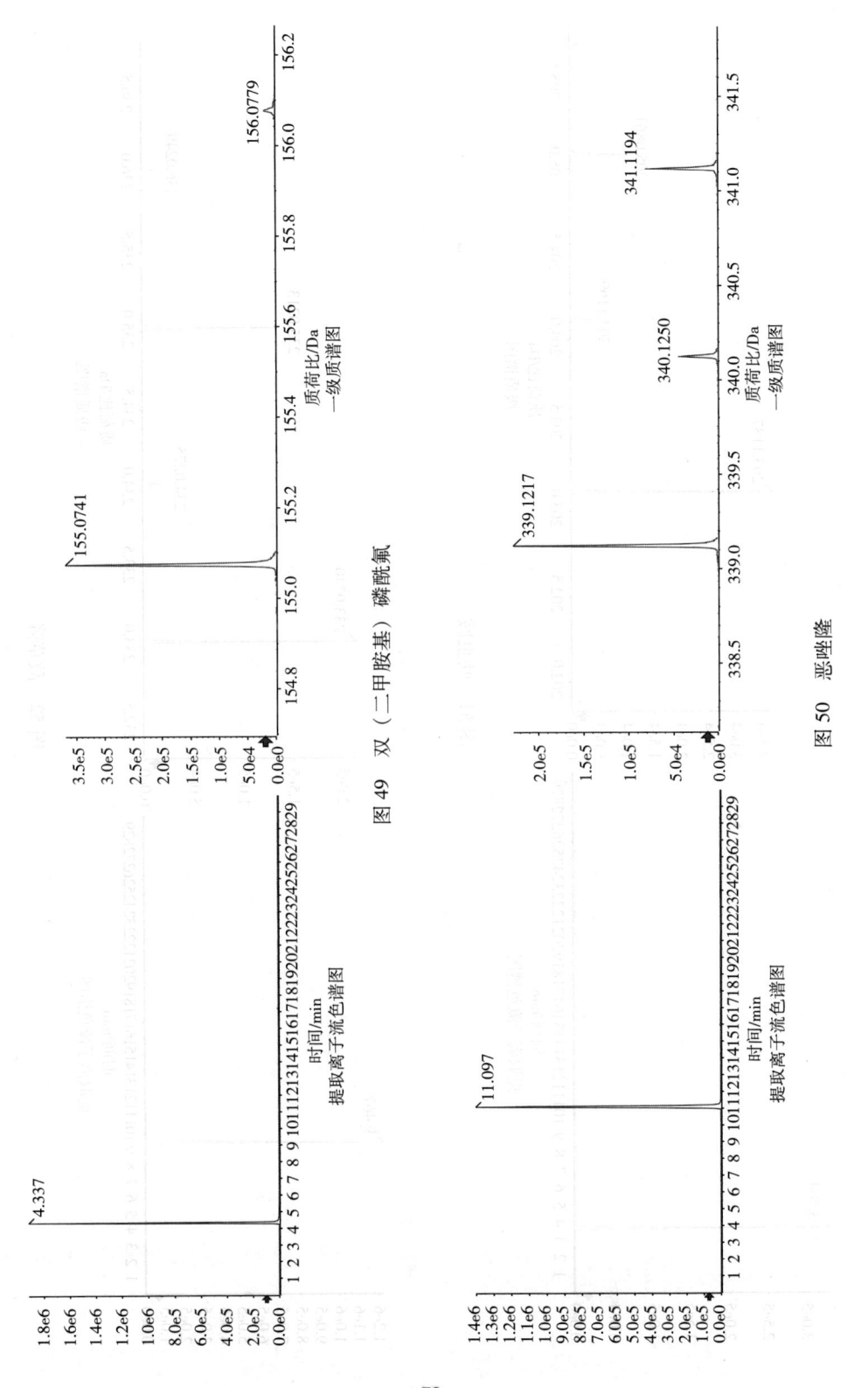

第五章　农药及其代谢物离子流图及一级质谱图

图 49　双(二甲胺基)磷酰氟

图 50　恶唑隆

图 51 呋虫胺

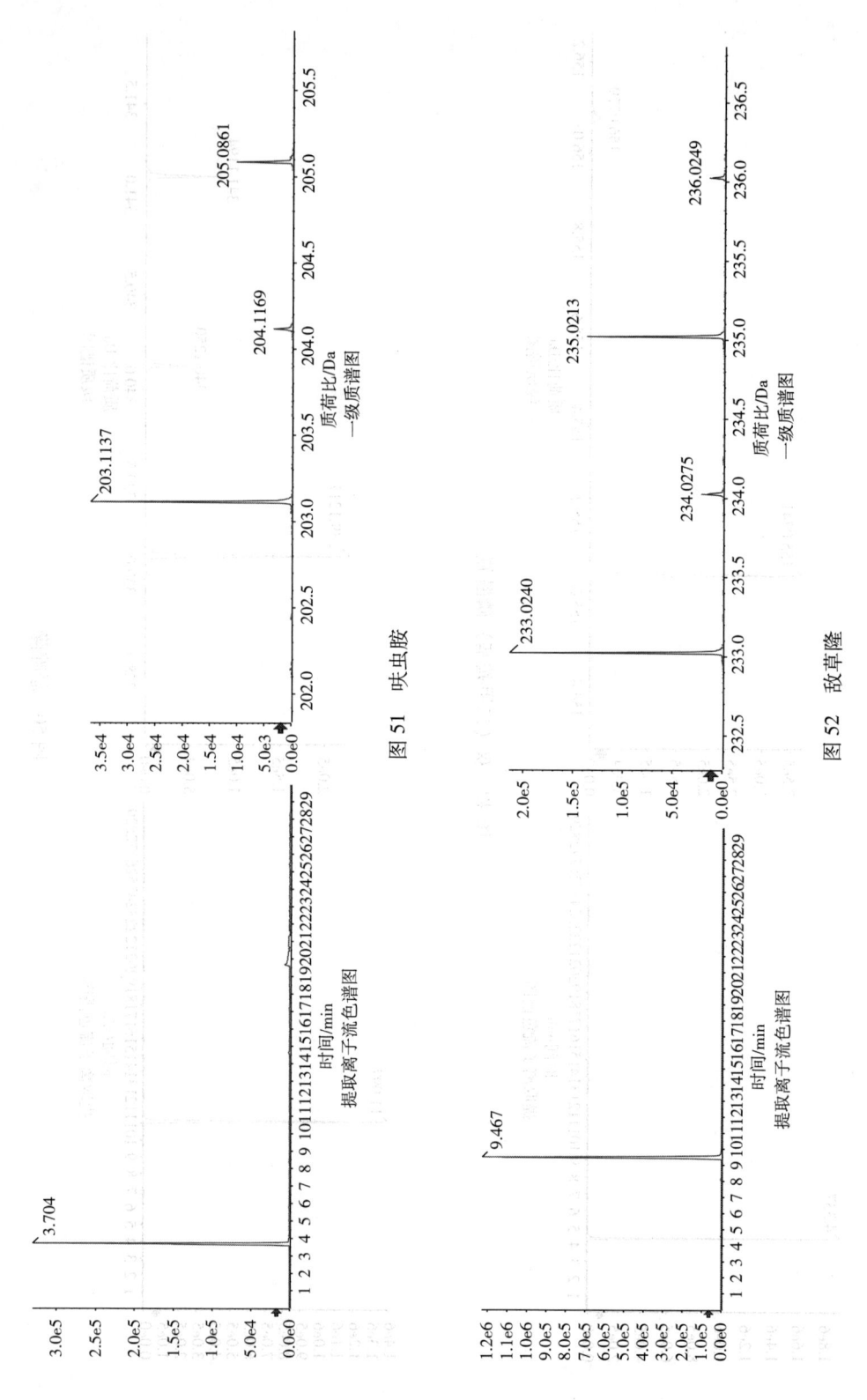

图 52 敌草隆

图 53 埃玛菌素

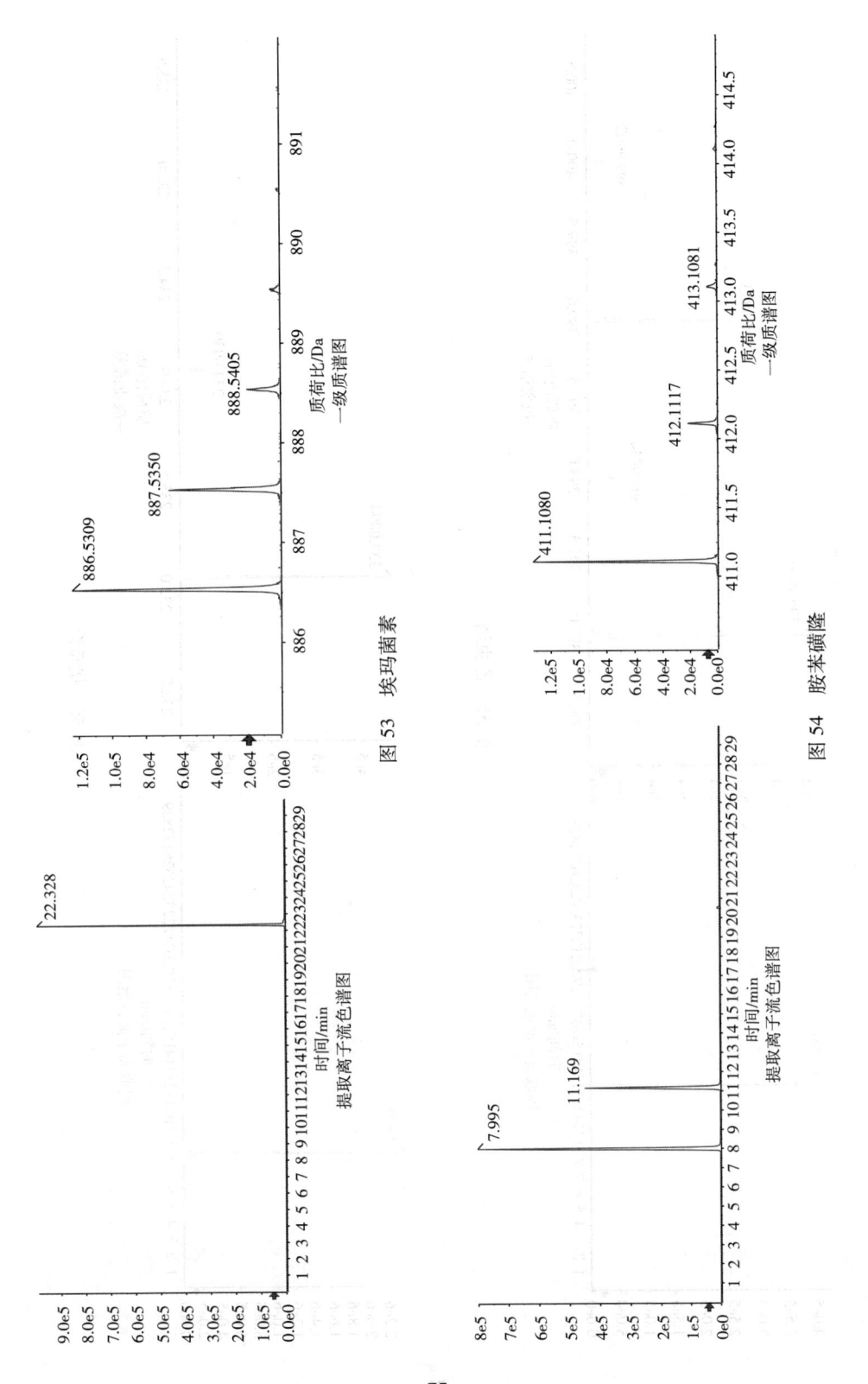

图 54 胺苯磺隆

图 55 乙虫清

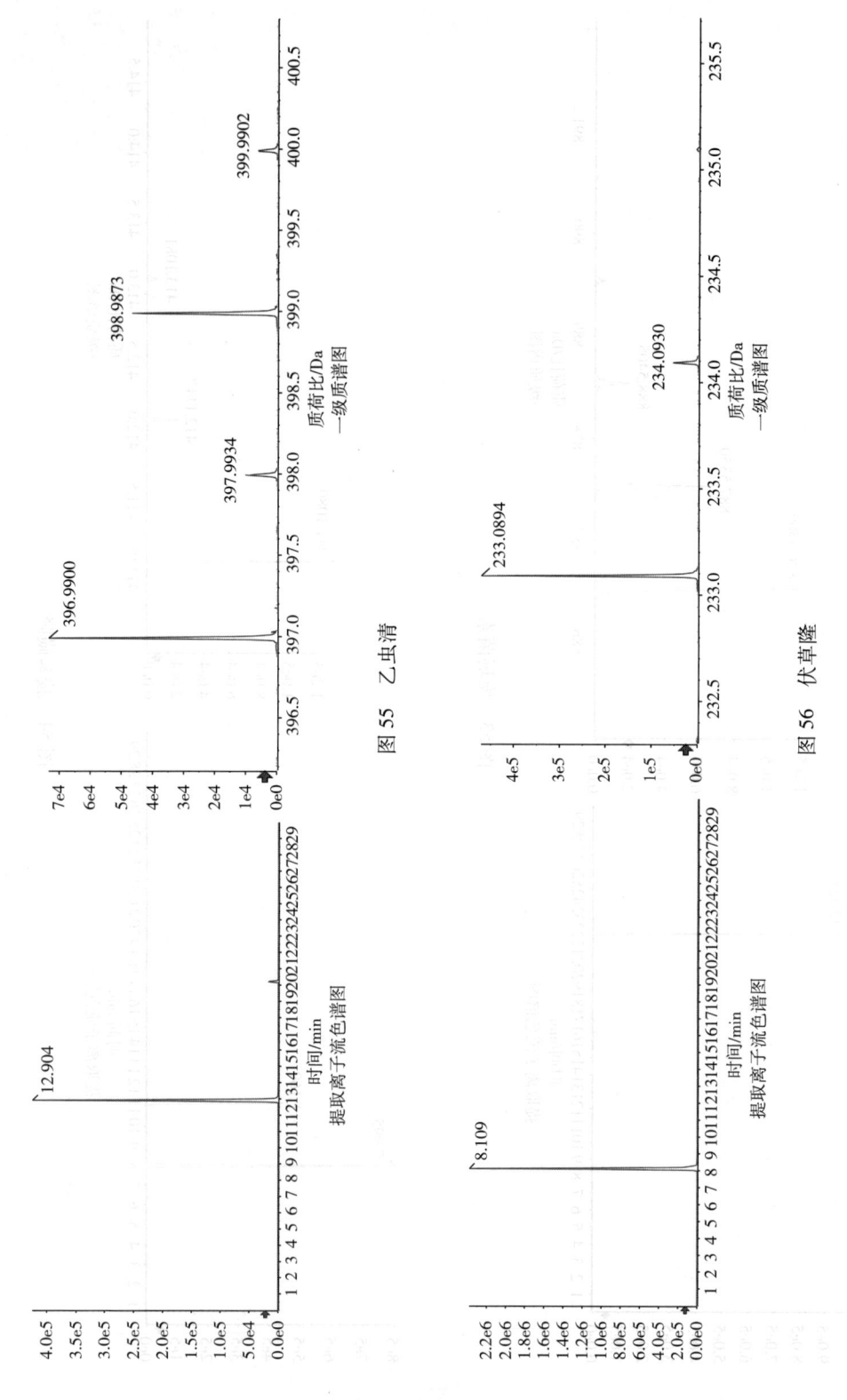

图 56 伏草隆

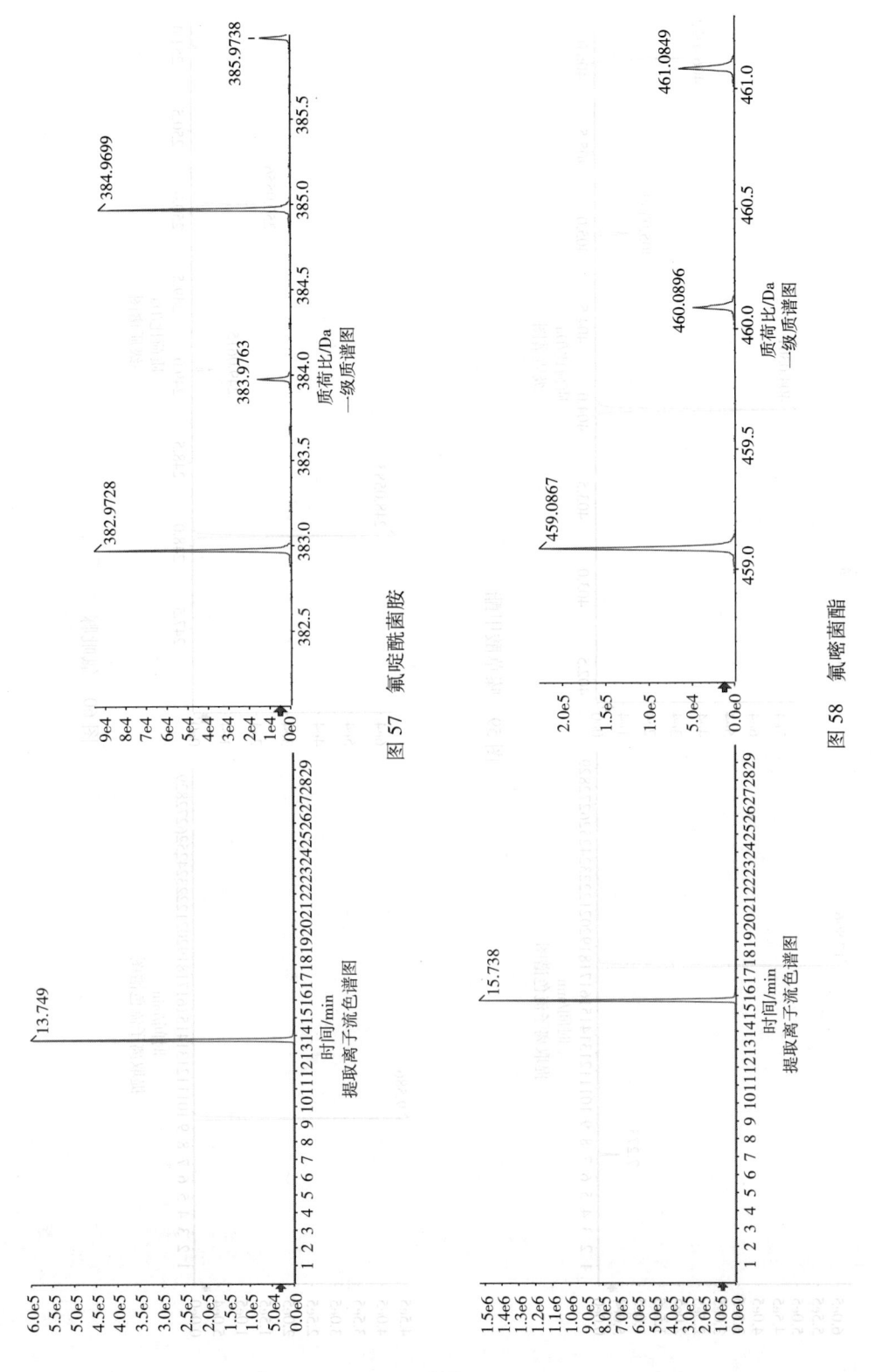

第五章 农药及其代谢物离子流图及一级质谱图

图 57 氟啶酰菌胺

图 58 氟嘧菌酯

图 59　嗪草酸甲酯

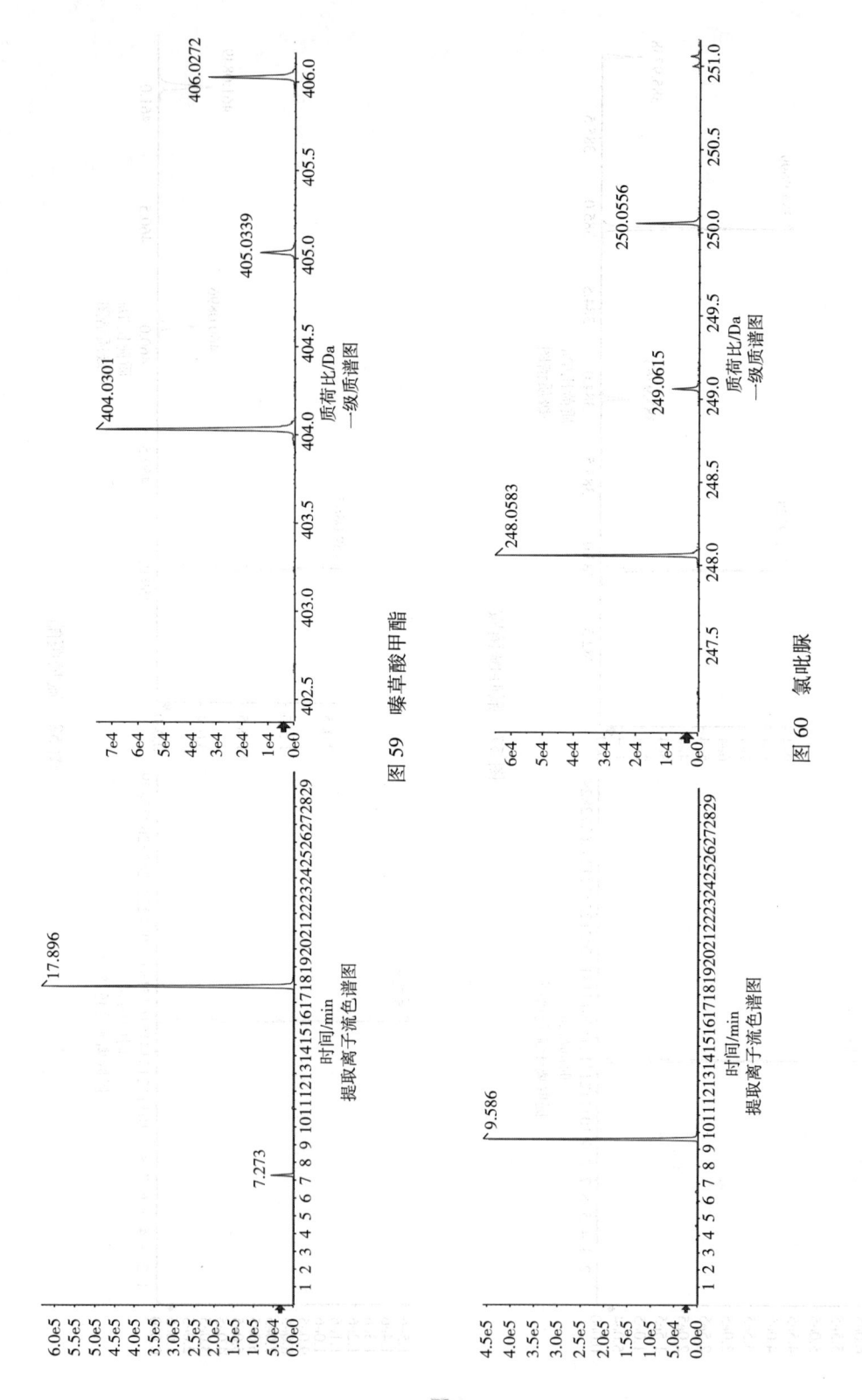

图 60　氯吡脲

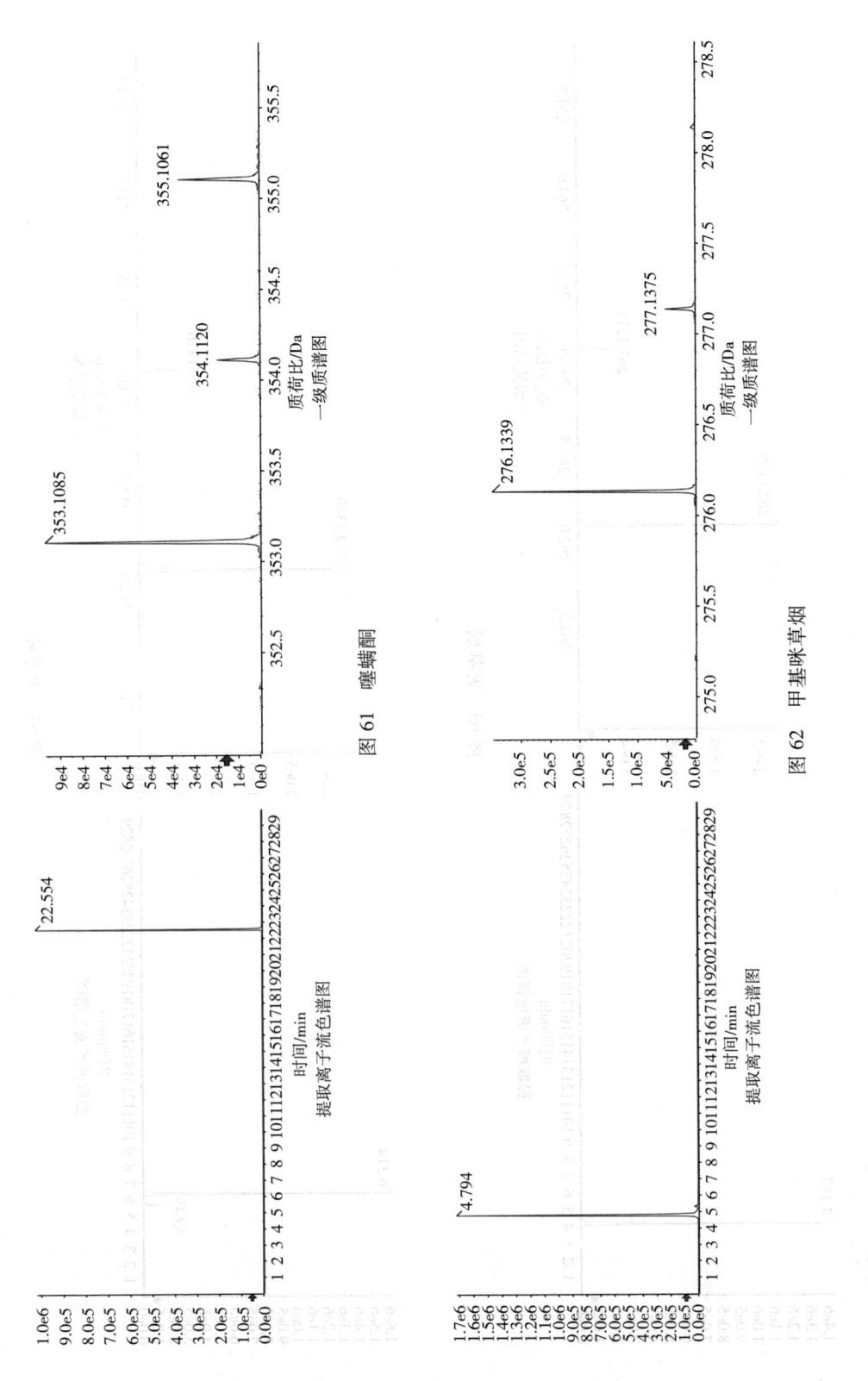

第五章 农药及其代谢物离子流图及一级质谱图

图 61 噻螨酮

图 62 甲基咪草烟

图 63 灭草烟

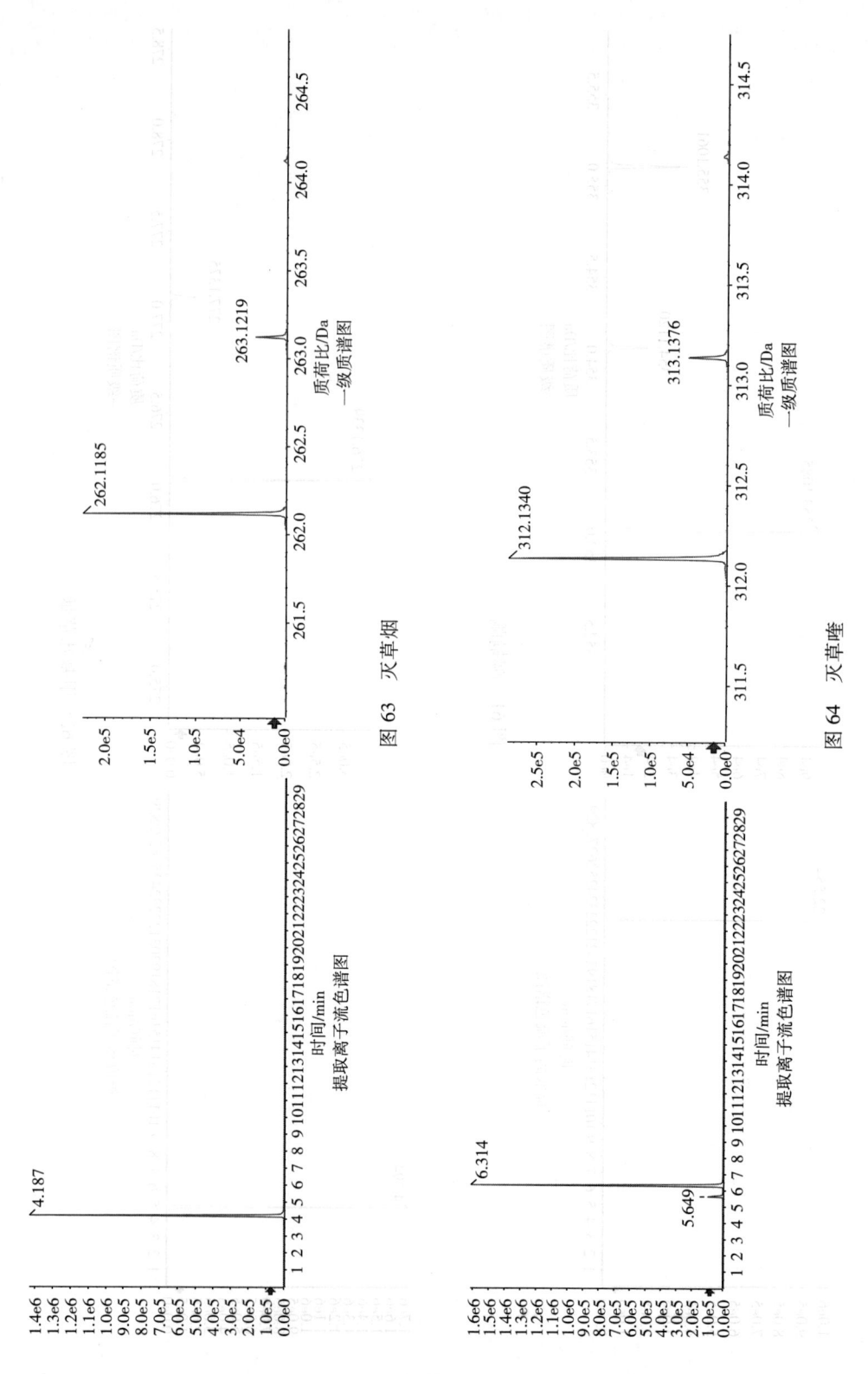

图 64 灭草唑

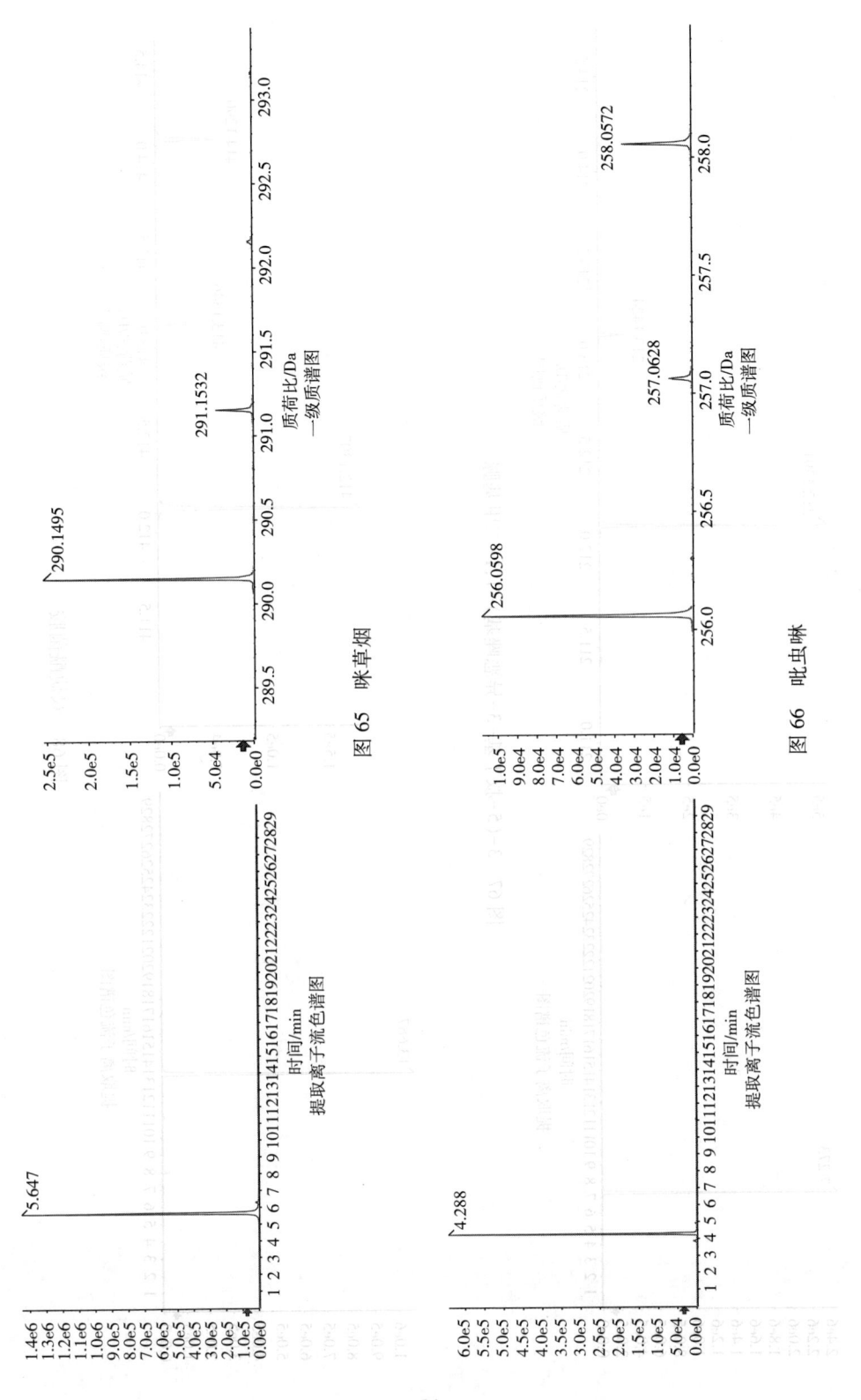

第五章　农药及其代谢物离子流图及一级质谱图

图 65　咪草烟

图 66　吡虫啉

图67 3-(5-叔丁基-3-异恶唑基)-1,1-二甲基脲

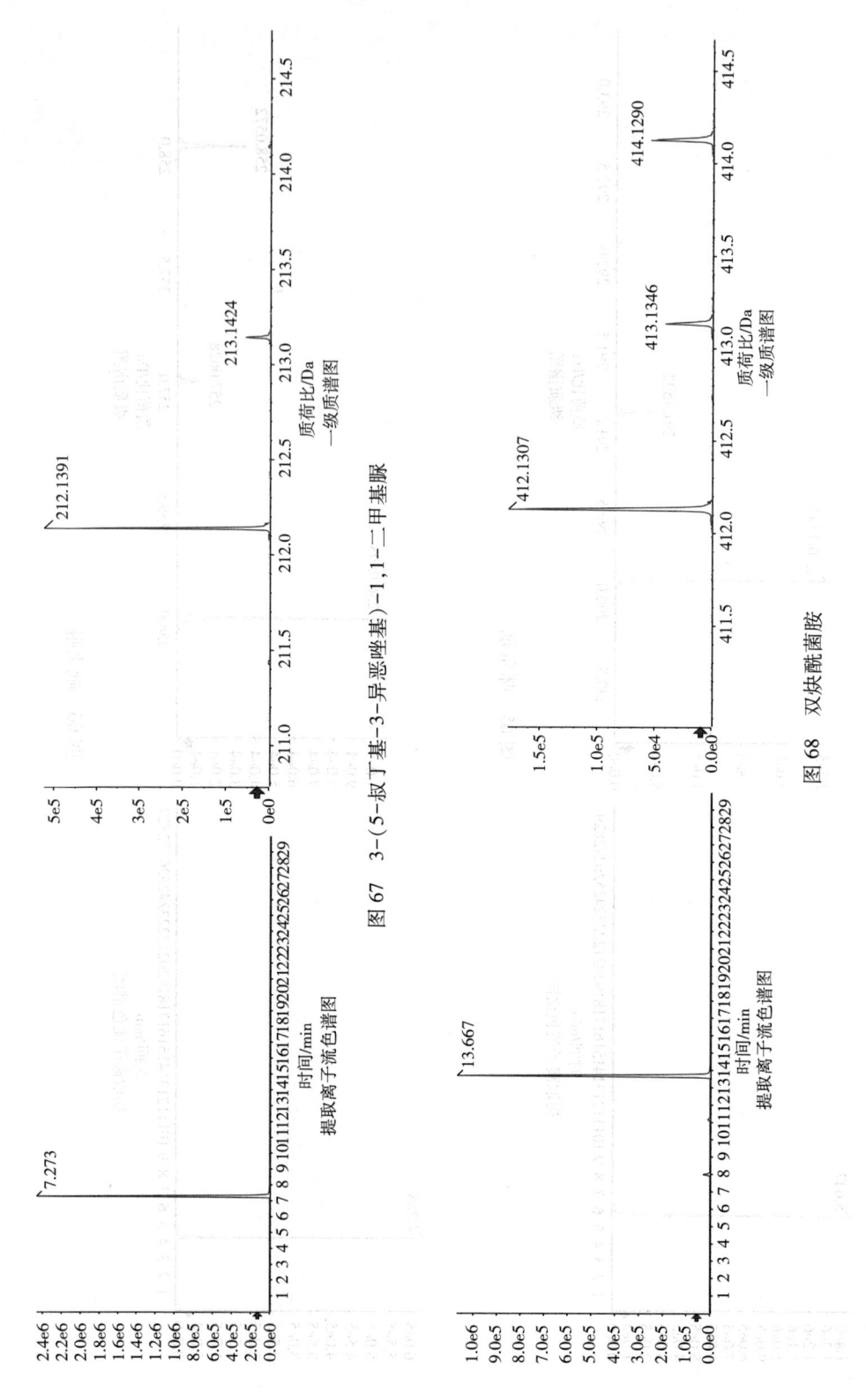

图68 双炔酰菌胺

图 69 （E）-苯氧菌胺

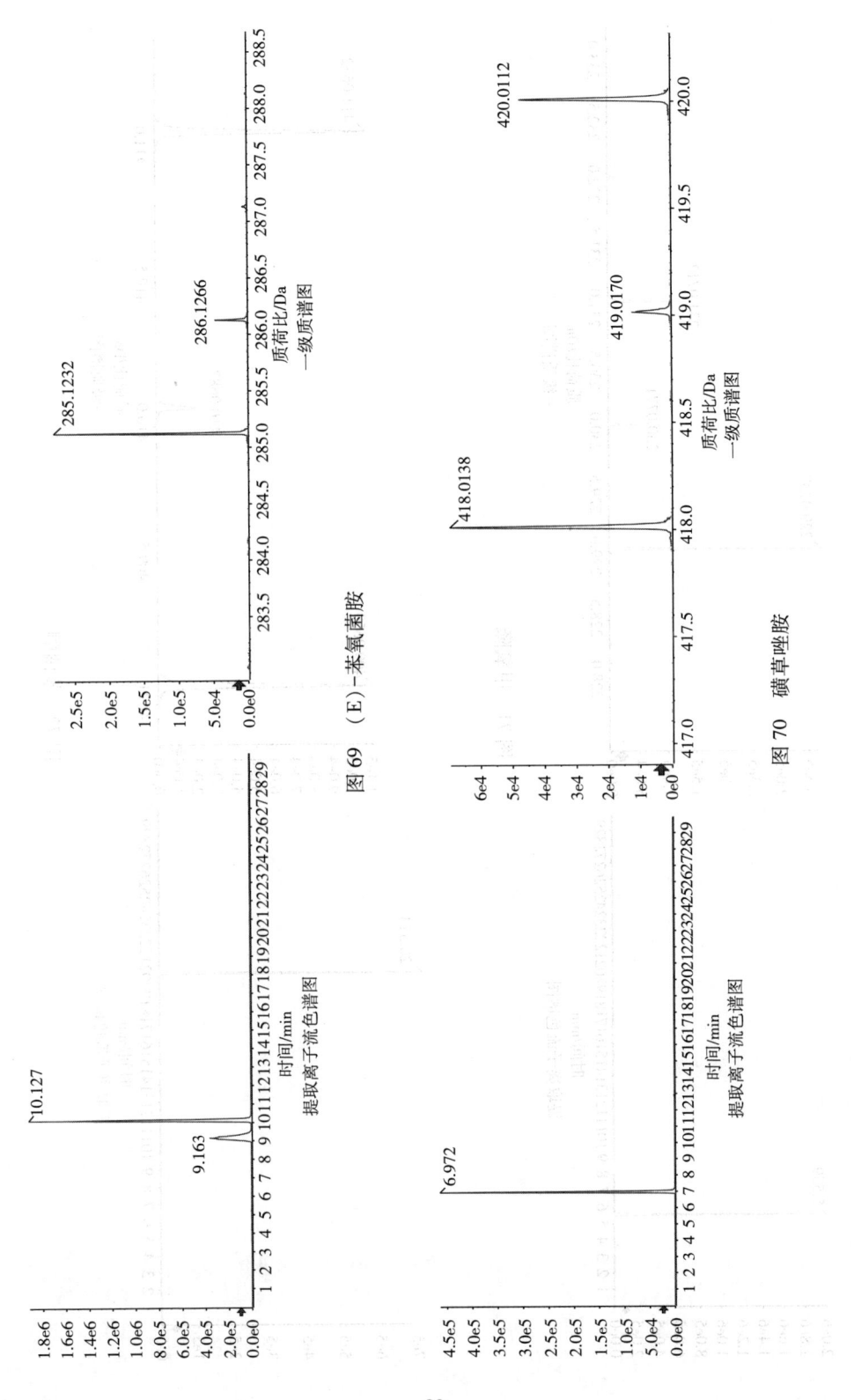

图 70 磺草唑胺

图 71 甲氧隆

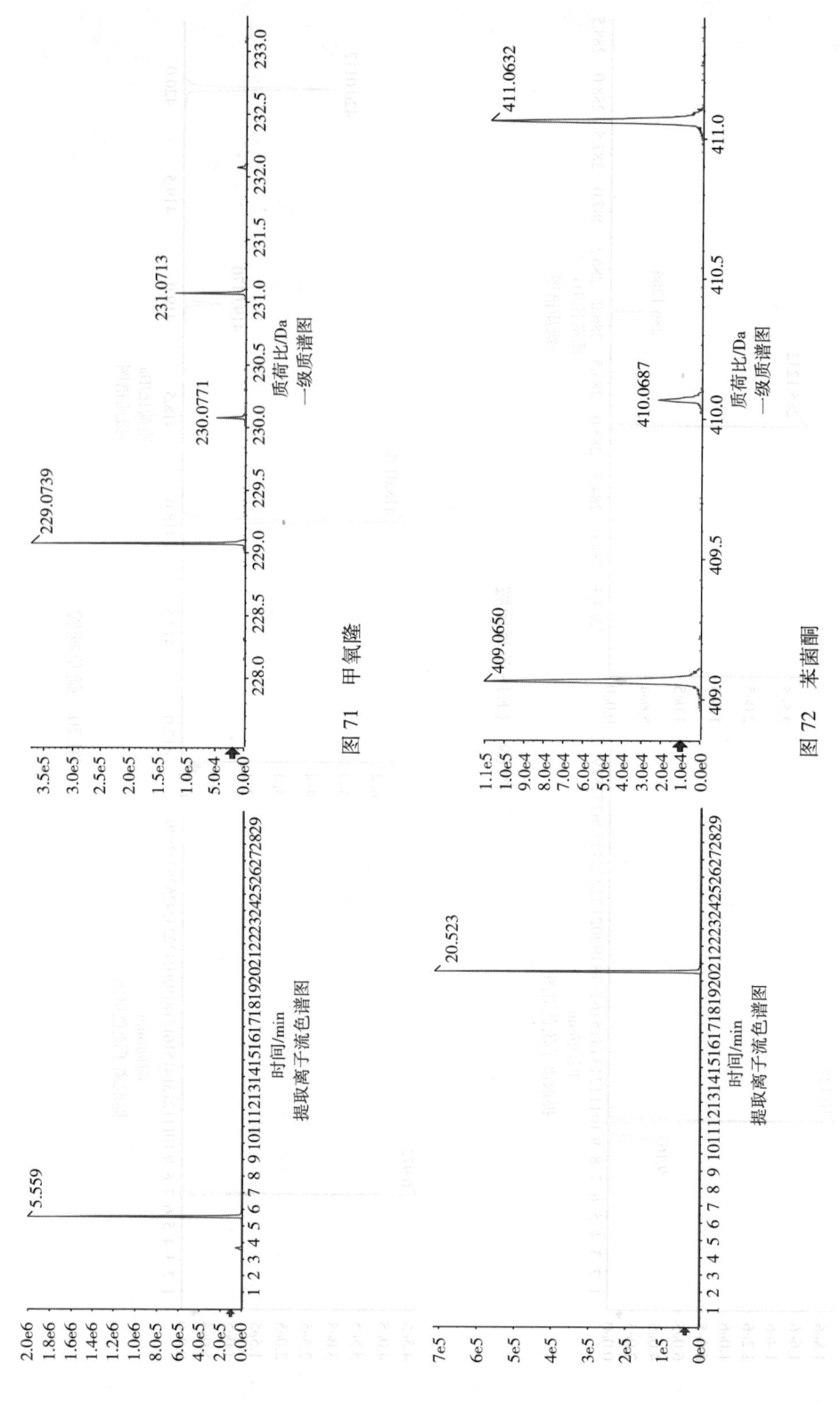

图 72 苯菌酮

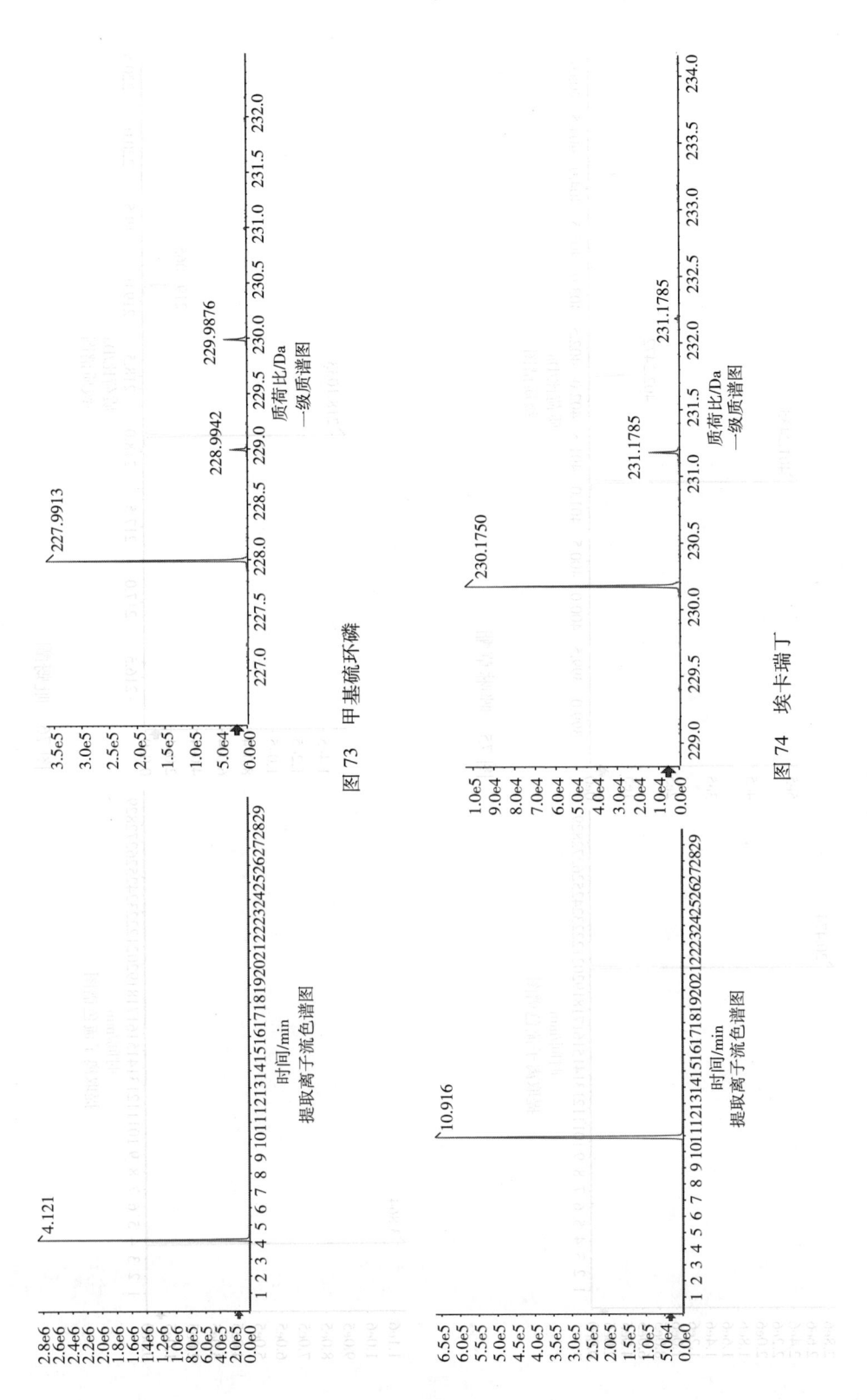

第五章 农药及其代谢物离子流图及一级质谱图

图 73 甲基硫环磷

图 74 埃卡瑞丁

图 75 唑啉草酯

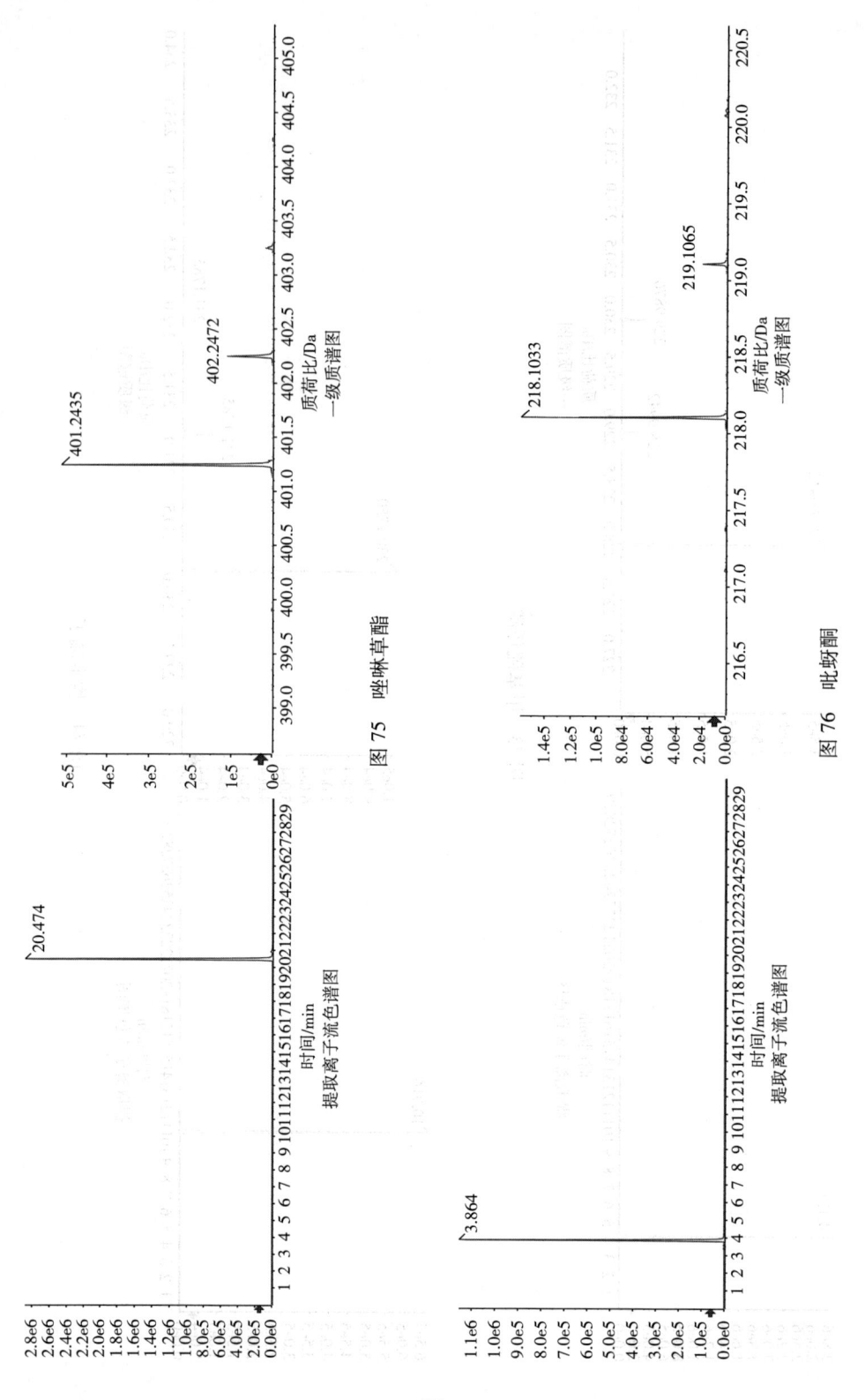

图 76 吡蚜酮

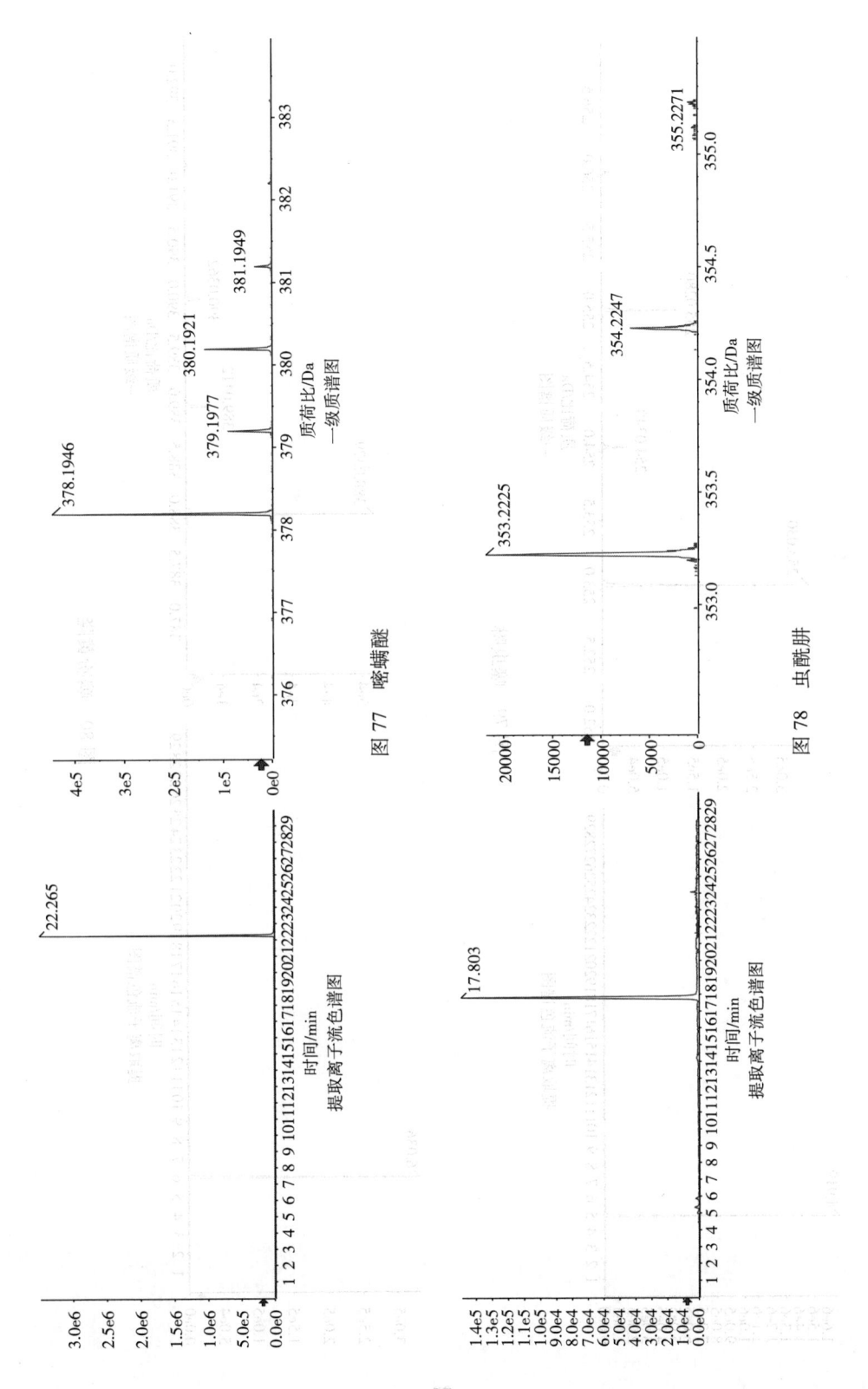

第五章 农药及其代谢物离子流图及一级质谱图

图 77 嘧螨醚

图 78 虫酰肼

图 79　噻虫啉

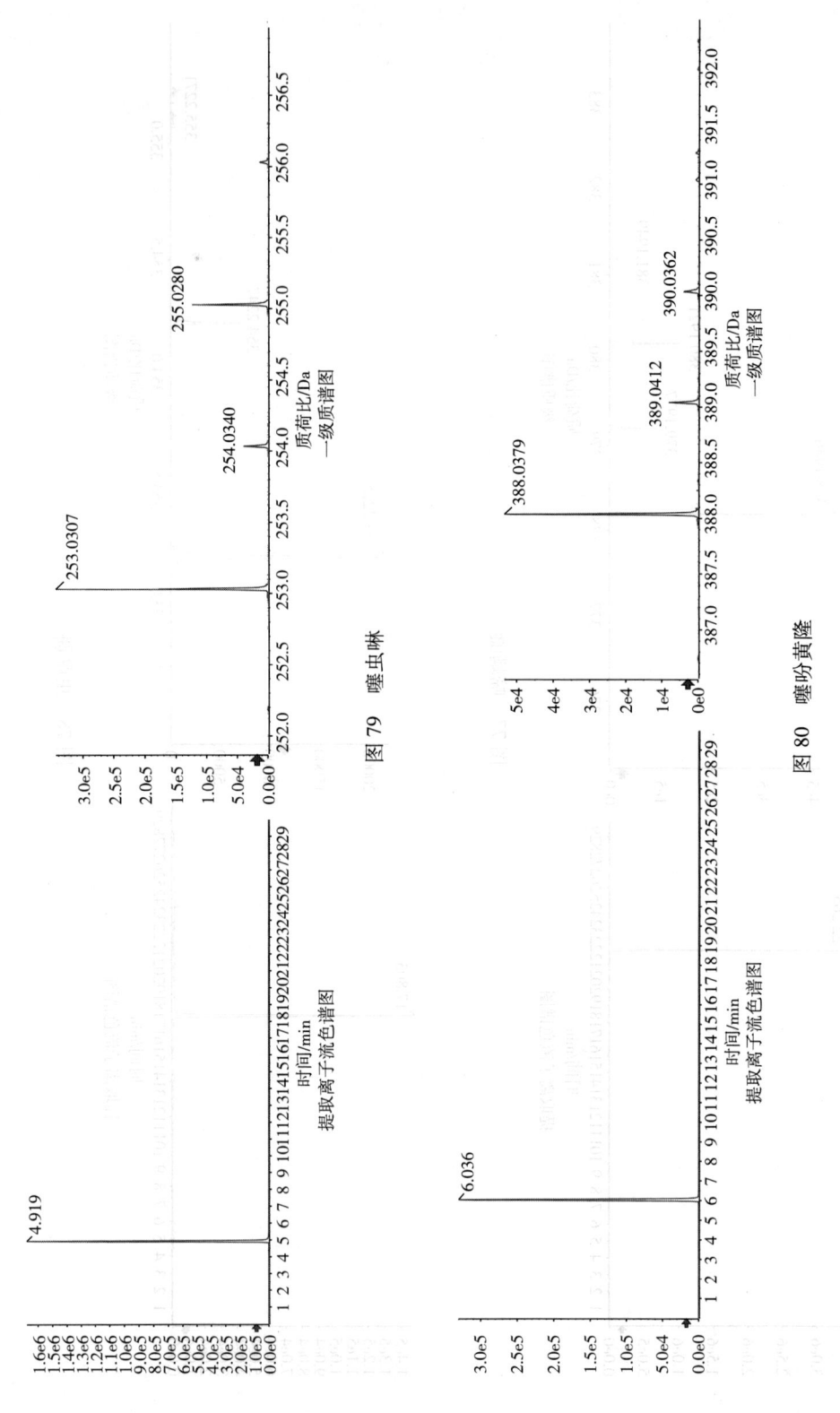

图 80　噻吩磺隆

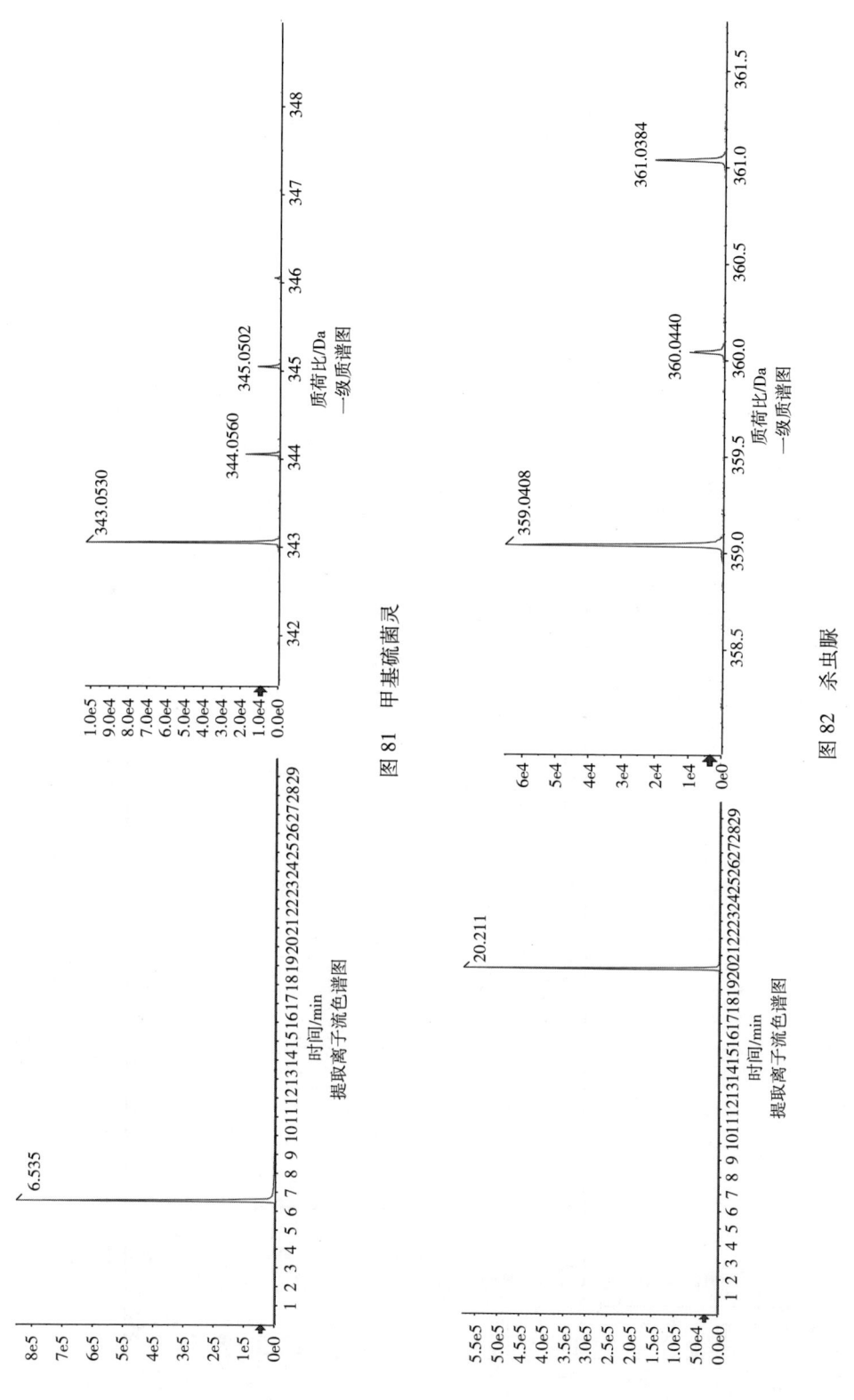

第五章 农药及其代谢物离子流图及一级质谱图

图 81 甲基硫菌灵

图 82 杀虫脒

图 83 （Z）-苯氧菌胺

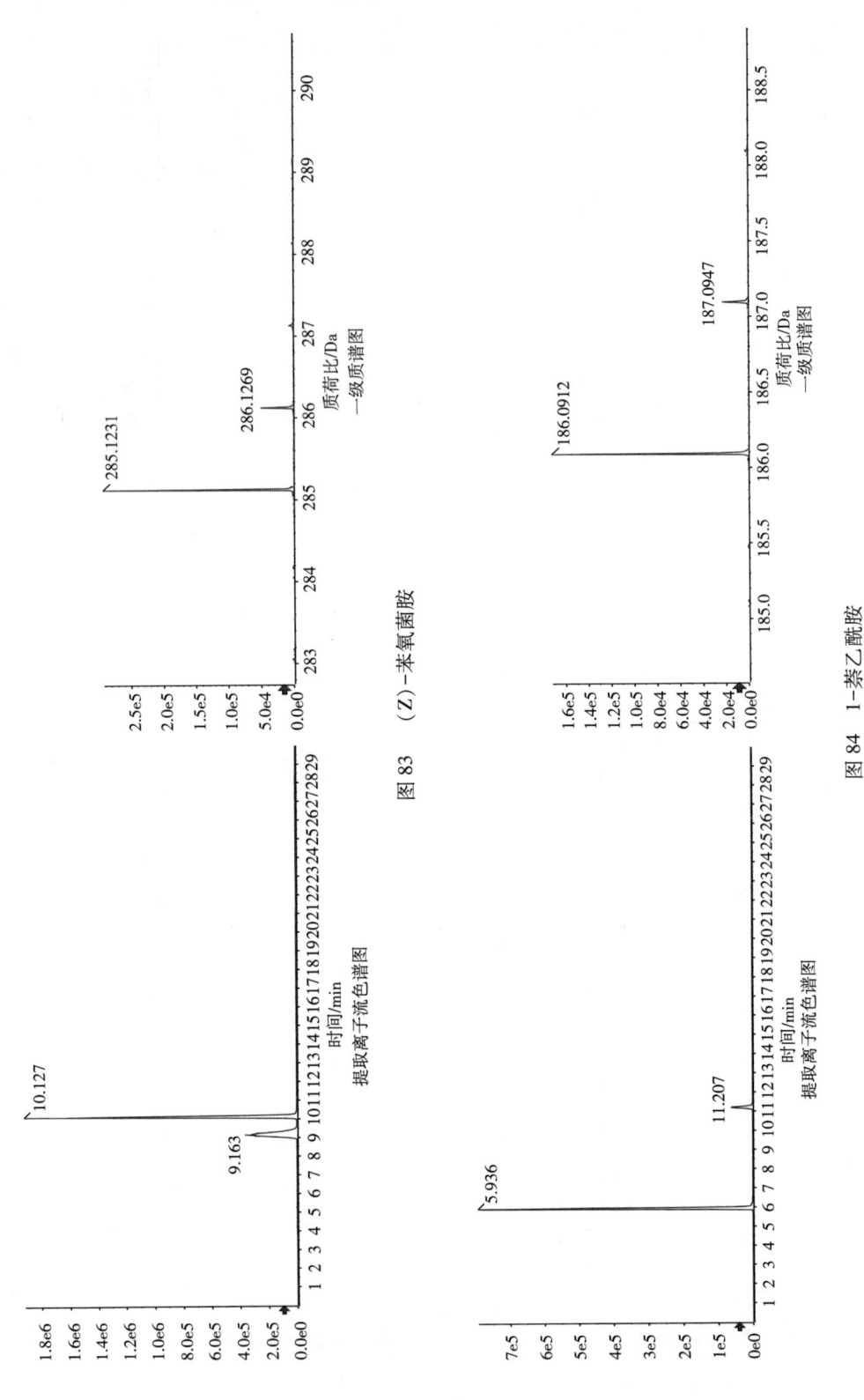

图 84 1-萘乙酰胺

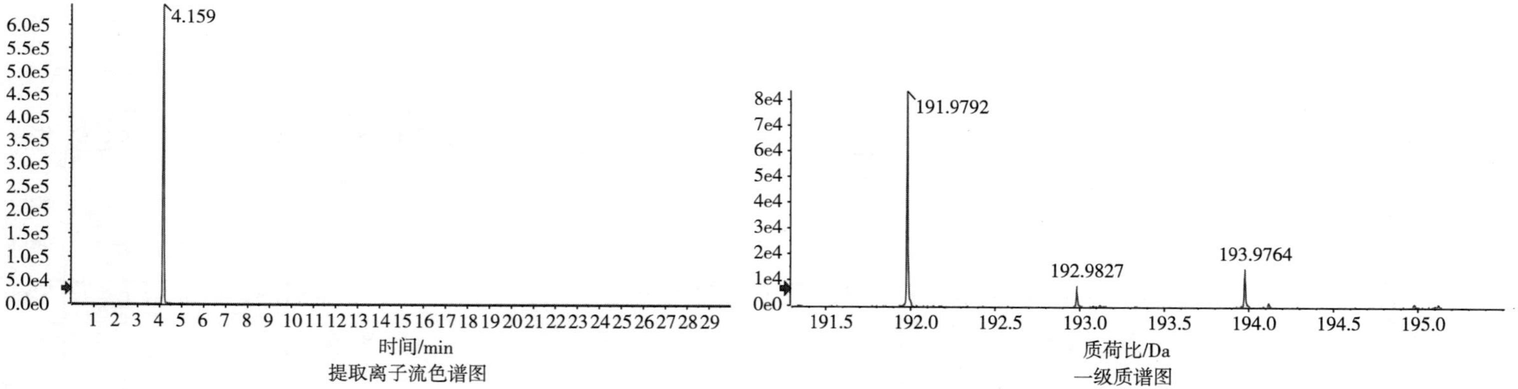

第五章　农药及其代谢物离子流图及一级质谱图

图 85　2,6-二氯苯甲酰胺

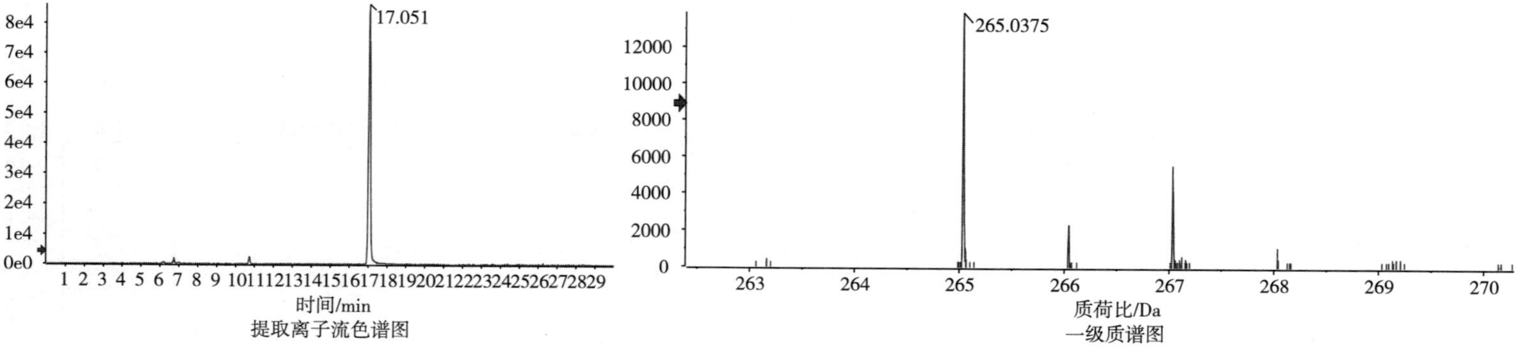

图 86　苯草醚

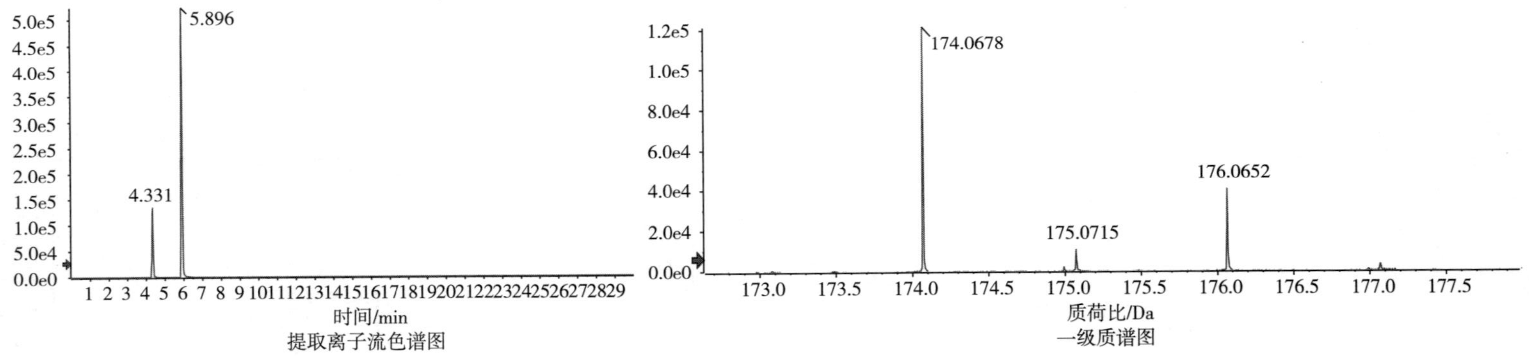

图 87 草毒死（二丙烯草胺）

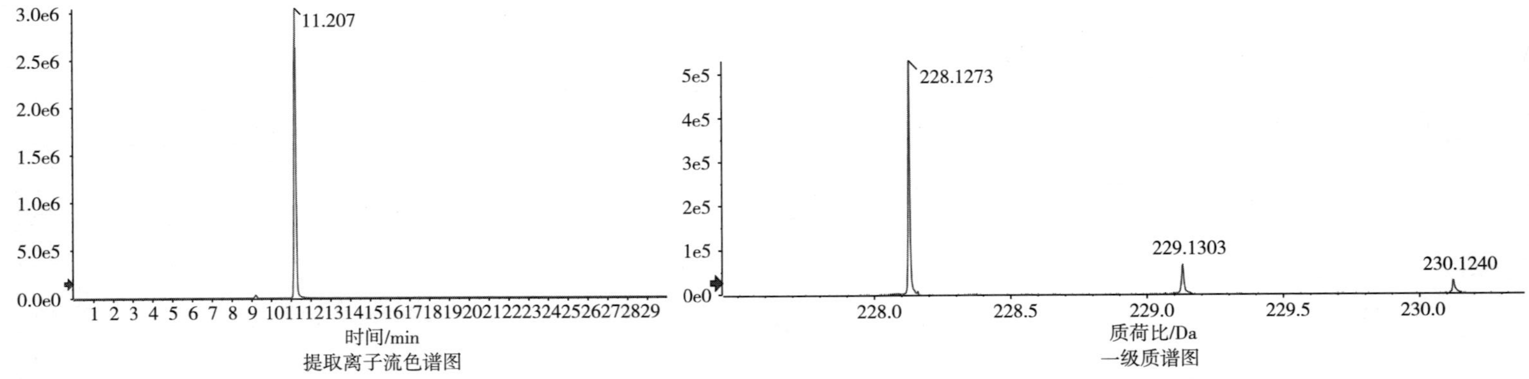

图 88 莠灭净

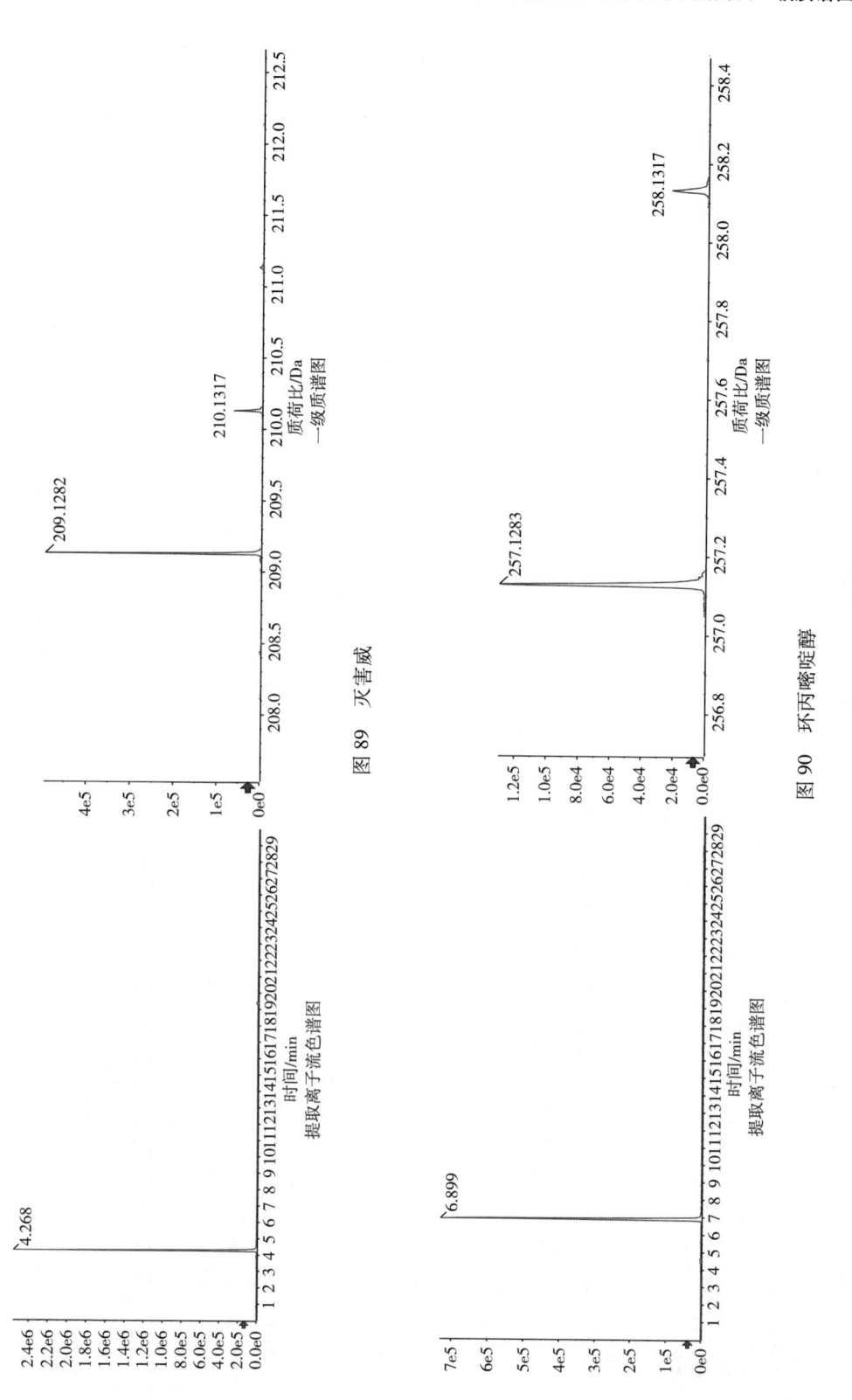

第五章 农药及其代谢物离子流图及一级质谱图

图 89 灭害威

图 90 环丙嘧啶醇

图 91 莎稗磷

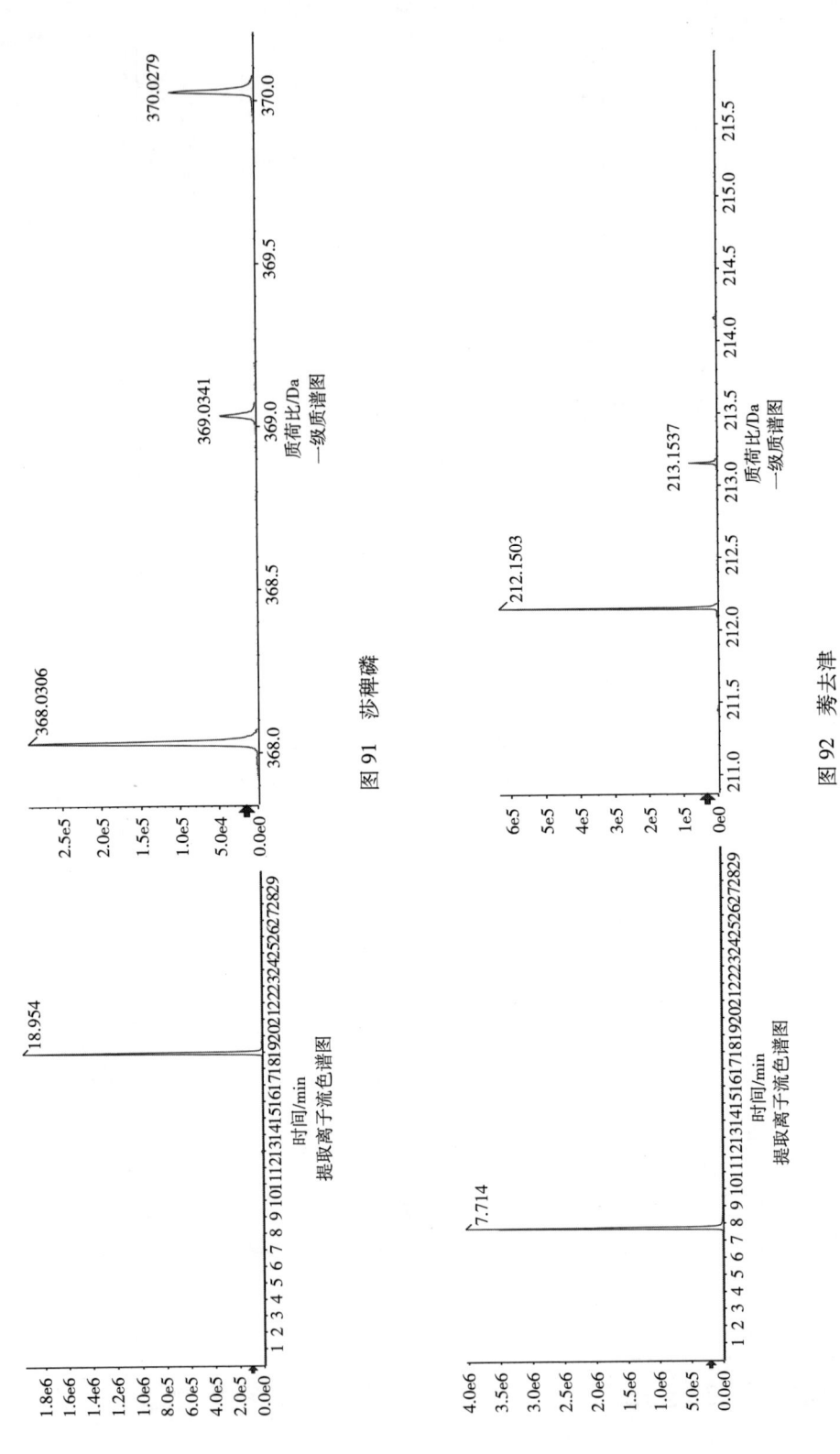

图 92 莠去津

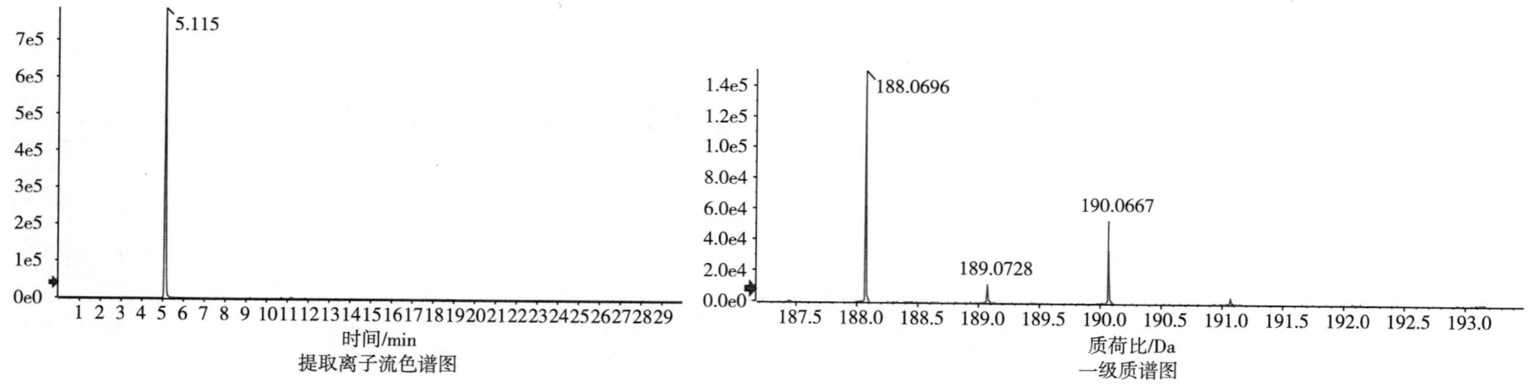

第五章 农药及其代谢物离子流图及一级质谱图

图 93 二丁基阿特拉津

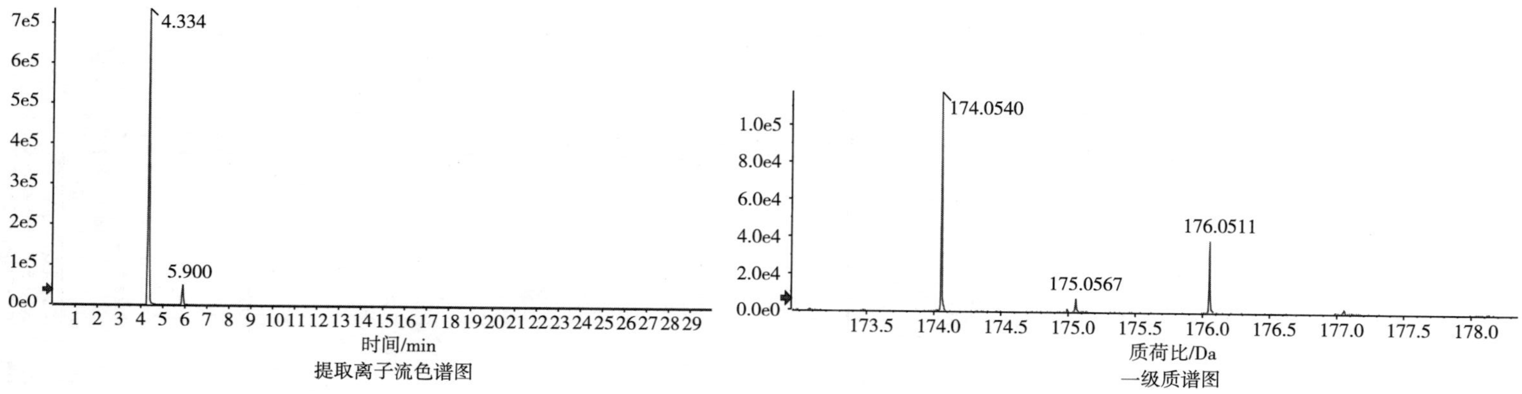

图 94 氟氯氢菊酯（去异丙基莠去津）

图 95 氧环唑

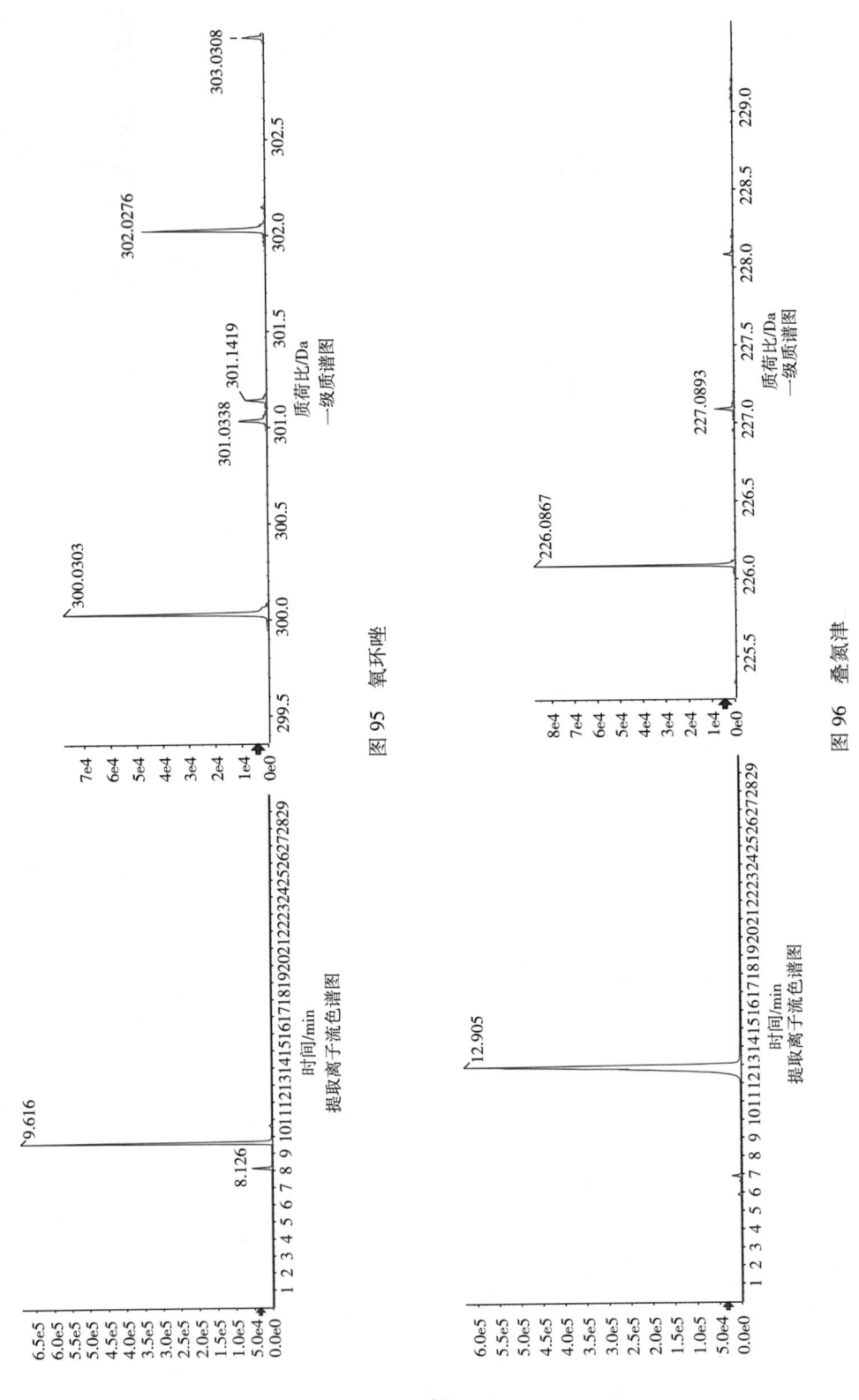

图 96 叠氮津

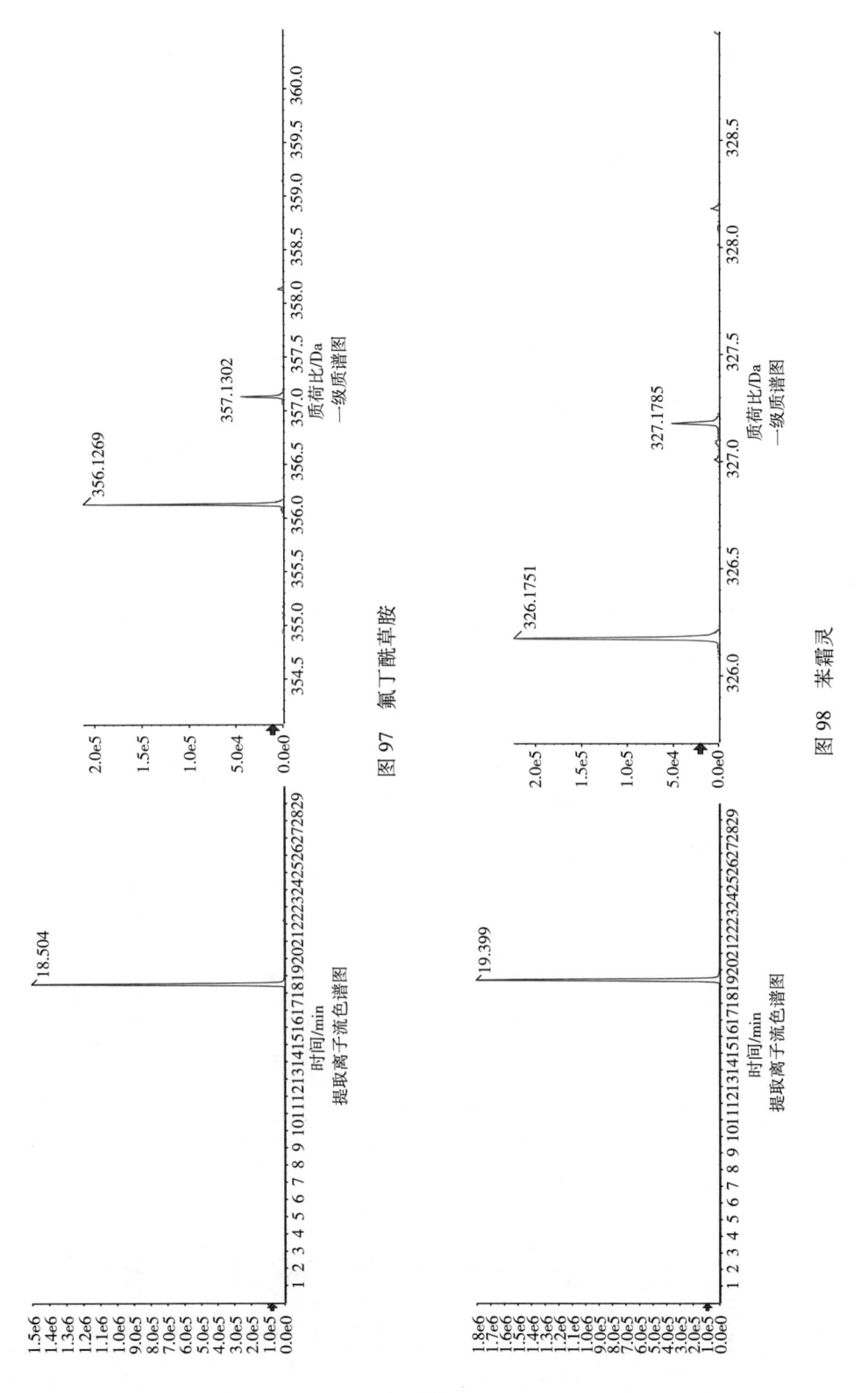

第五章　农药及其代谢物离子流图及一级质谱图

图 97　氟丁酰草胺

图 98　苯霜灵

图 99 恶虫威

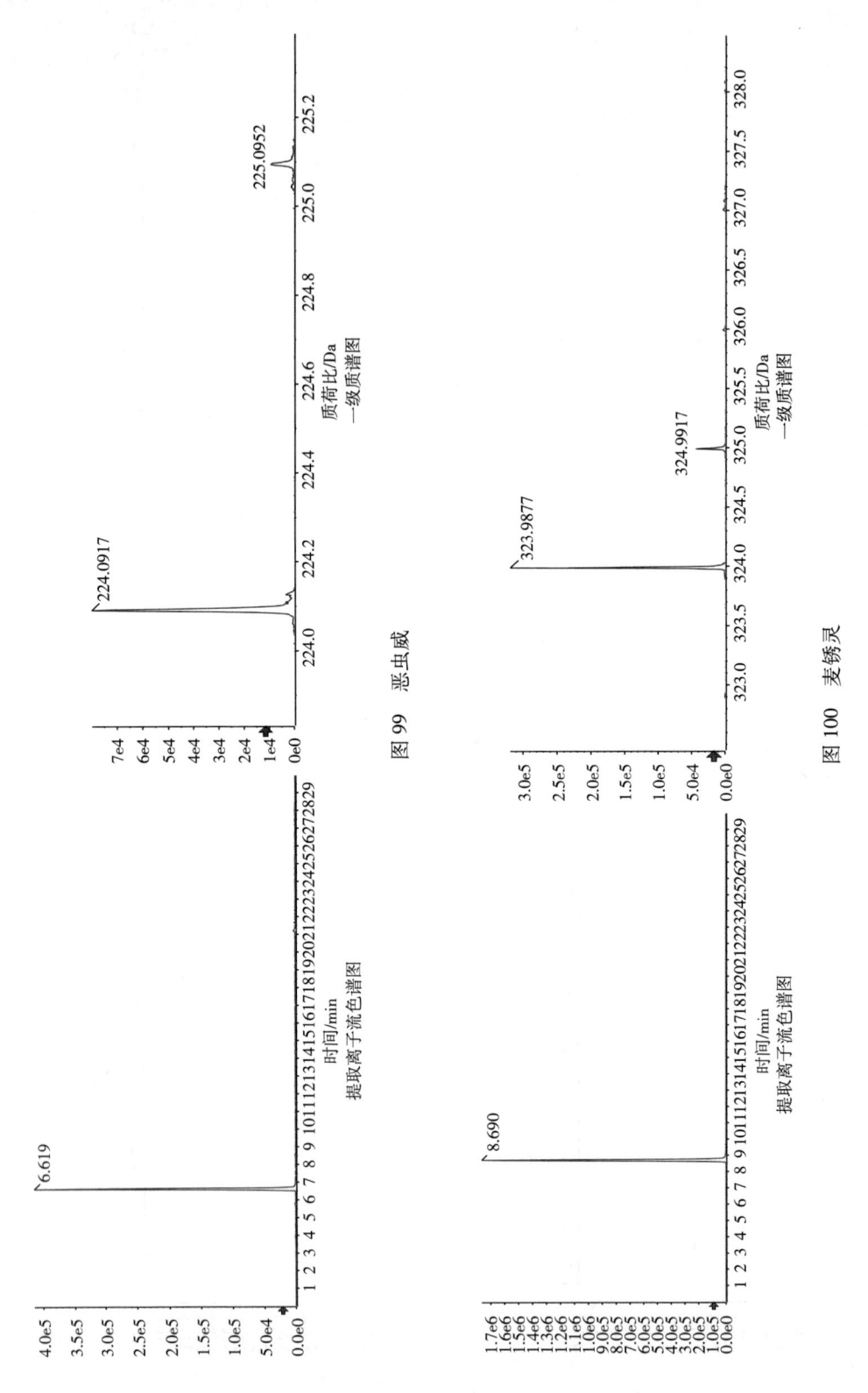

图 100 麦锈灵

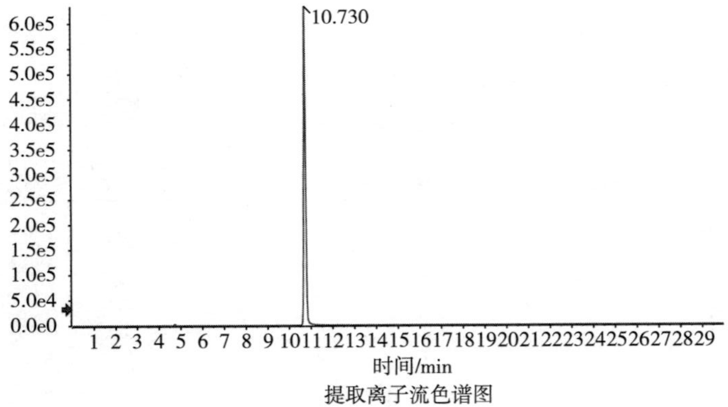

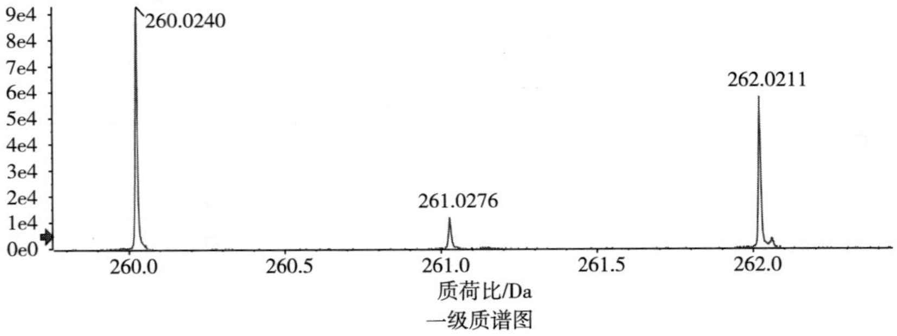

第五章 农药及其代谢离子流图及一级质谱图

图 101 解草酮

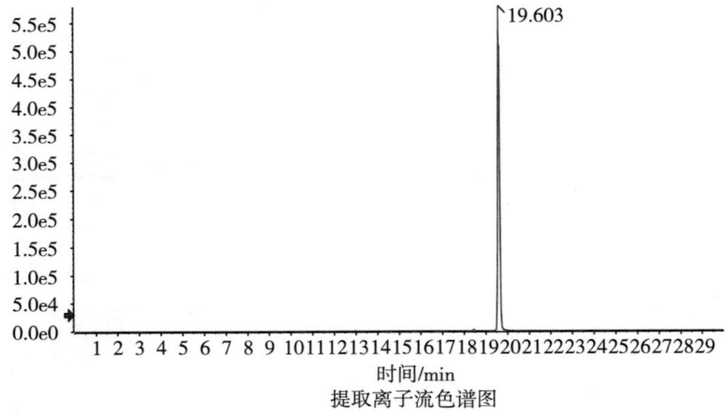

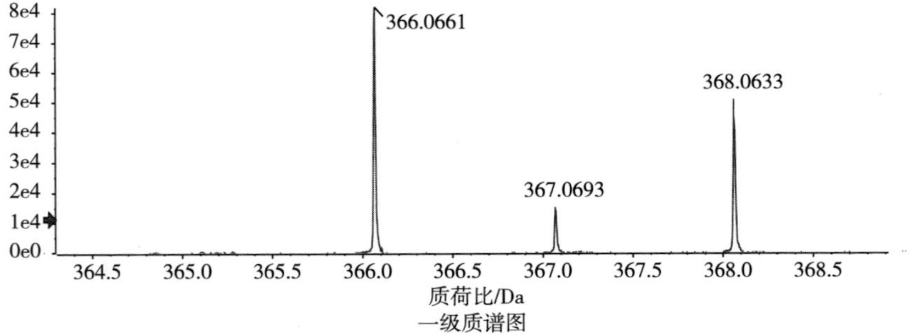

图 102 N-苯甲酰-N-(3,4-二氯苯基)-DL-丙氨酸乙酯

图 103　联苯三唑醇

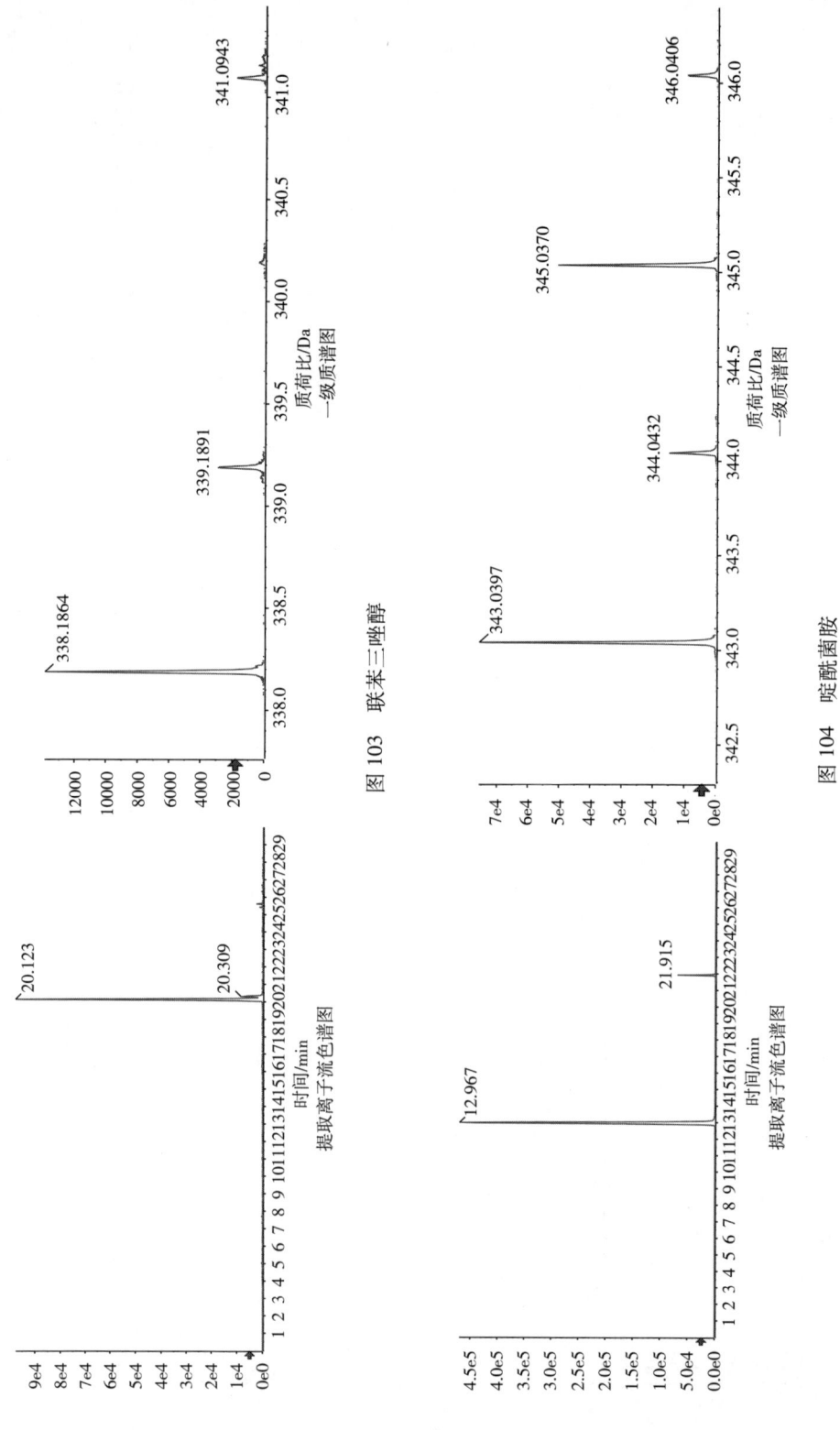

图 104　啶酰菌胺

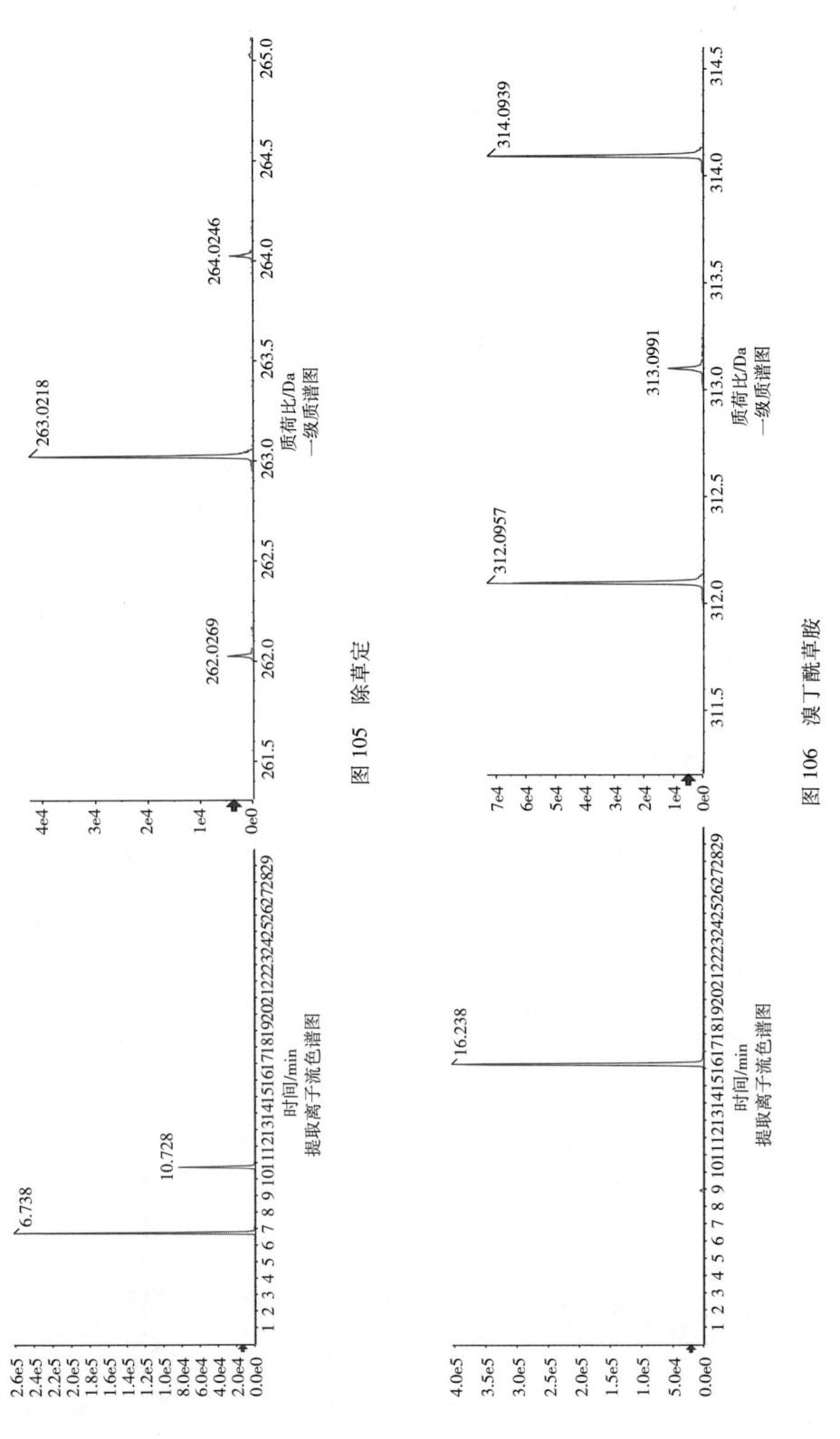

第五章 农药及其代谢物离子流图及一级质谱图

图 105 除草定

图 106 溴丁酰草胺

图 107 糠菌唑

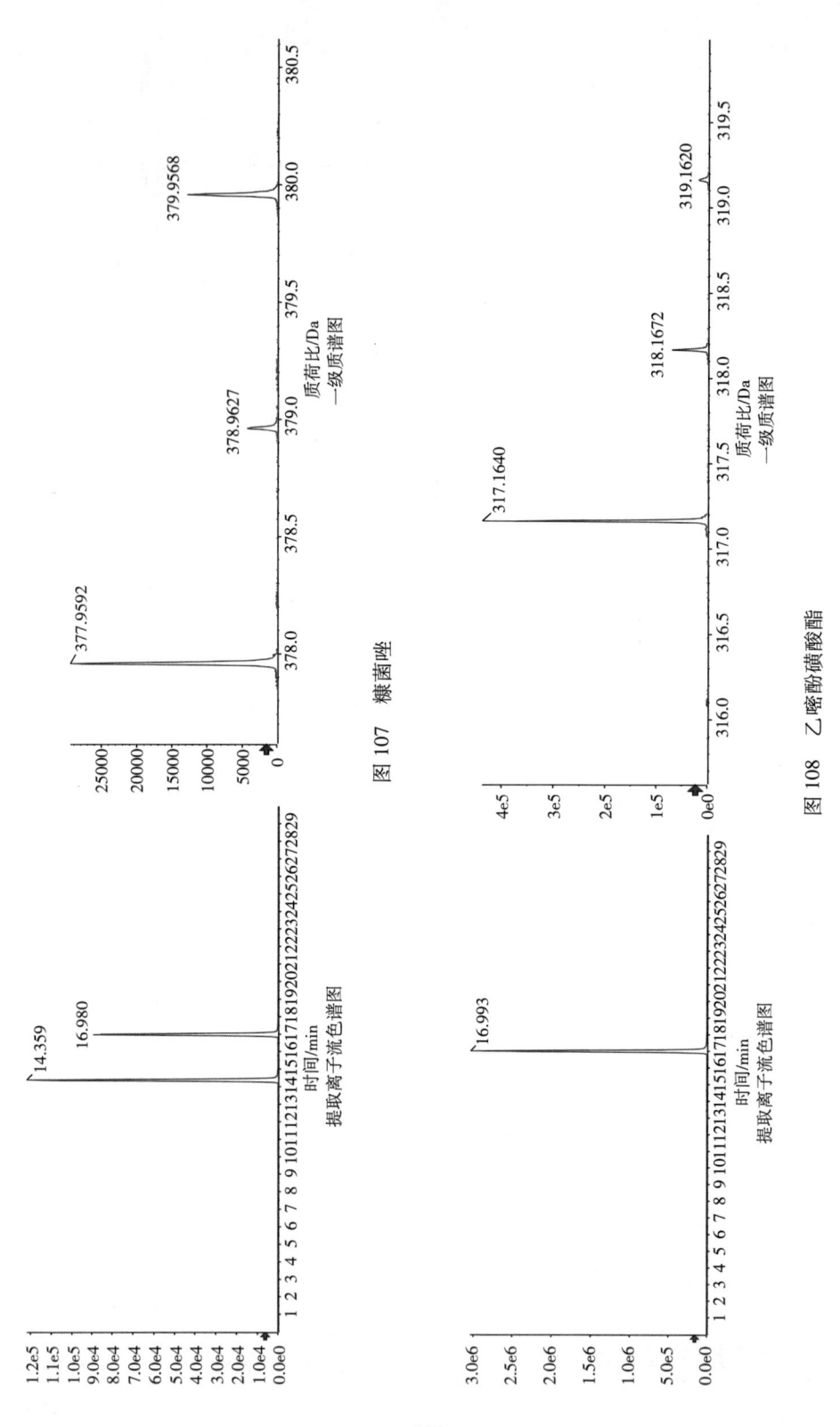

图 108 乙嘧酚磺酸酯

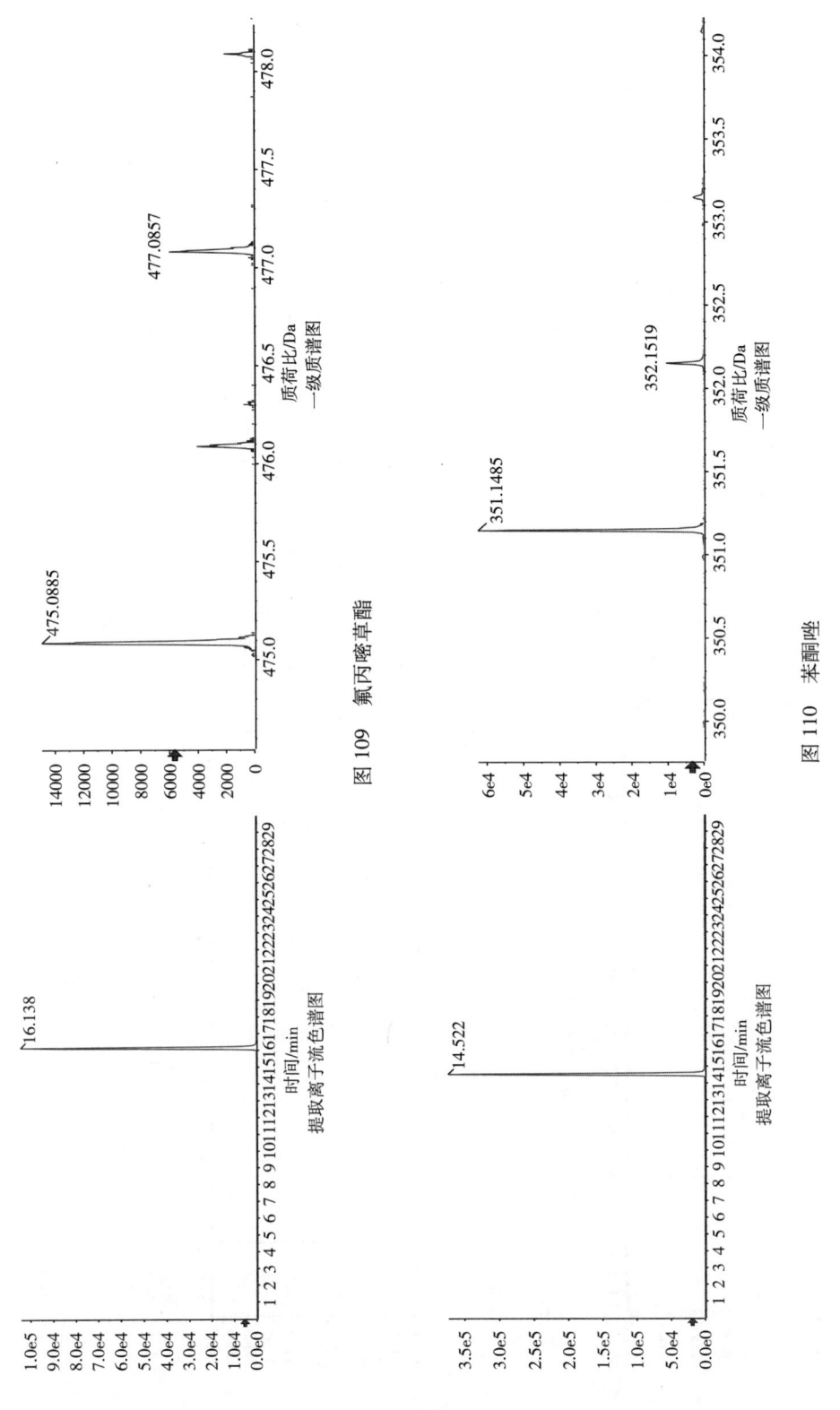

第五章 农药及其代谢物离子流图及一级质谱图

图 109 氟丙嘧草酯

图 110 苯酮唑

图 111 萎锈灵

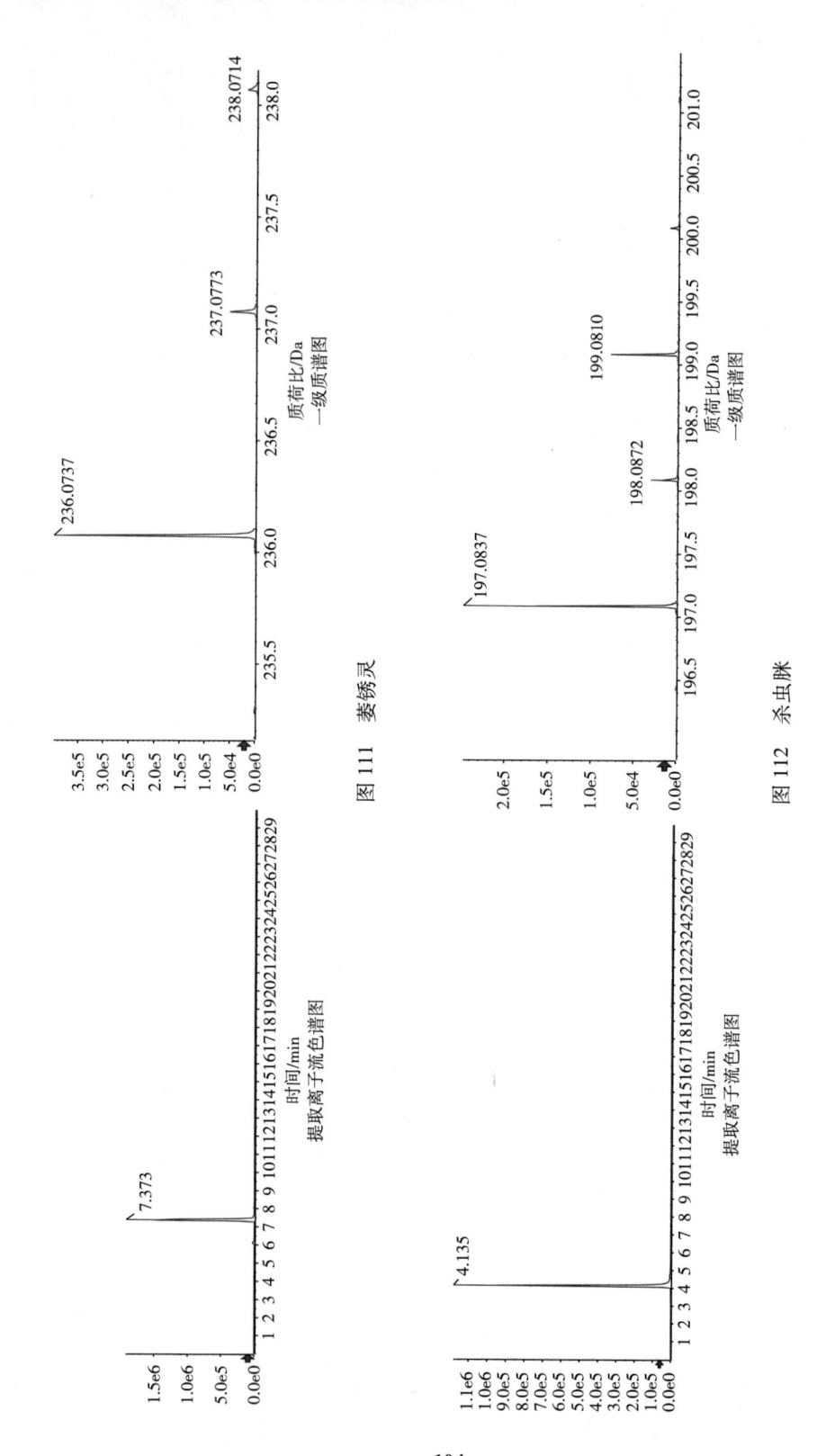

图 112 杀虫脒

图 113　膦基聚羧酸

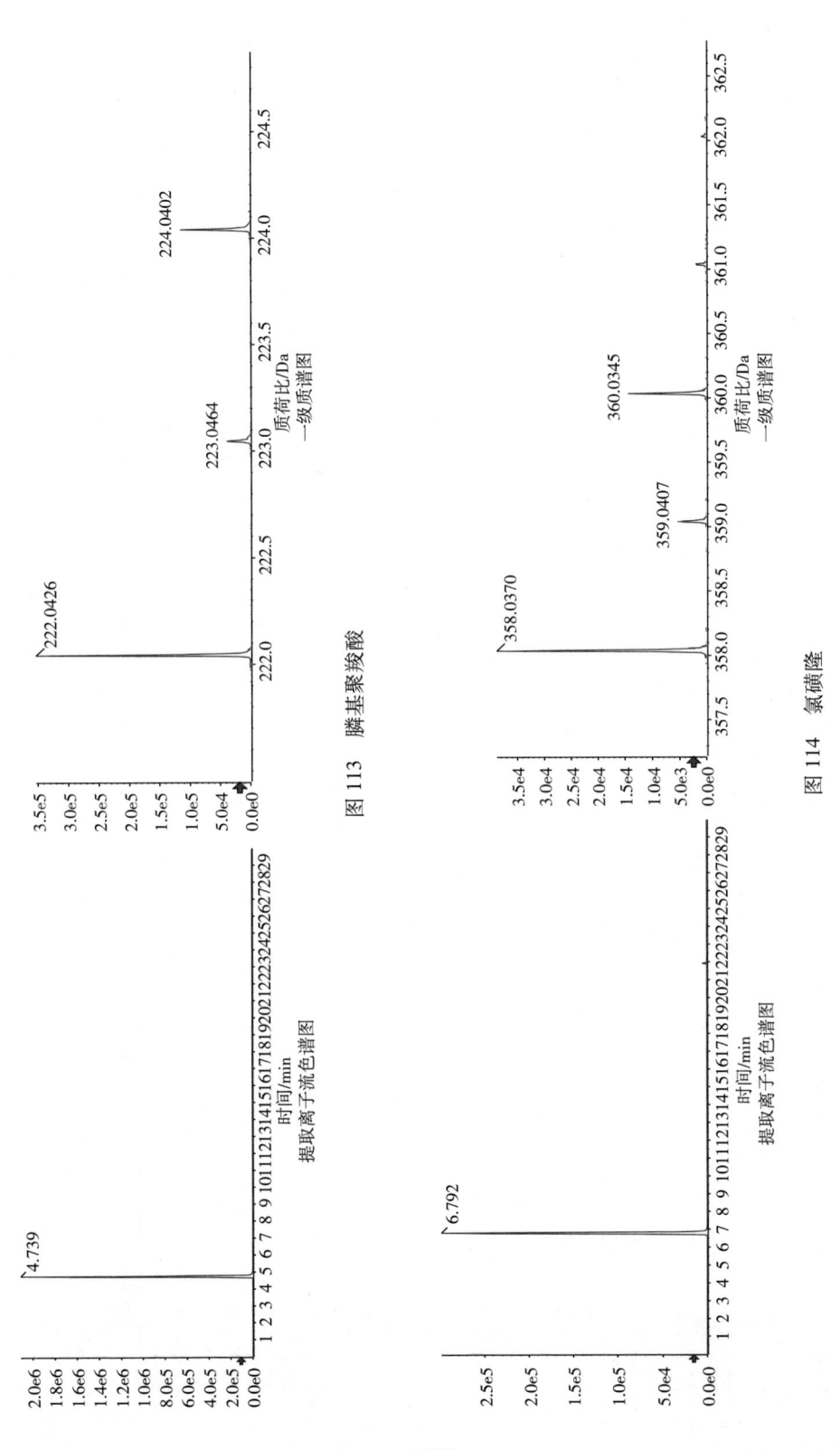

图 114　氯磺隆

图 115 篡草青

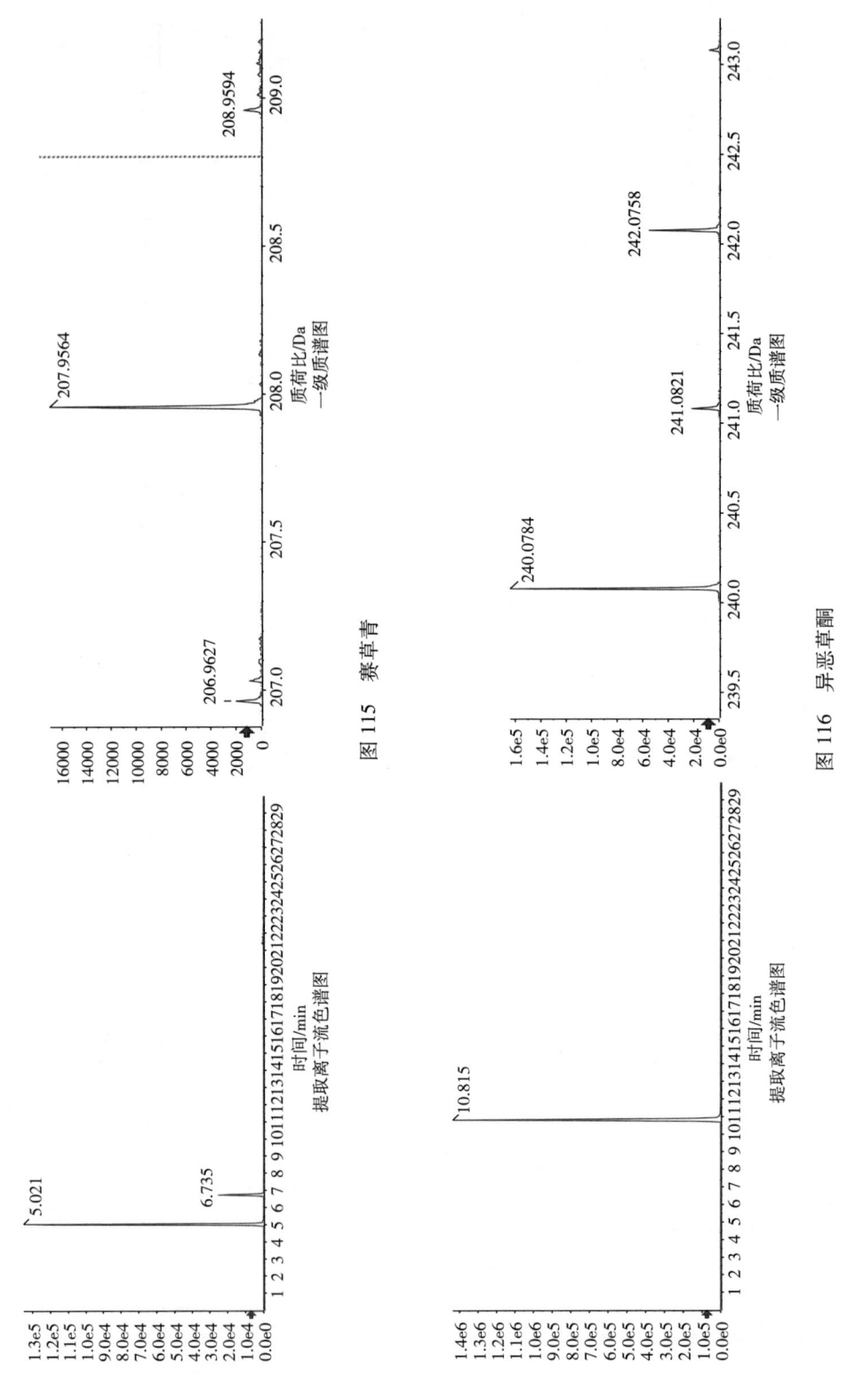

图 116 异恶草酮

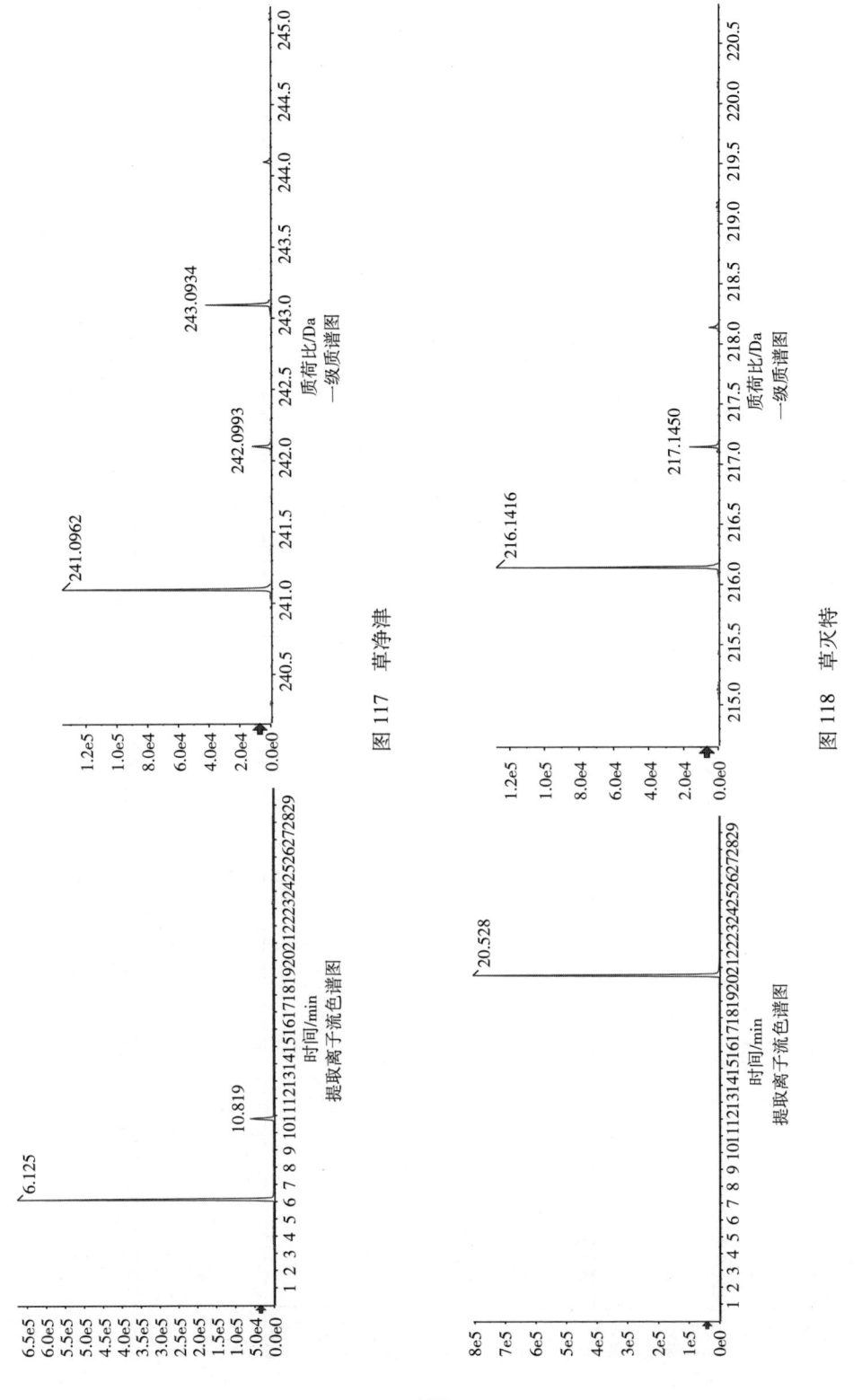

第五章 农药及其代谢物离子流图及一级质谱图

图 117 草净津

图 118 草灭特

图 119 环莠隆

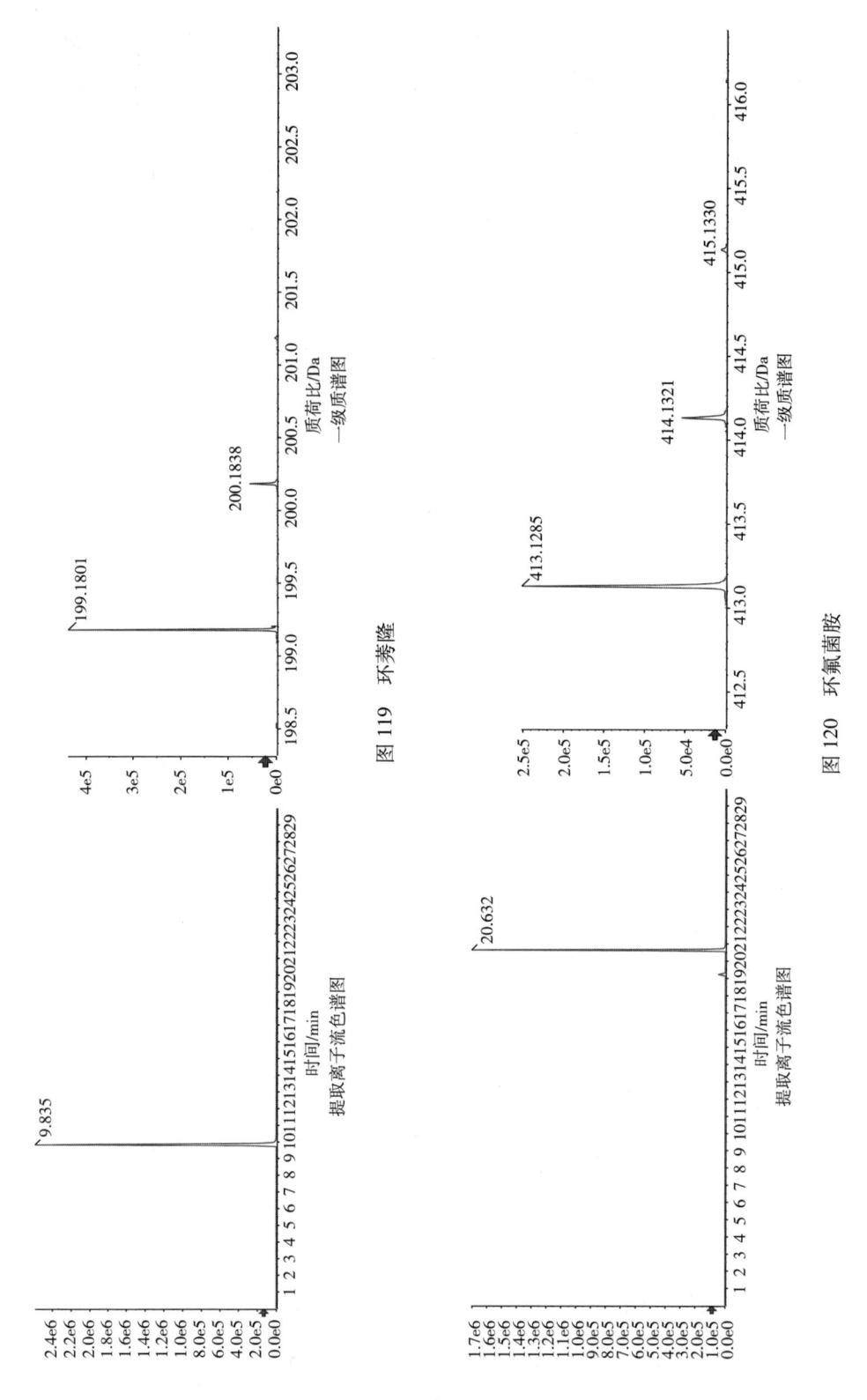

图 120 环氟菌胺

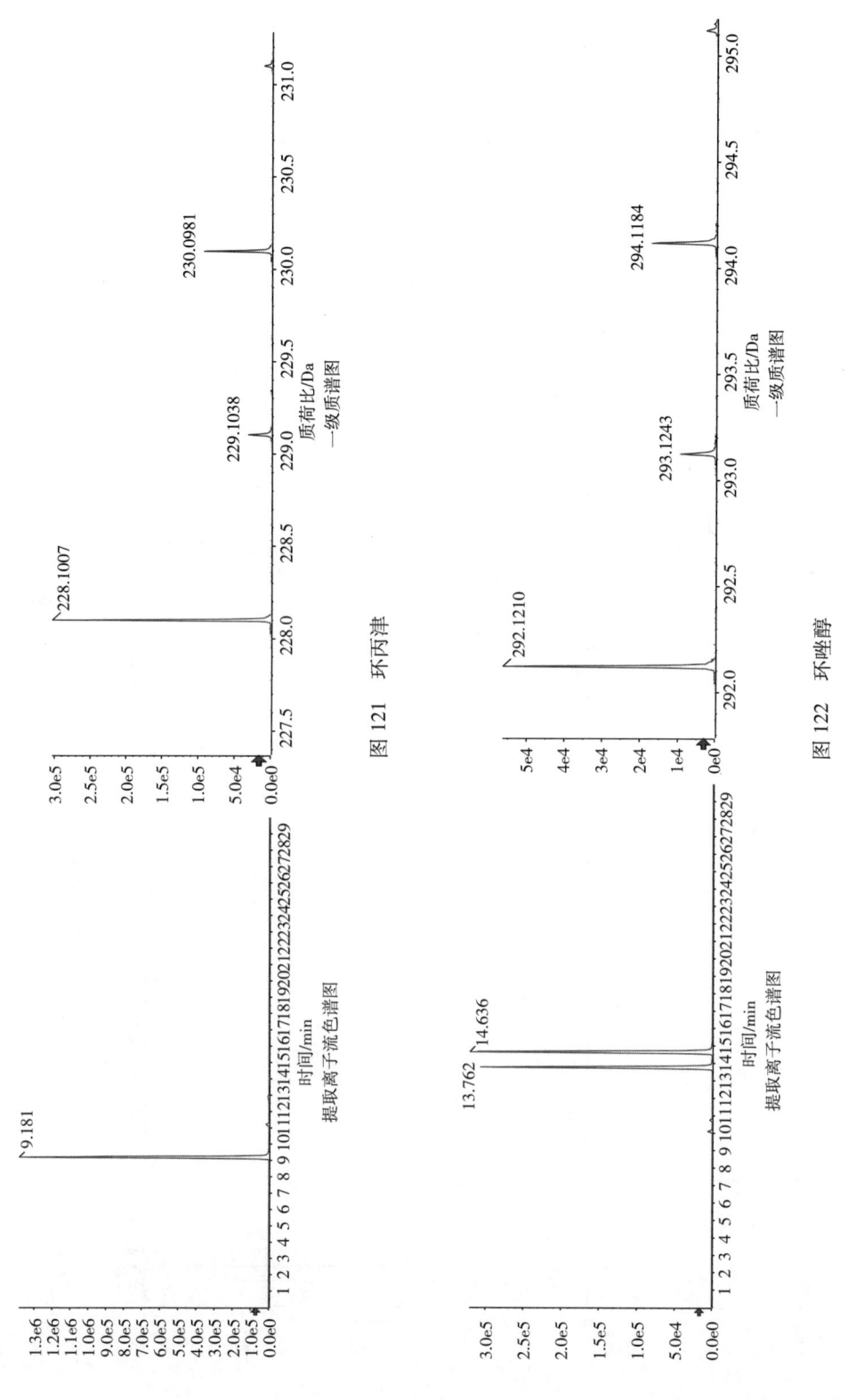

第五章 农药及其代谢物离子流图及一级质谱图

图 121 环丙津

图 122 环唑醇

图 123 酯菌胺

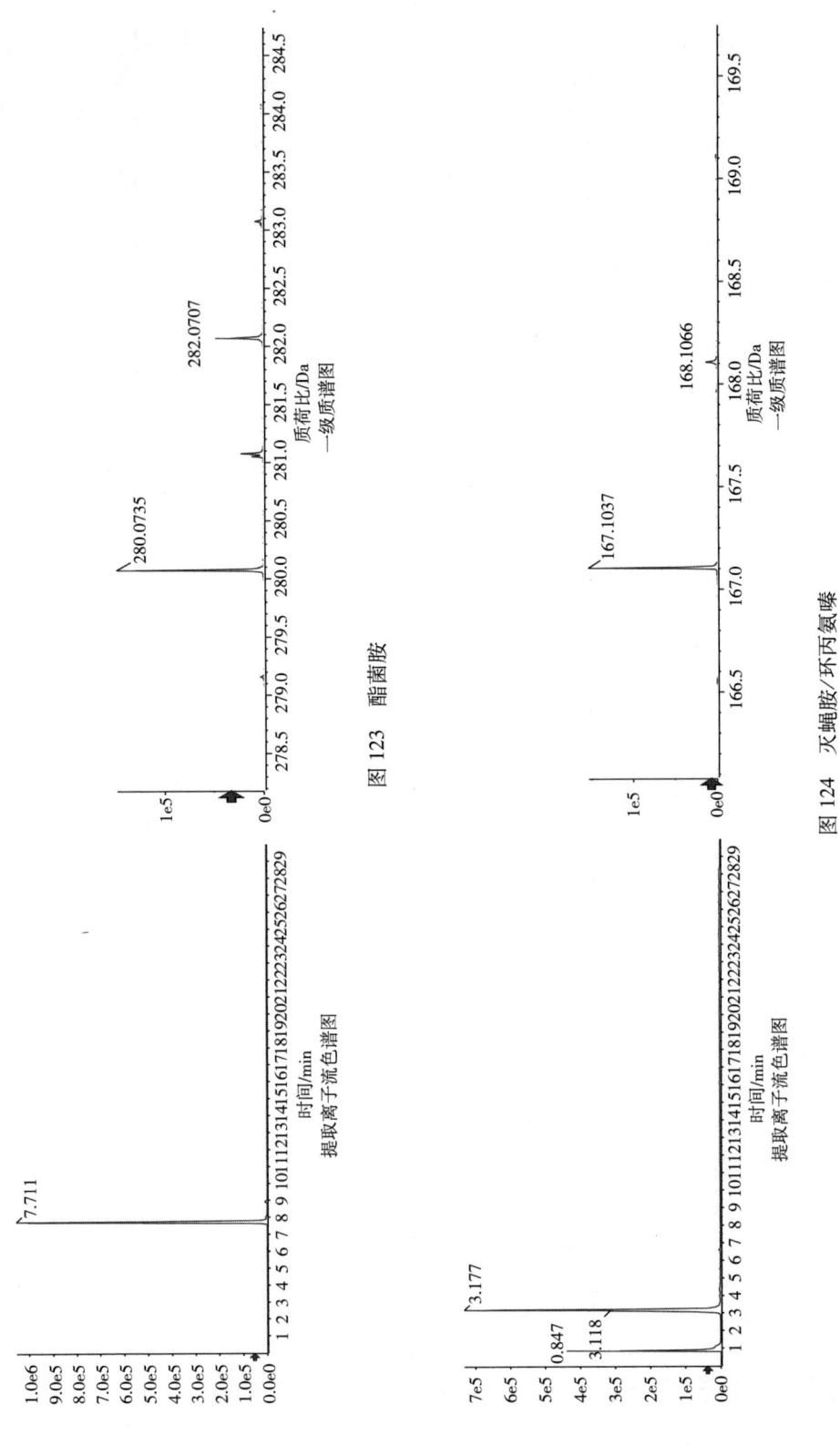

图 124 灭蝇胺/环丙氨嗪

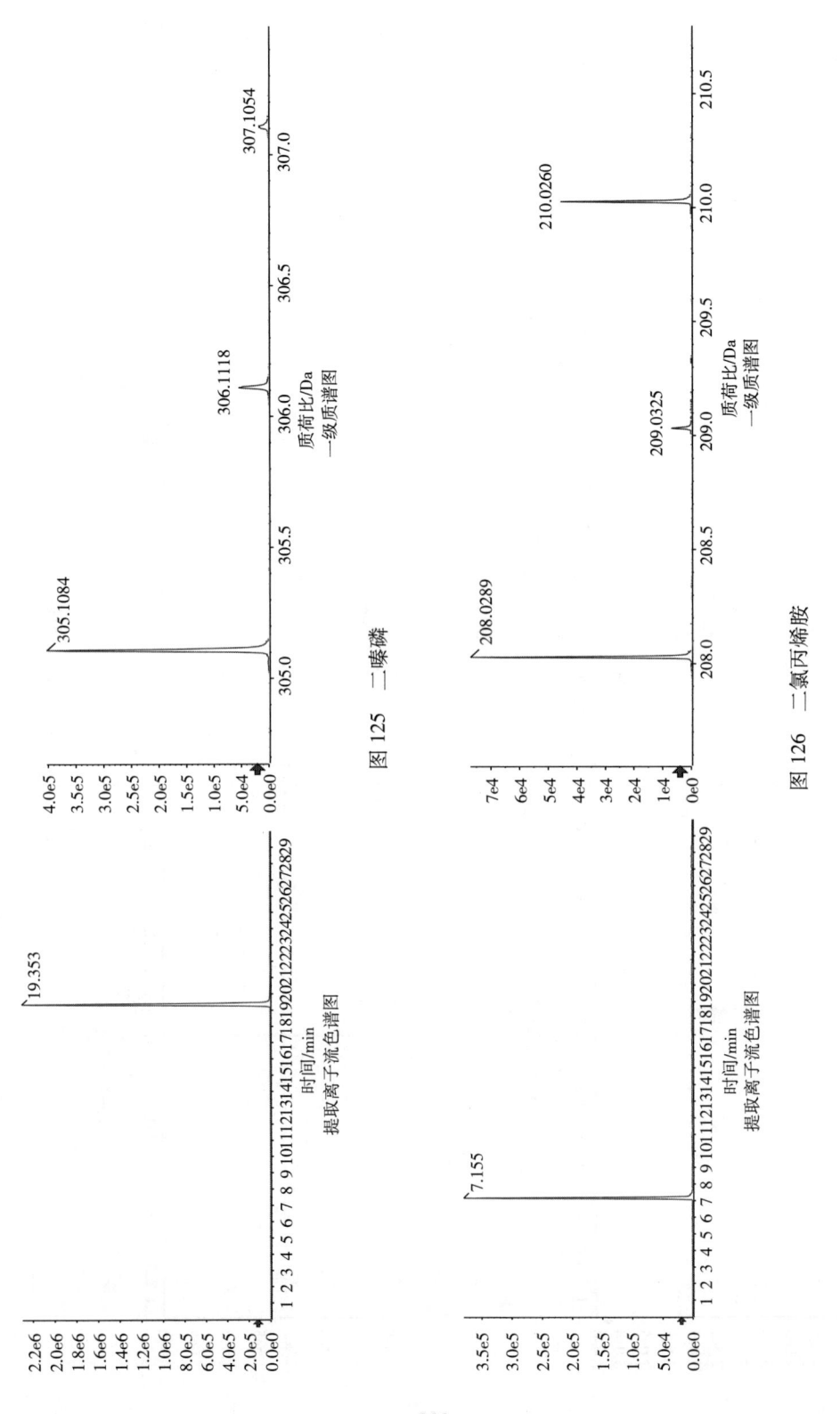

第五章 农药及其代谢物离子流图及一级质谱图

图 125 二嗪磷

图 126 二氯丙烯胺

图 127 苯氯三唑醇

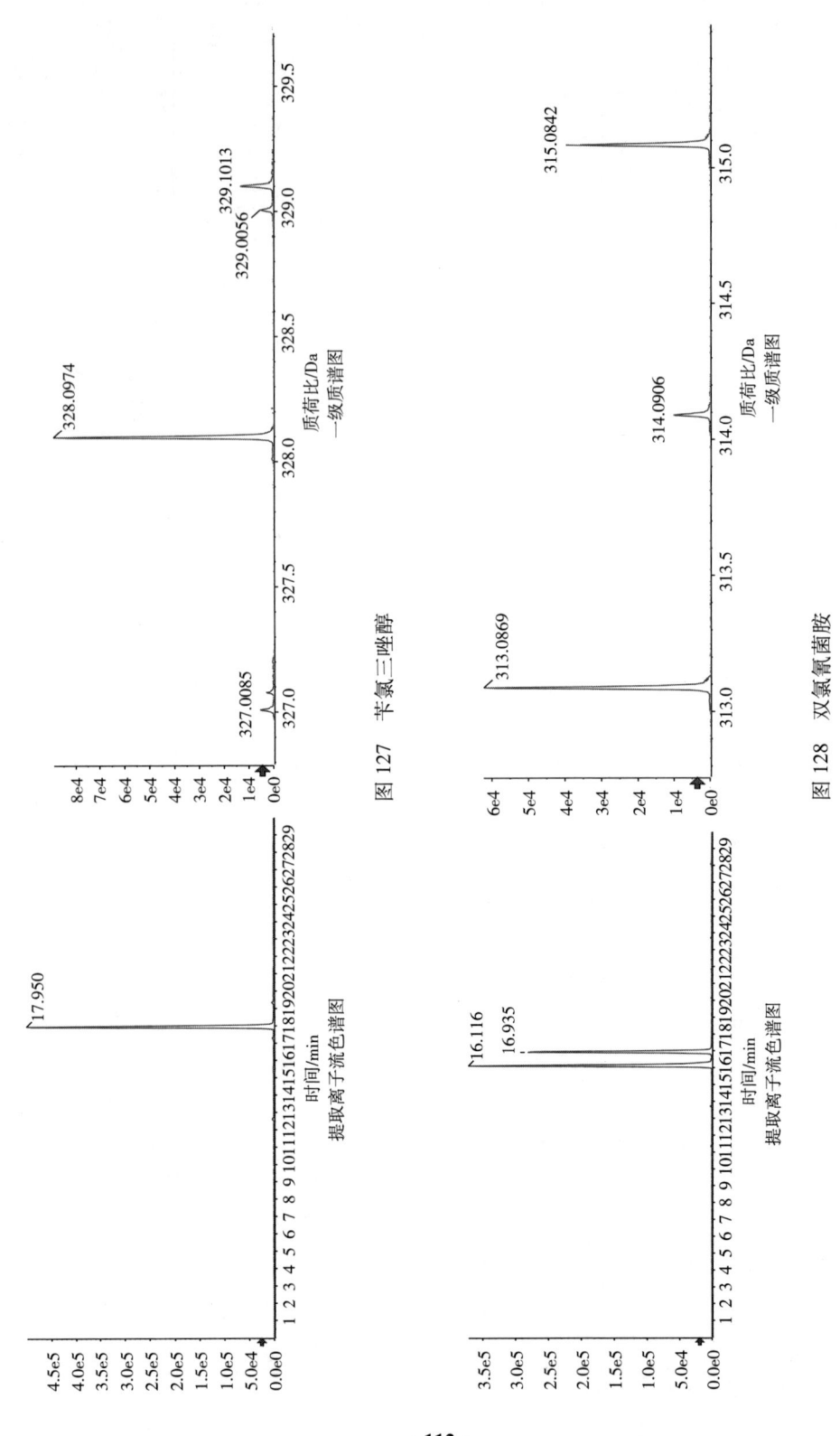

图 128 双氯氧菌胺

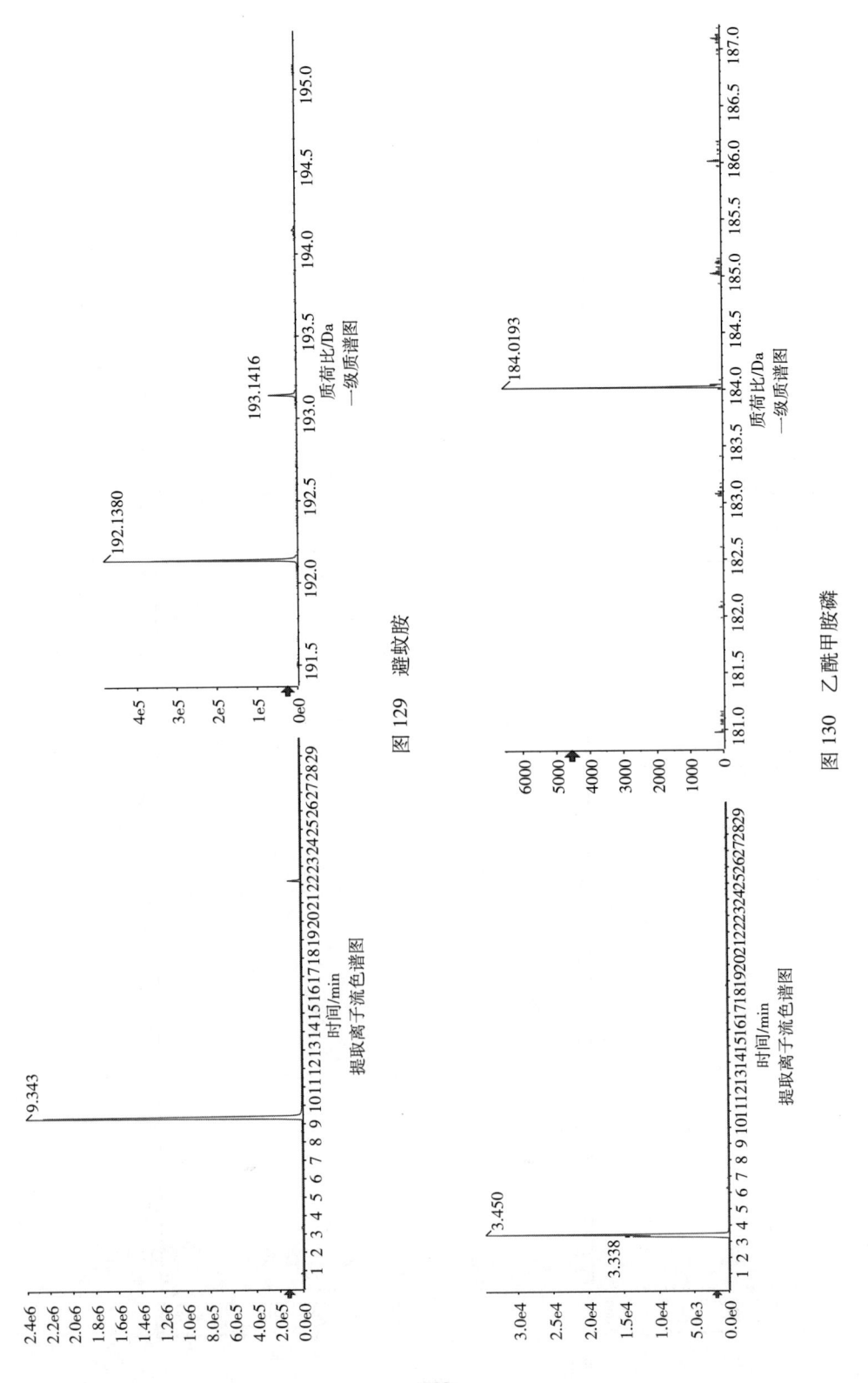

第五章 农药及其代谢物离子流图及一级质谱图

图 129 避蚊胺

图 130 乙酰甲胺磷

图 131 右旋烯丙菊酯

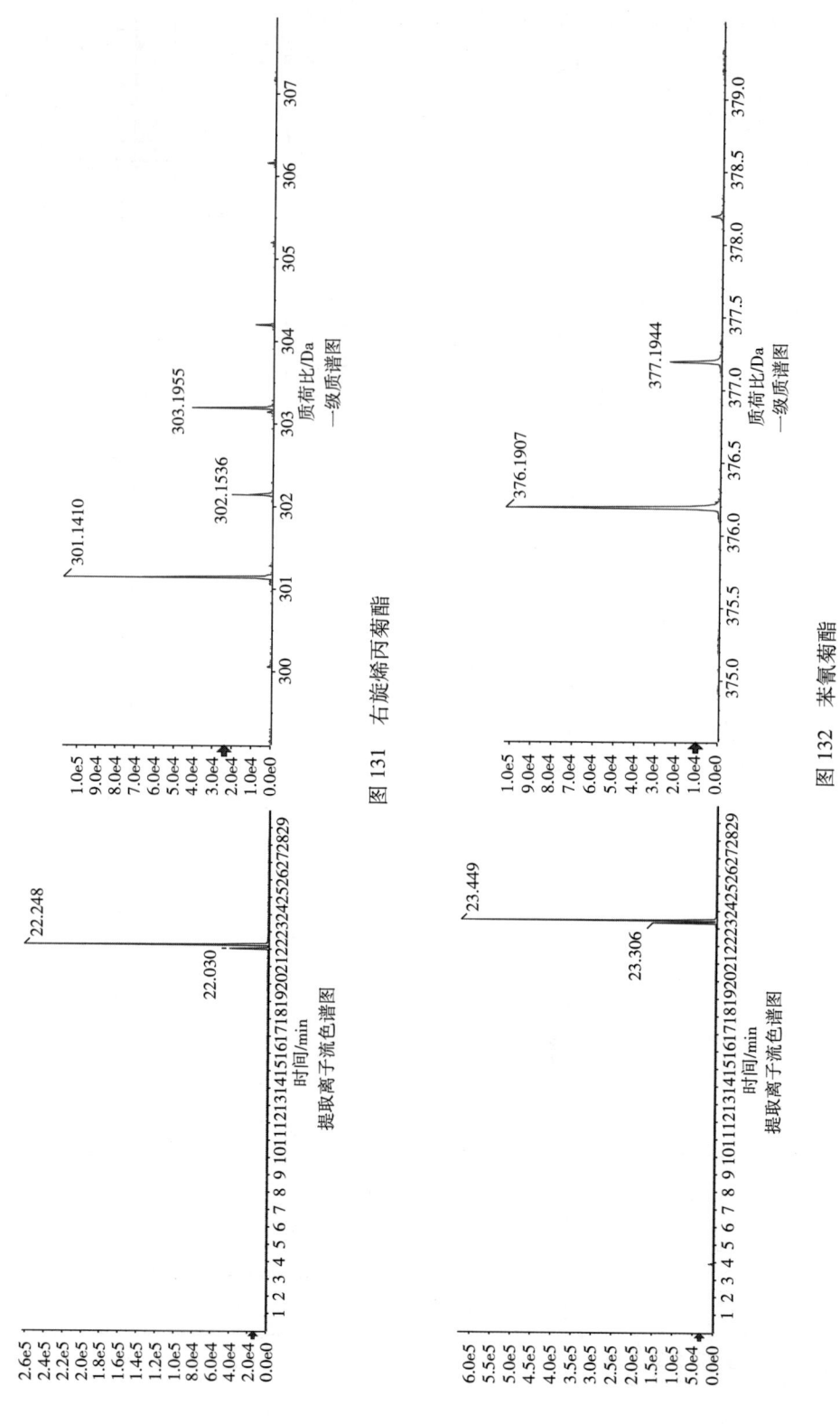

图 132 苯氧菊酯

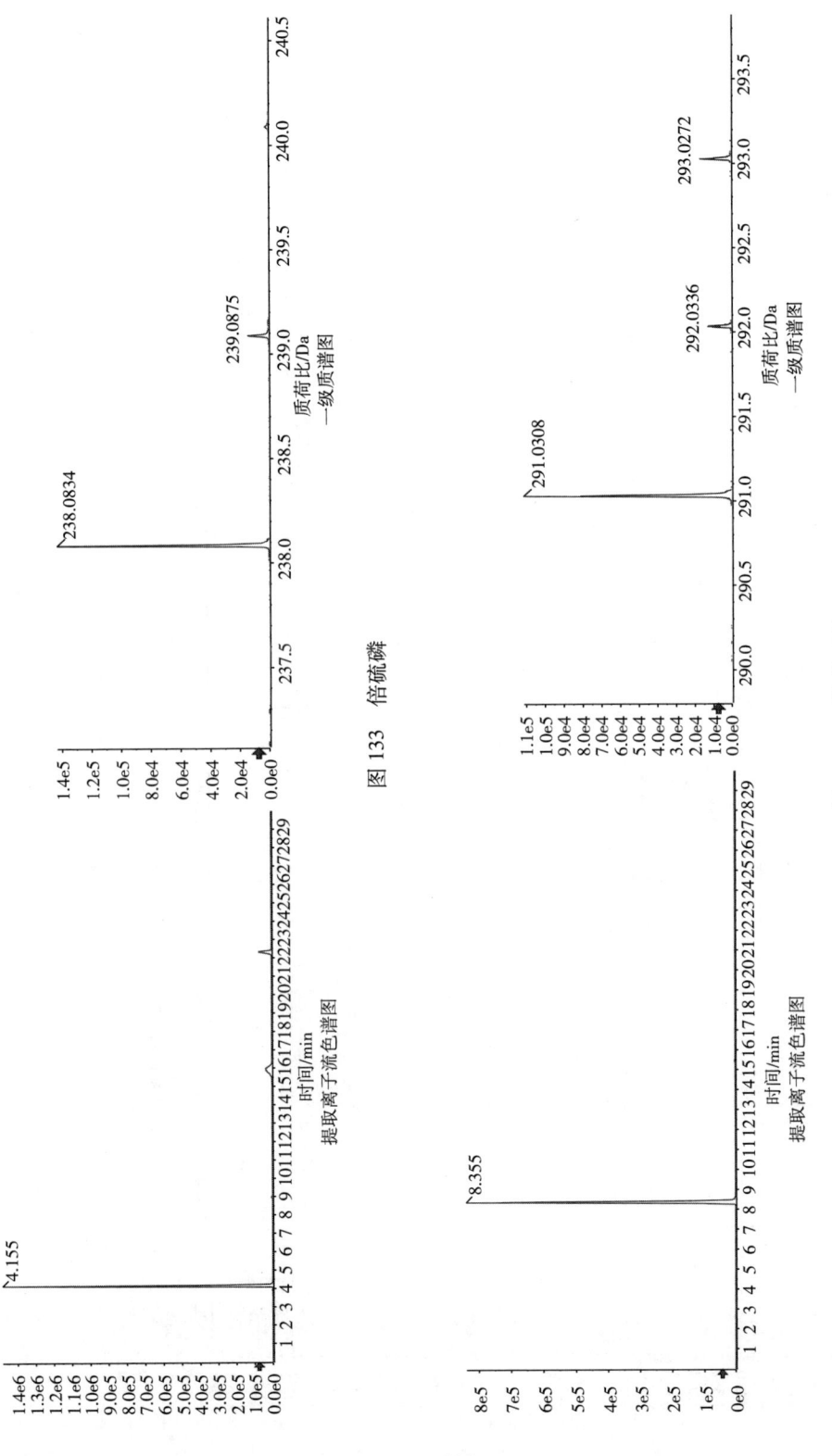

第五章 农药及其代谢物离子流图及一级质谱图

图 133 倍硫磷

图 134 乙拌磷亚砜

图 135 灭菌磷

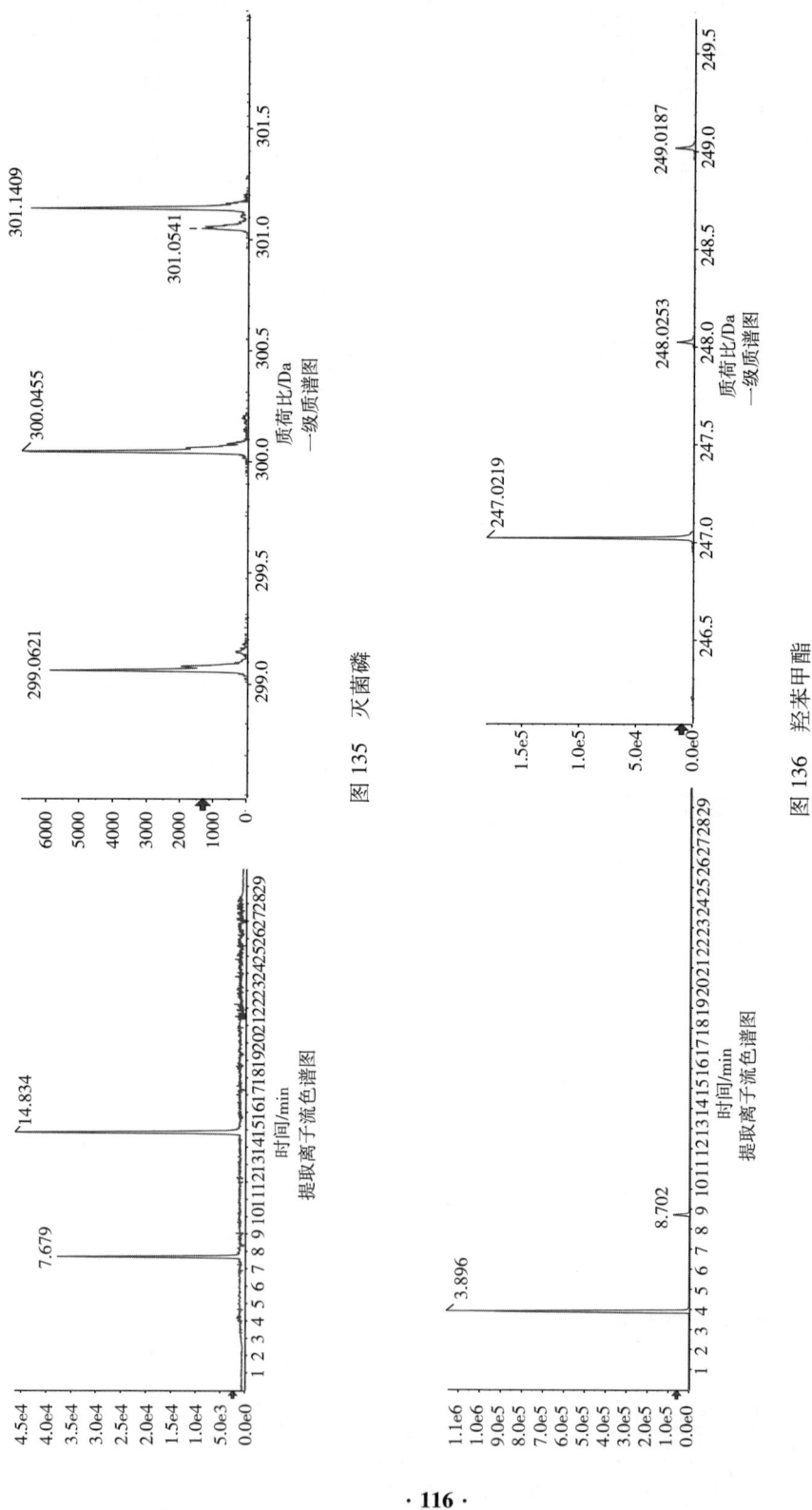

图 136 羟苯甲酯

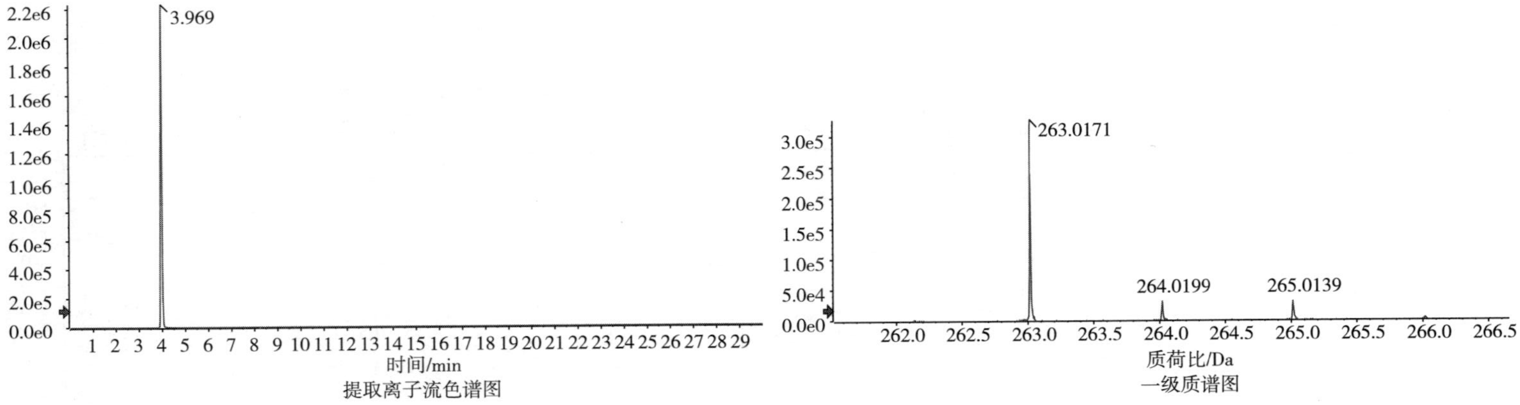

第五章 农药及其代谢物离子流图及一级质谱图

图 137 甲基内吸磷

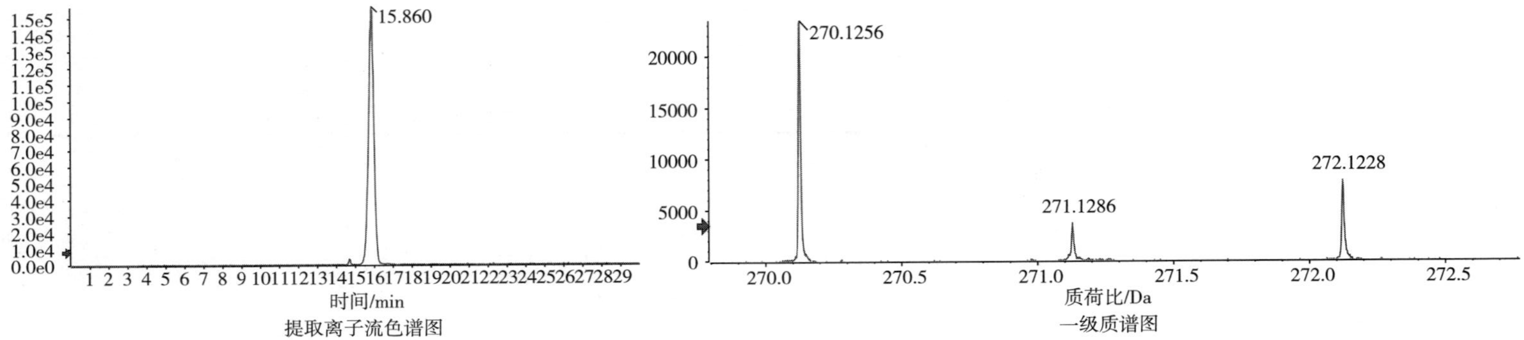

图 138 甲草胺

图 139 唑啶磷

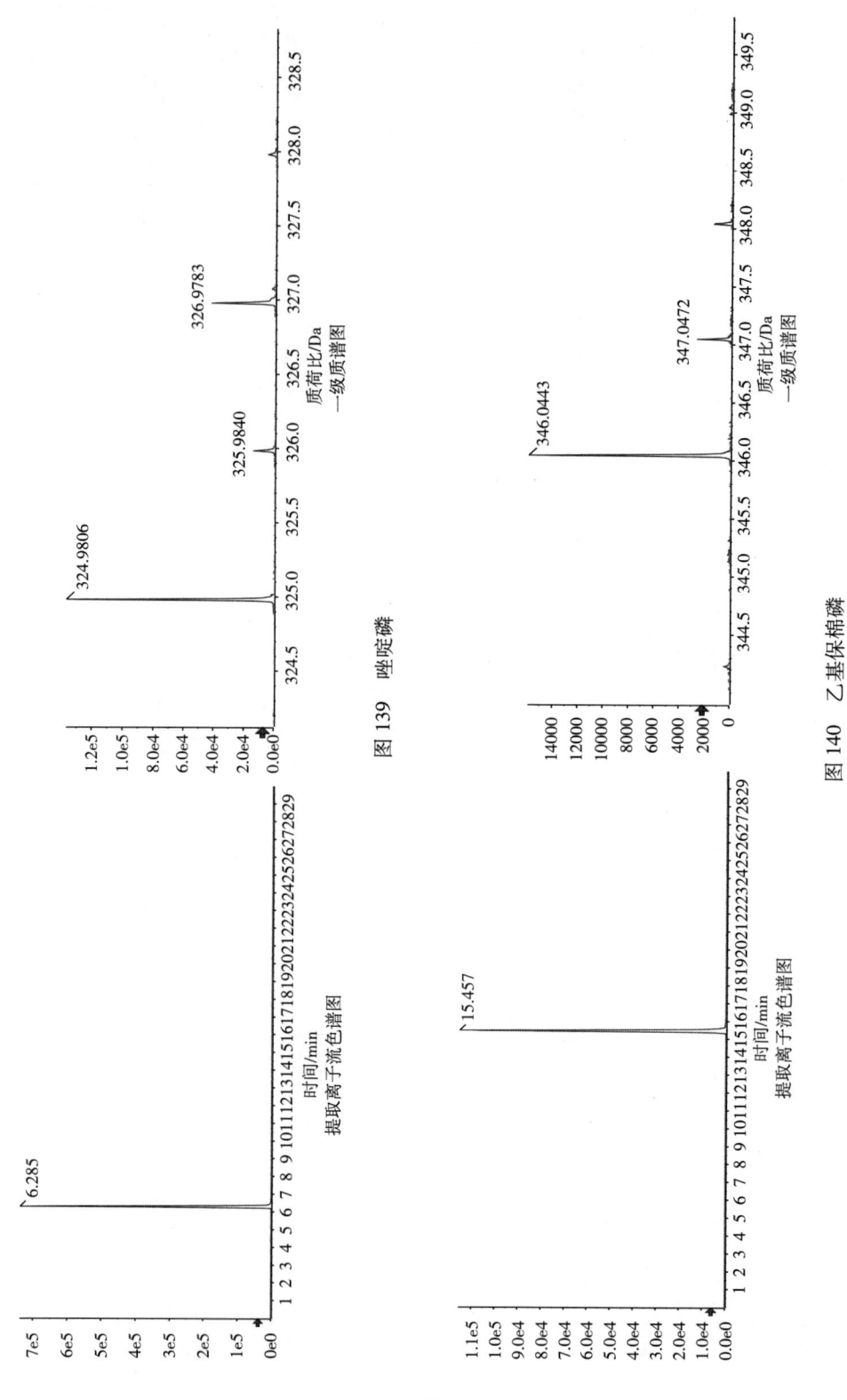

图 140 乙基保棉磷

图 141　嘧菌酯

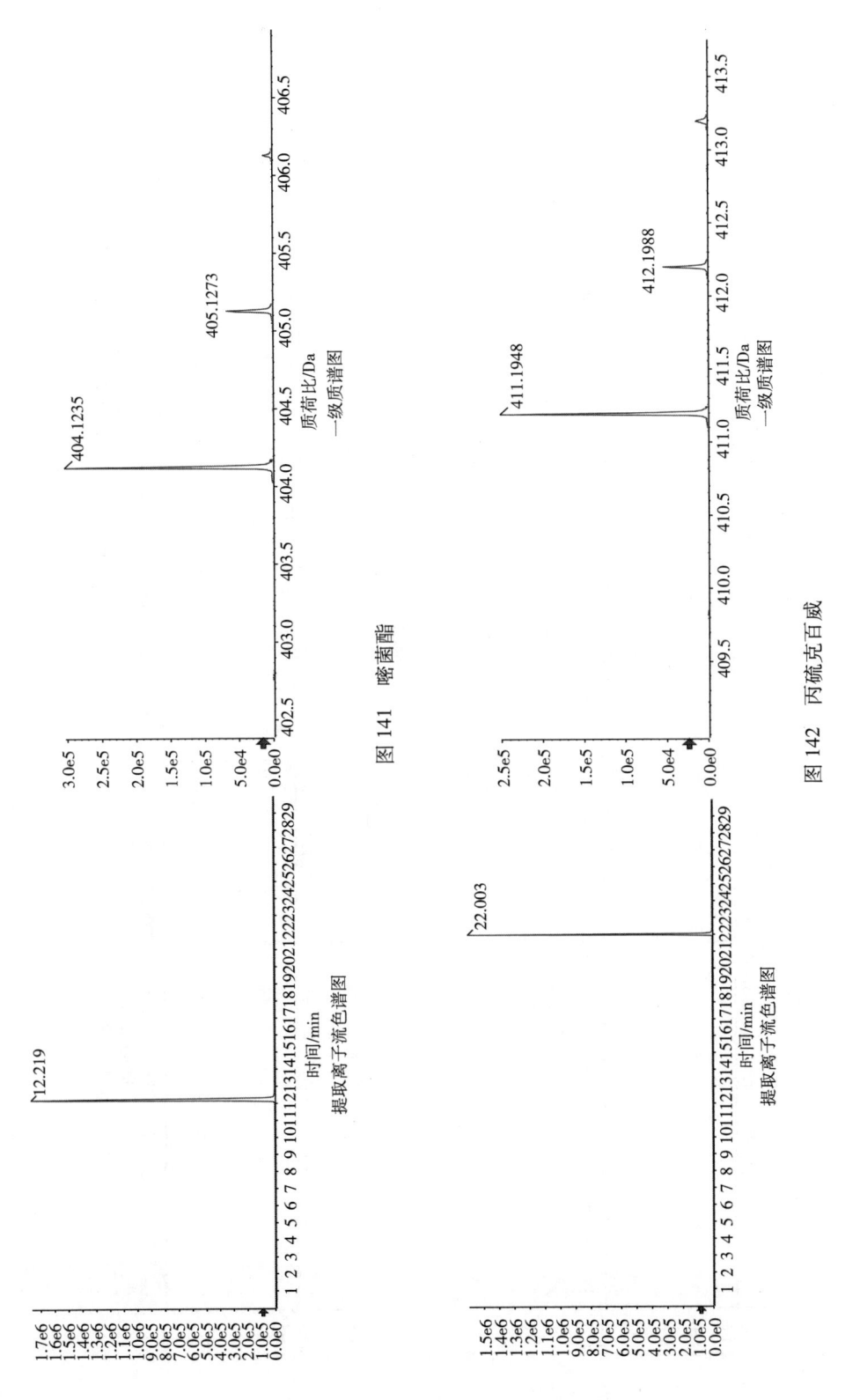

图 142　丙硫克百威

图 143 噻嗪酮

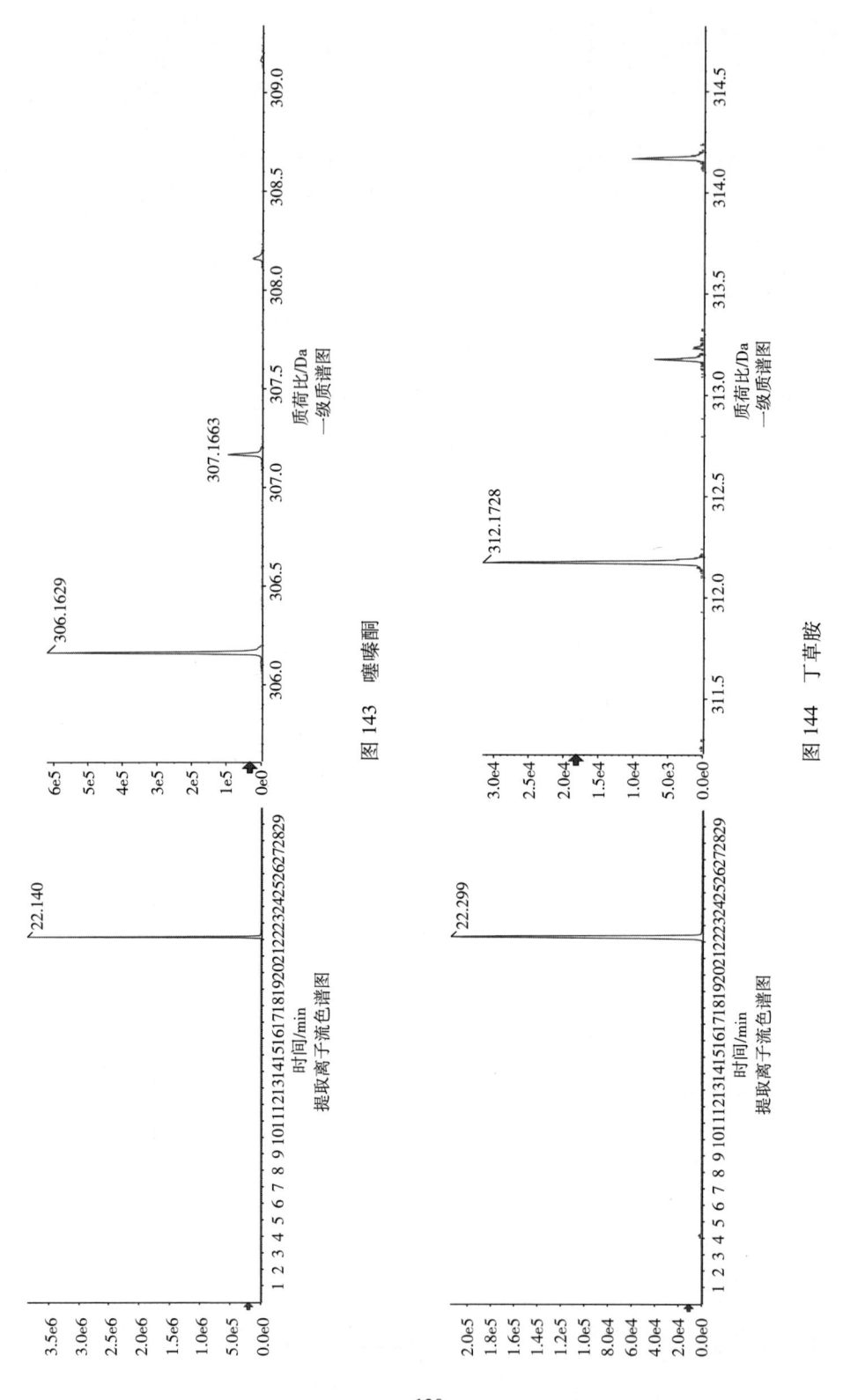

图 144 丁草胺

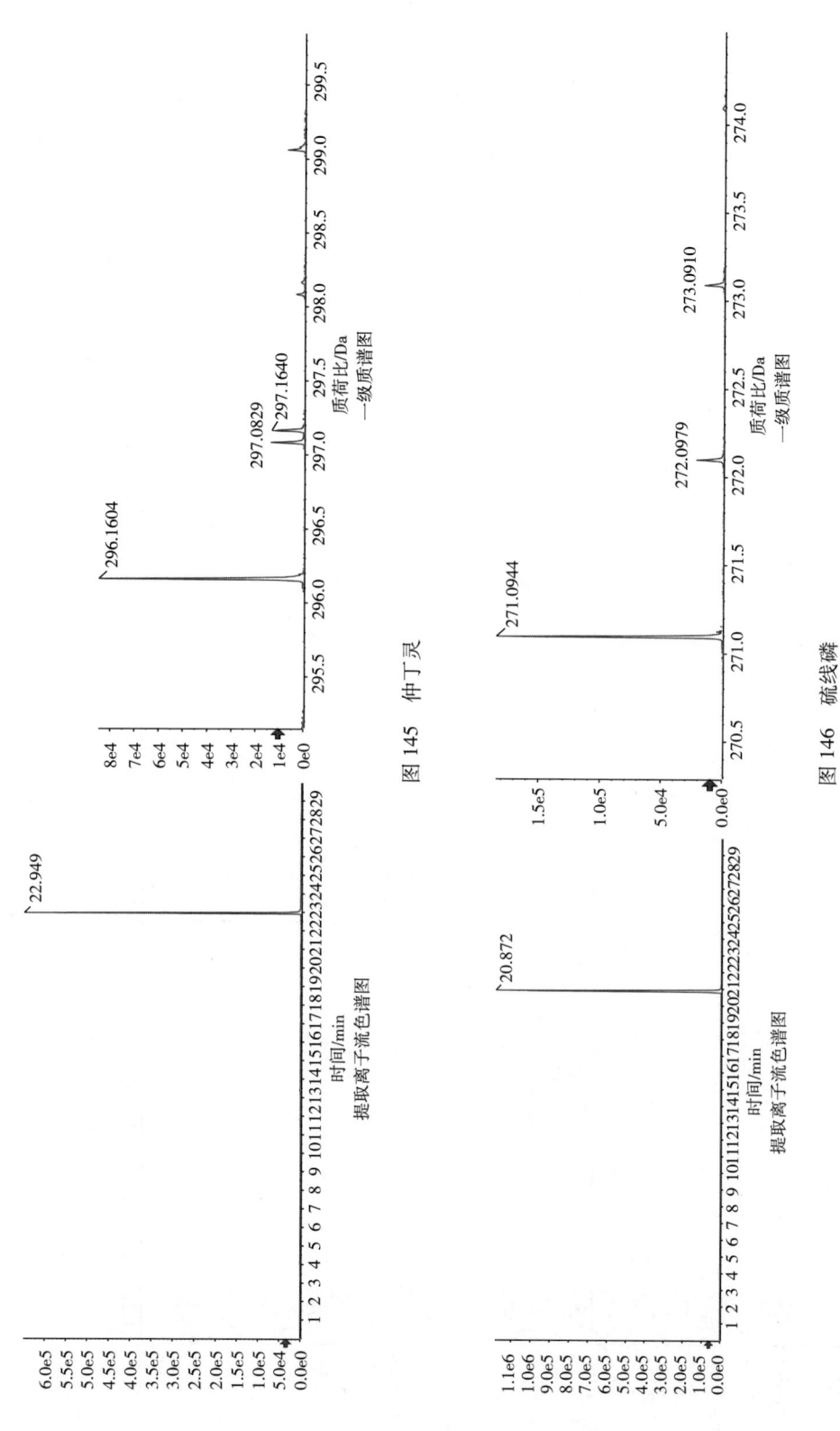

第五章 农药及其代谢物离子流图及一级质谱图

图 145 仲丁灵

图 146 硫线磷

图 147 甲萘威

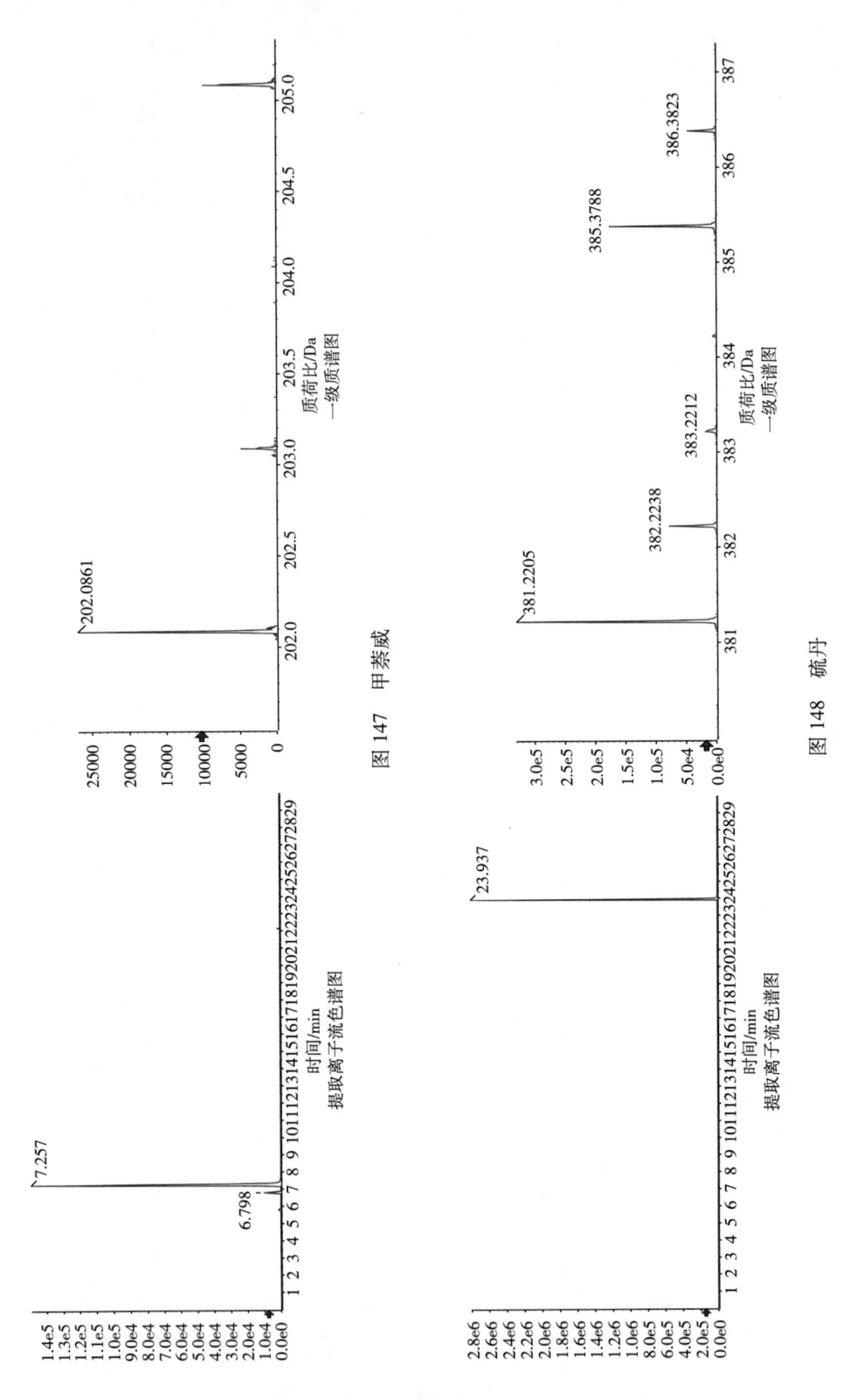

图 148 硫丹

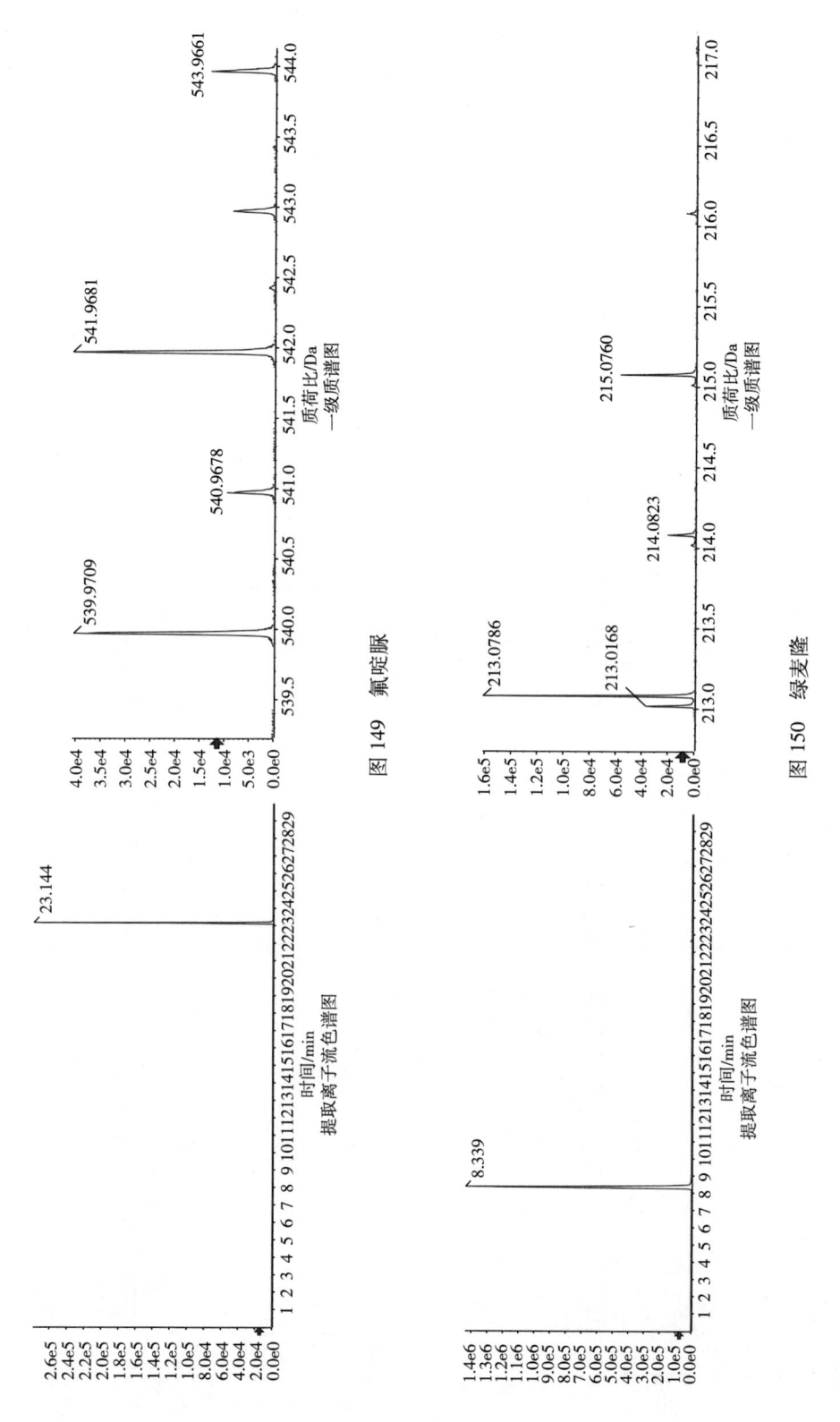

第五章 农药及其代谢物离子流图及一级质谱图

图 149 氟啶脲

图 150 绿麦隆

图 151 毒死蜱

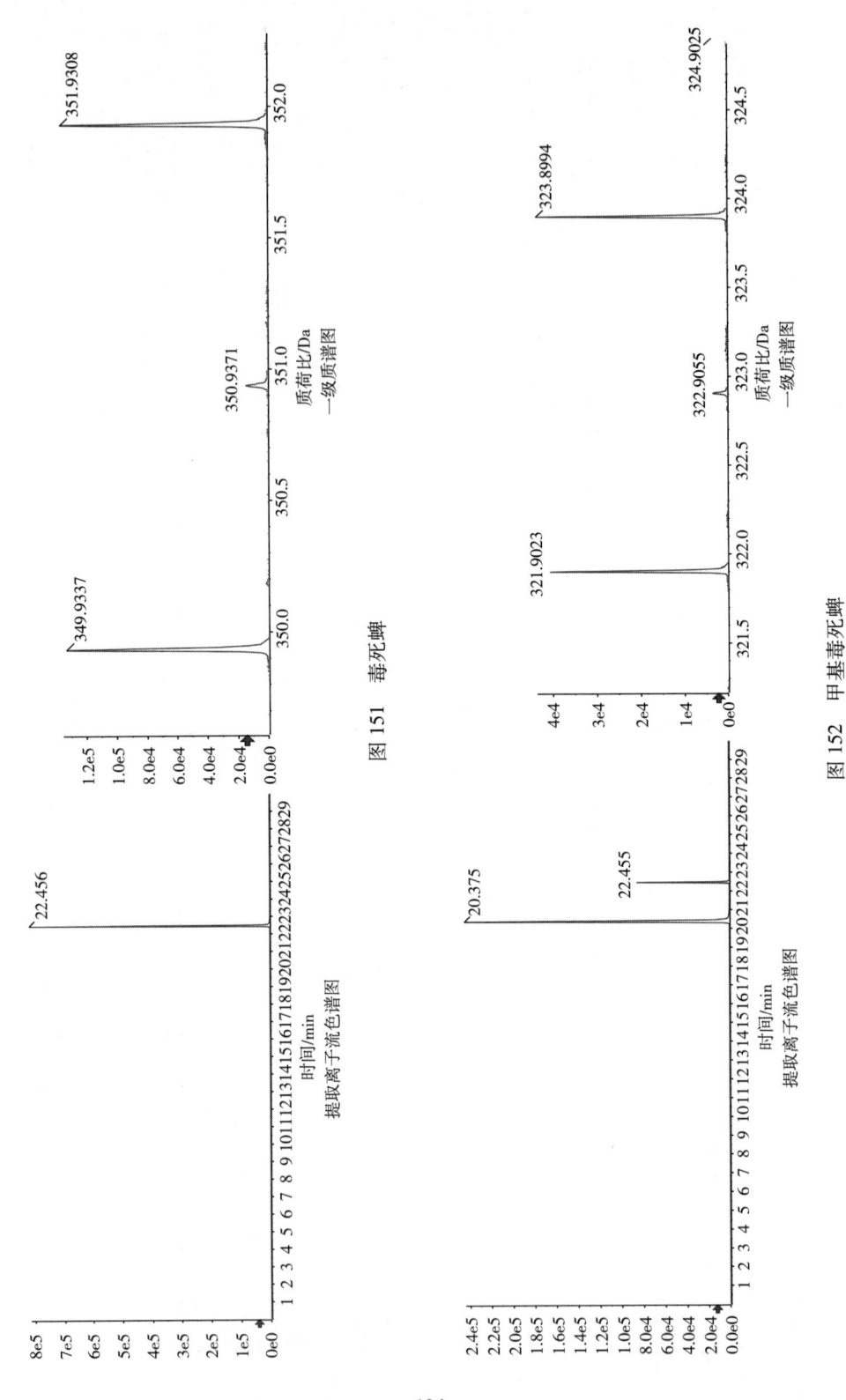

图 152 甲基毒死蜱

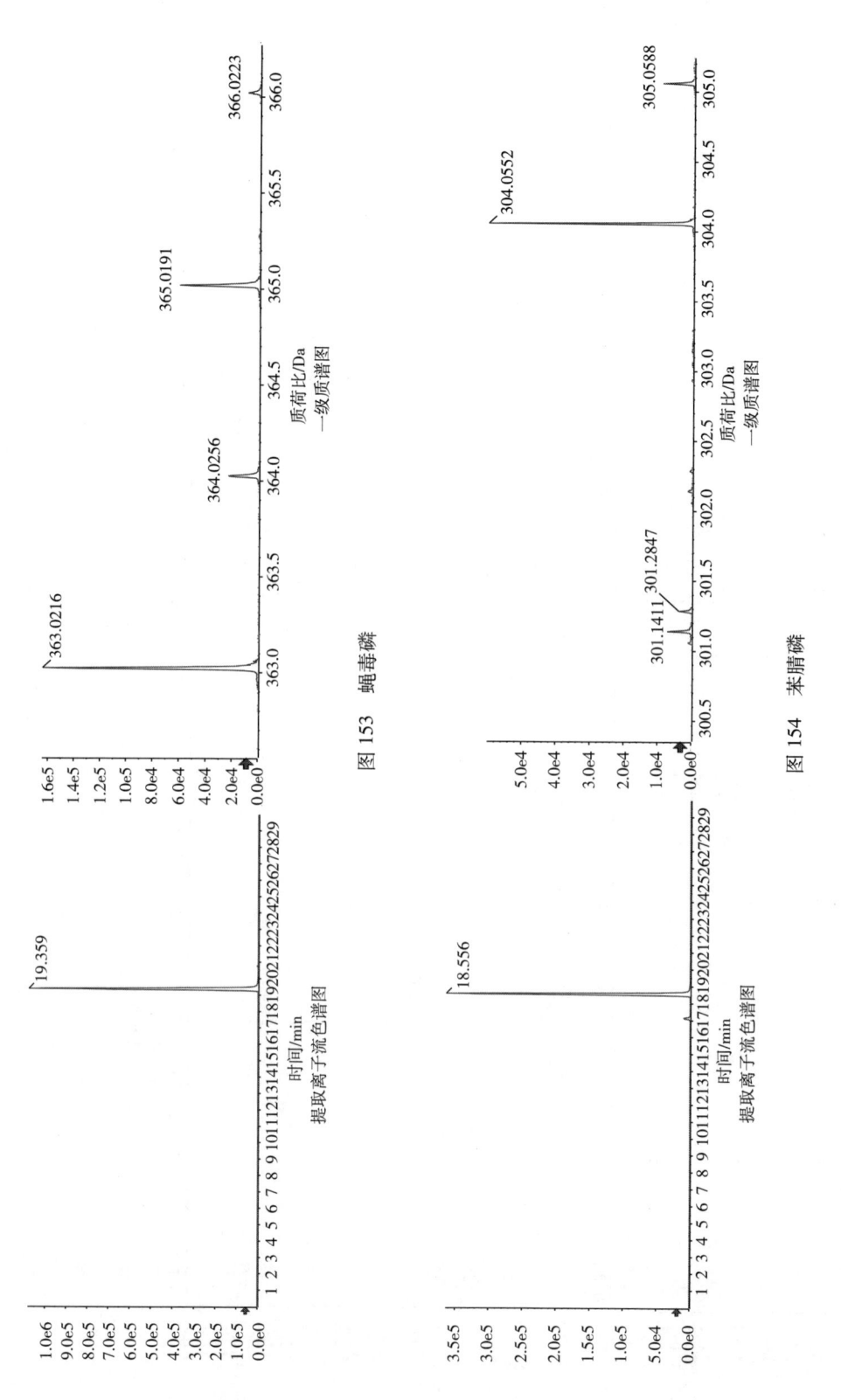

第五章 农药及其代谢物离子流图及一级质谱图

图 153 蝇毒磷

图 154 苯腈磷

图 155 杀螟腈

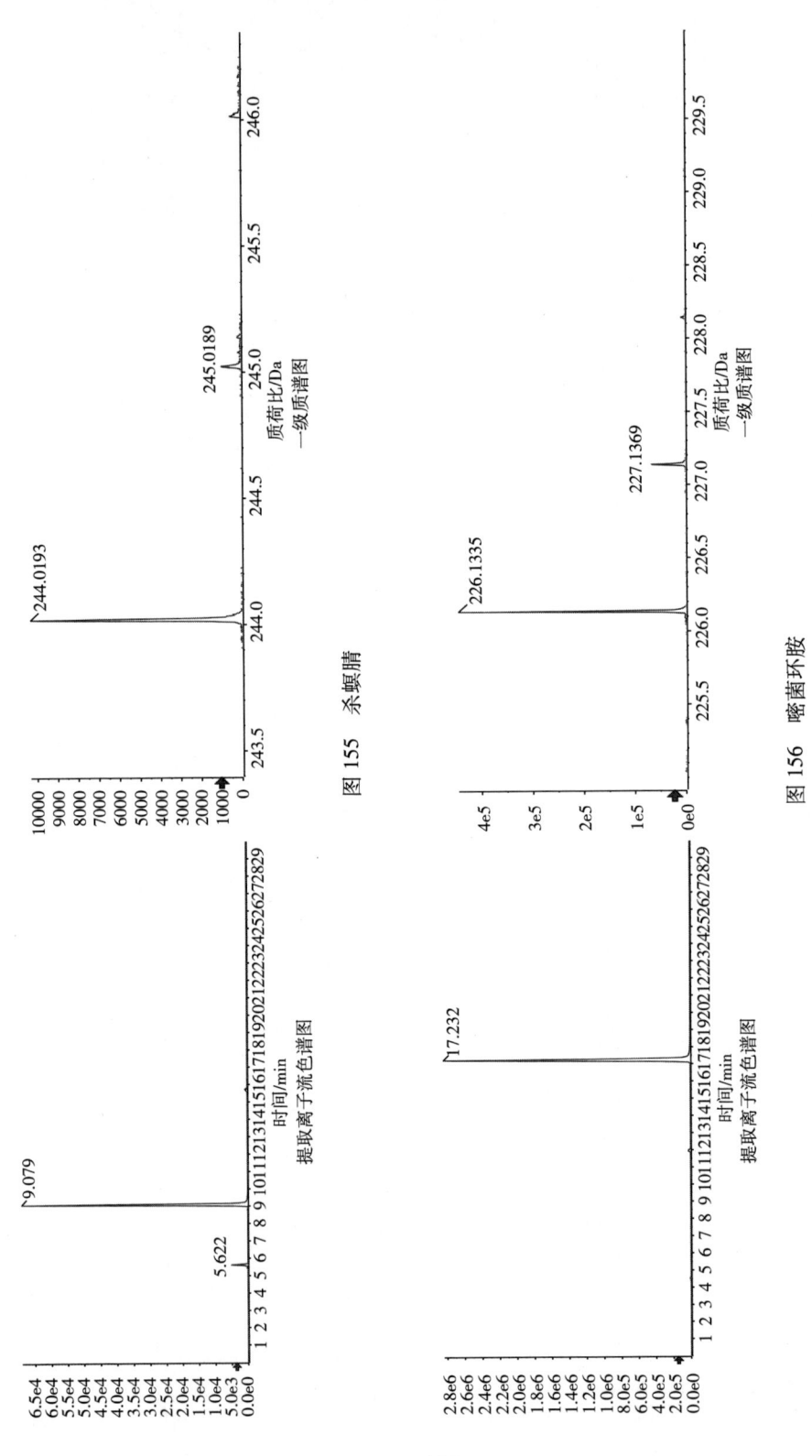

图 156 嘧菌环胺

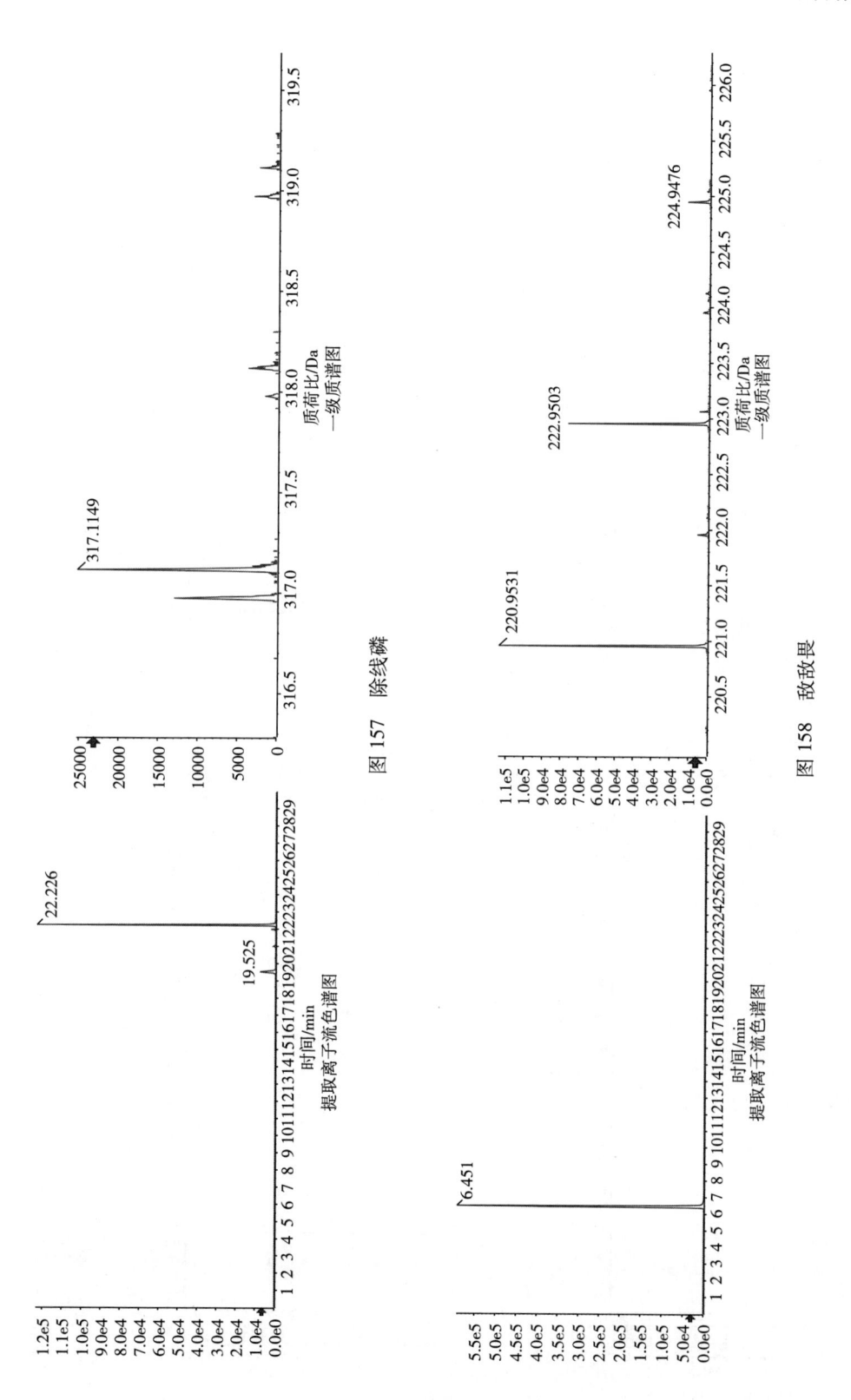

第五章　农药及其代谢物离子流图及一级质谱图

图 157　除线磷

图 158　敌敌畏

图 159 乙霉威

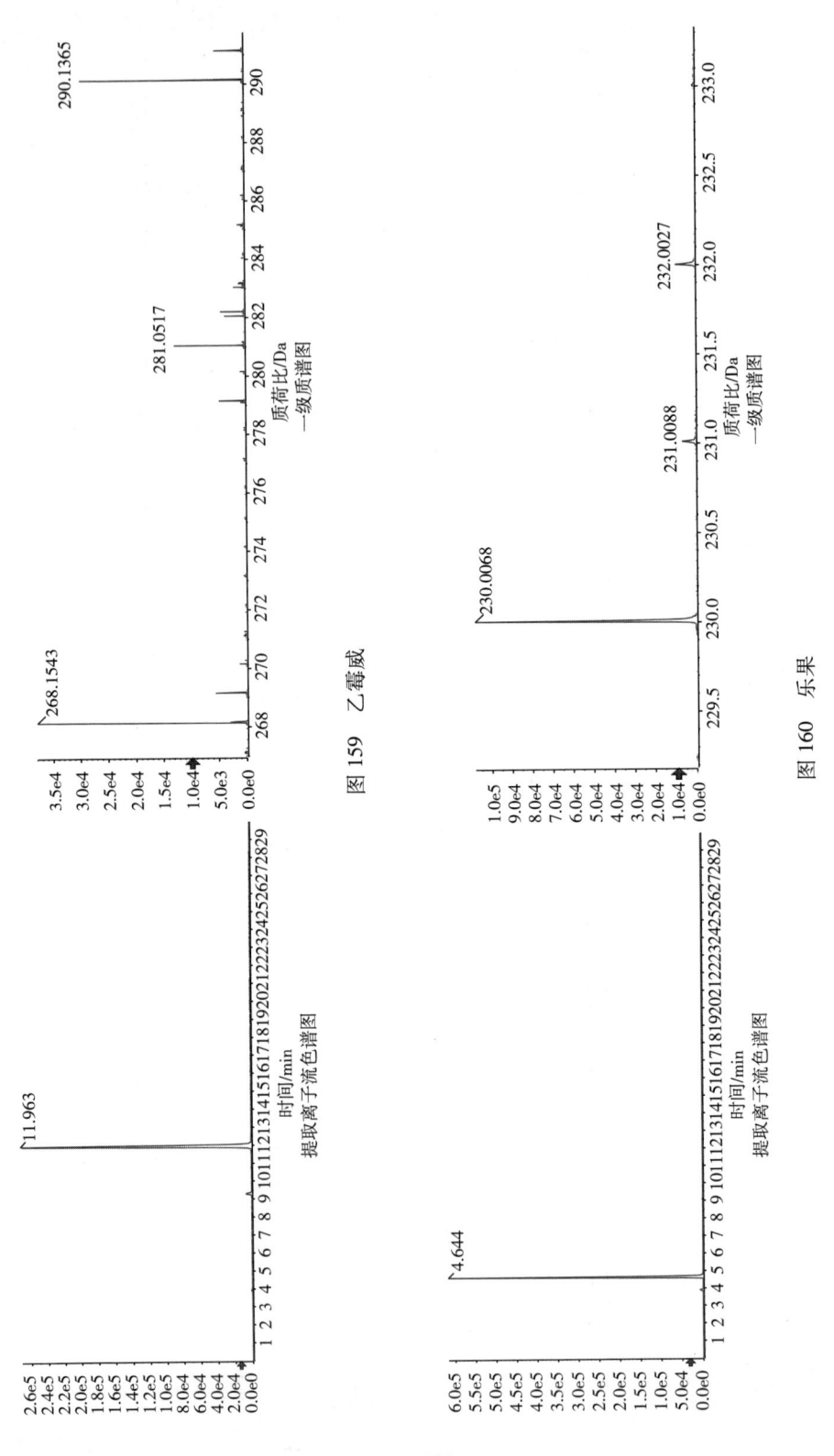

图 160 乐果

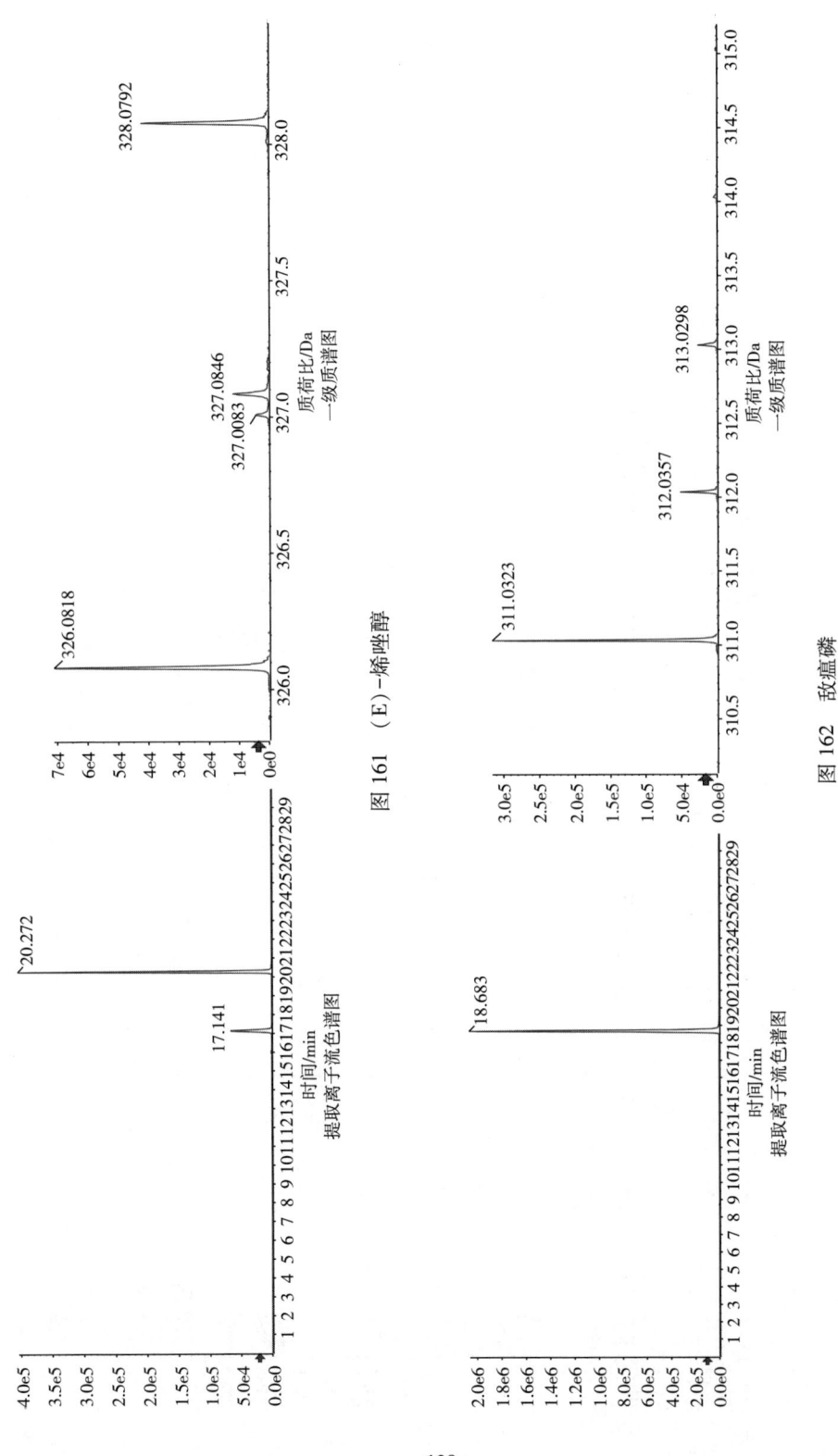

第五章　农药及其代谢物离子流图及一级质谱图

图 161　（E）-烯唑醇

图 162　敌瘟磷

图 163　乙硫磷

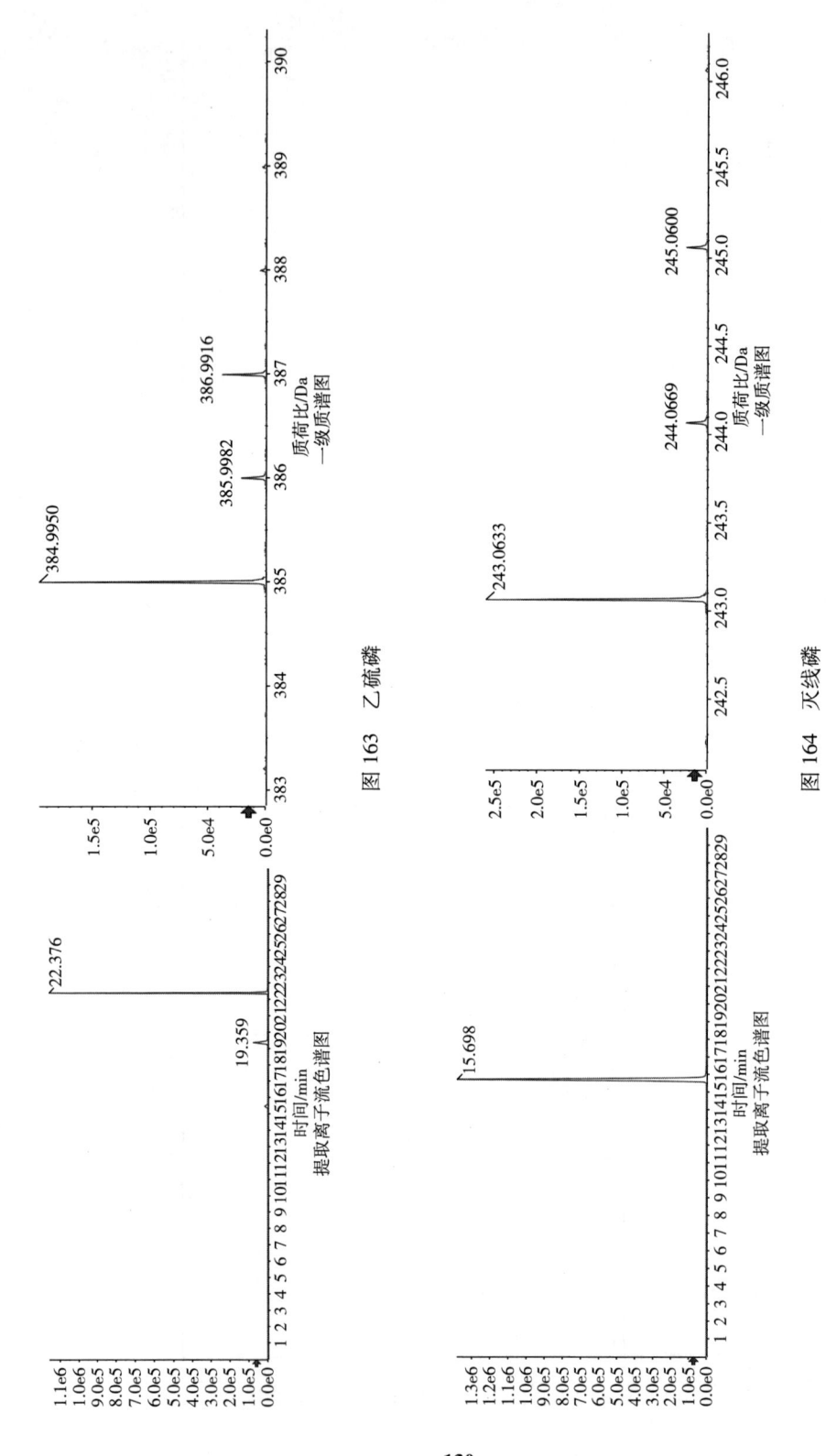

图 164　灭线磷

图 165　苯线磷

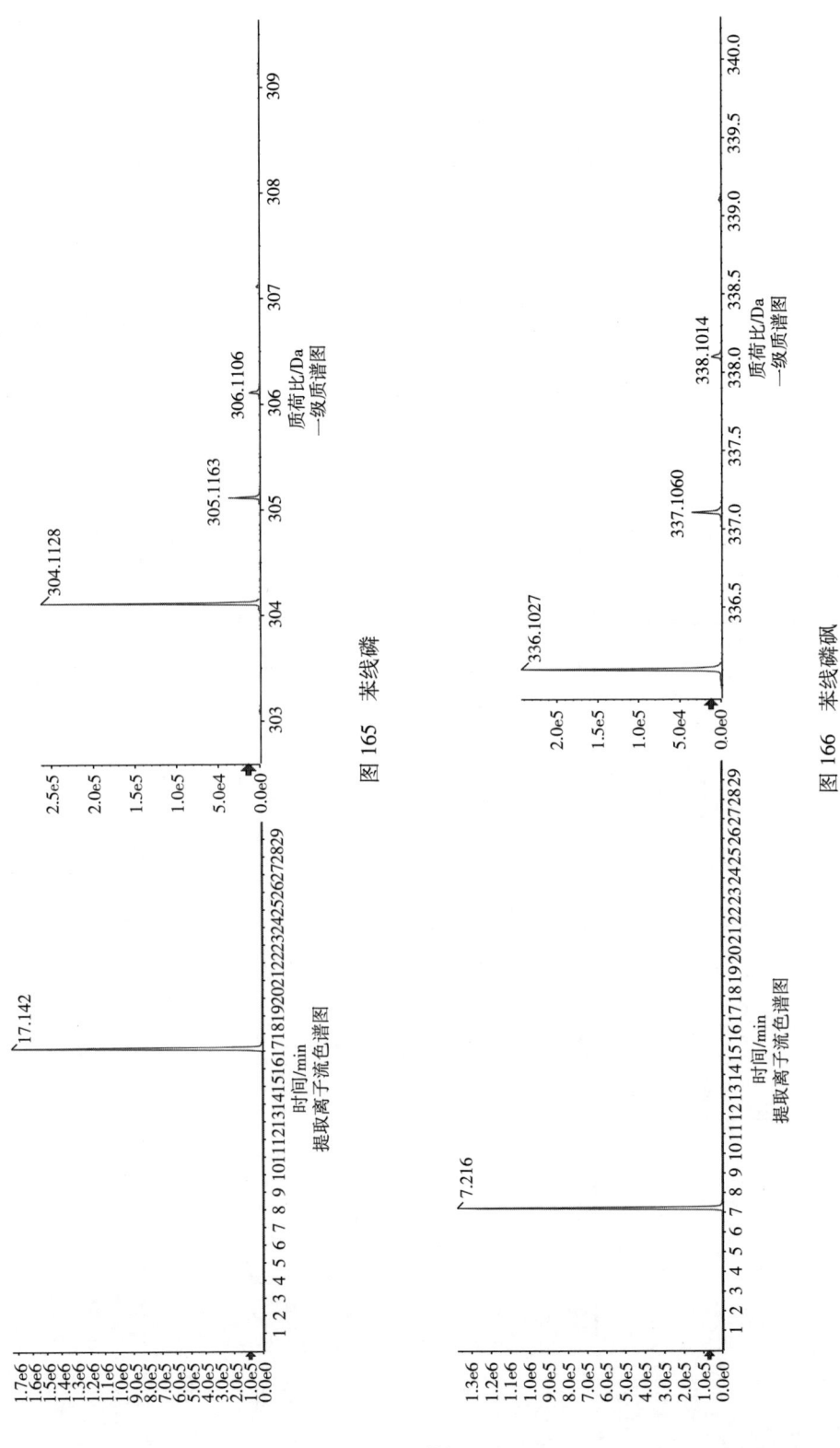

图 166　苯线磷砜

图 167 氯苯嘧啶醇

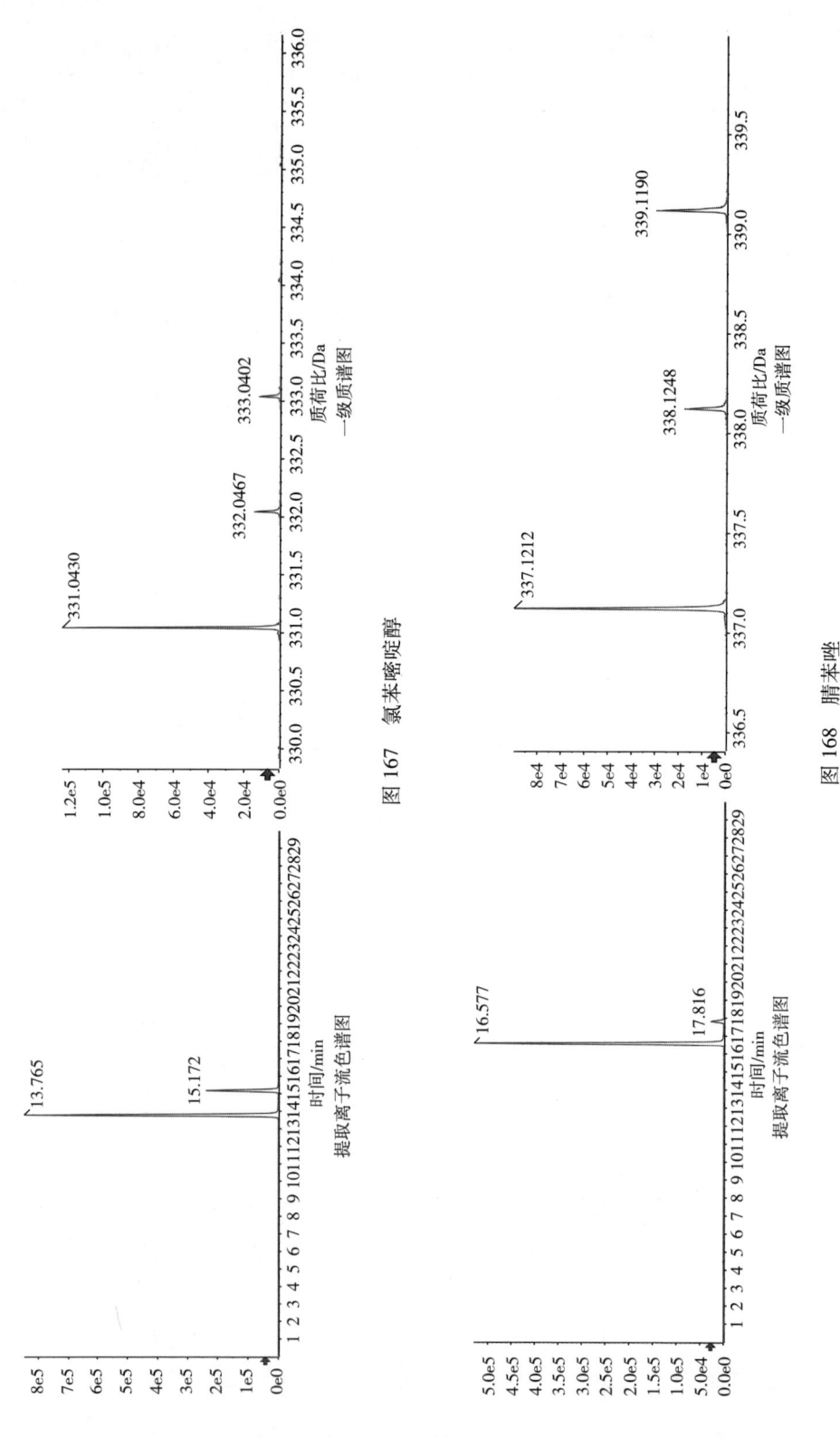

图 168 腈苯唑

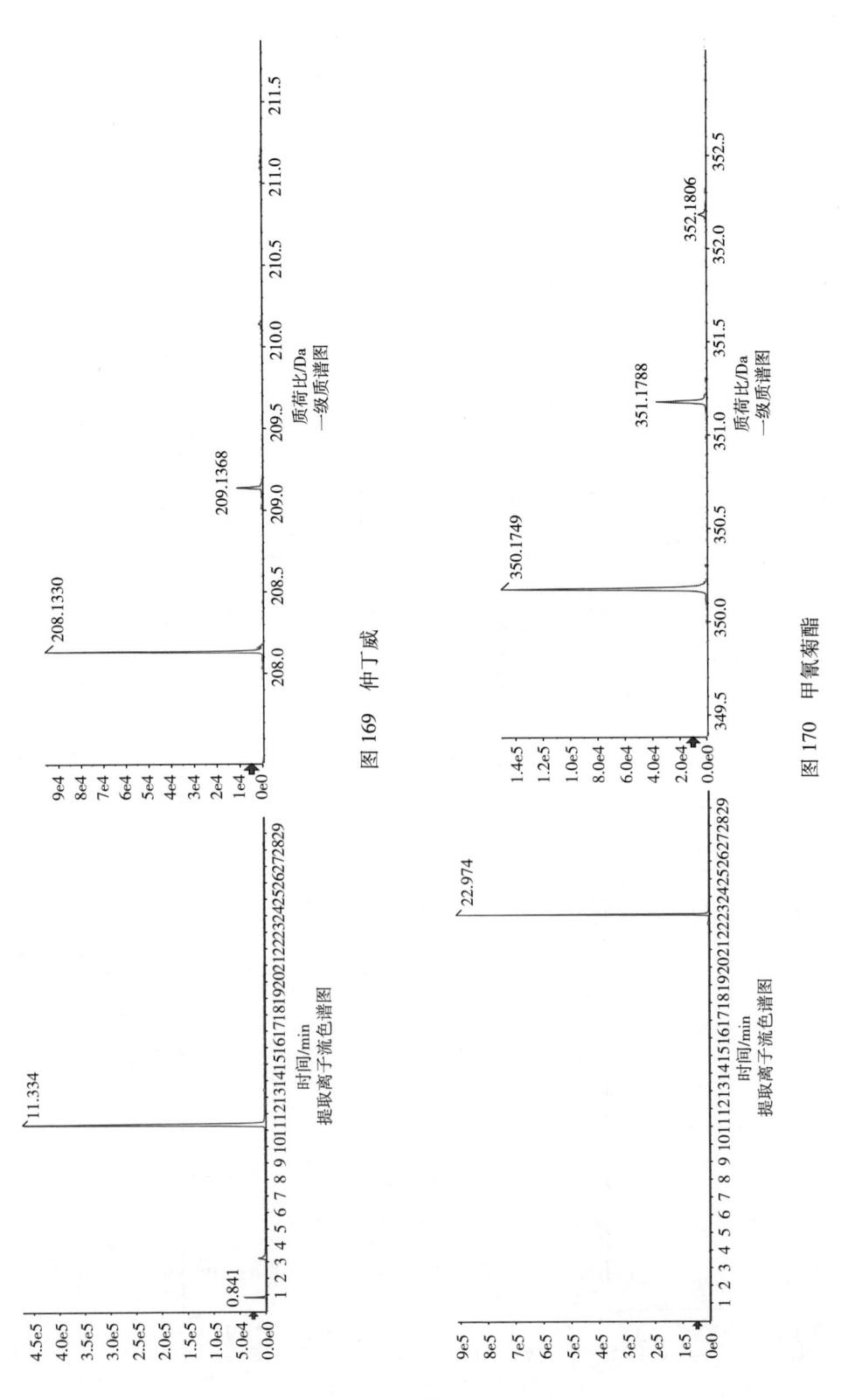

第五章 农药及其代谢物离子流图及一级质谱图

图169 仲丁威

图170 甲氧菊酯

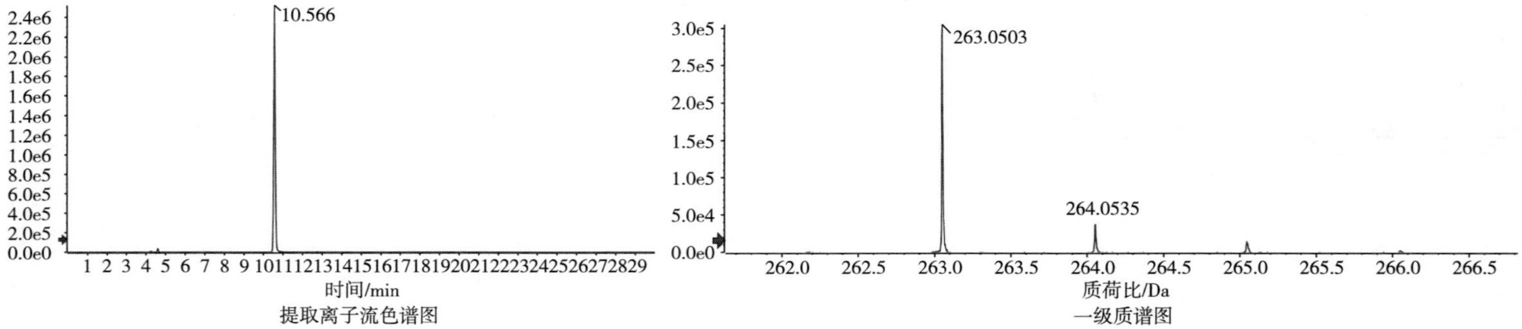

图 171 倍硫氧磷

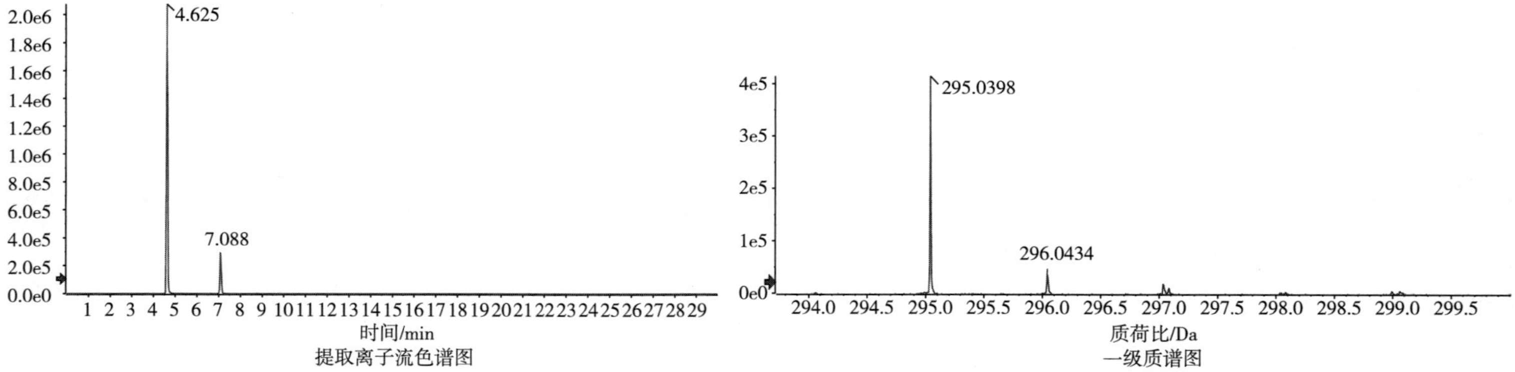

图 172 倍硫氧磷砜

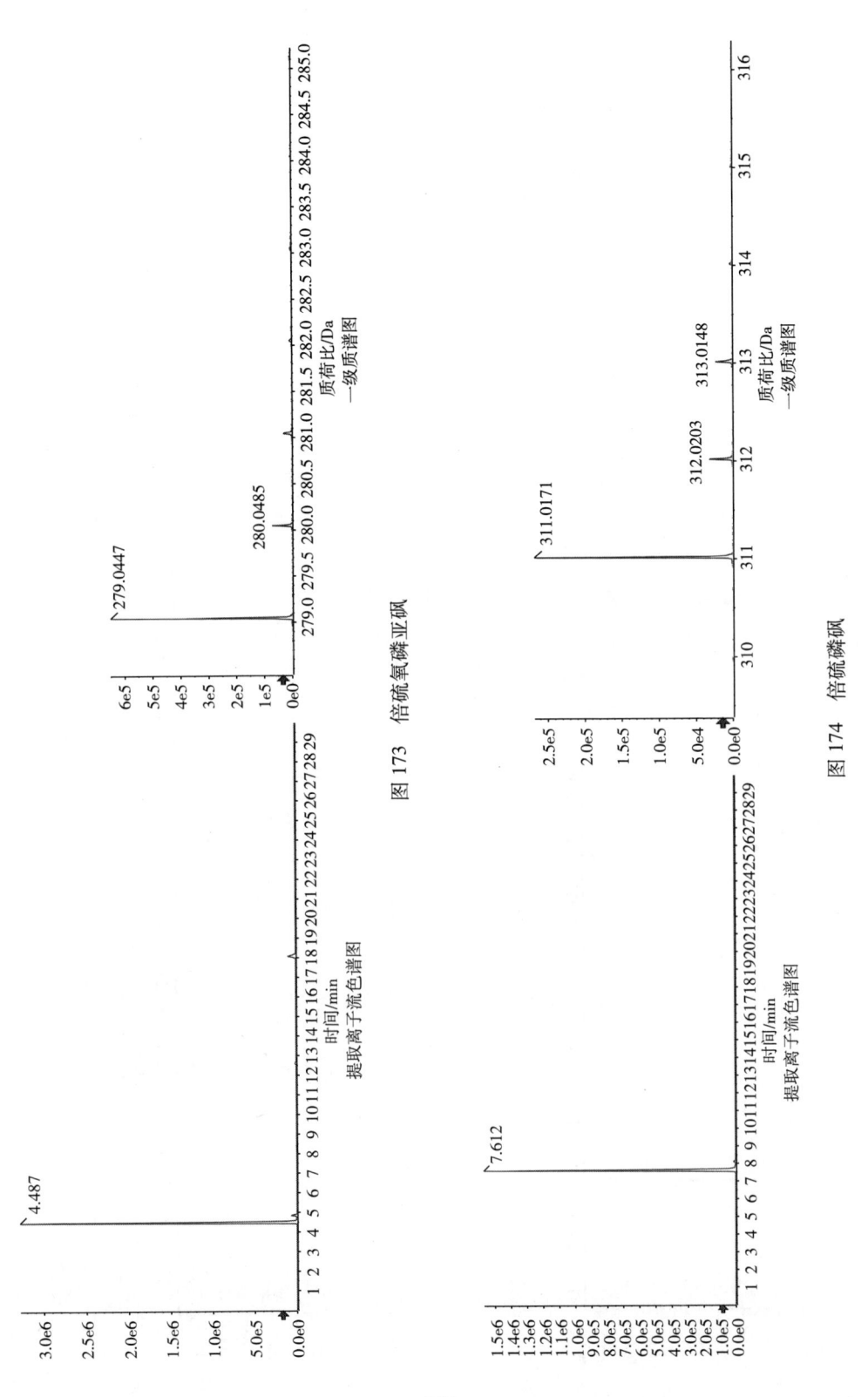

第五章 农药及其代谢物离子流图及一级质谱图

图 173 倍硫氧磷亚砜

图 174 倍硫磷砜

图 175 倍硫磷亚砜

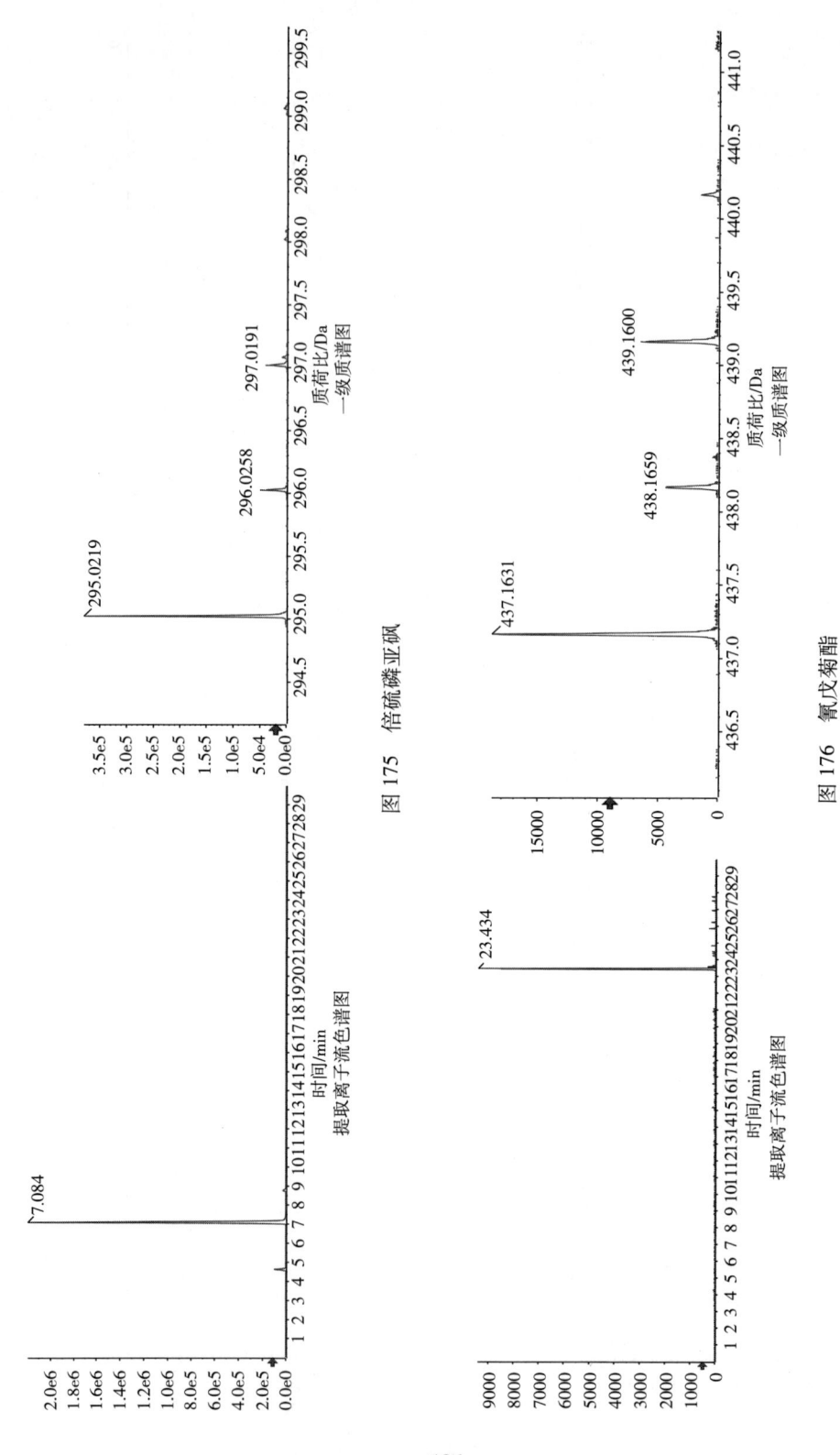

图 176 氰戊菊酯

图 177　氟氰戊菊酯

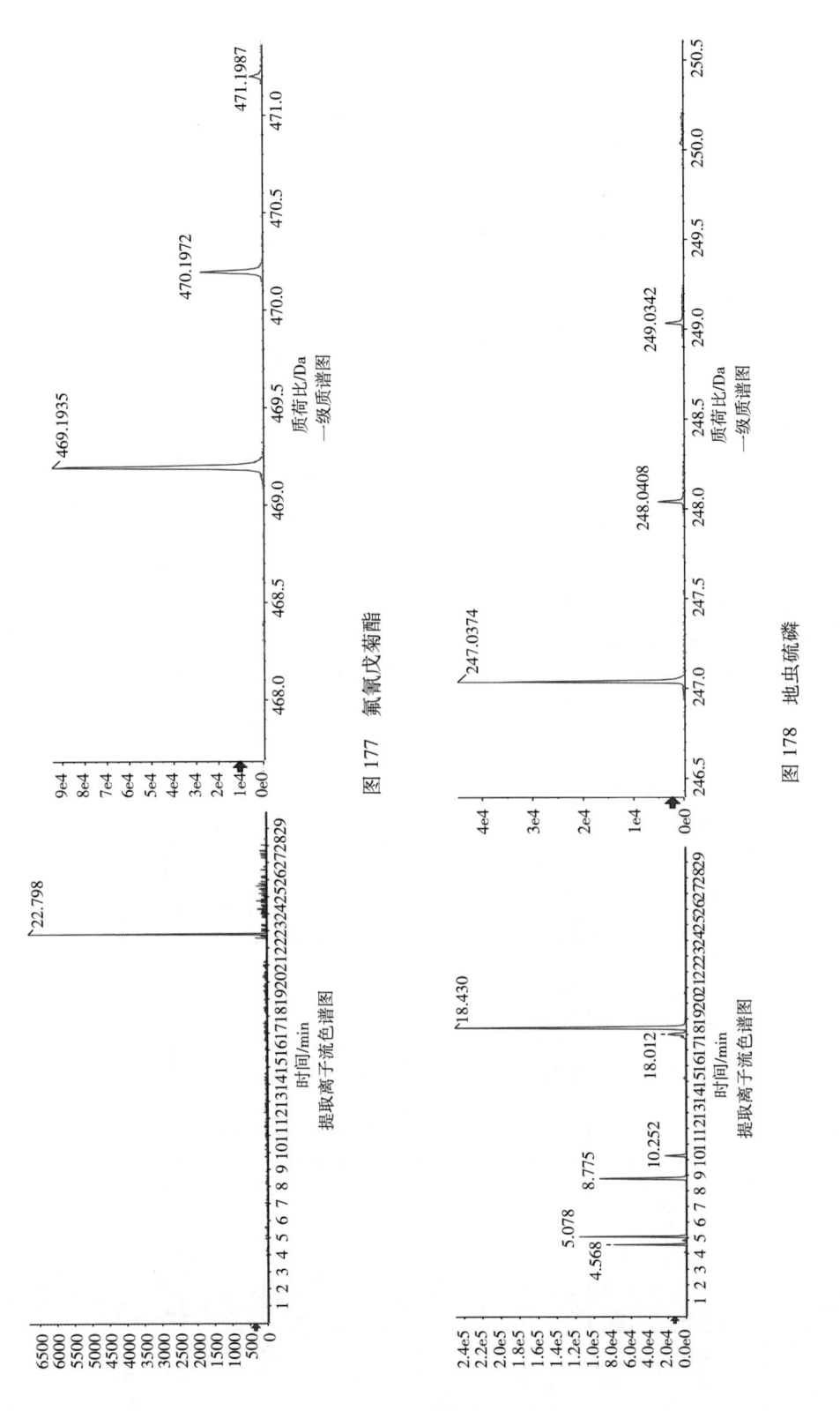

图 178　地虫硫磷

图 179 噻唑膦

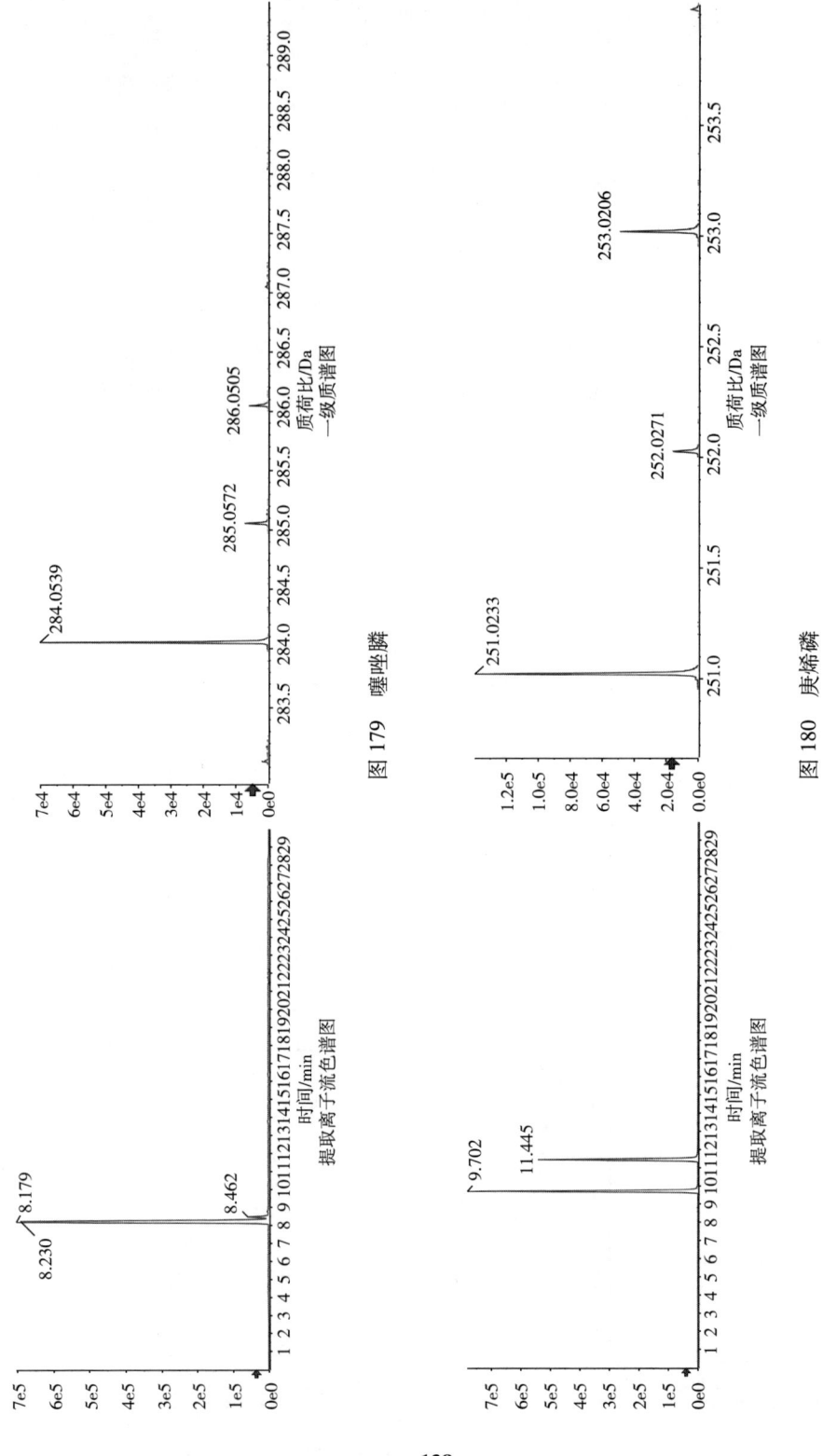

图 180 庚烯磷

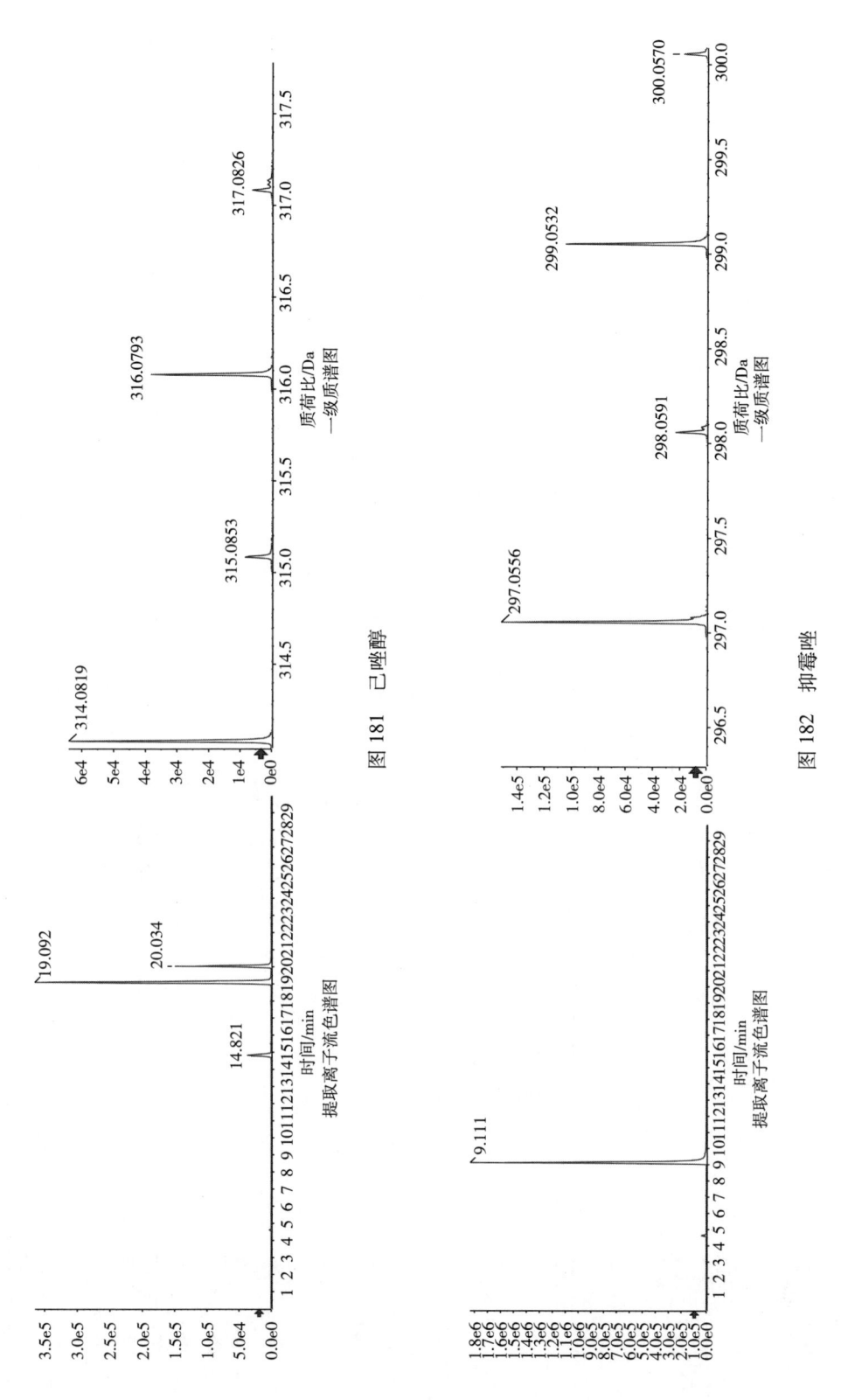

第五章　农药及其代谢物离子流图及一级质谱图

图 181　己唑醇

图 182　抑霉唑

图 183 茚虫威

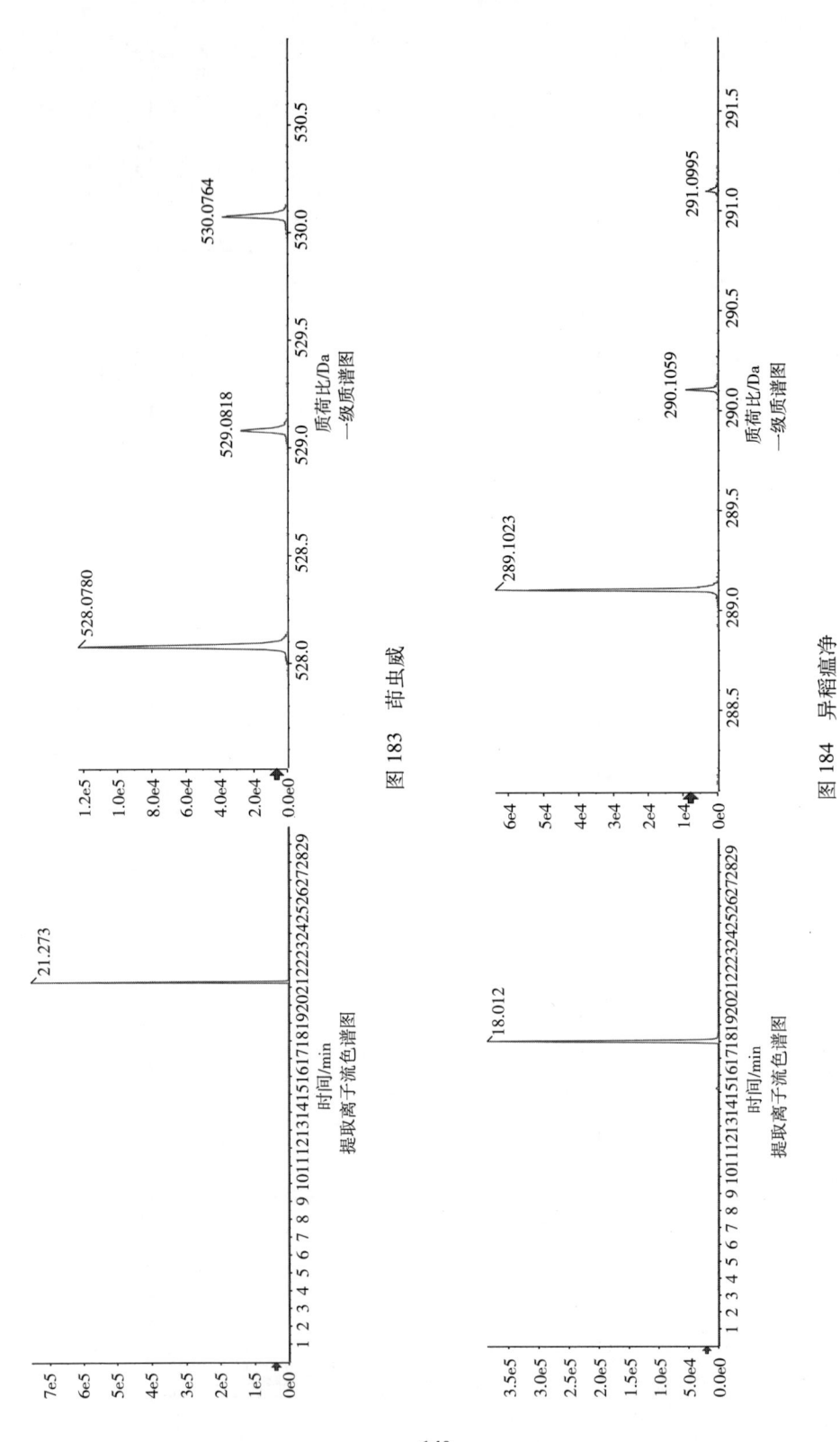

图 184 异稻瘟净

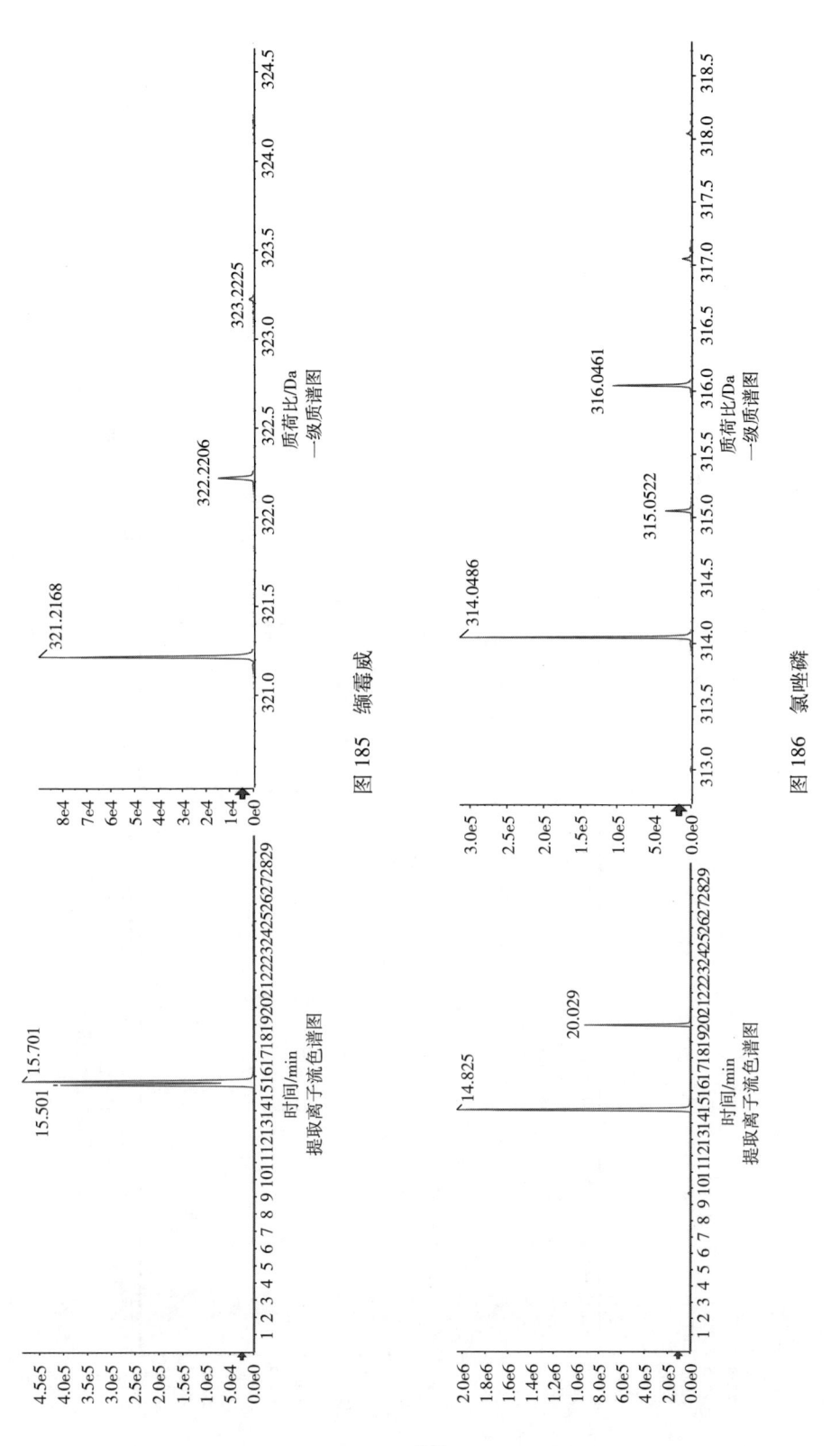

第五章　农药及其代谢物离子流图及一级质谱图

图 185　缬霉威

图 186　氯唑磷

图187 氧异柳磷

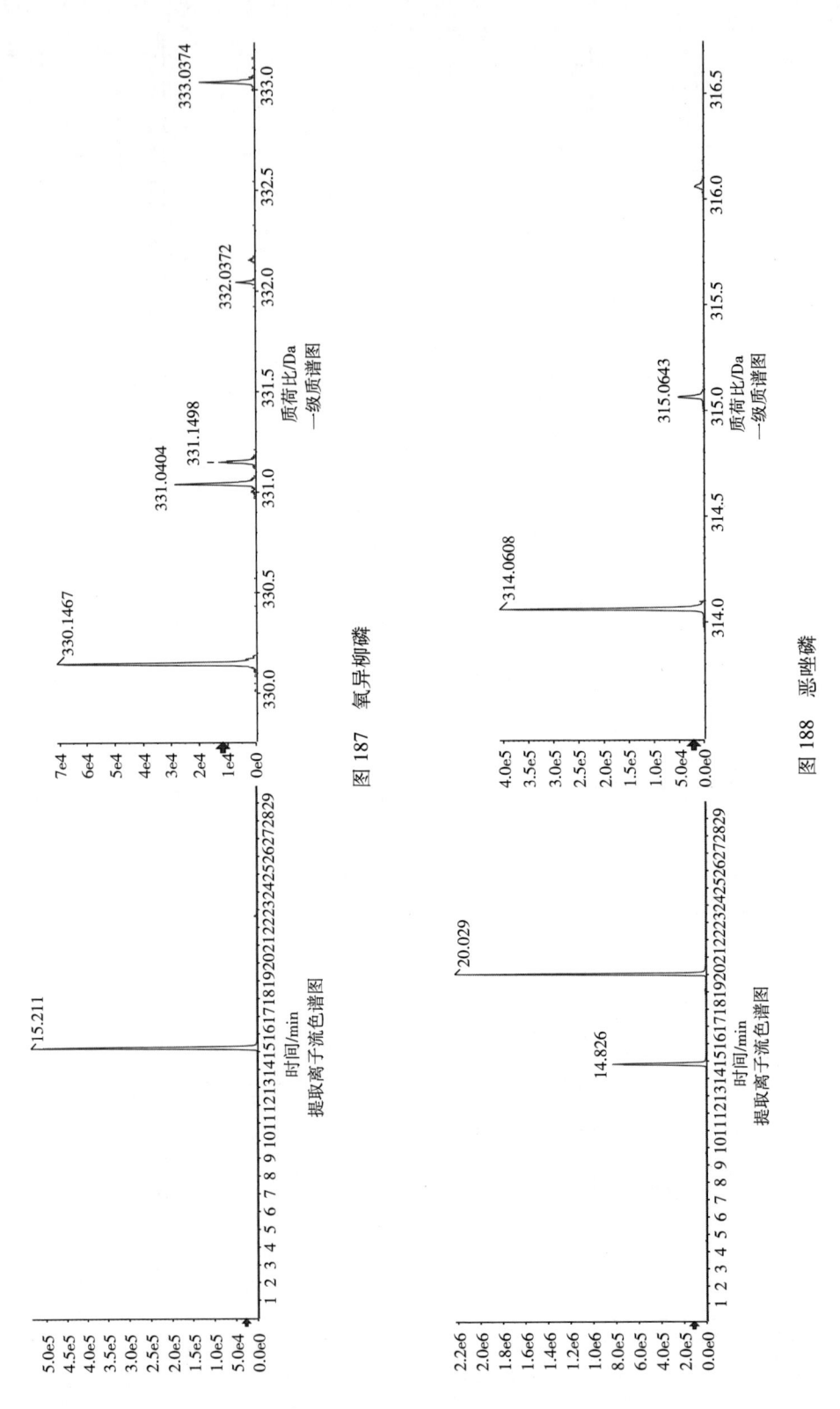

图188 恶唑磷

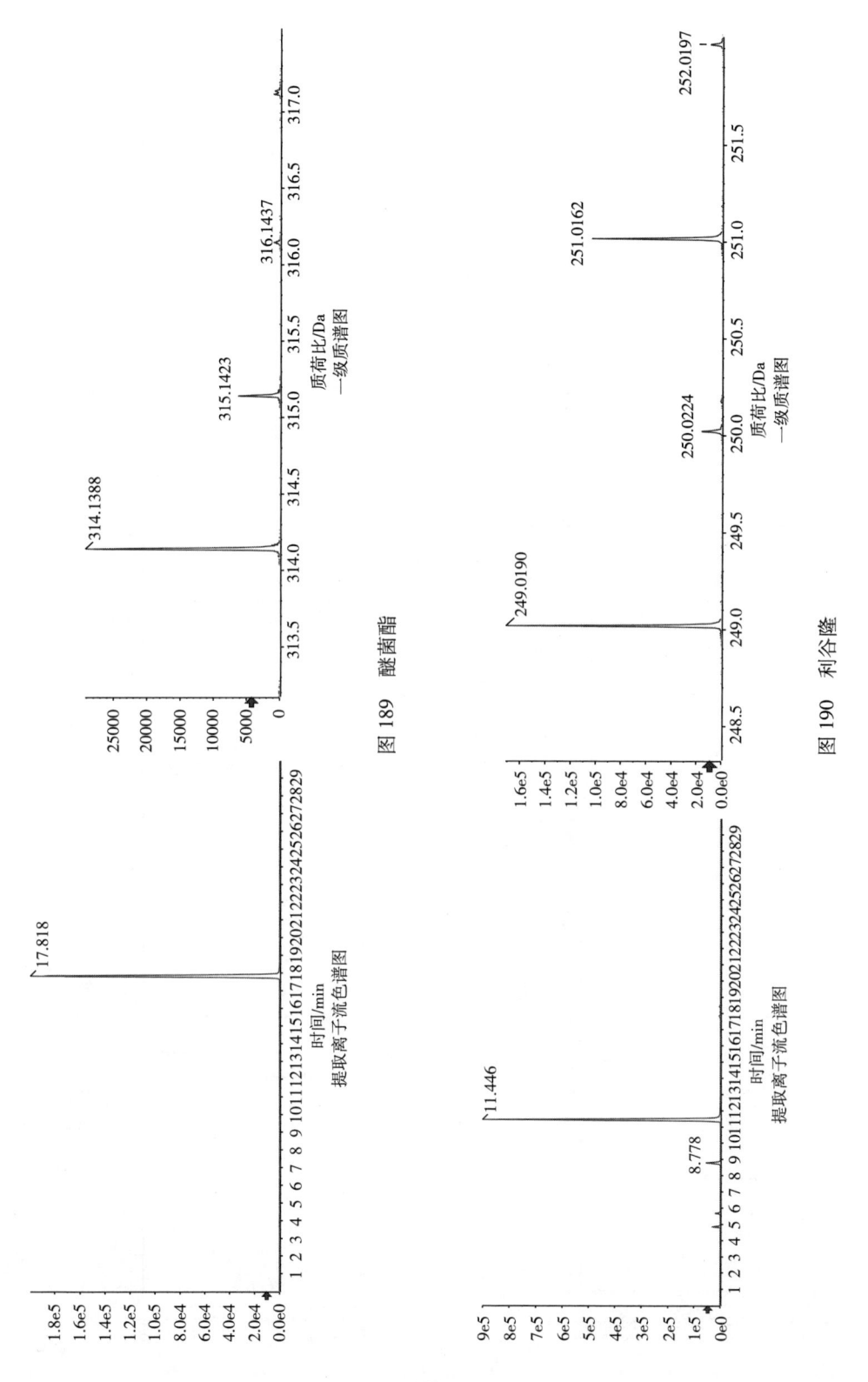

第五章　农药及其代谢物离子流图及一级质谱图

图189　醚菌酯

图190　利合隆

图 191　马拉氧磷

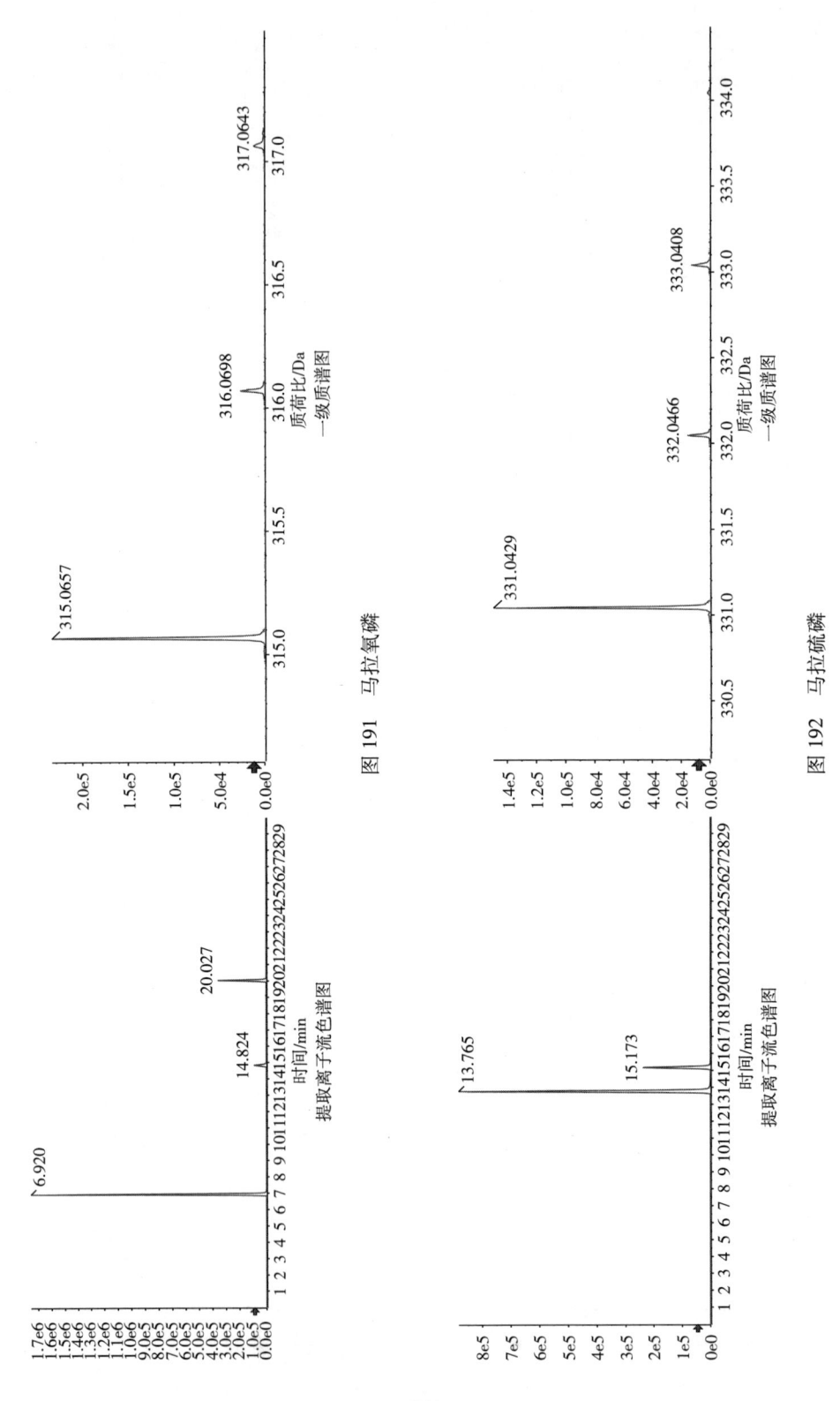

图 192　马拉硫磷

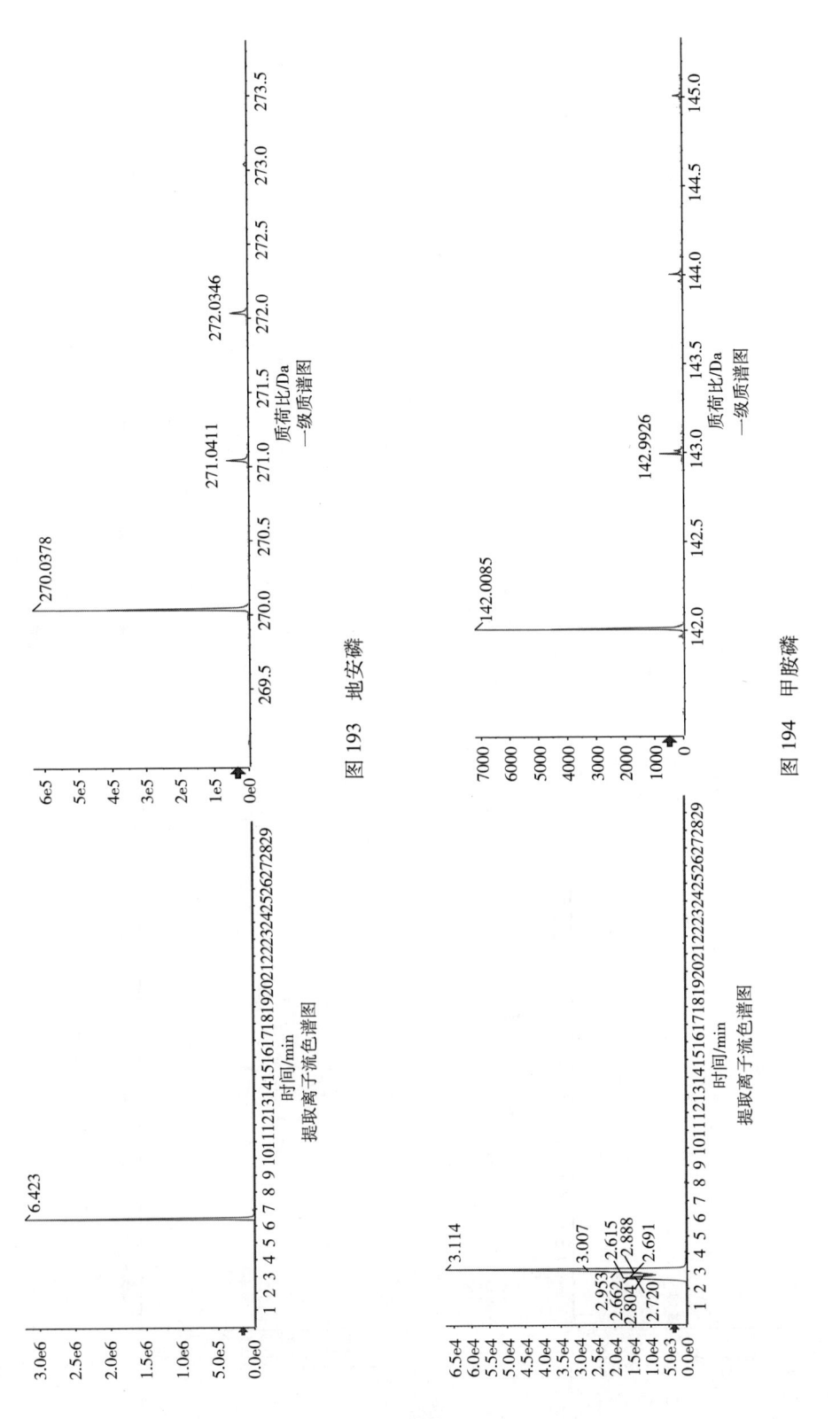

第五章　农药及其代谢物离子流图及一级质谱图

图 193　地安磷

图 194　甲胺磷

· 145 ·

图 195 杀扑磷

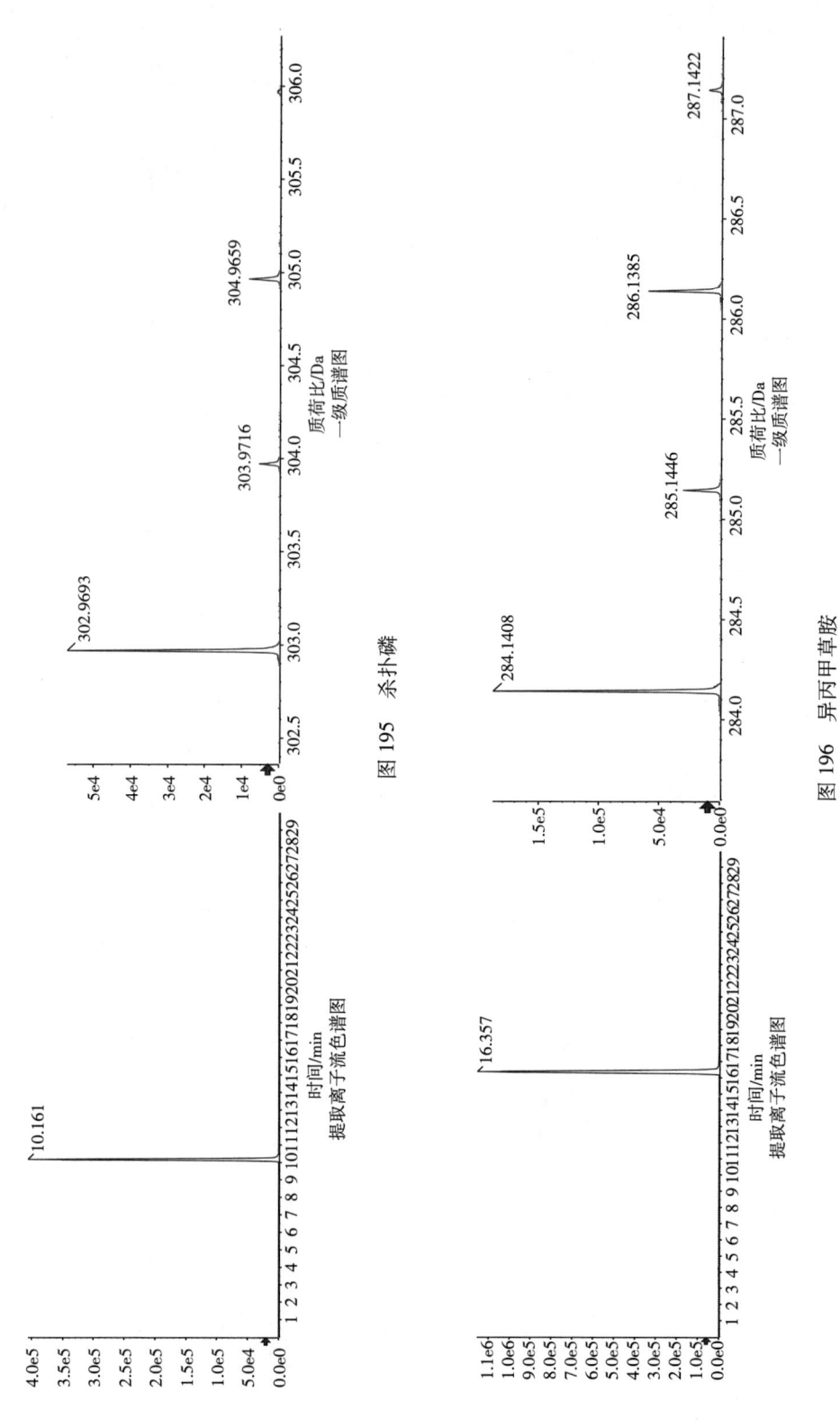

图 196 异丙甲草胺

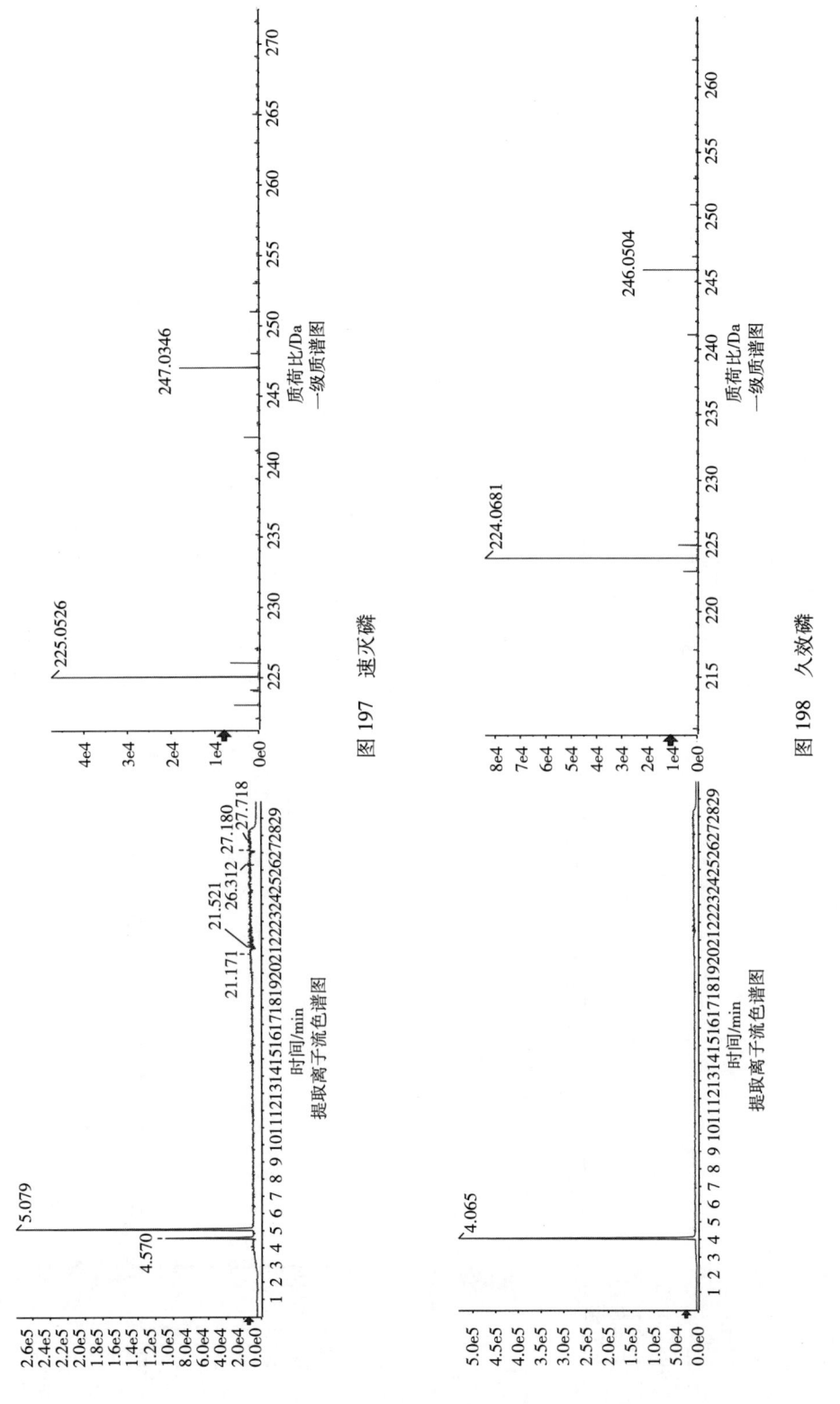

第五章 农药及其代谢物离子流图及一级质谱图

图 197 速灭磷

图 198 久效磷

· 147 ·

图 199 敌草胺

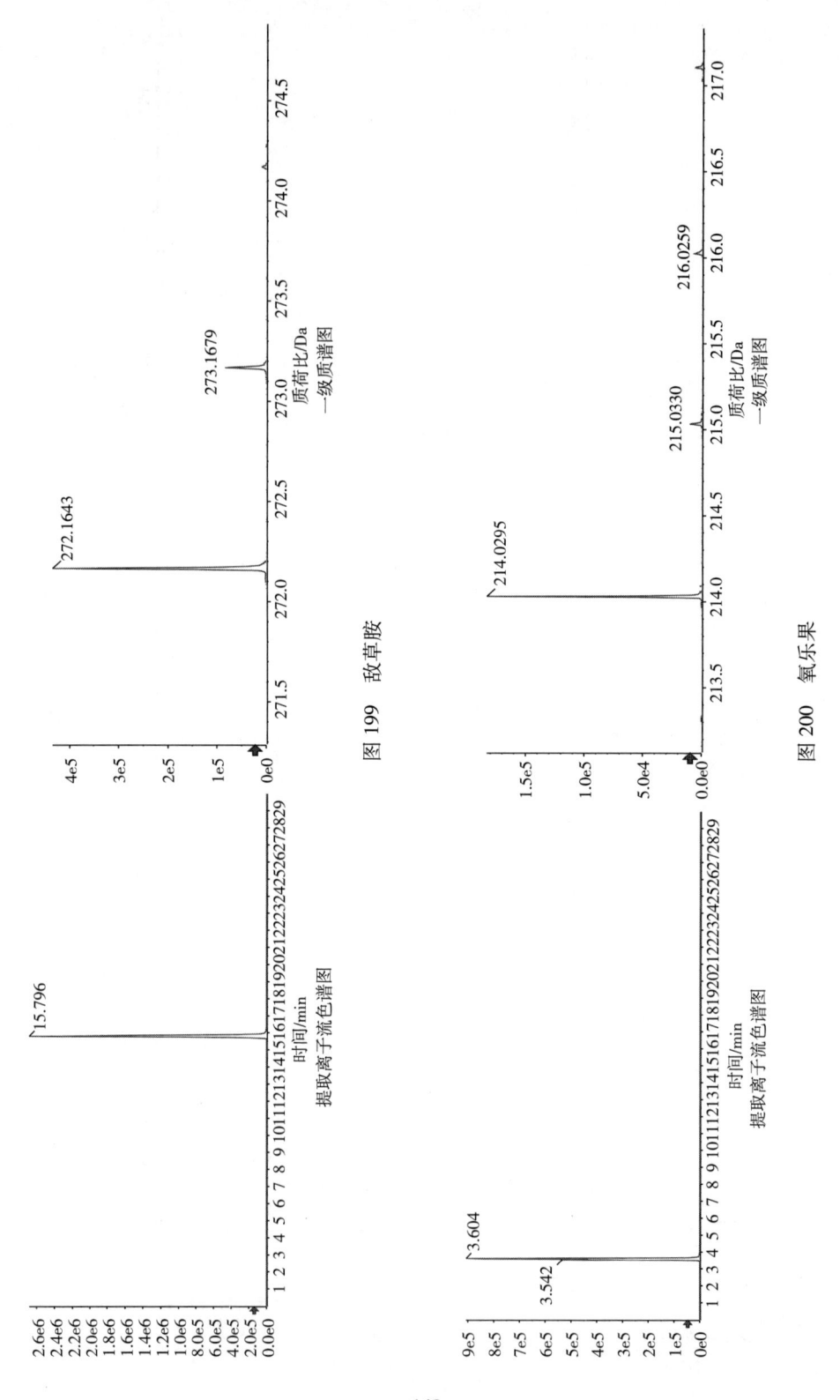

图 200 氧乐果

图 201　多效唑

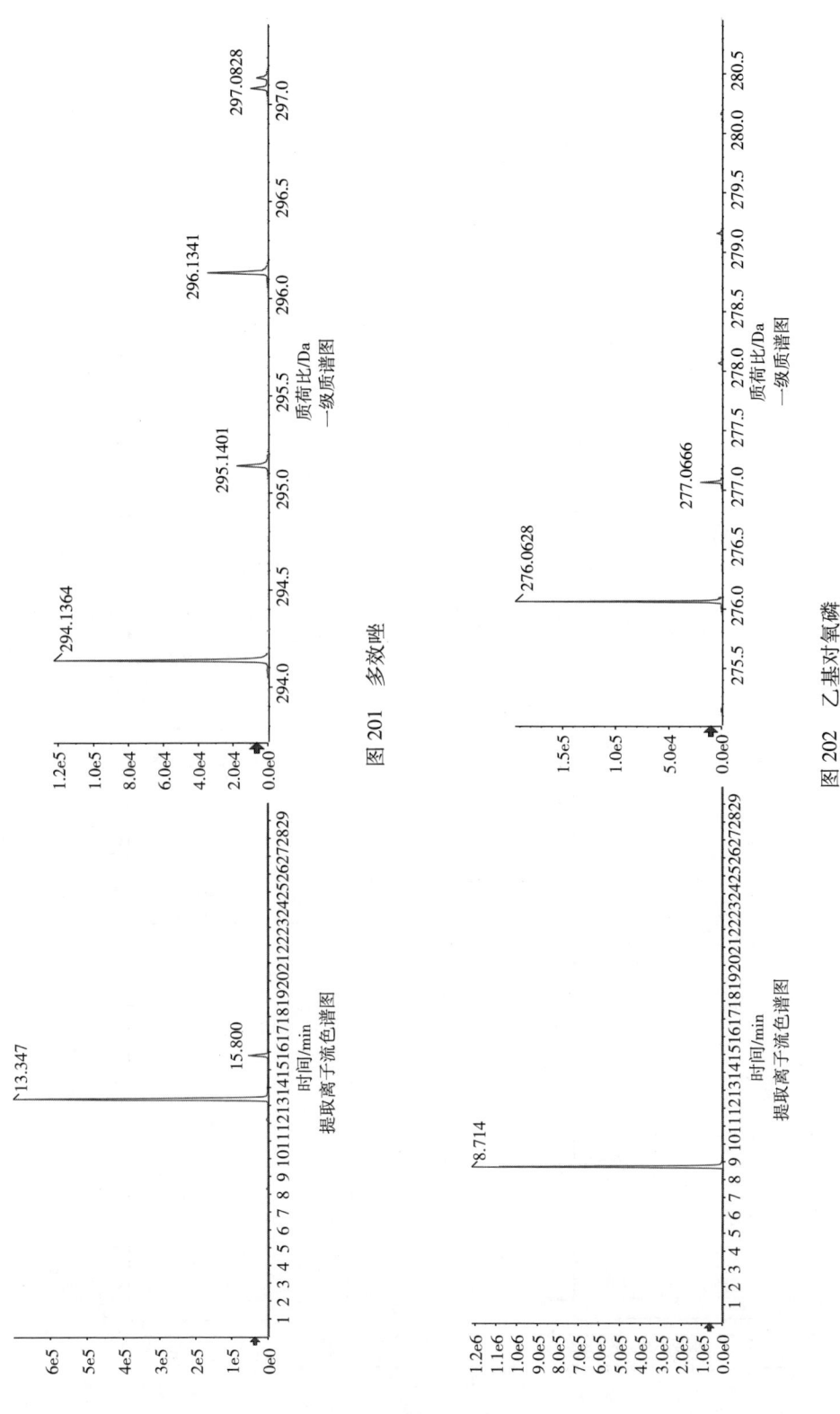

图 202　乙基对氧磷

图 203　甲基对氧磷

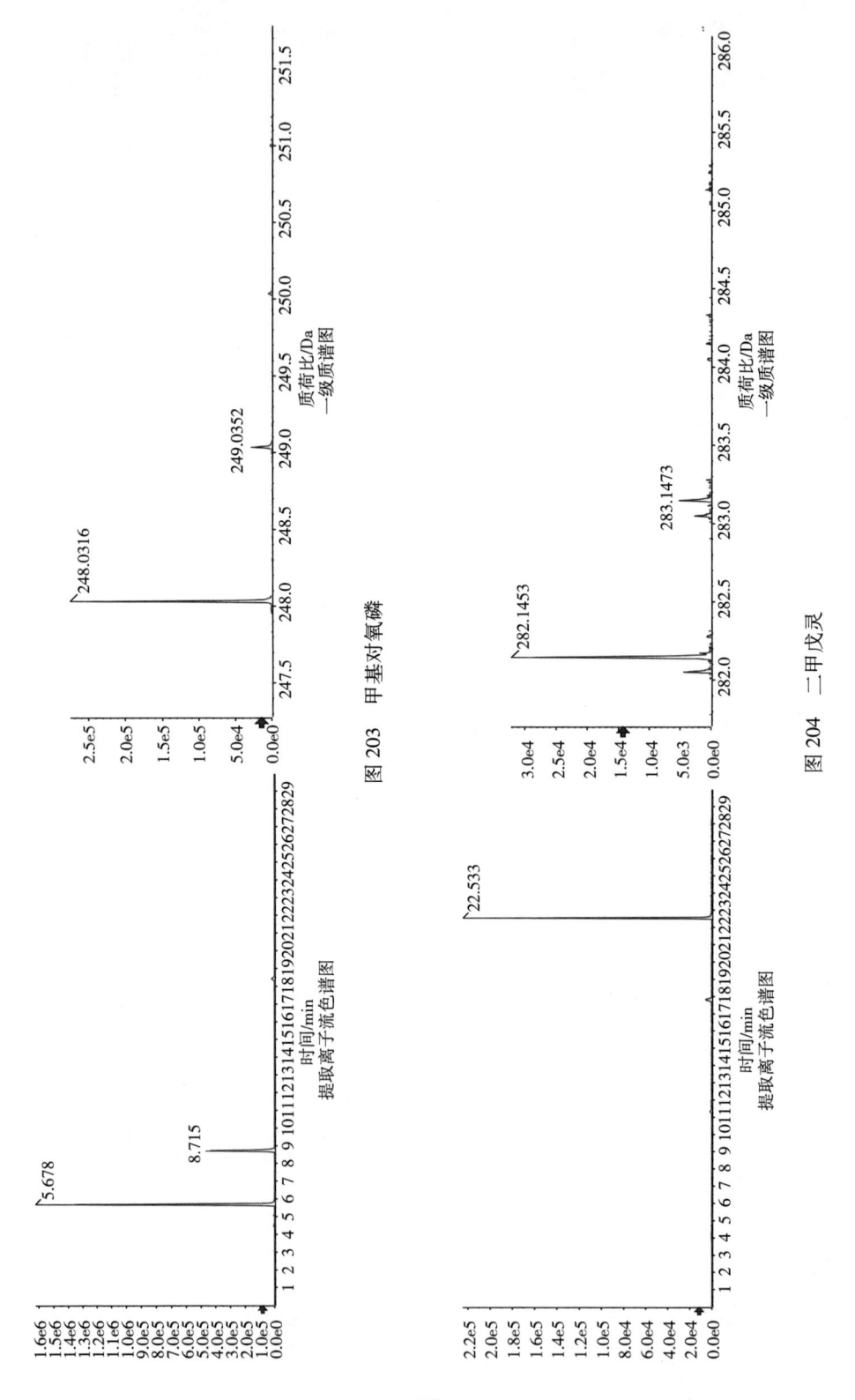

图 204　二甲戊灵

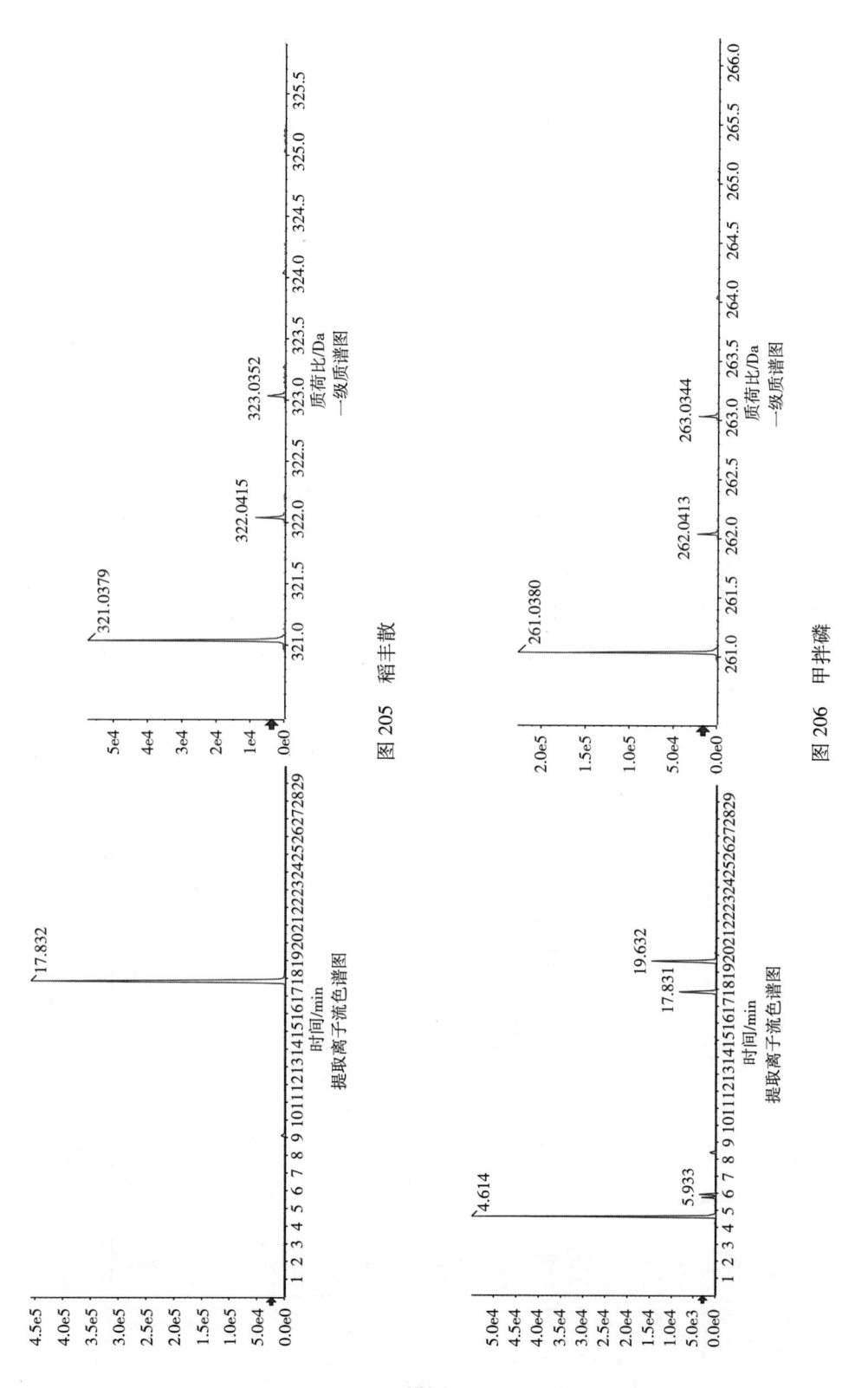

第五章 农药及其代谢物离子流图及一级质谱图

图 205 稻丰散

图 206 甲拌磷

图 207 氧甲拌磷砜

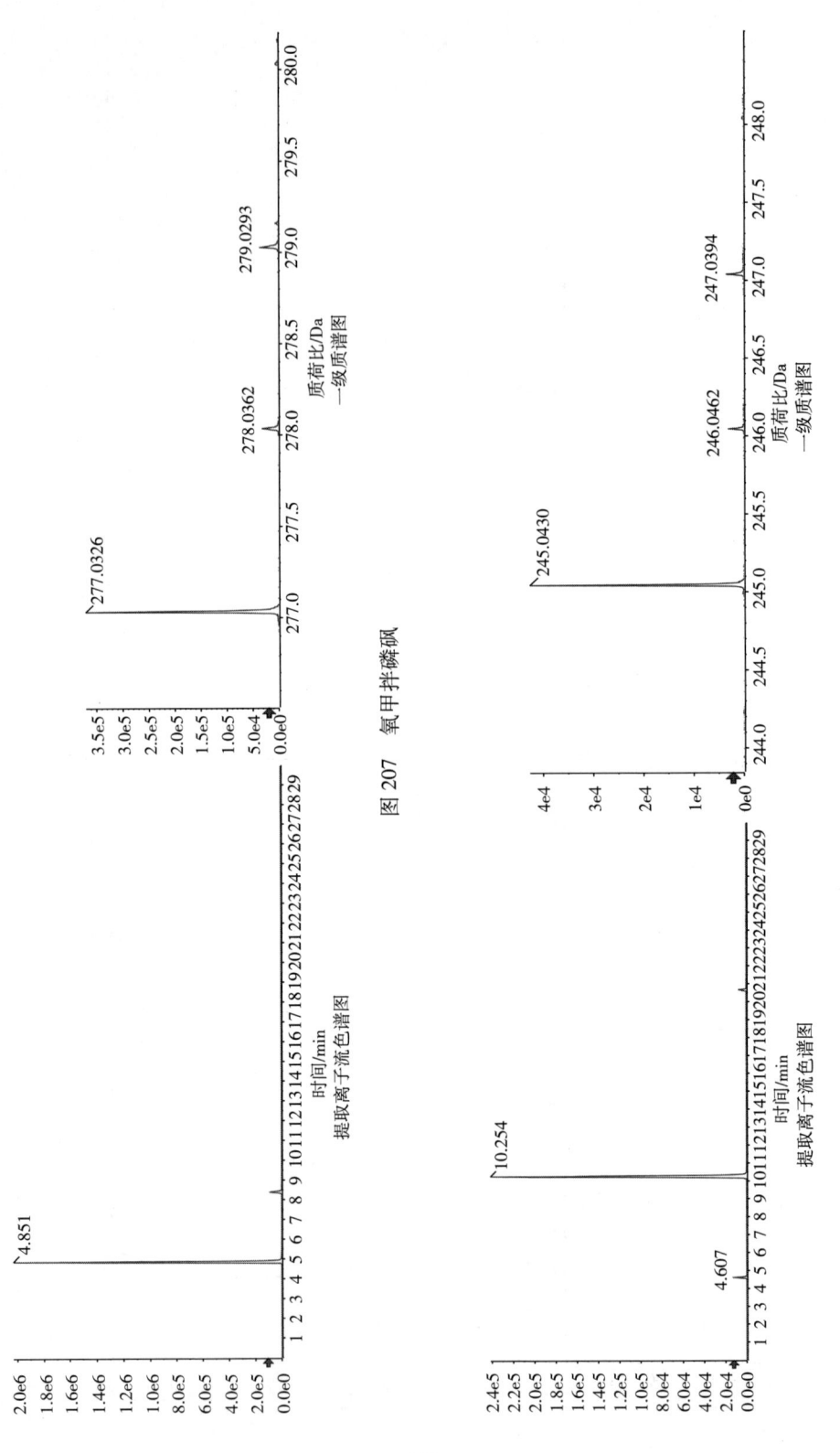

图 208 甲拌氧磷

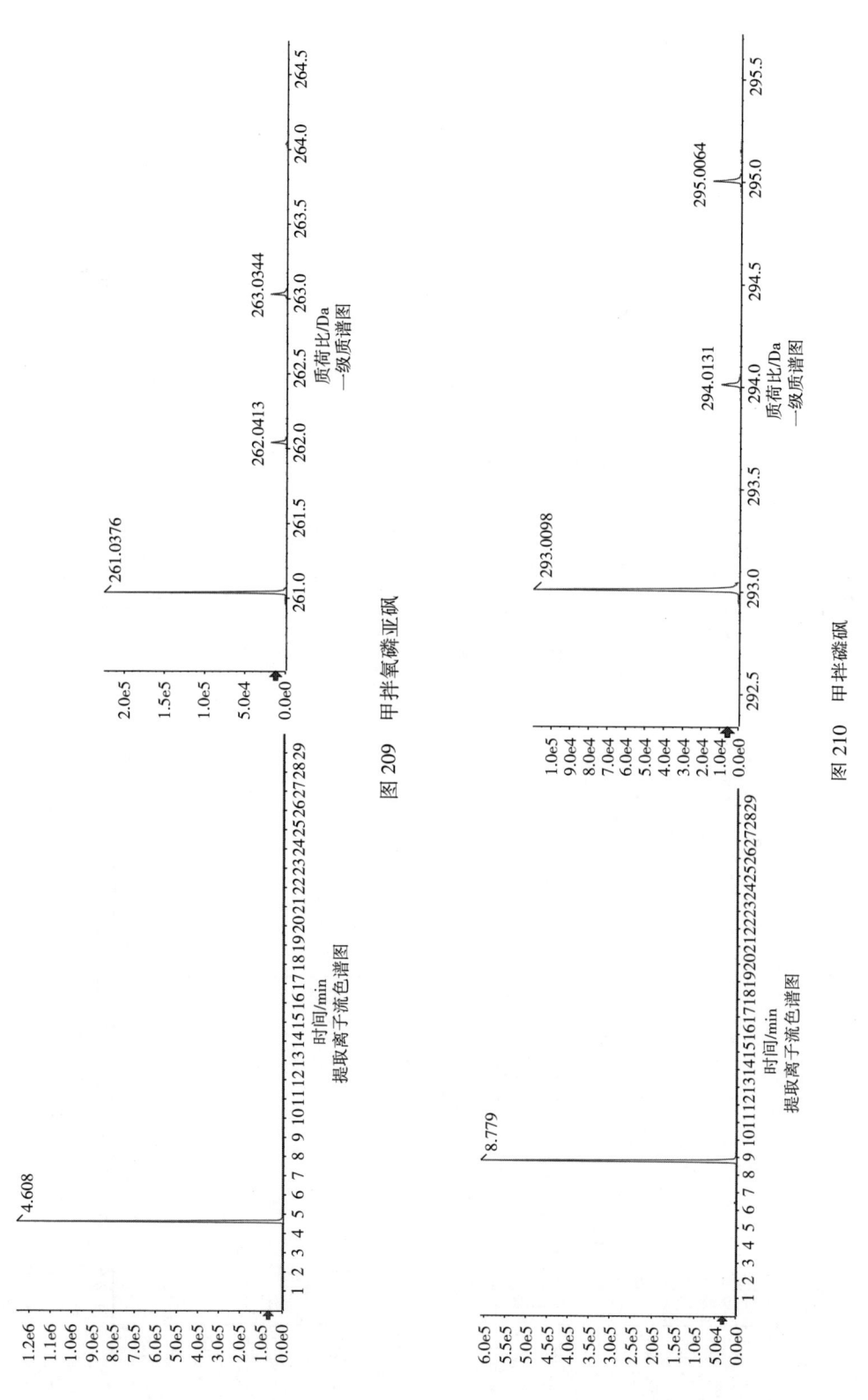

第五章　农药及其代谢物离子流图及一级质谱图

图 209　甲拌氧磷亚砜

图 210　甲拌磷砜

图 211 甲拌磷亚砜

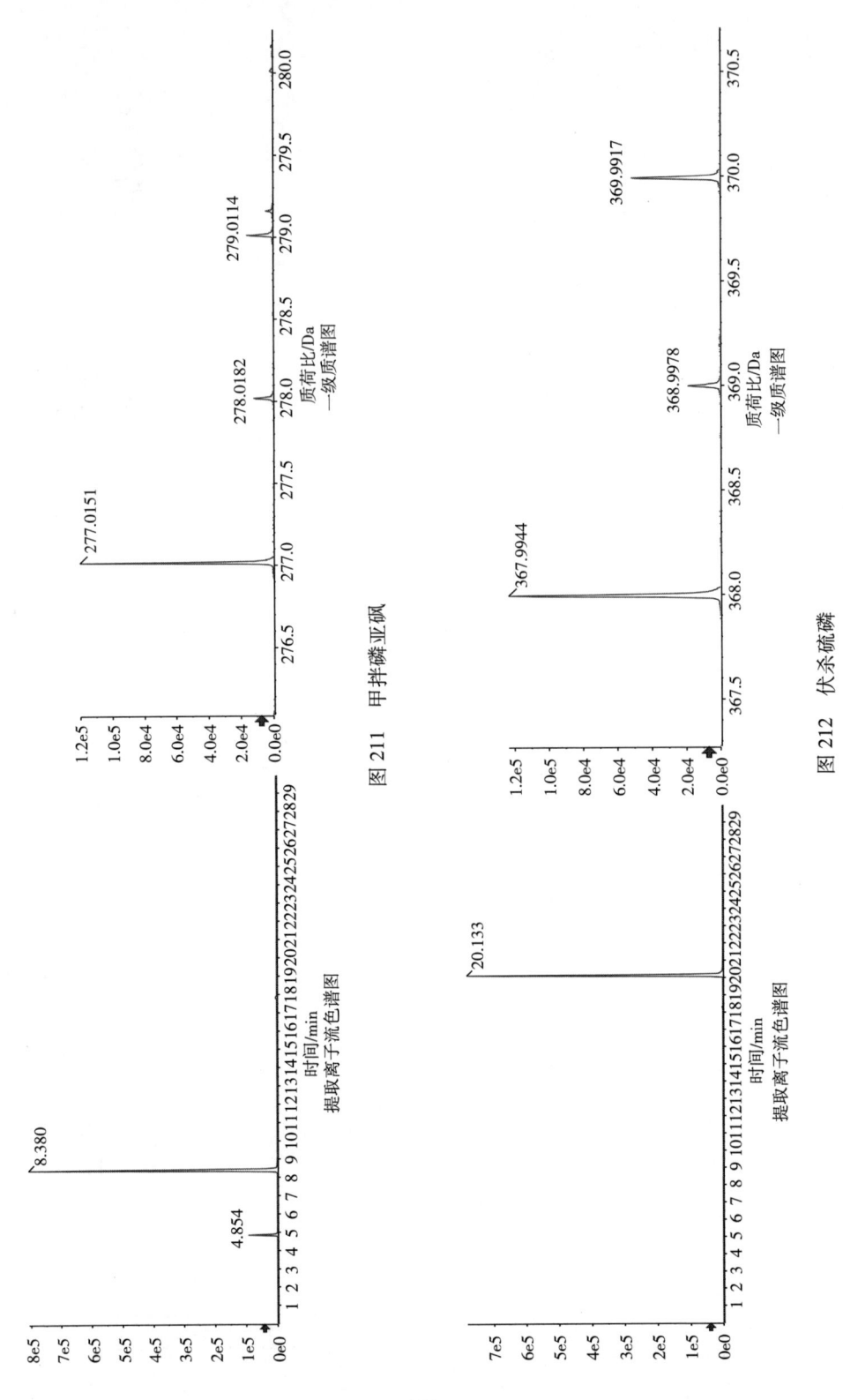

图 212 伏杀硫磷

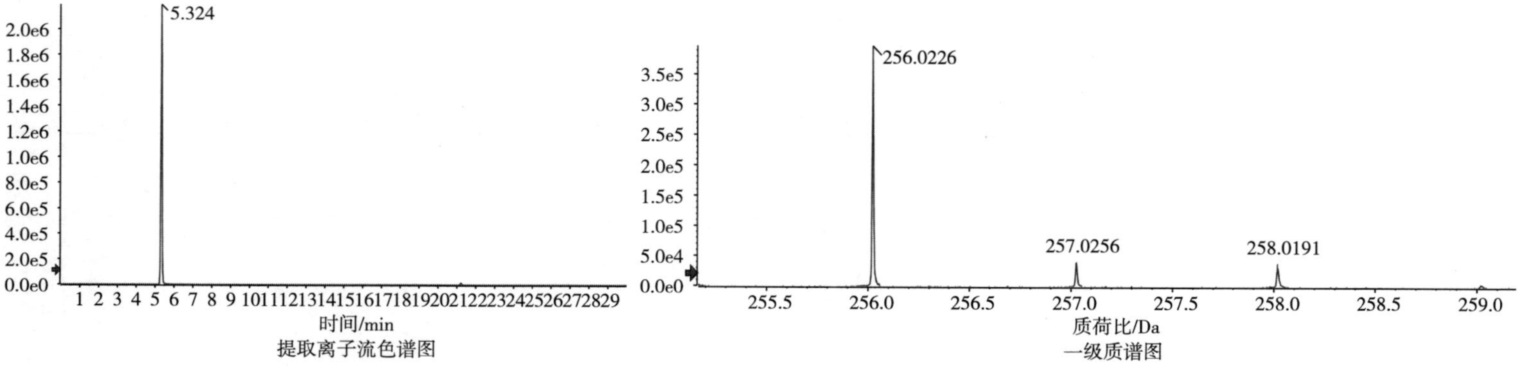

第五章 农药及其代谢物离子流图及一级质谱图

图 213 硫环磷

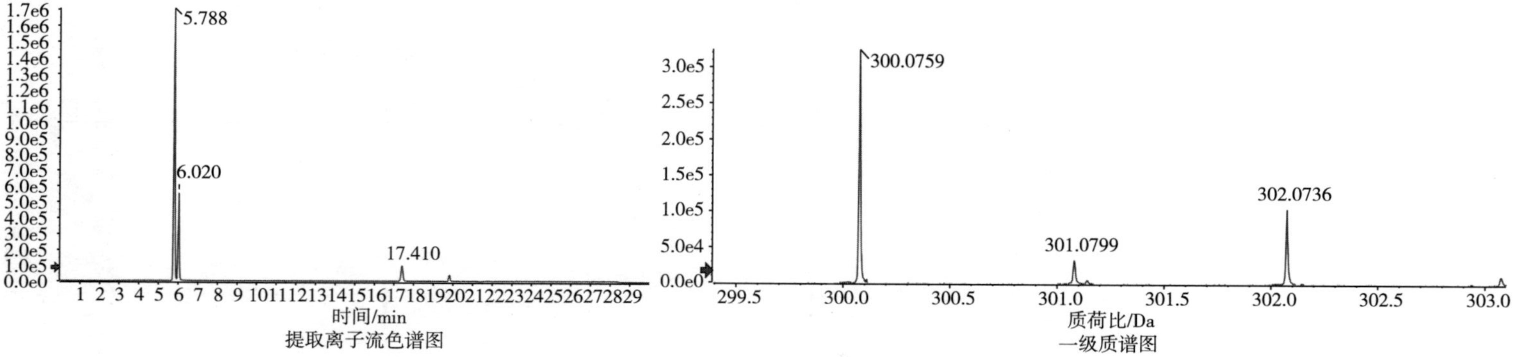

图 214 磷胺

图 215 辛硫磷

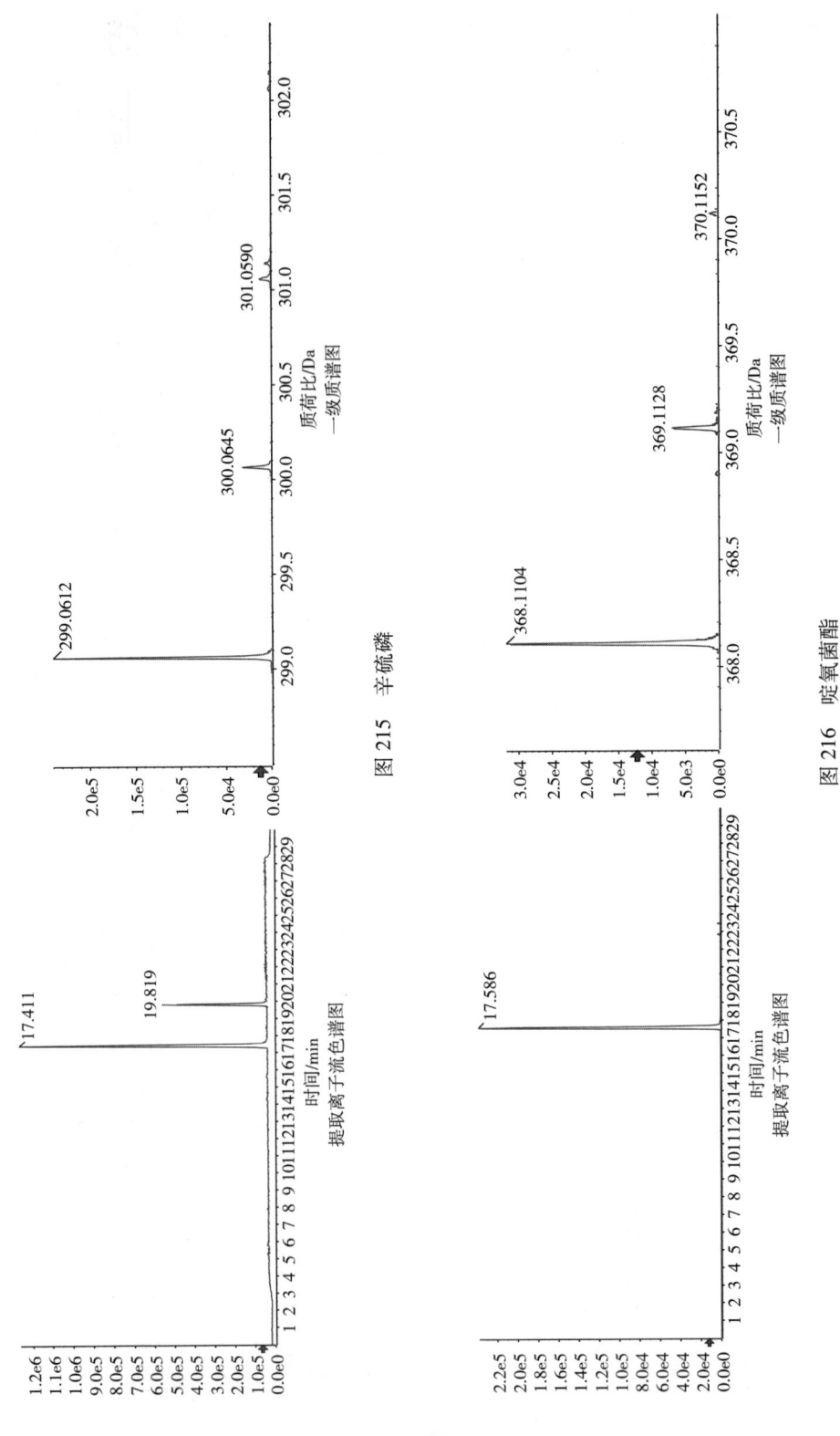

图 216 啶氧菌酯

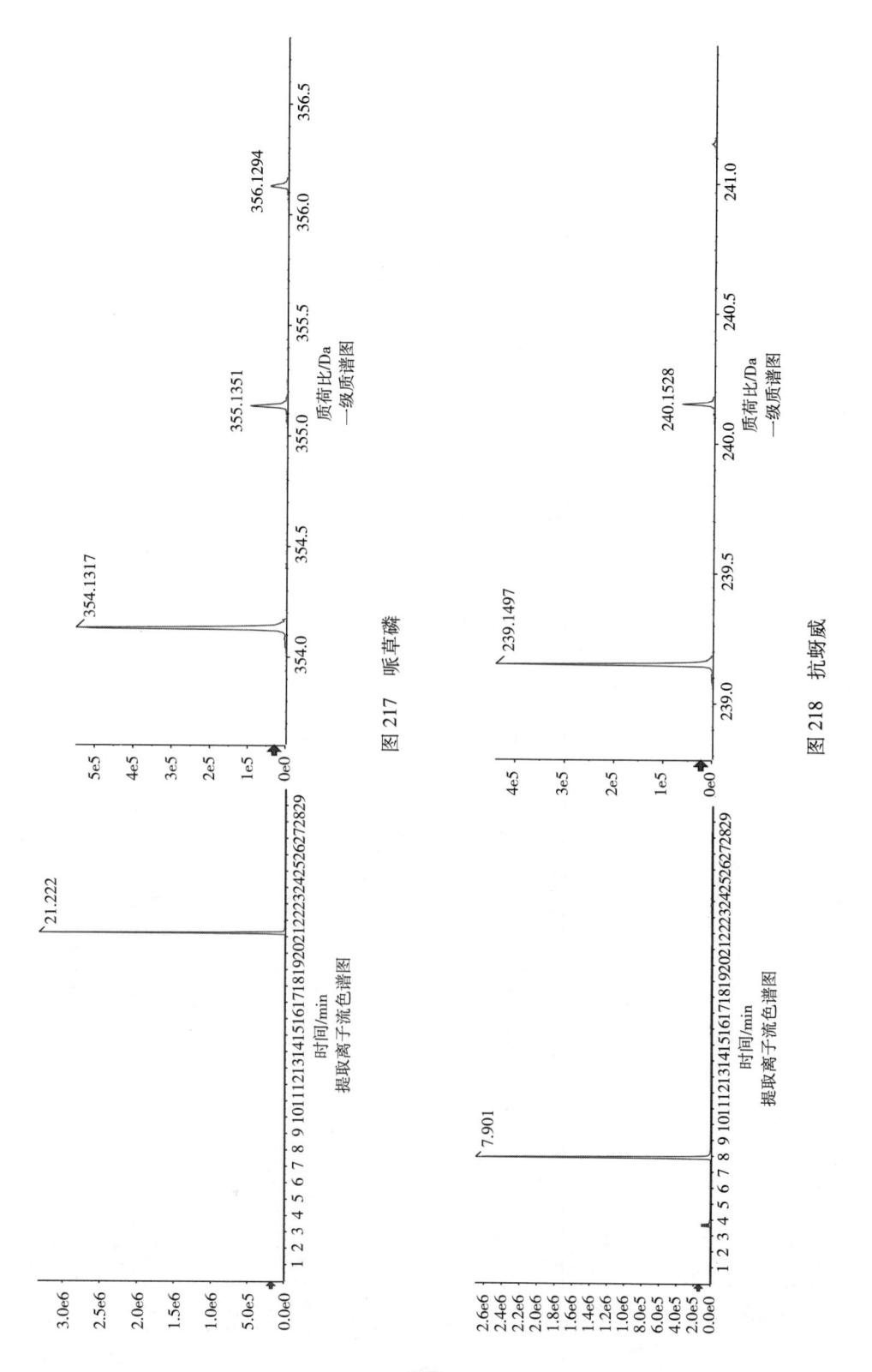

第五章 农药及其代谢物离子流图及一级质谱图

图 217 哌草磷

图 218 抗蚜威

图 219 脱甲基抗蚜威

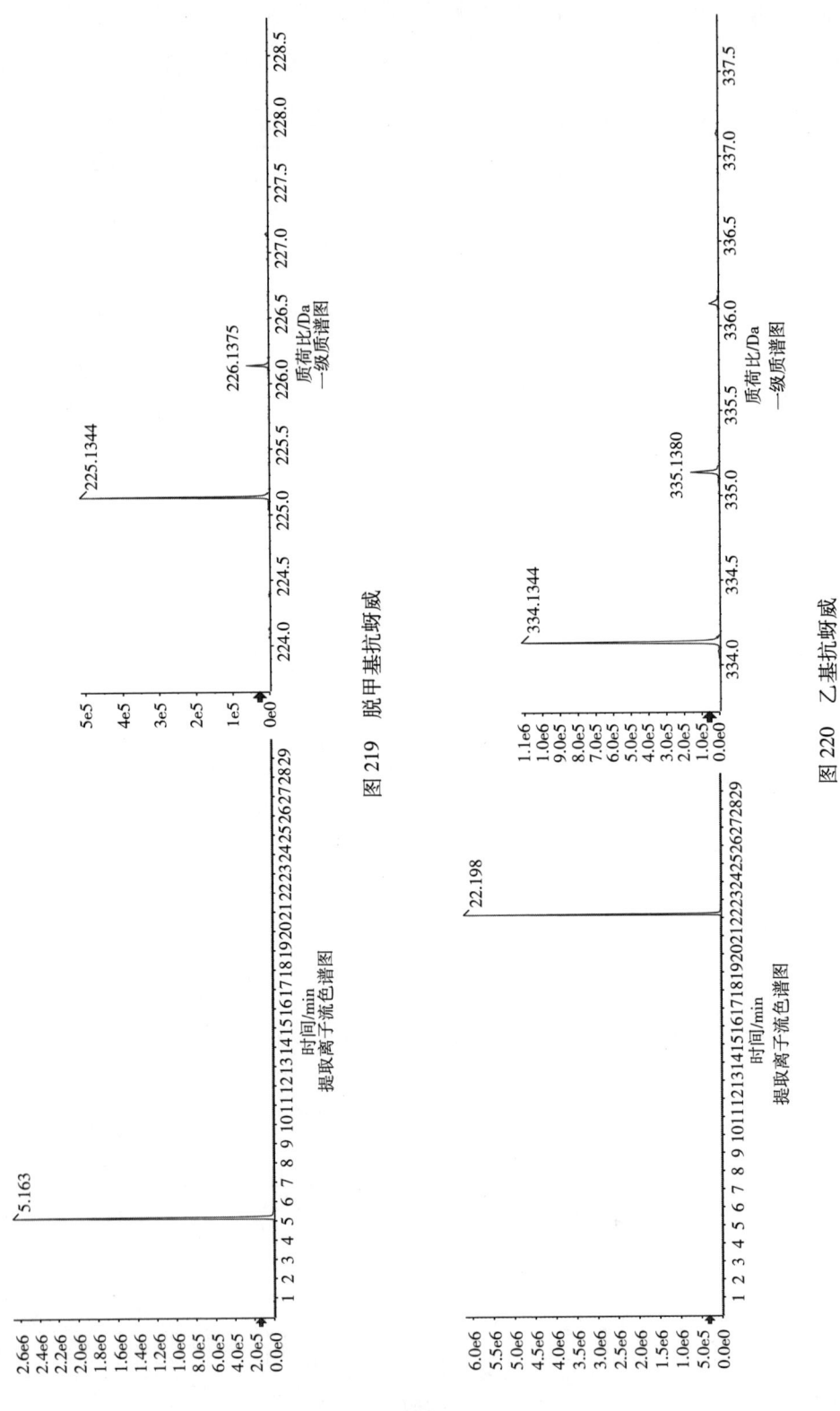

图 220 乙基抗蚜威

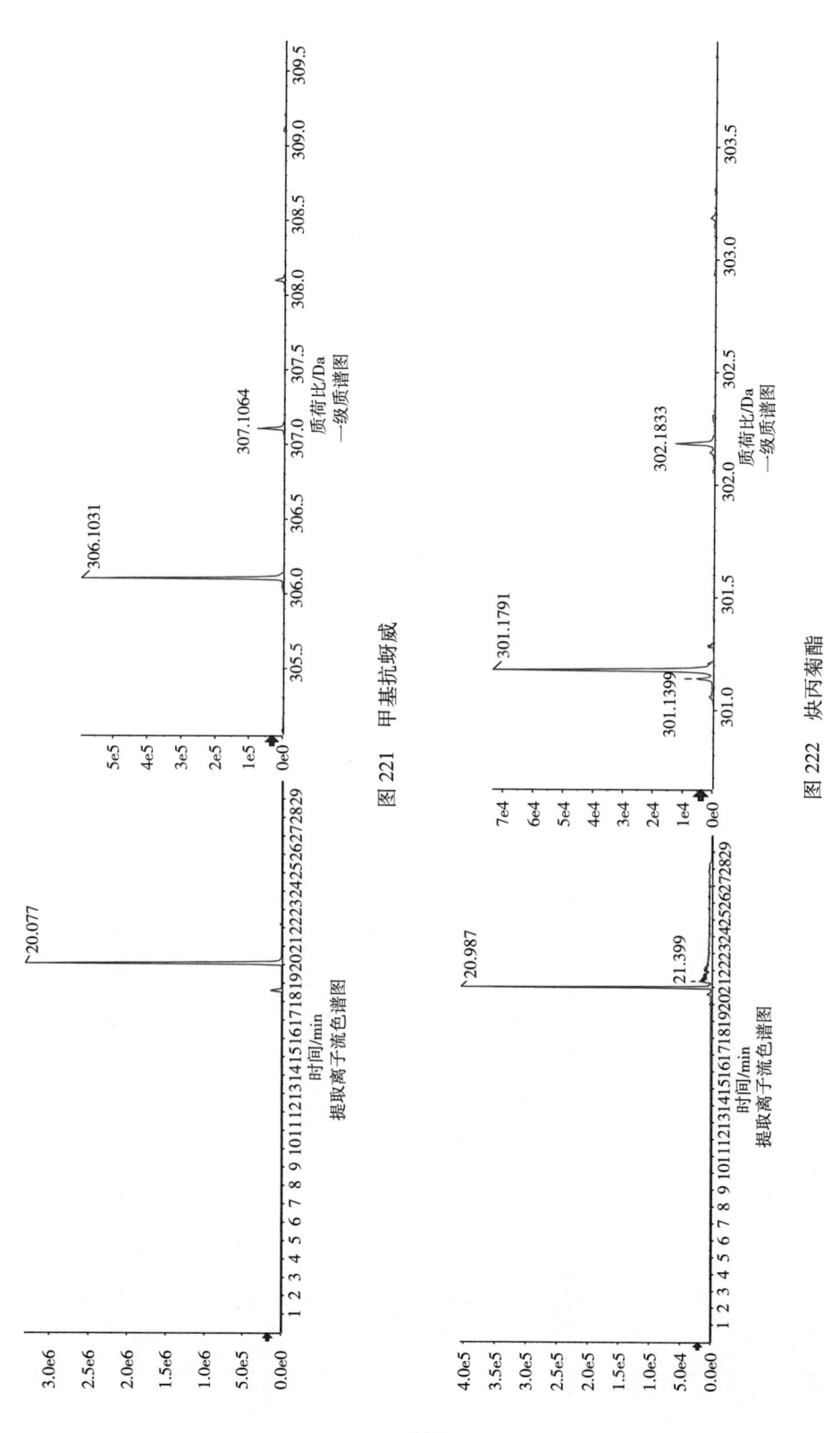

第五章 农药及其代谢物离子流图及一级质谱图

图 221 甲基抗蚜威

图 222 炔丙菊酯

图 223 丙草胺

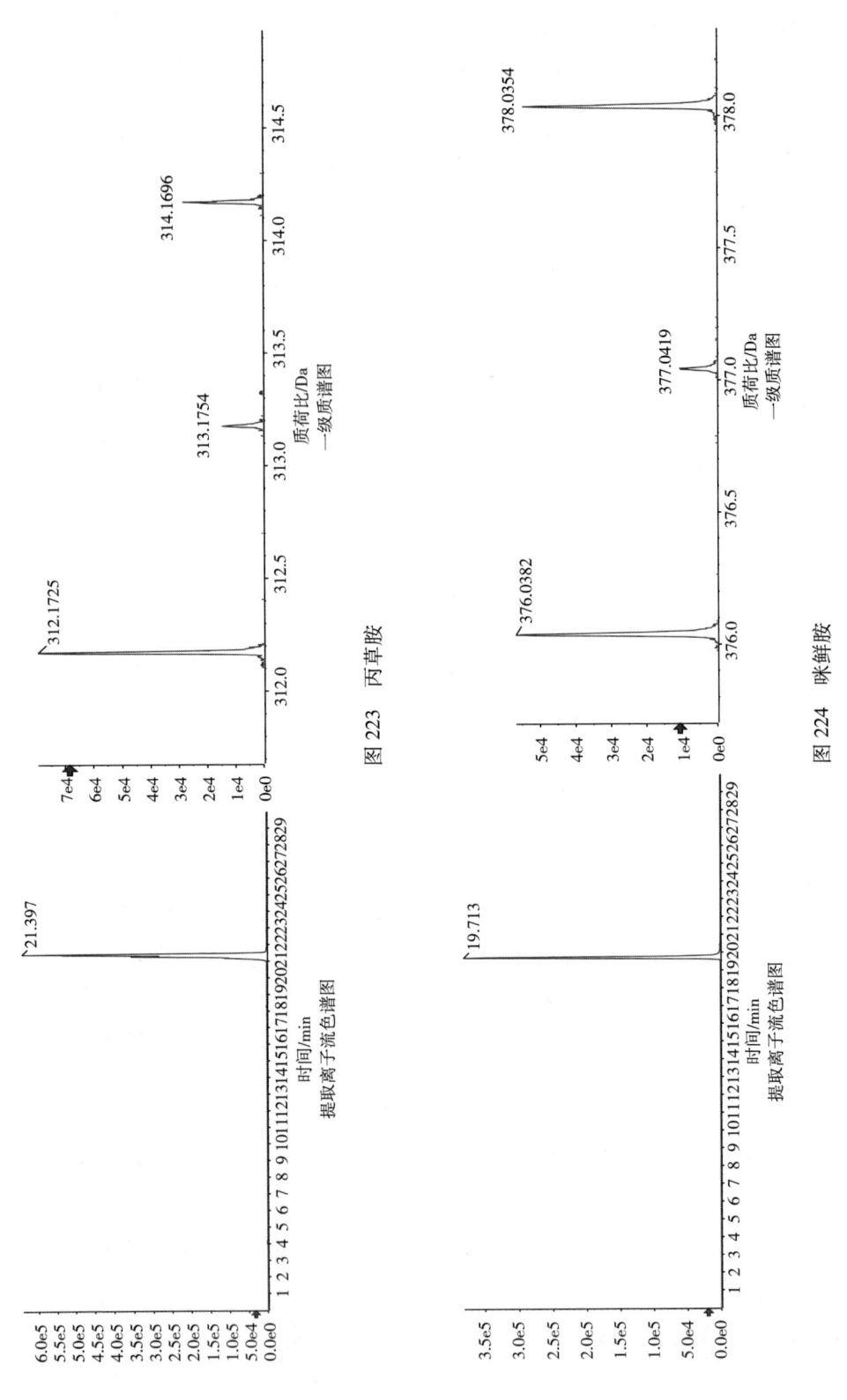

图 224 咪鲜胺

图 225　丙溴磷

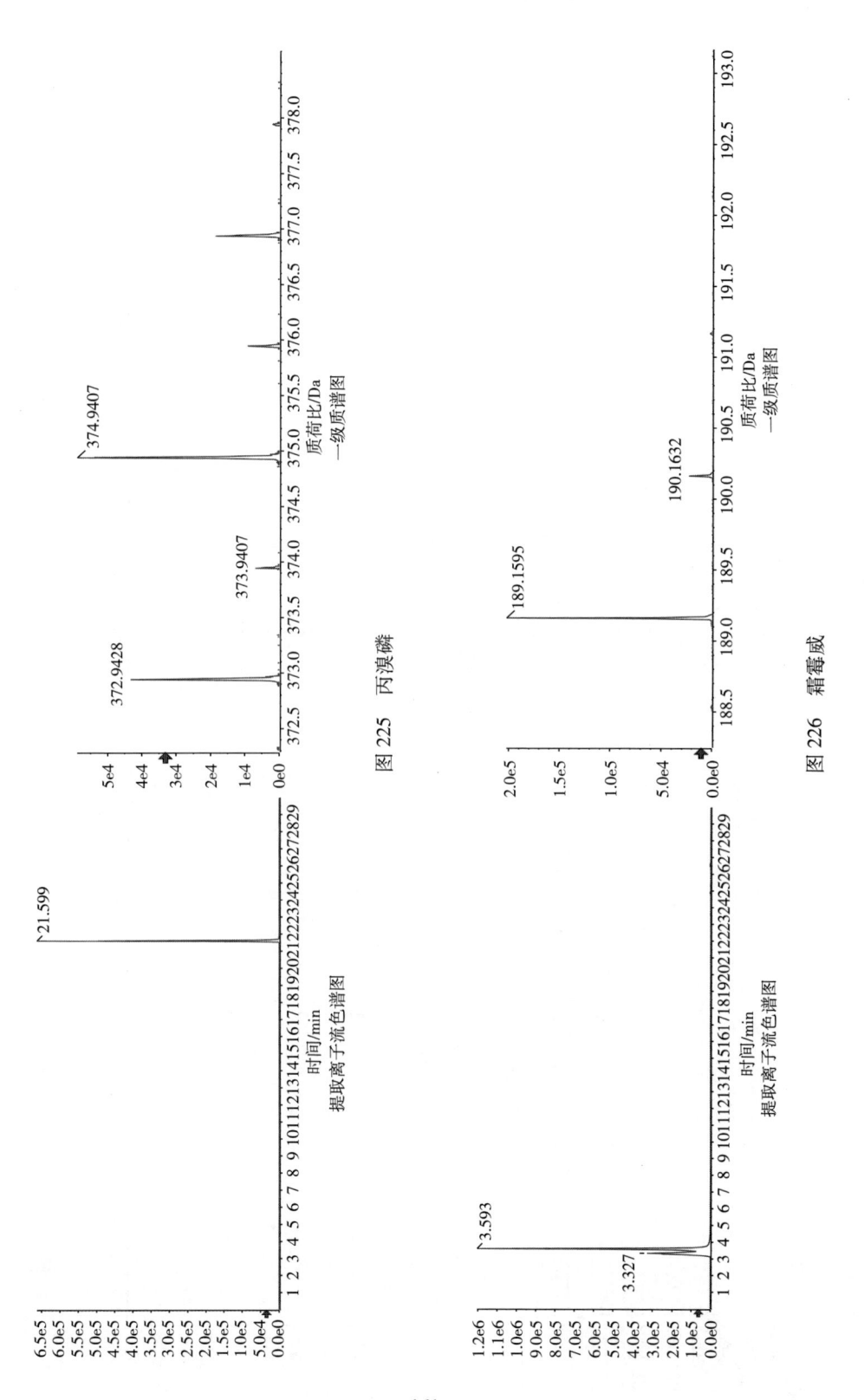

图 226　霜霉威

图 227　敌稗

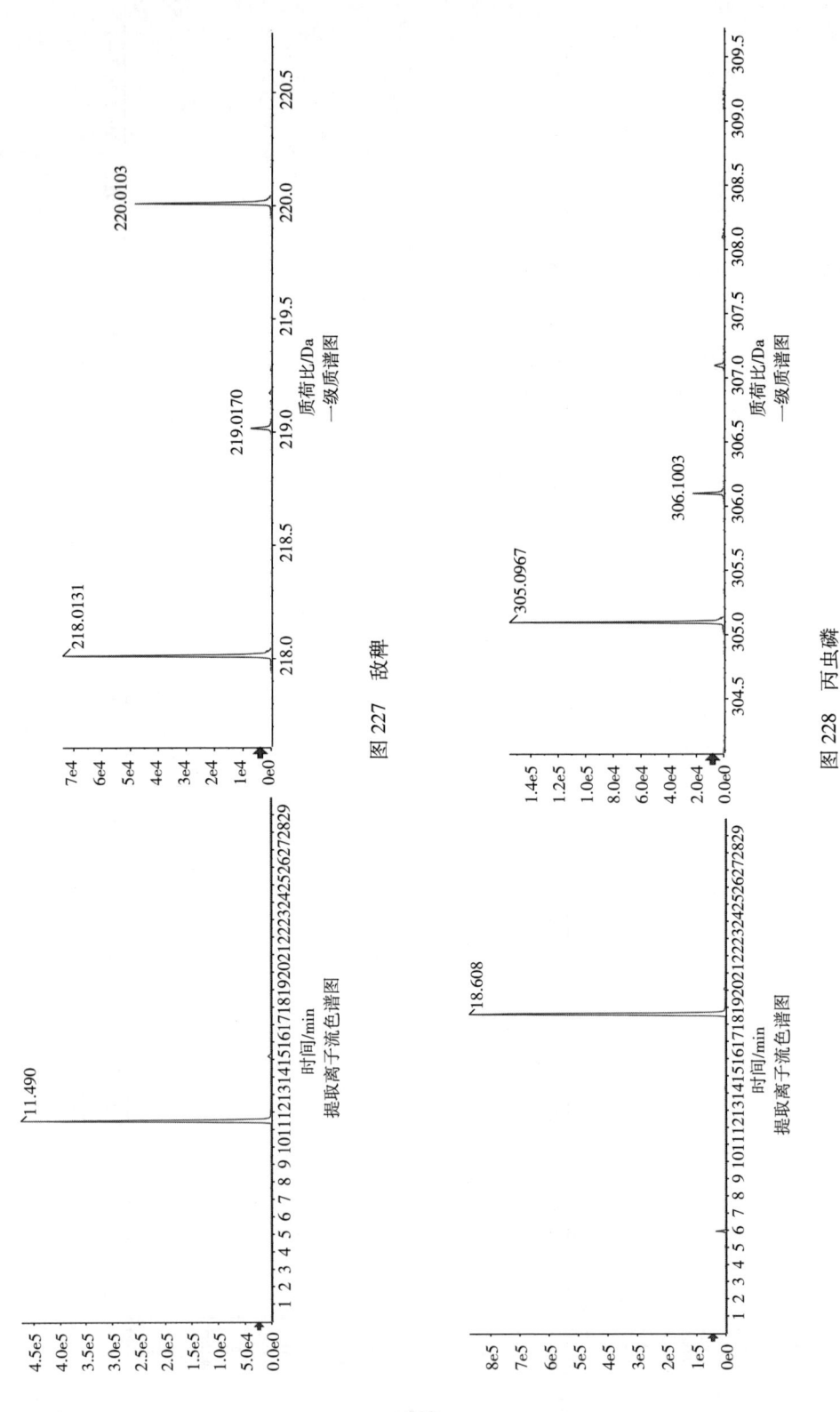

图 228　丙虫磷

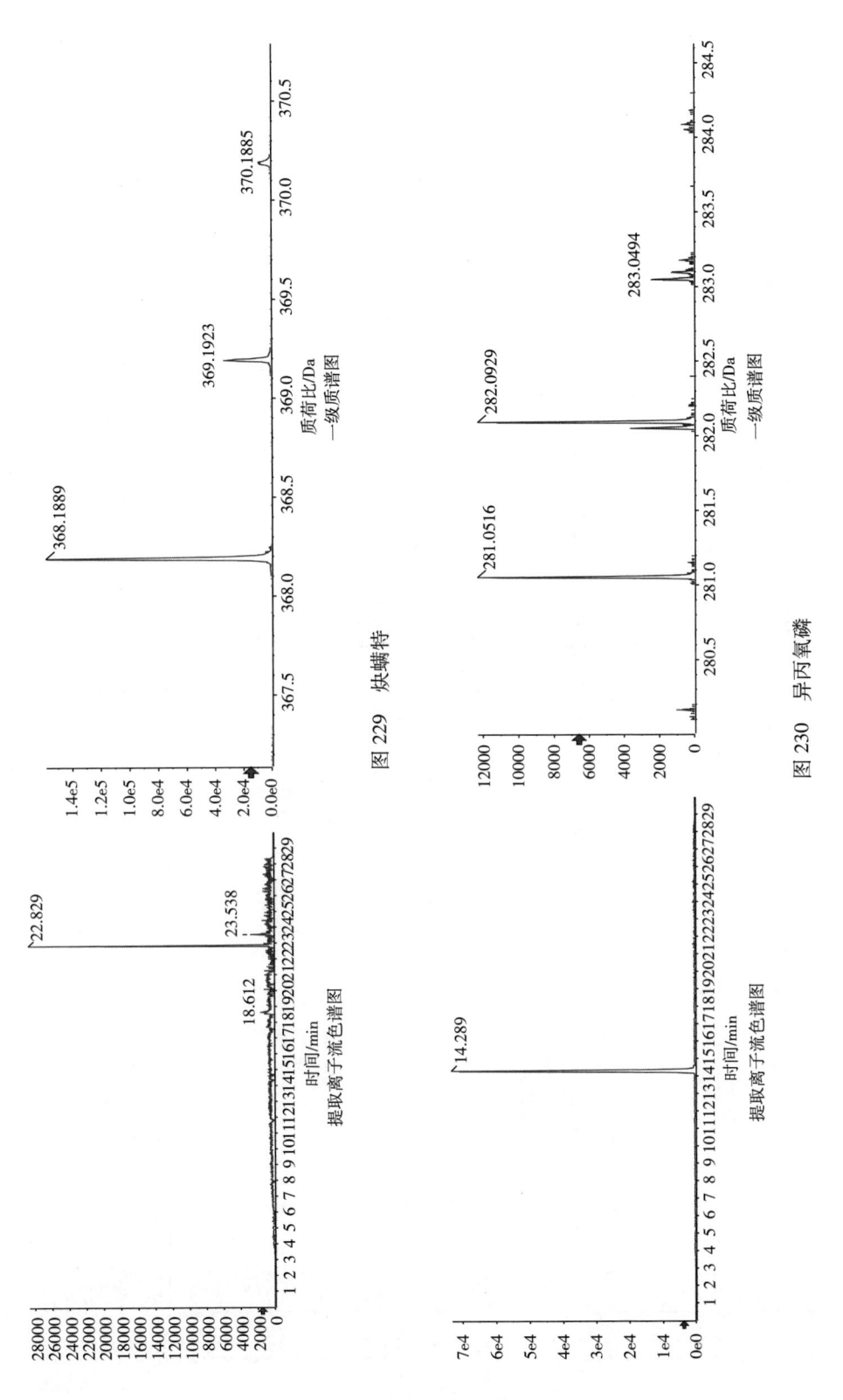

第五章　农药及其代谢物离子流图及一级质谱图

图 229　炔螨特

图 230　异丙氧磷

图 231 丙环唑

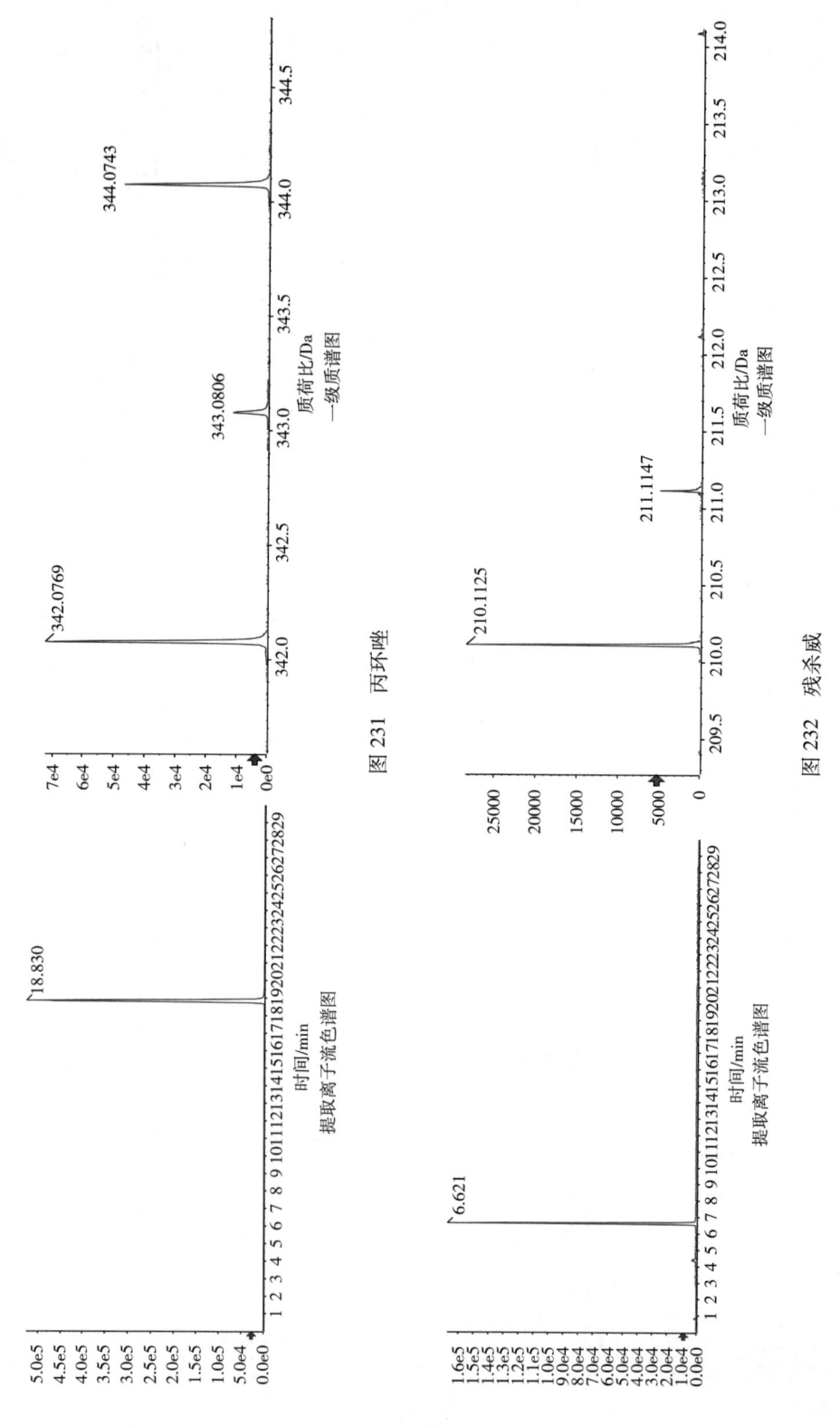

图 232 残杀威

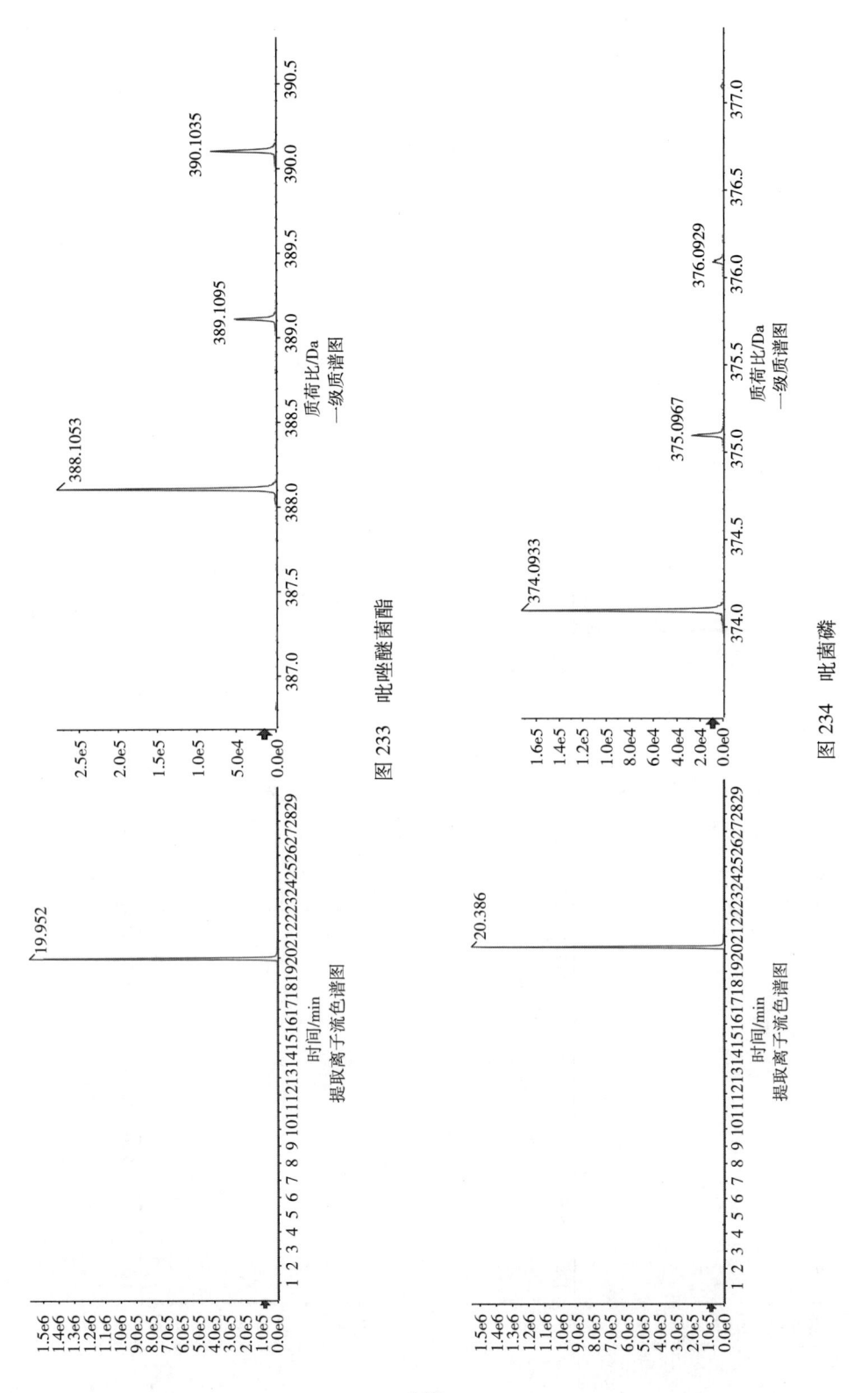

第五章　农药及其代谢物离子流图及一级质谱图

图 233　吡唑醚菌酯

图 234　吡菌磷

图 235　哒螨灵

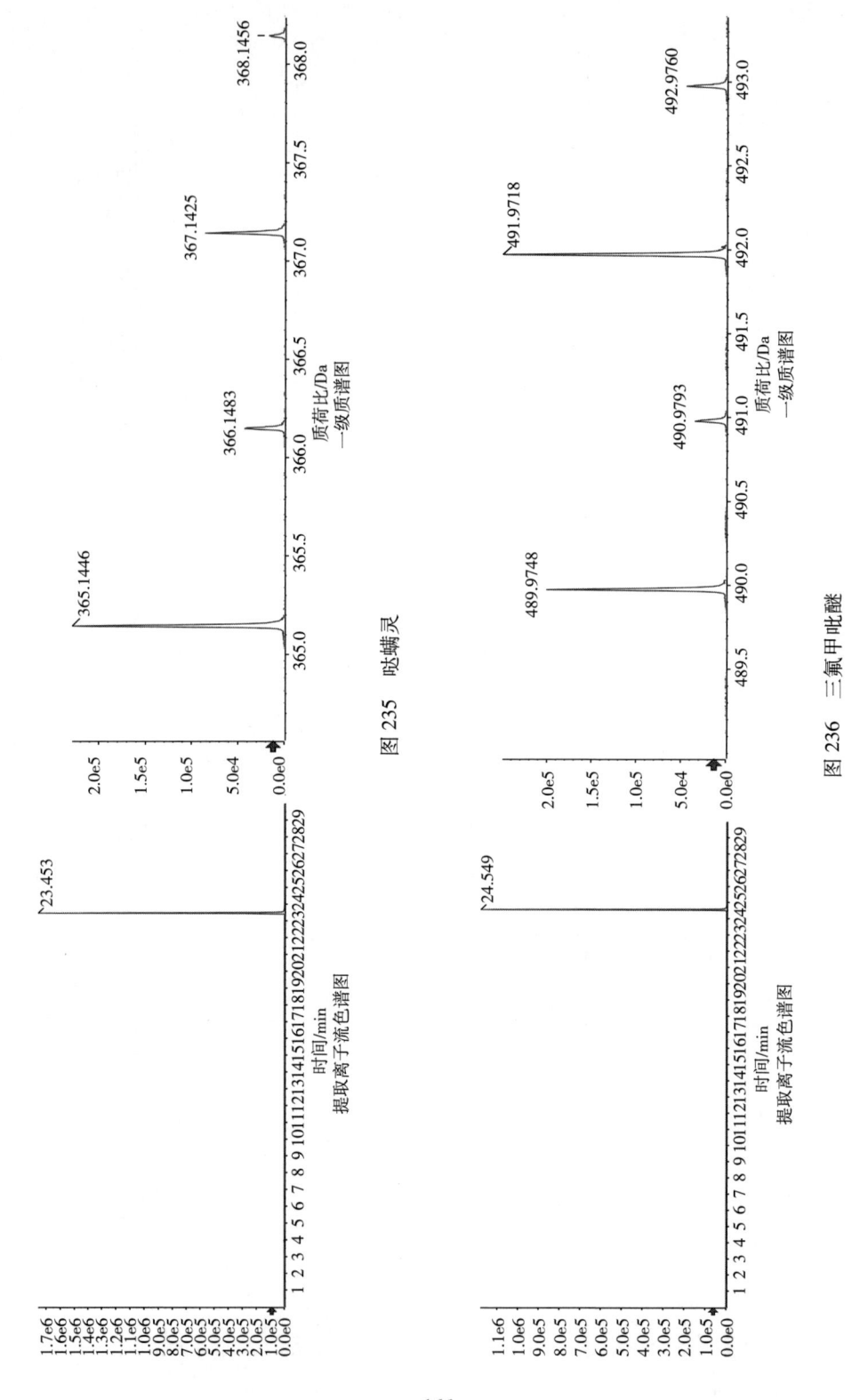

图 236　三氟甲吡醚

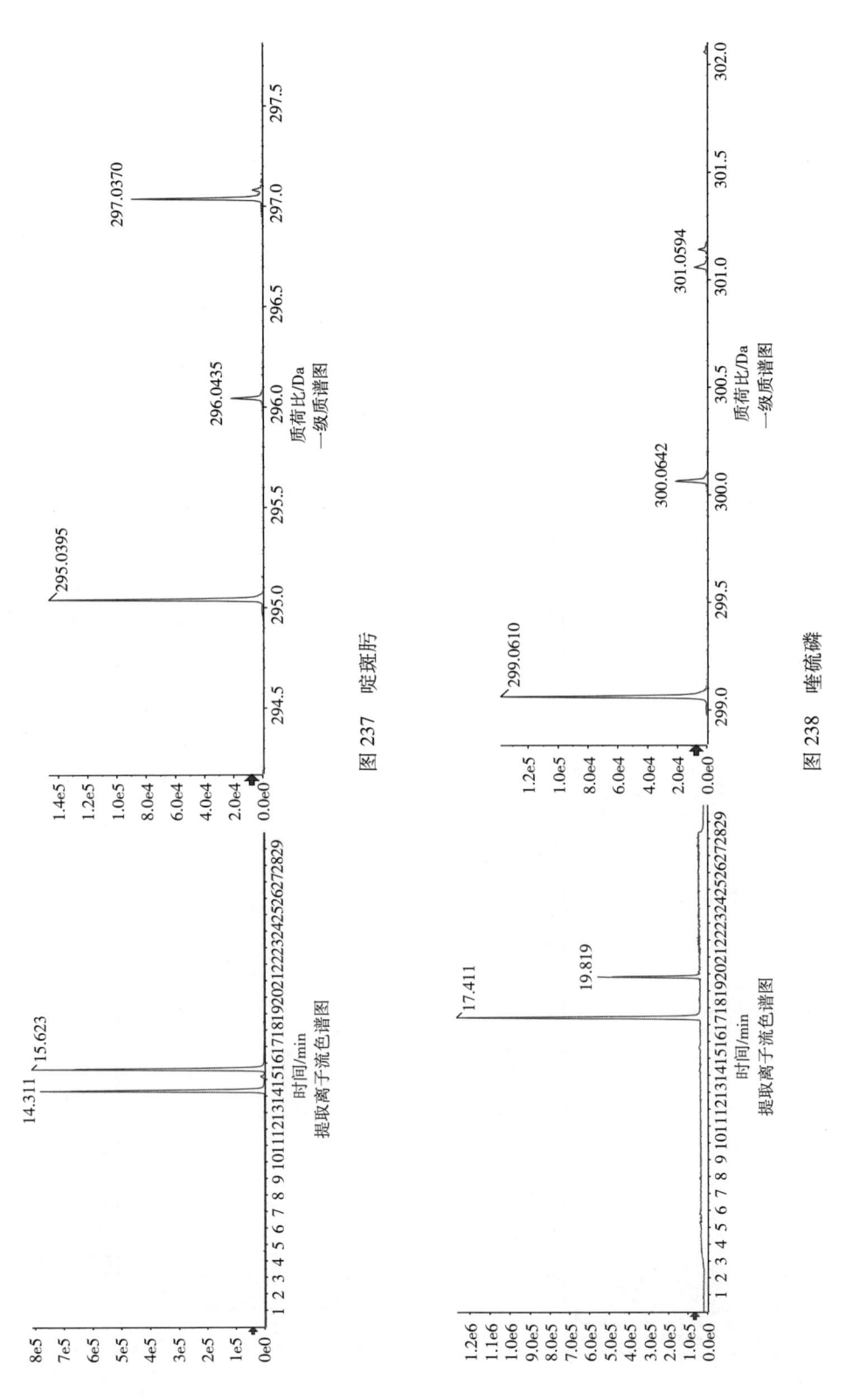

第五章 农药及其代谢物离子流图及一级质谱图

图 237 啶斑肟

图 238 喹硫磷

图 239 治螟磷

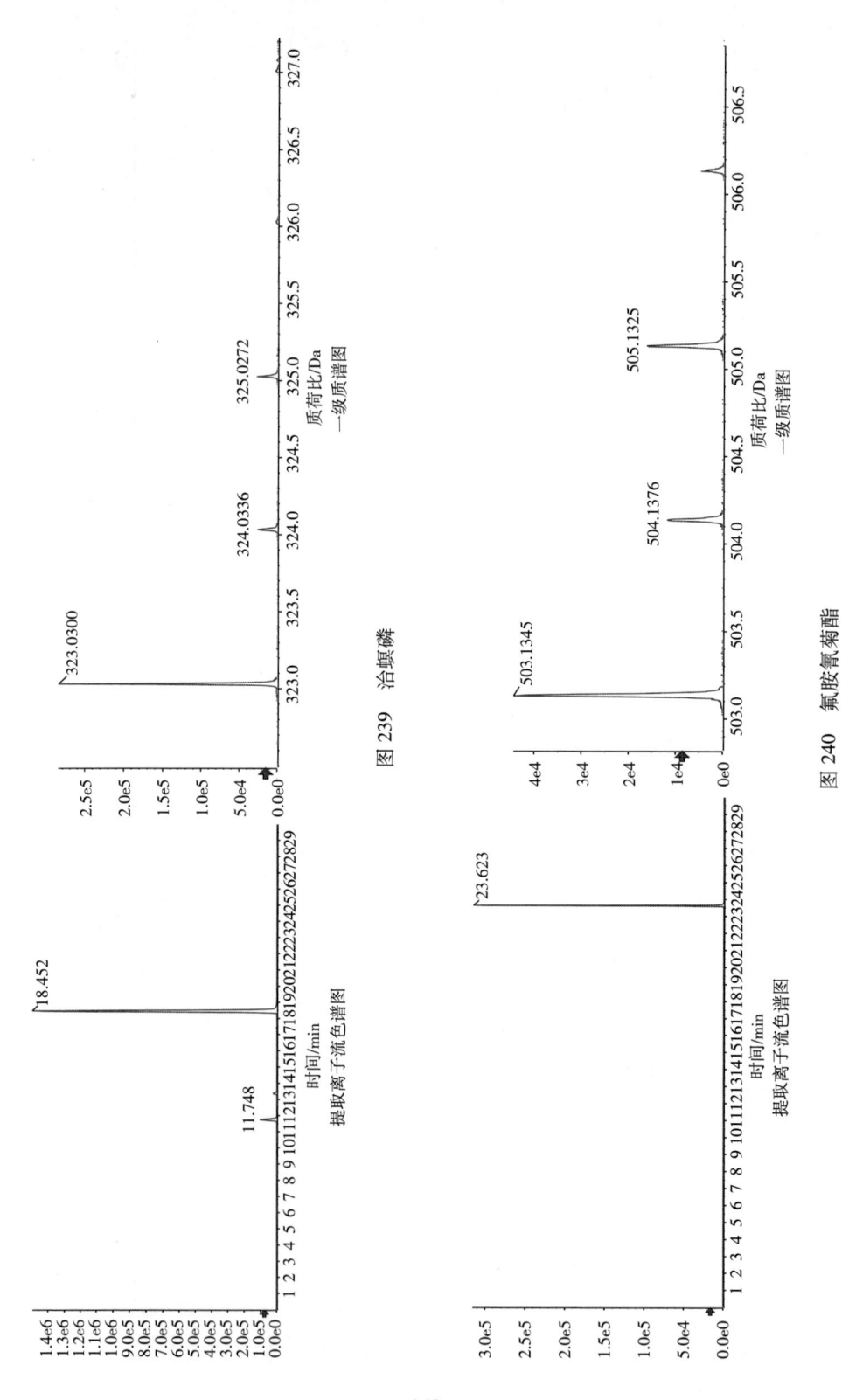

图 240 氟胺氰菊酯

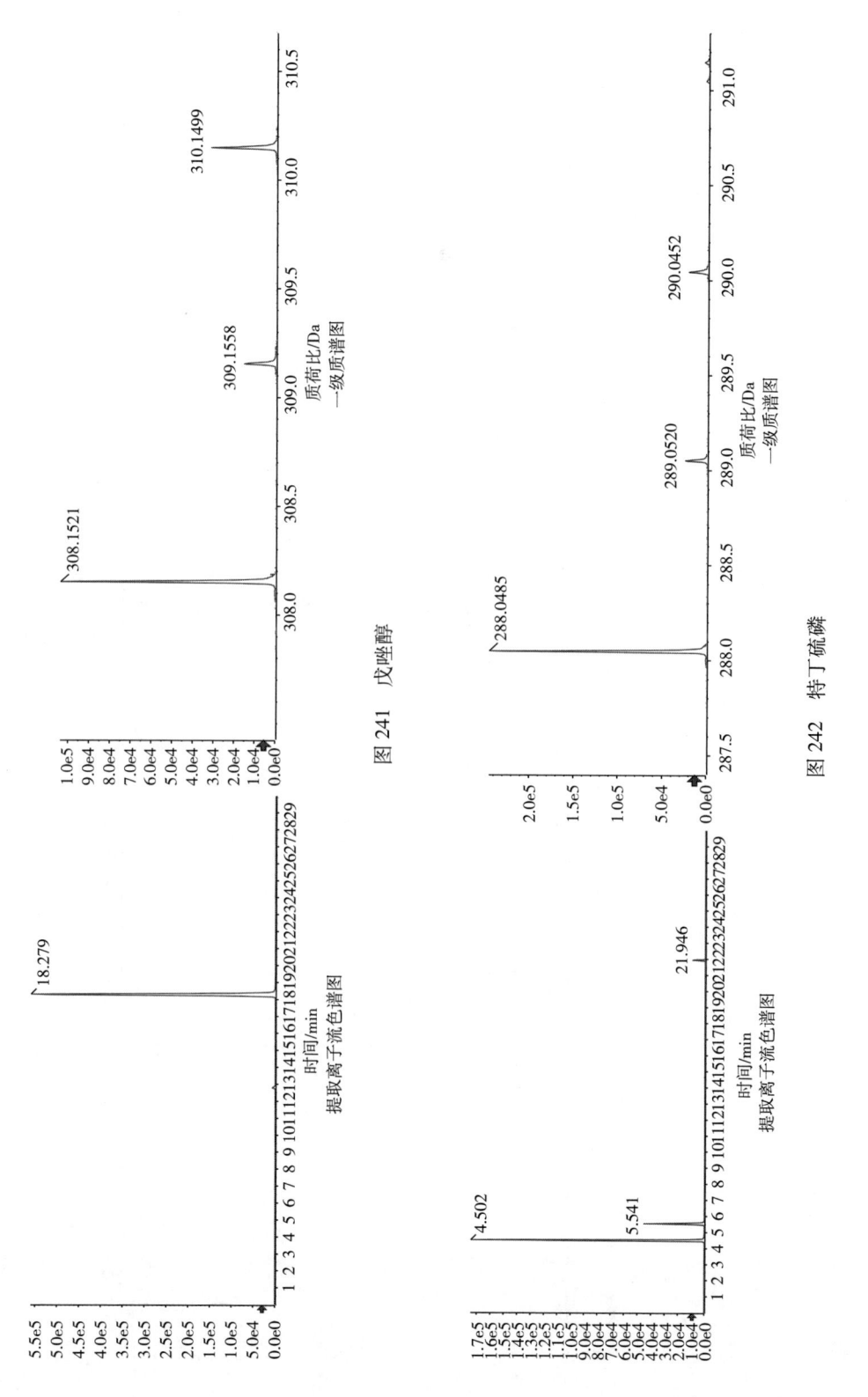

第五章 农药及其代谢物离子流图及一级质谱图

图 241 戊唑醇

图 242 特丁硫磷

图 243 特丁氧磷亚砜

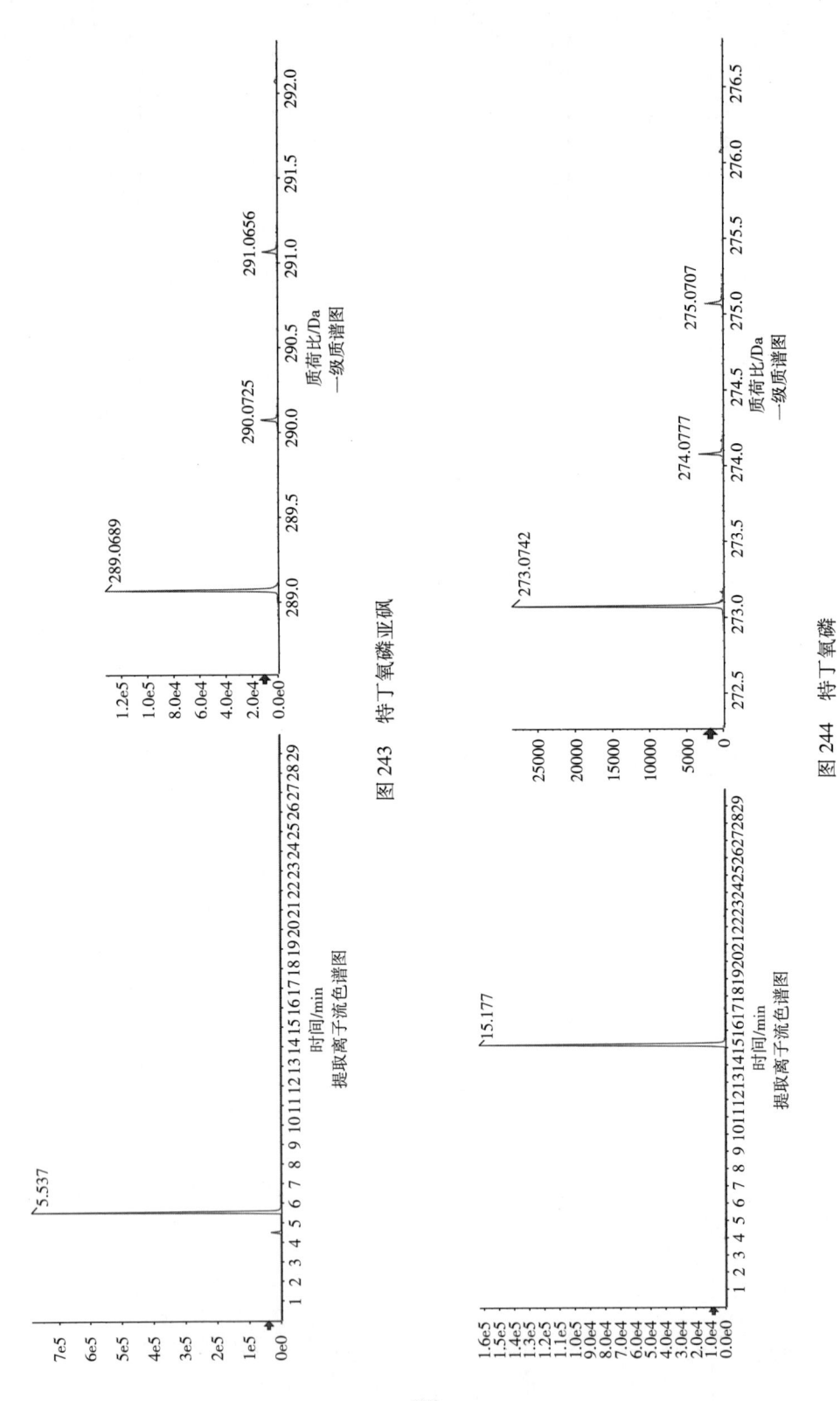

图 244 特丁氧磷

图 245　特丁硫磷亚砜

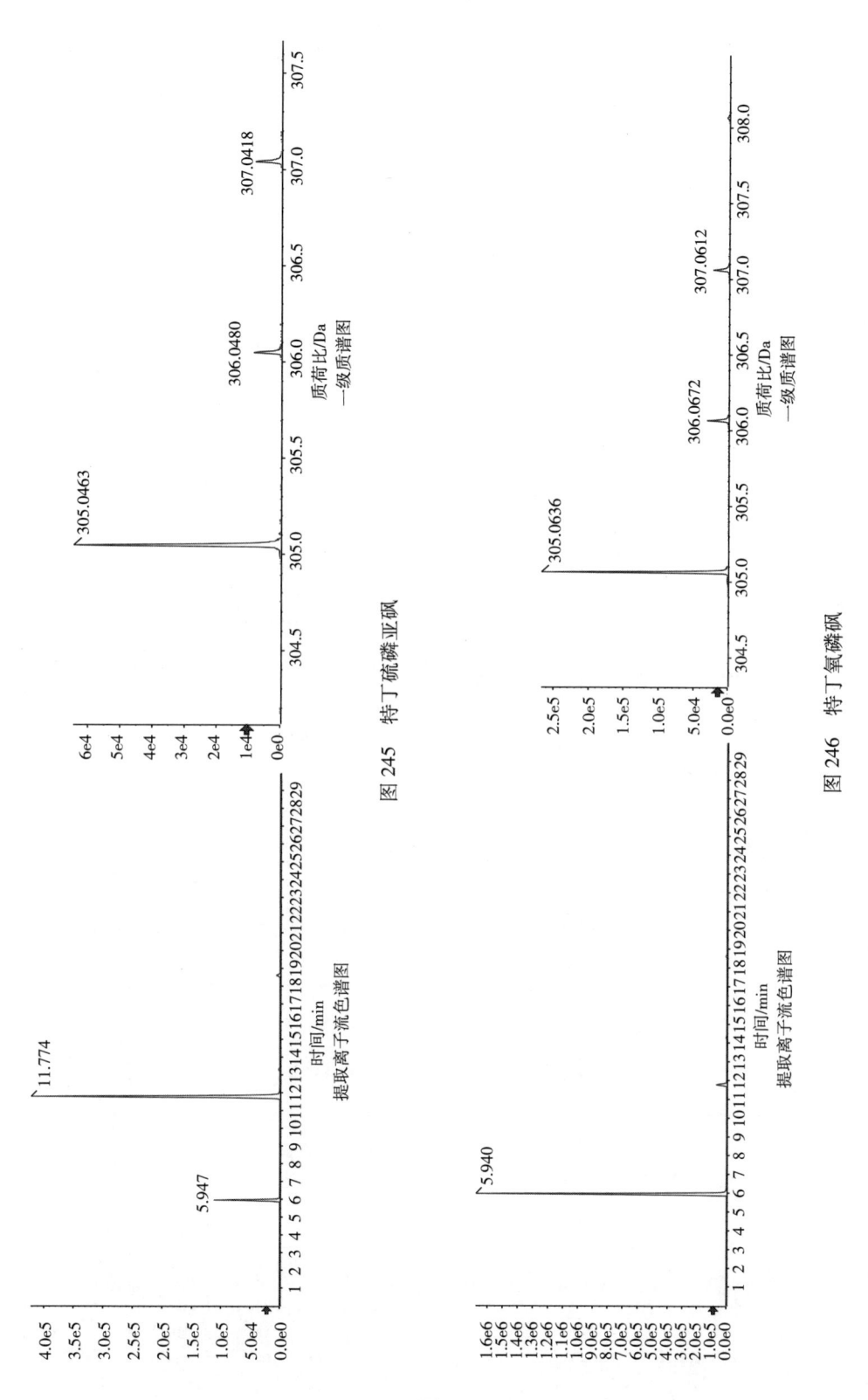

图 246　特丁氧磷砜

图 247 特丁硫磷砜

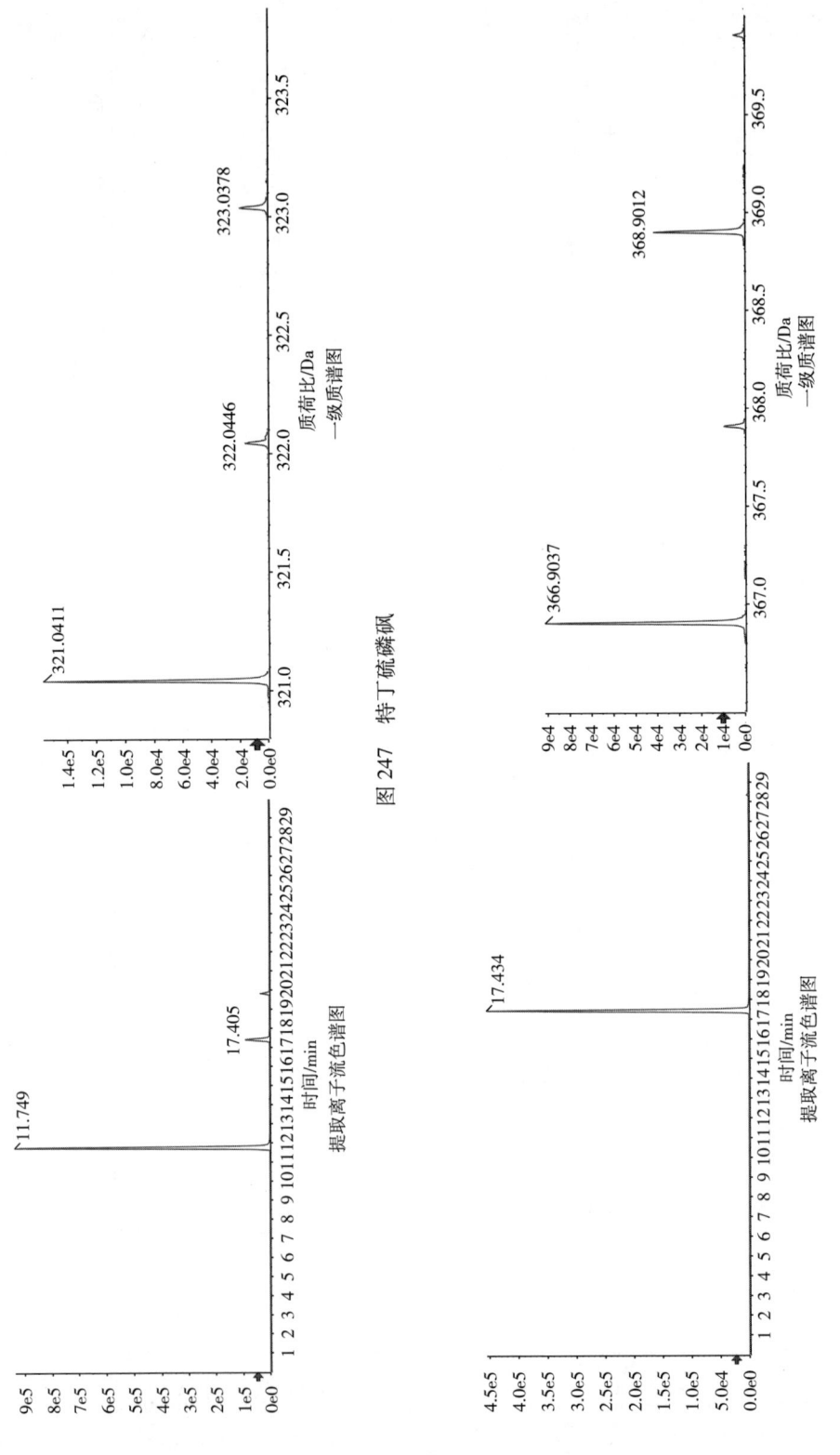

图 248 （Z）-杀虫畏

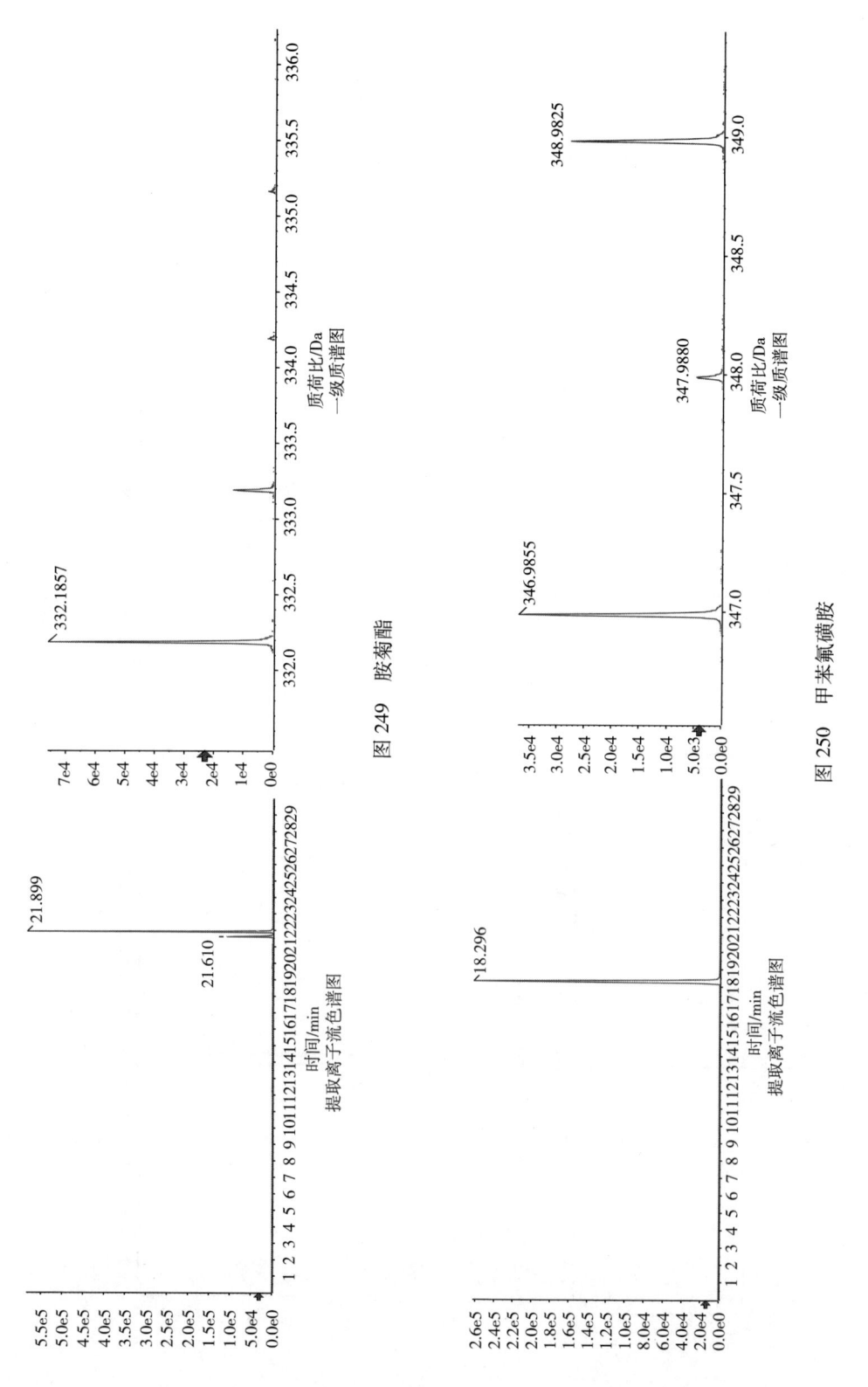

第五章 农药及其代谢物离子流图及一级质谱图

图 249 胺菊酯

图 250 甲苯氟磺胺

图 251　三唑酮

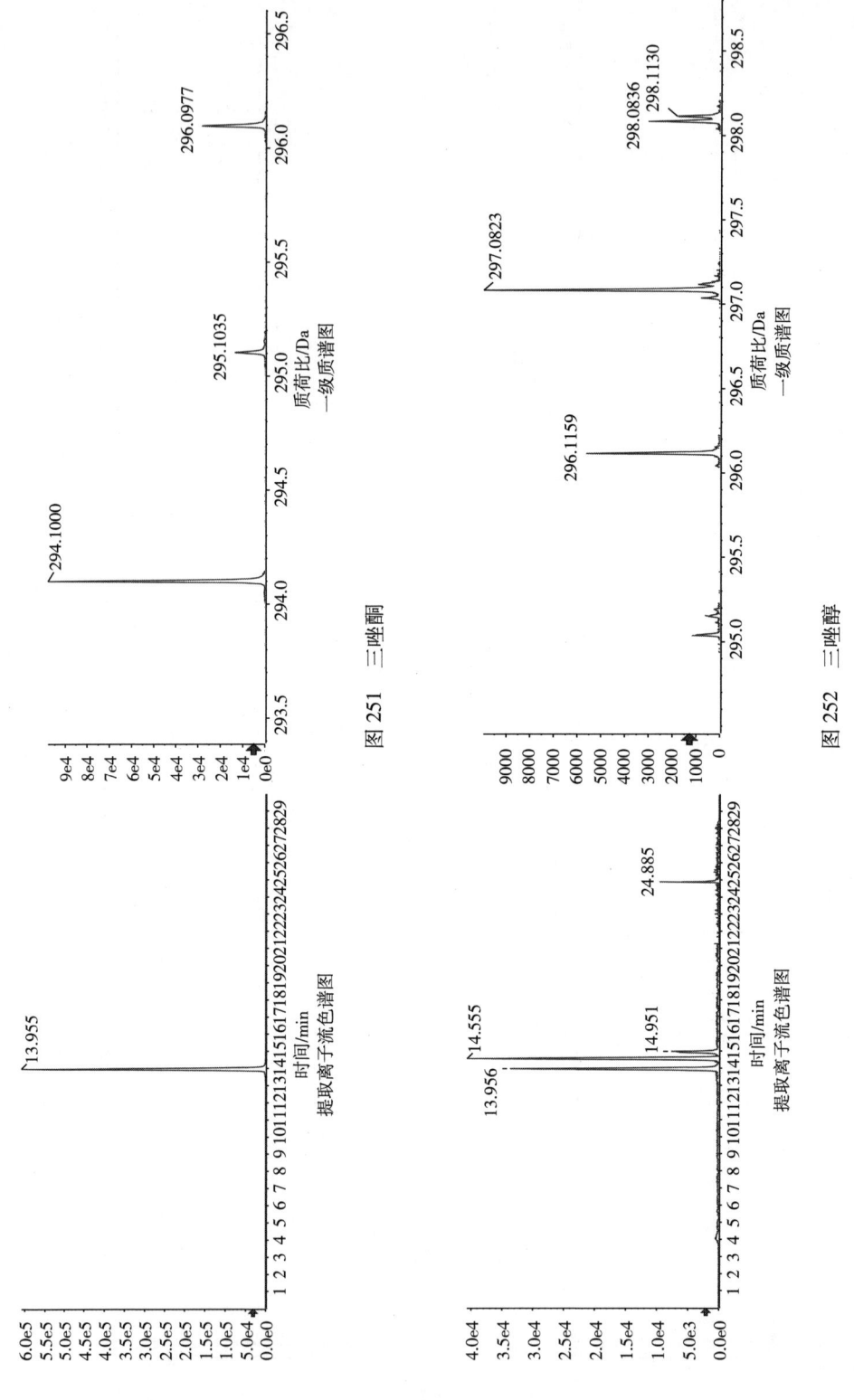

图 252　三唑醇

图 253 三唑磷

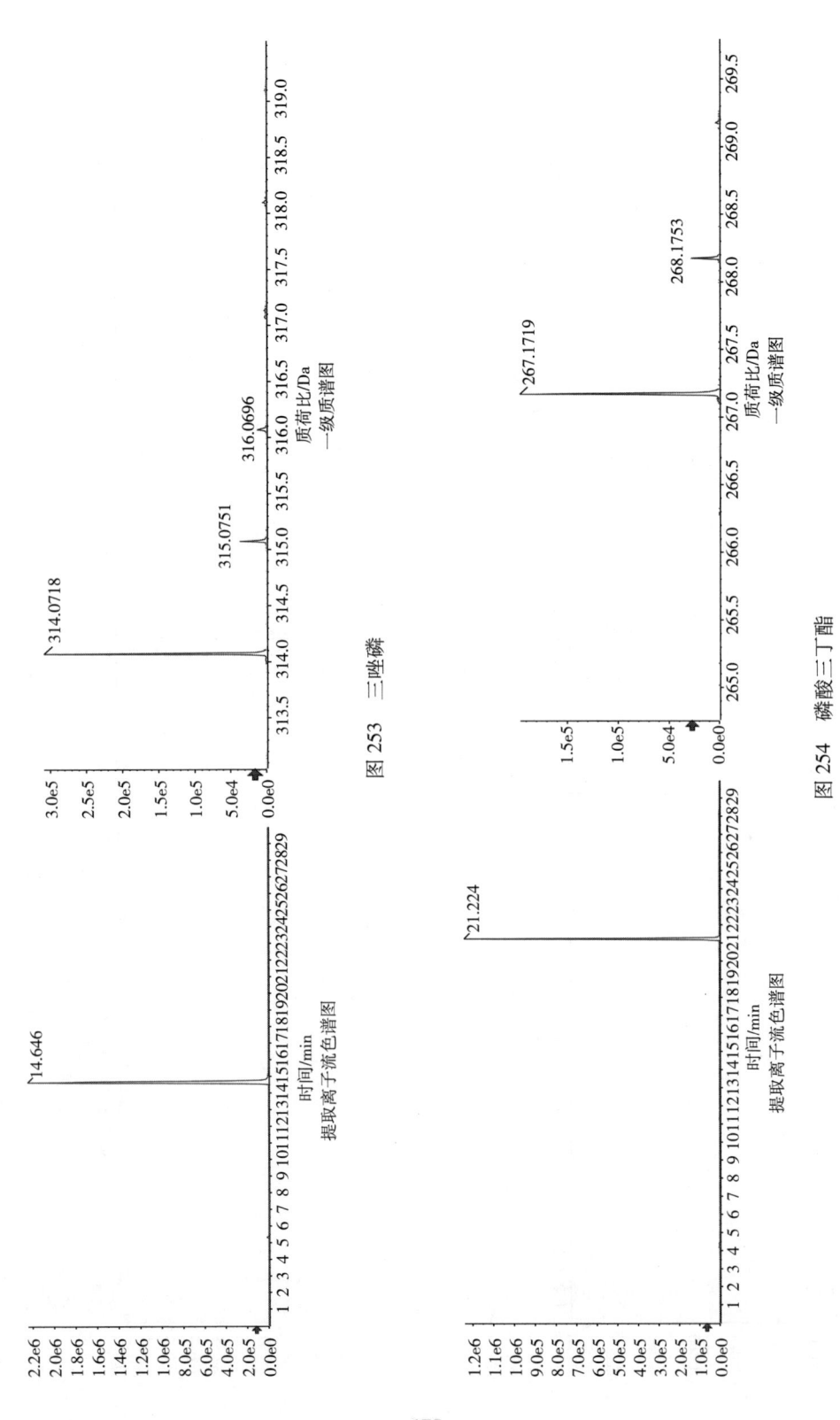

图 254 磷酸三丁酯

图 255 三环唑

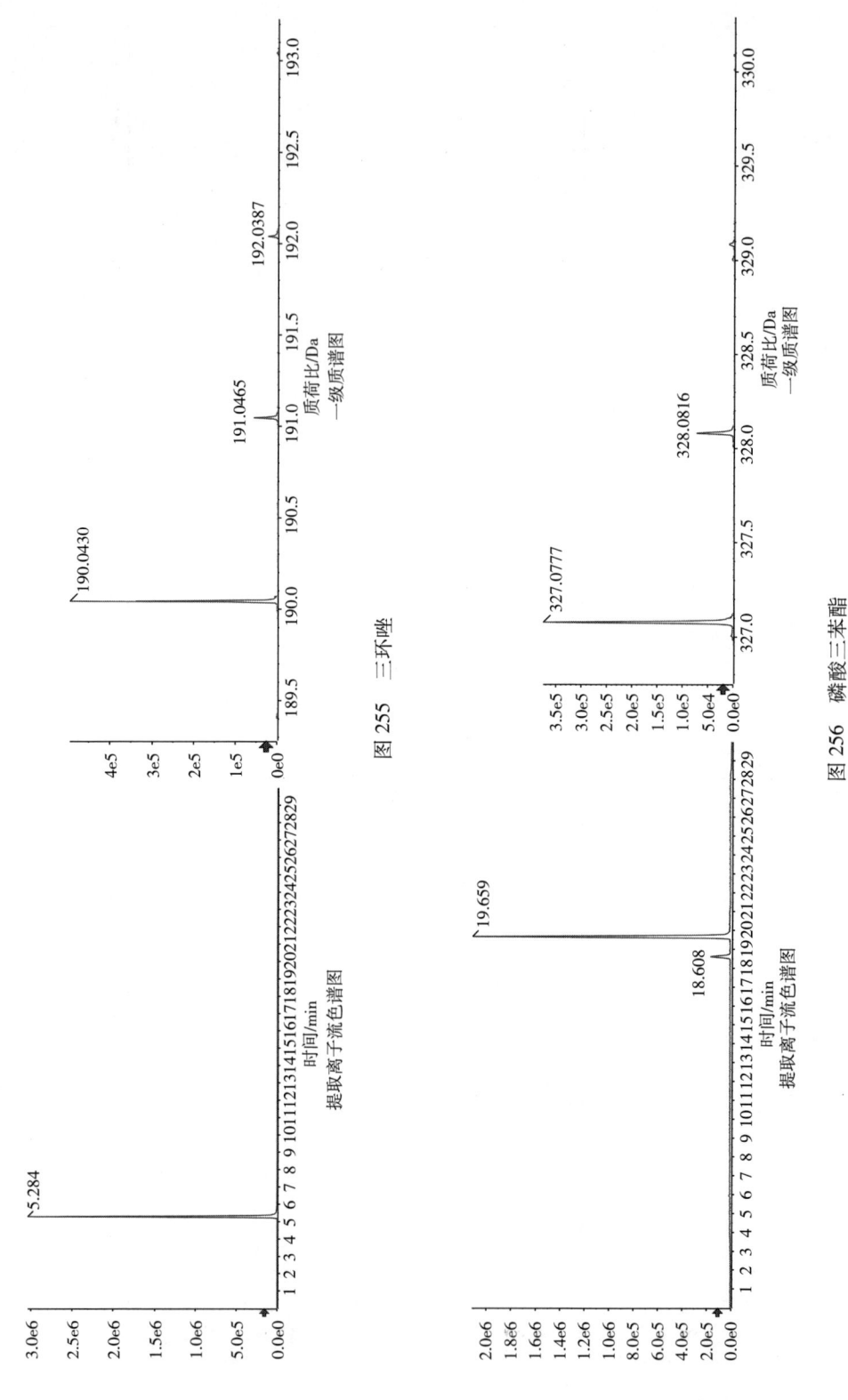

图 256 磷酸三苯酯

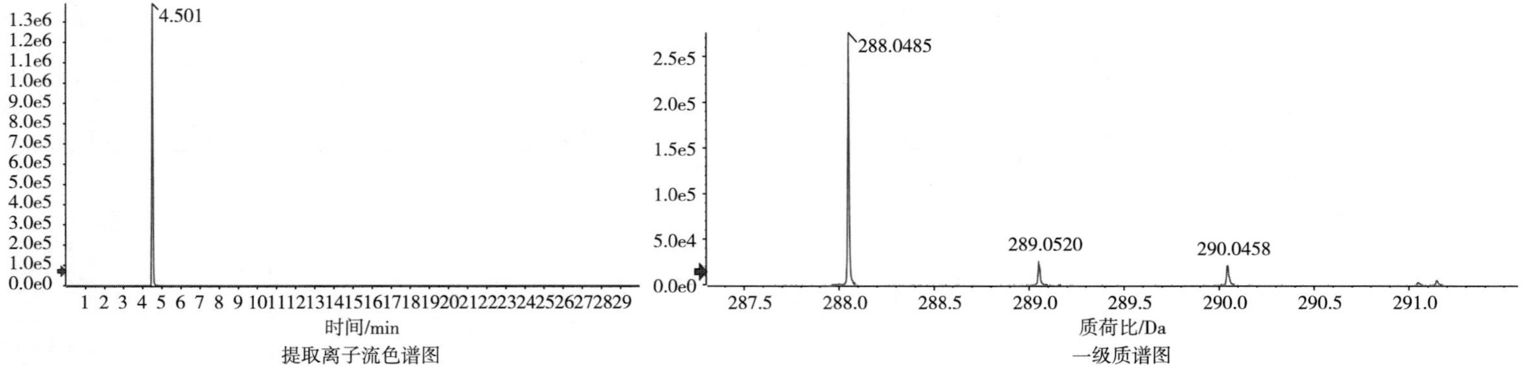

第五章 农药及其代谢物离子流图及一级质谱图

图 257 蚜灭多

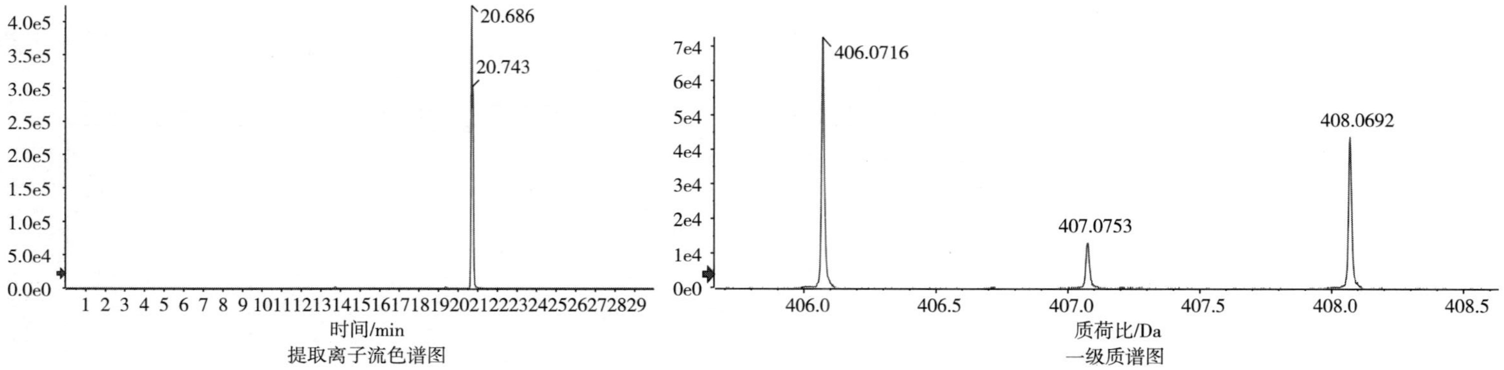

图 258 苯醚甲环唑

图 259 枯莠隆

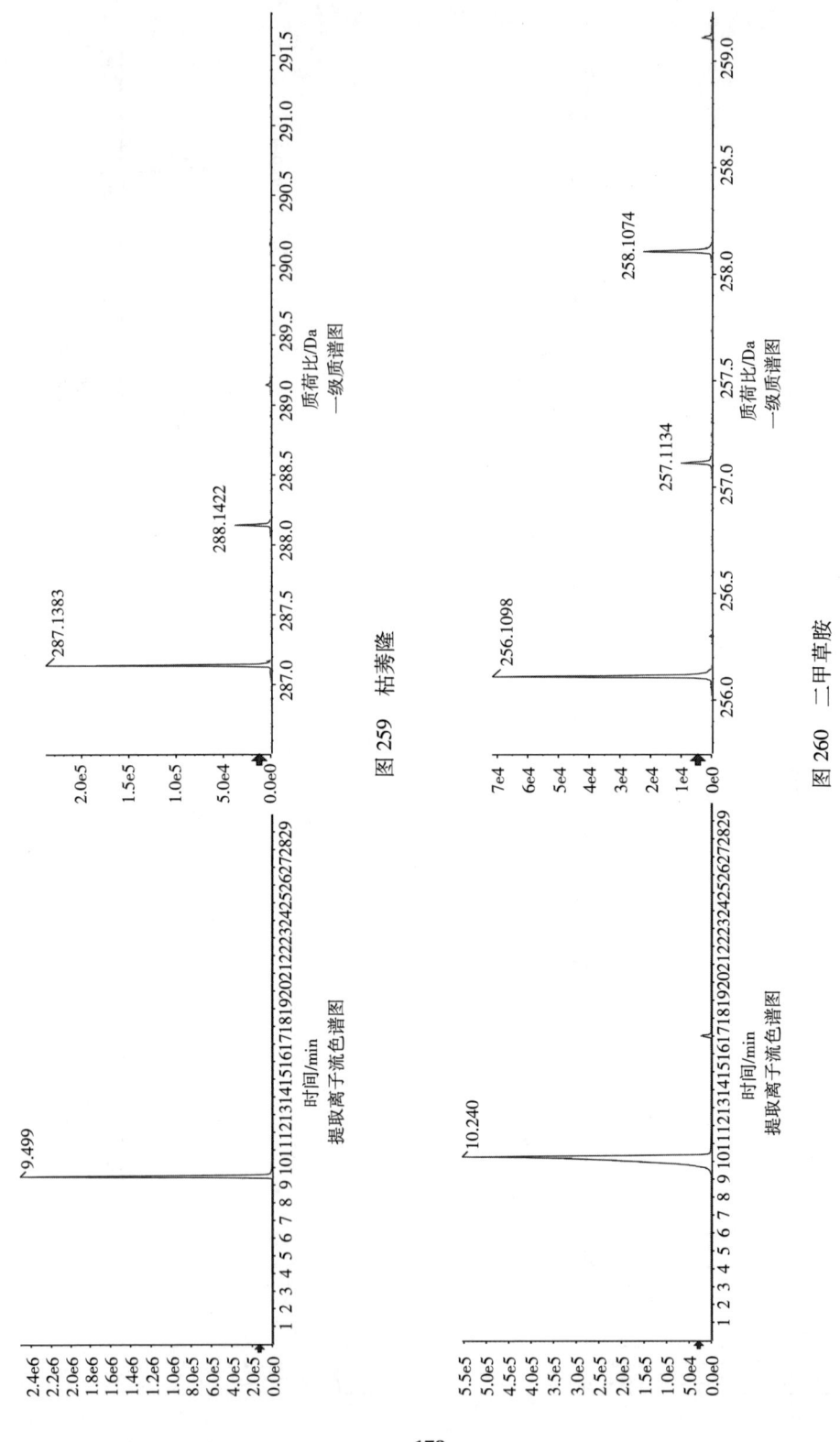

图 260 二甲草胺

图 261　异戊乙净

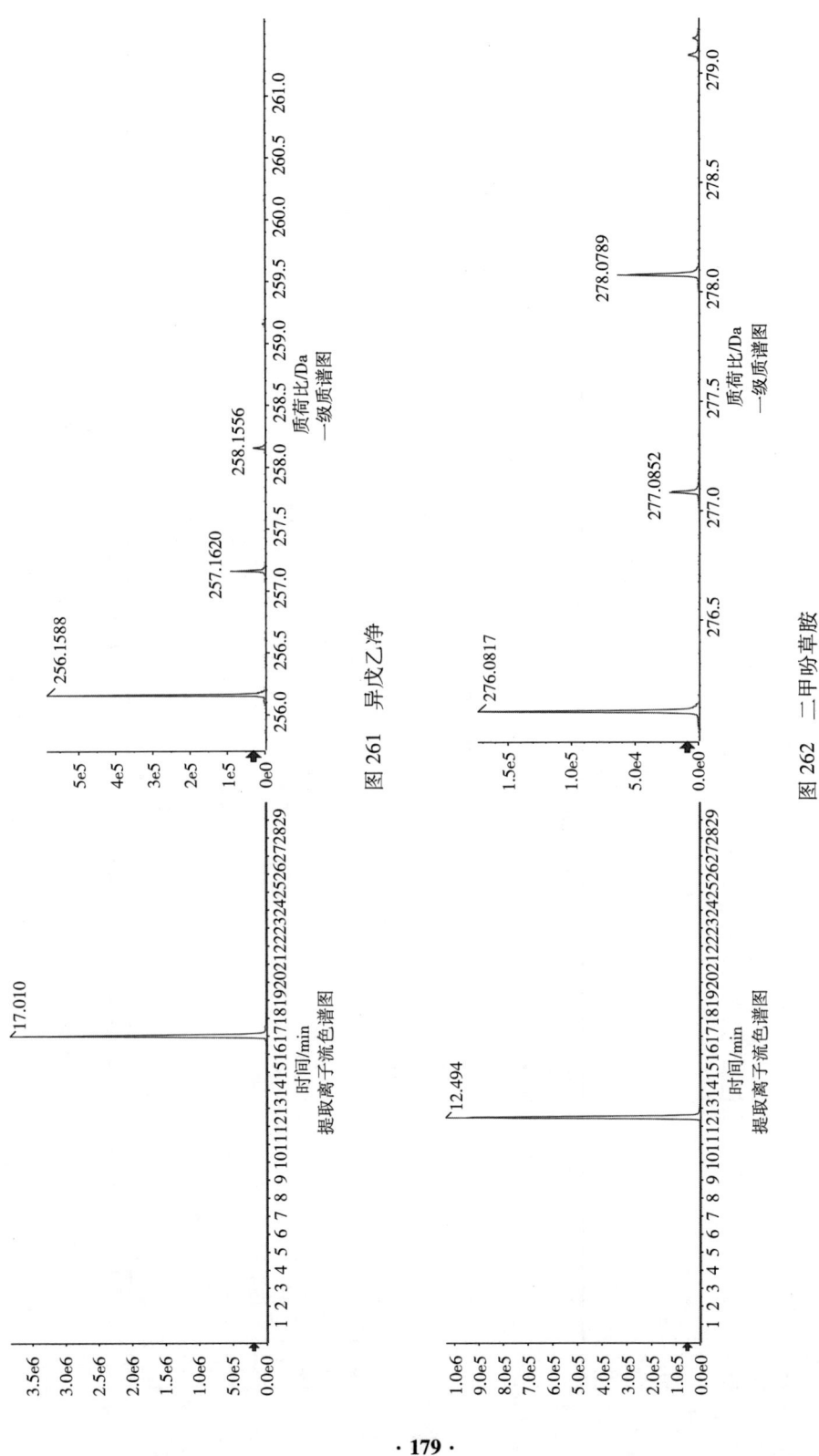

图 262　二甲吩草胺

图 263　烯酰吗啉

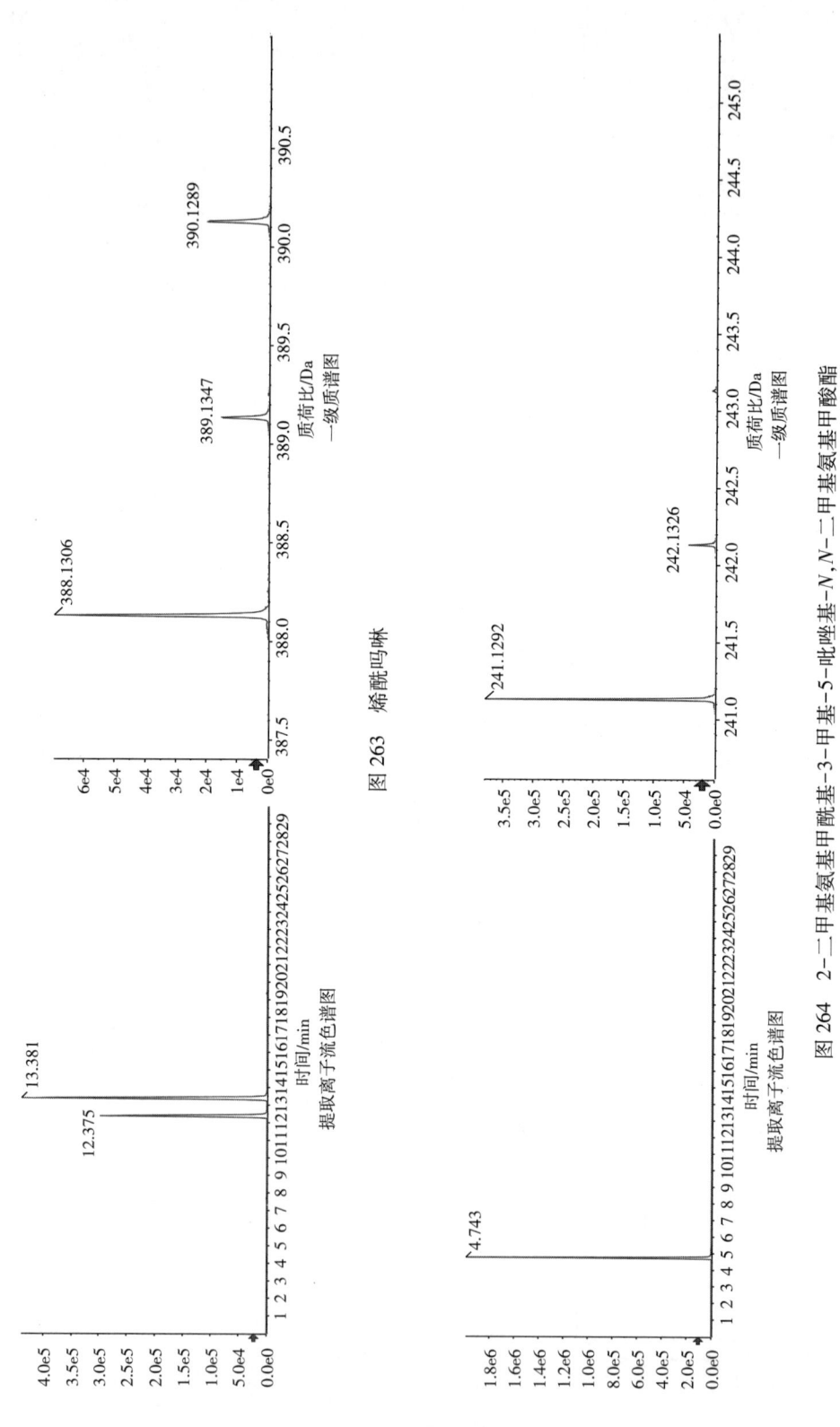

图 264　2-二甲基氨基甲酰基-3-甲基-5-吡唑基-N,N-二甲基氨甲酸甲酯

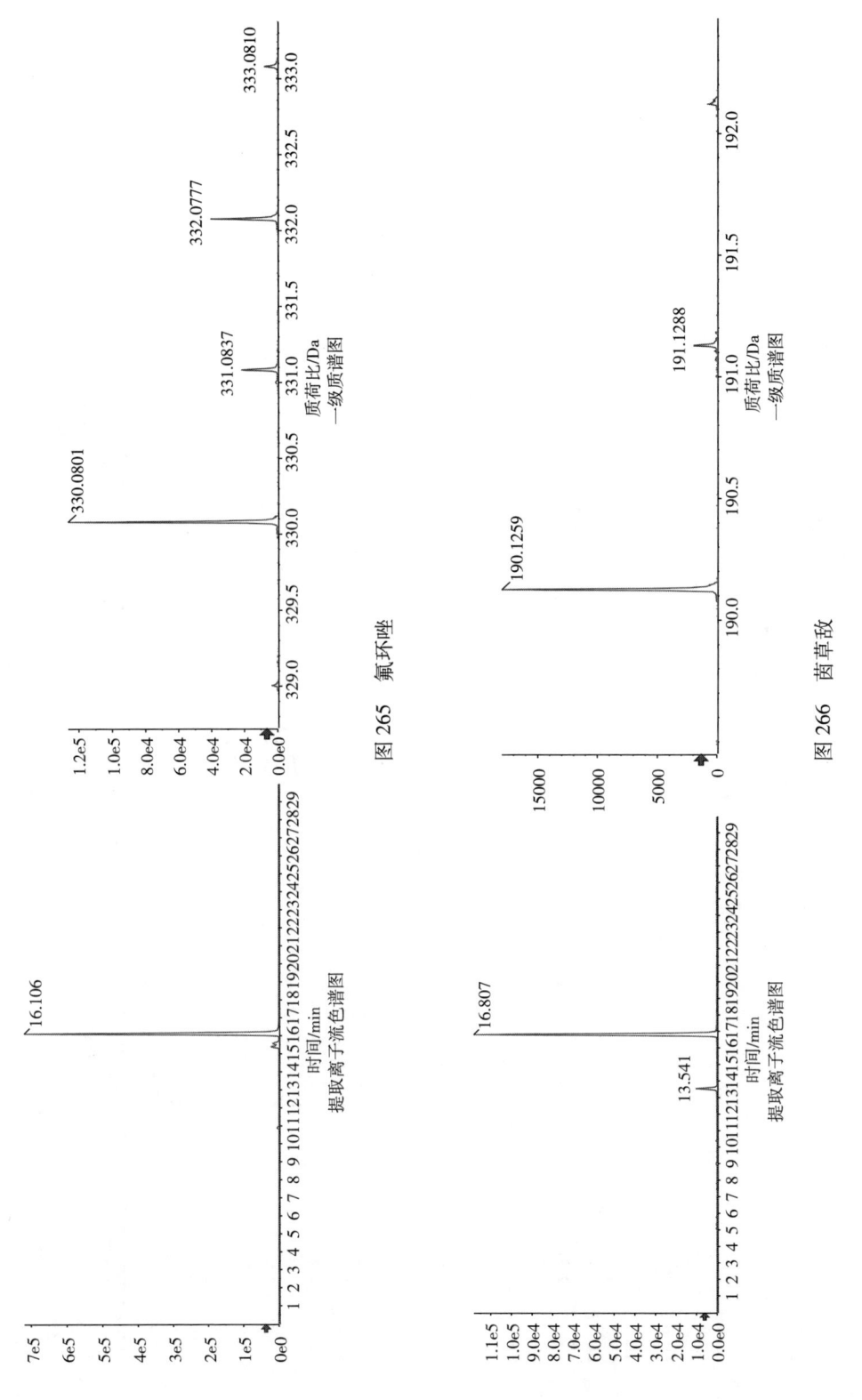

第五章 农药及其代谢物离子流图及一级质谱图

图 265 氟环唑

图 266 茵草敌

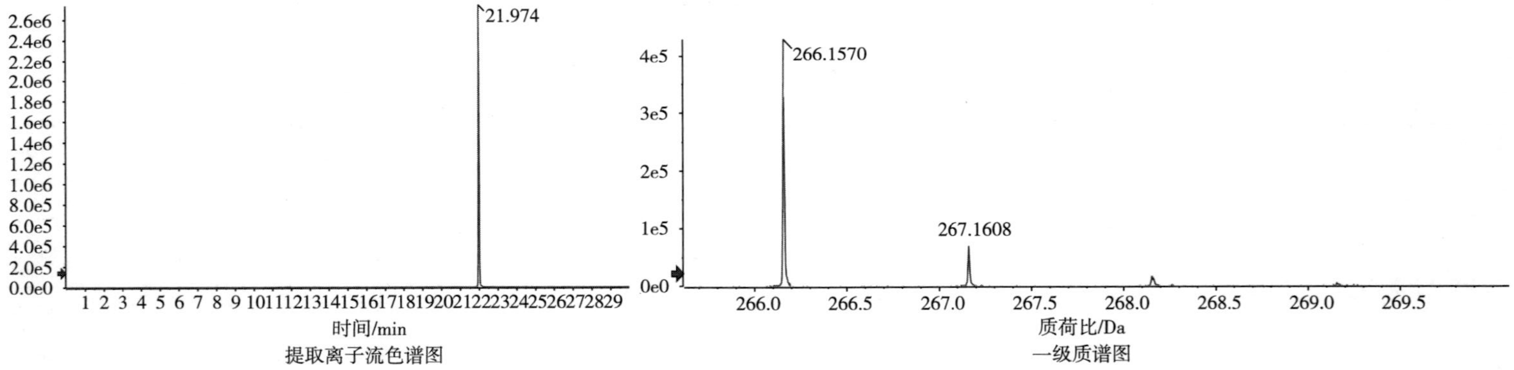

图 267 禾草畏

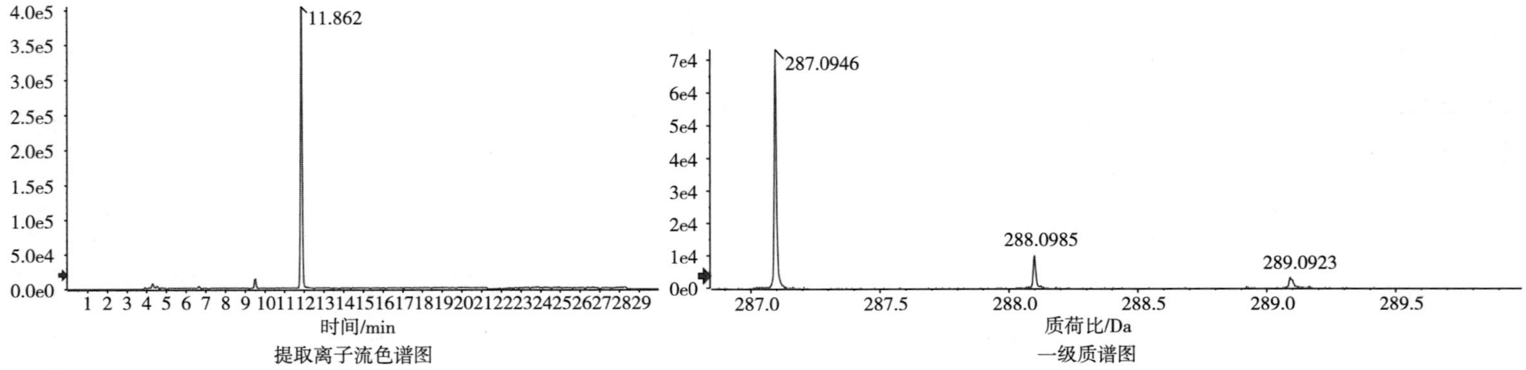

图 268 乙氧呋草黄

图 269　乙氧基喹啉

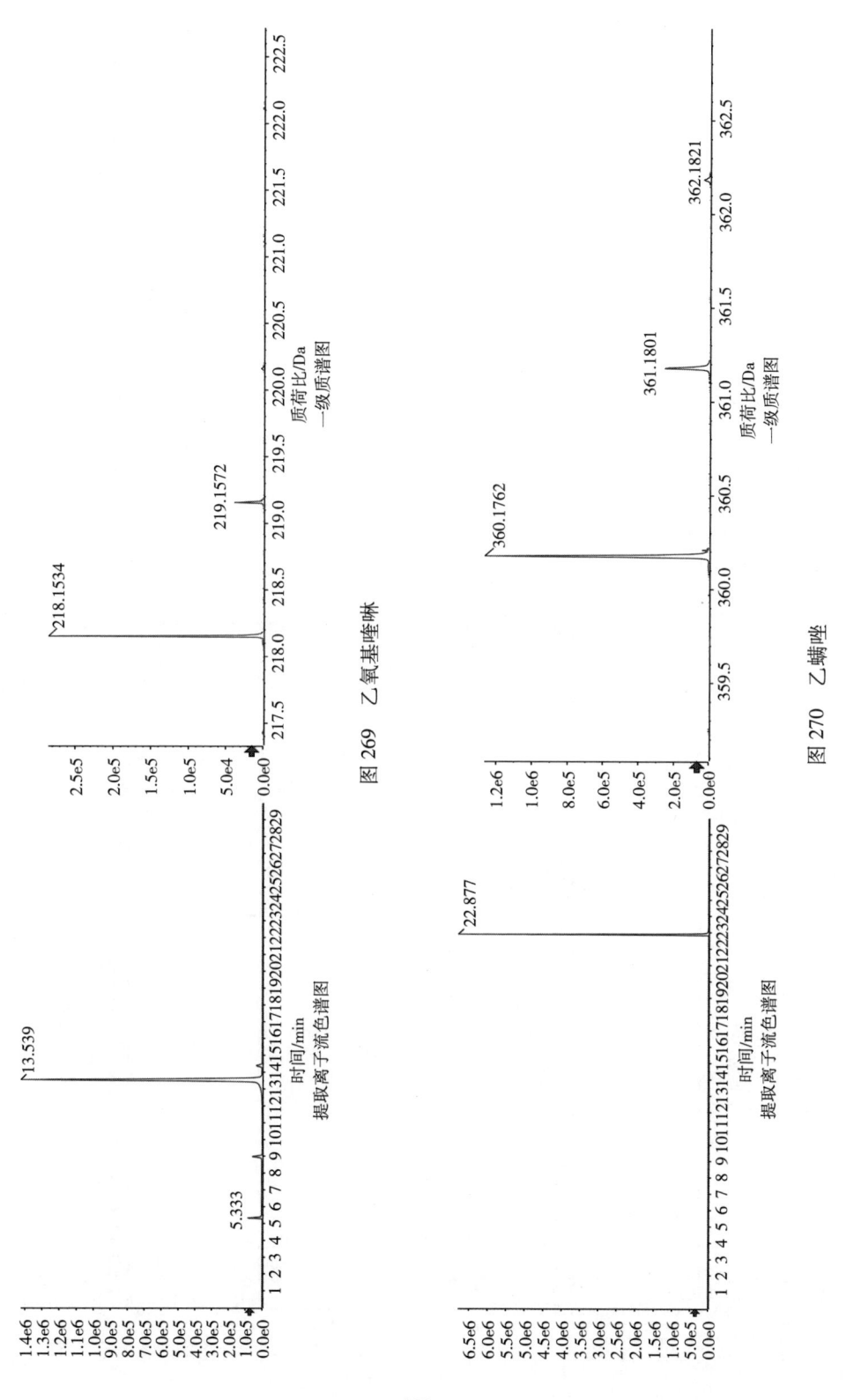

图 270　乙螨唑

图 271　咪唑菌酮

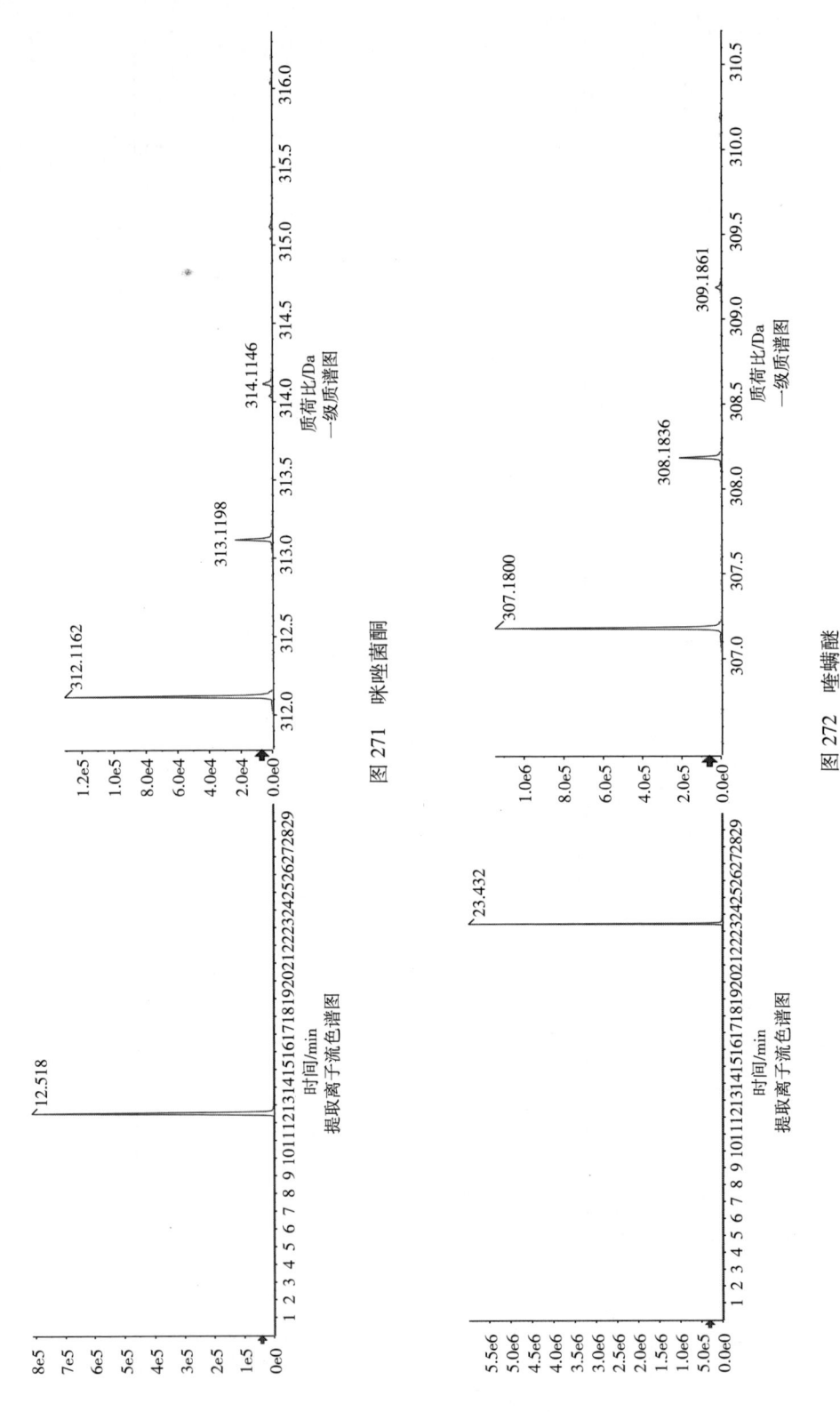

图 272　喹螨醚

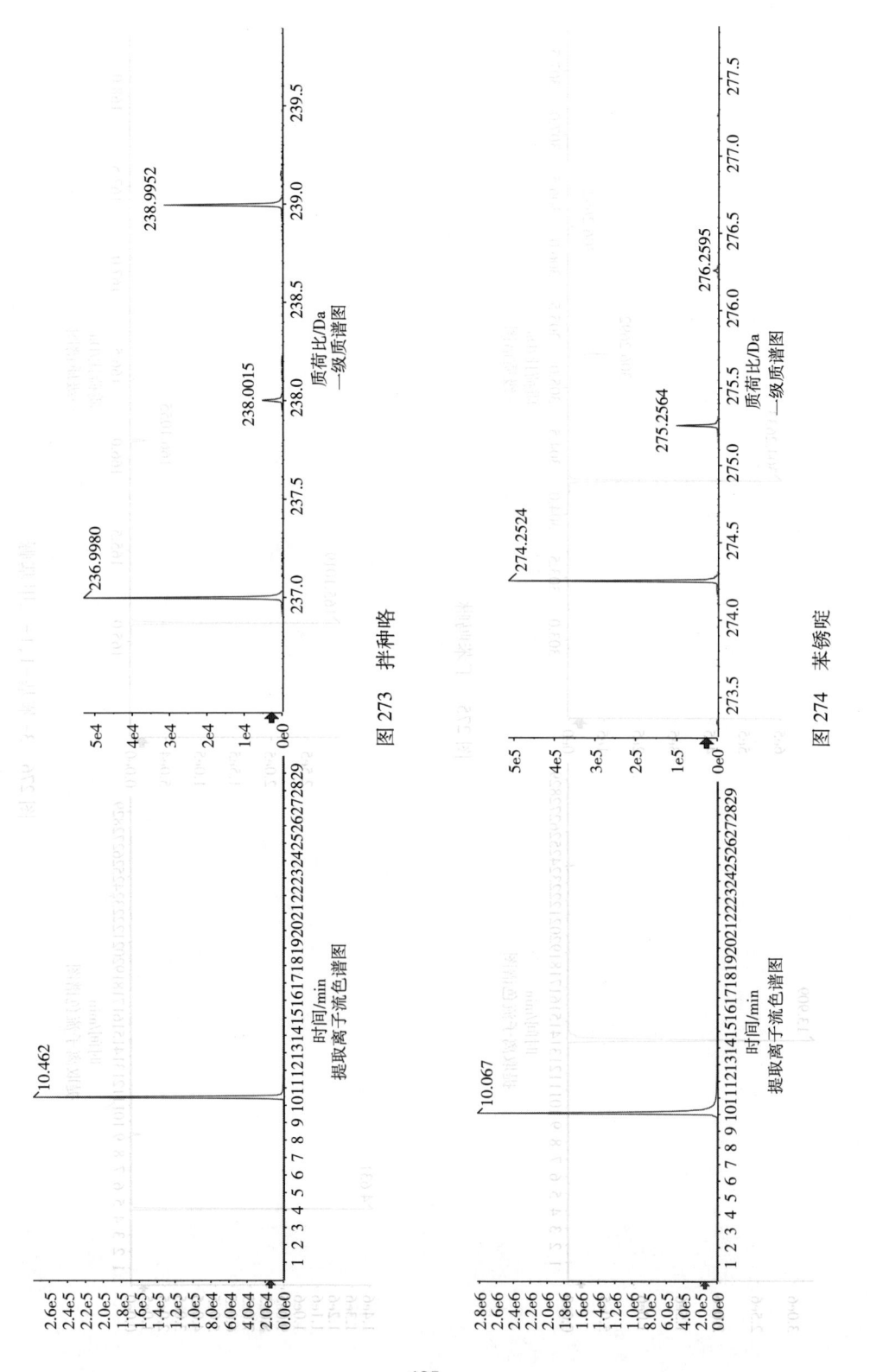

第五章 农药及其代谢物离子流图及一级质谱图

图 273 拌种咯

图 274 苯锈啶

图 275 丁苯吗啉

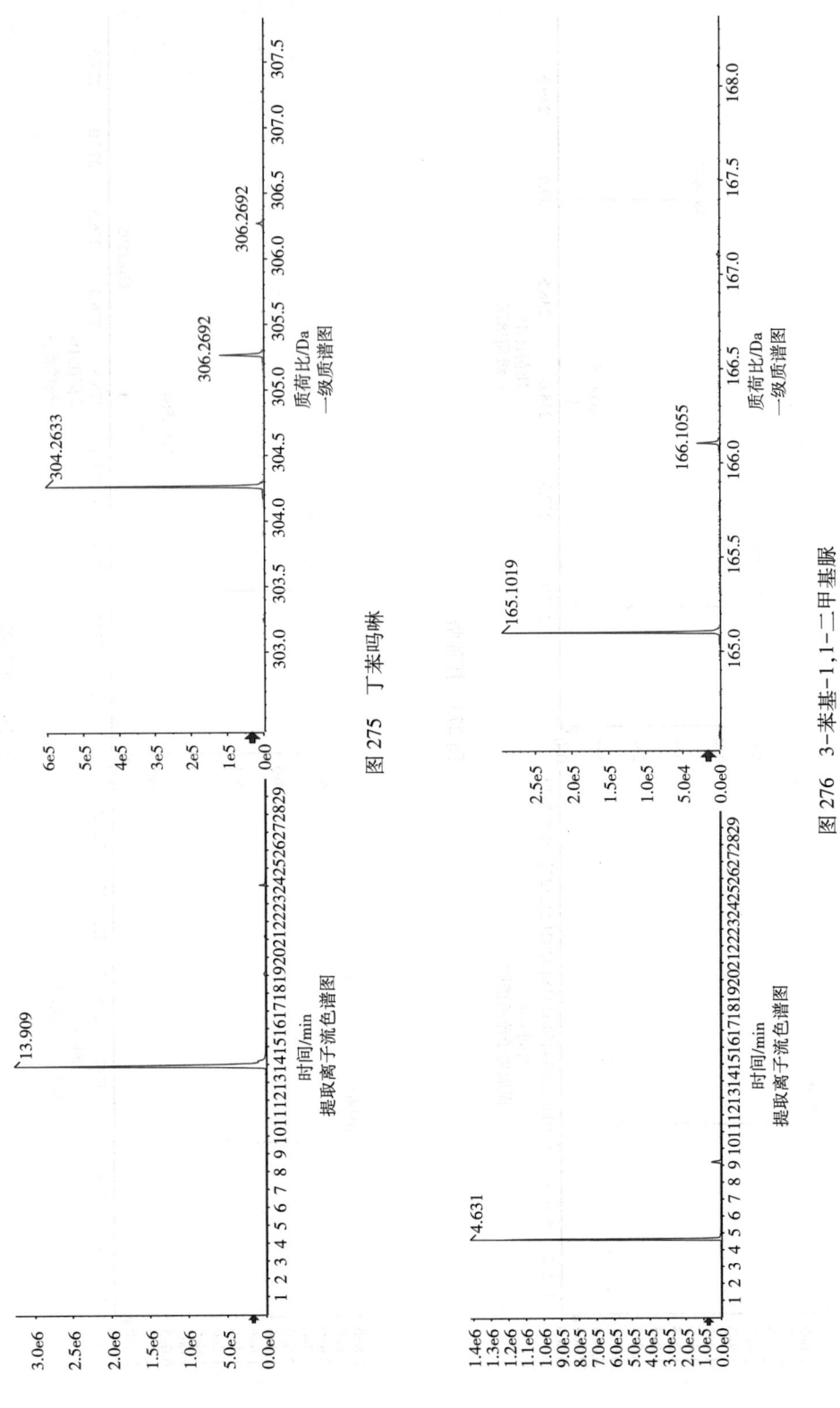

图 276 3-苯基-1,1-二甲基脲

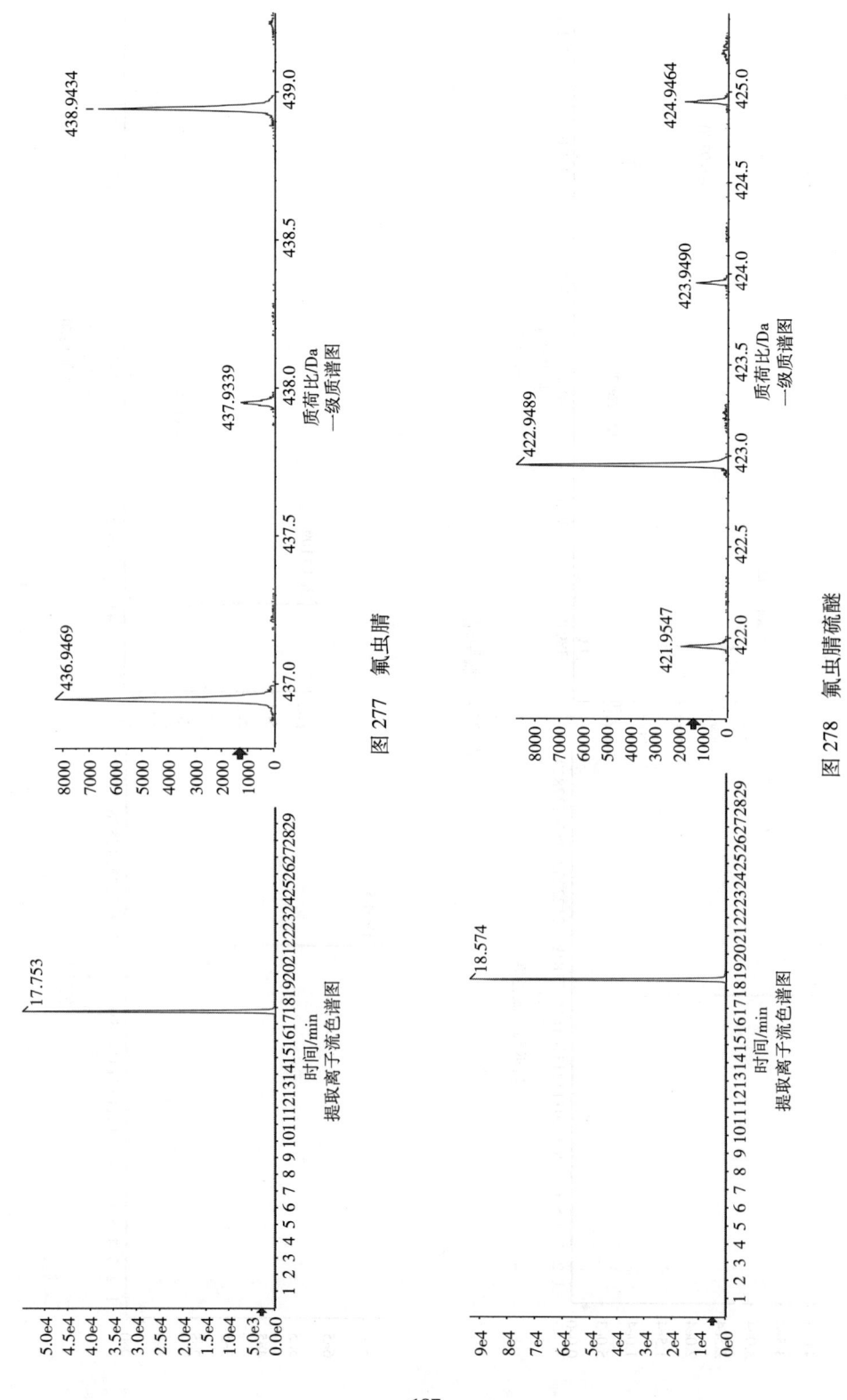

第五章 农药及其代谢物离子流图及一级质谱图

图 277 氟虫腈

图 278 氟虫腈硫醚

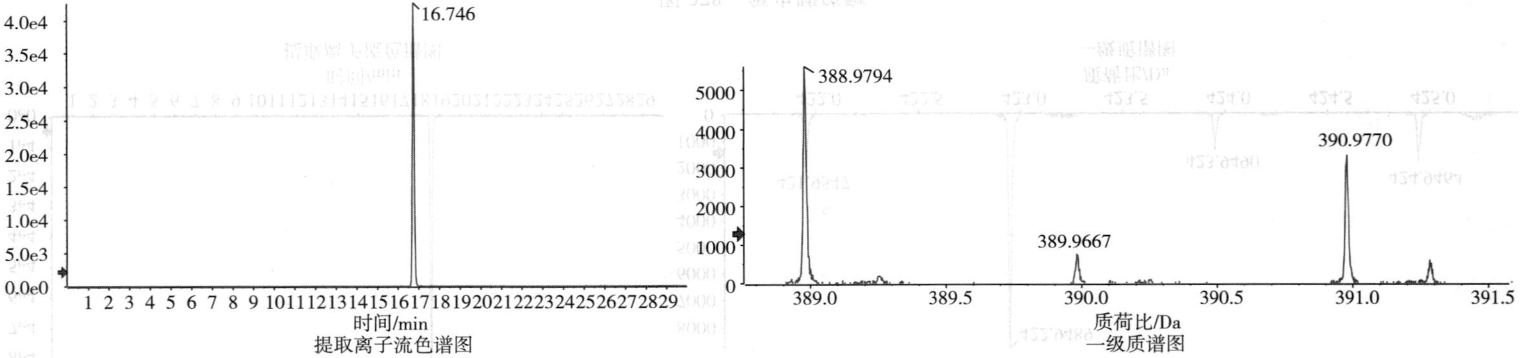

图 279 氟甲腈

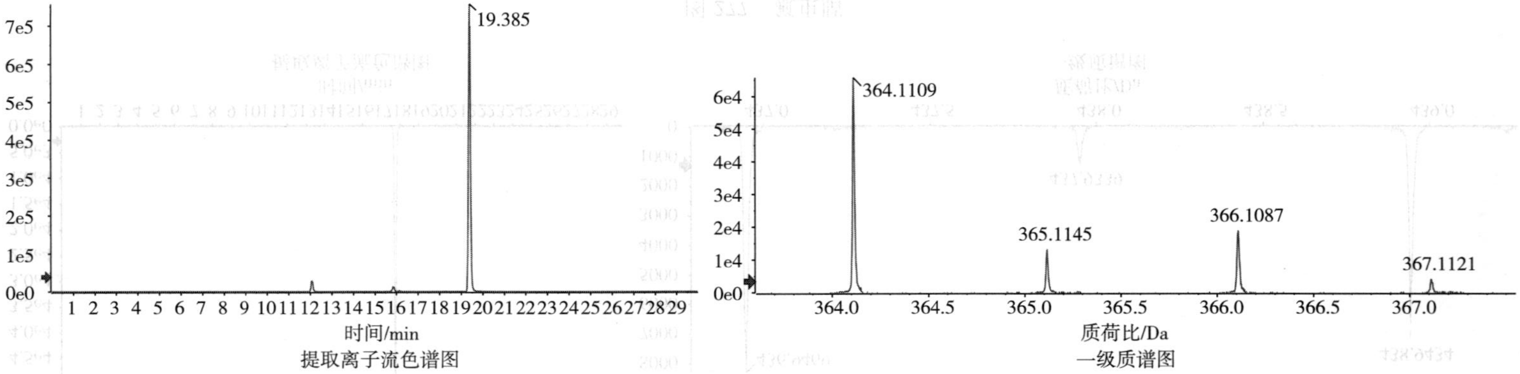

图 280 麦草氟-异丙酯

图 281　氟啶虫酰胺

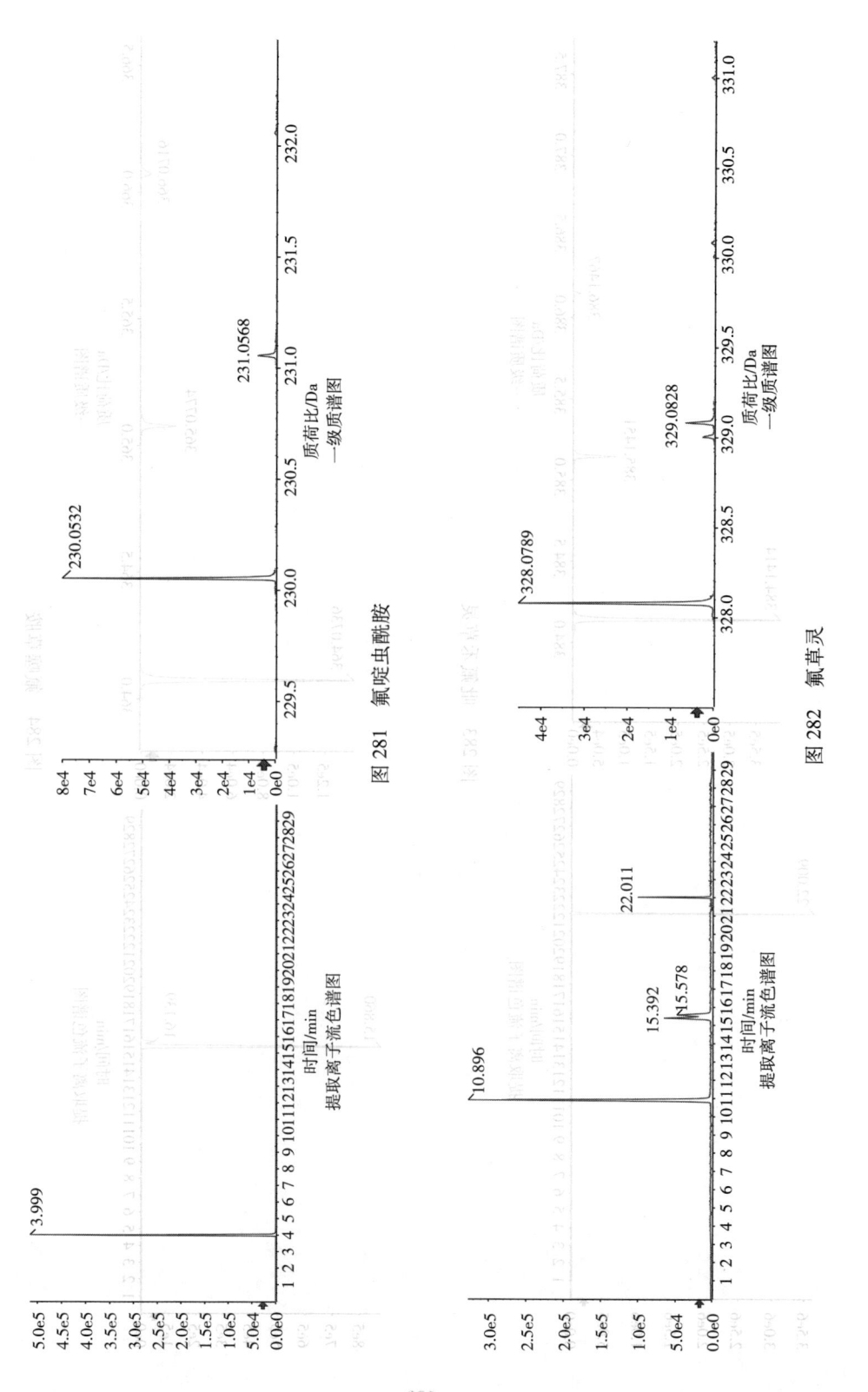

图 282　氟草灵

图 283 吡氟禾草灵

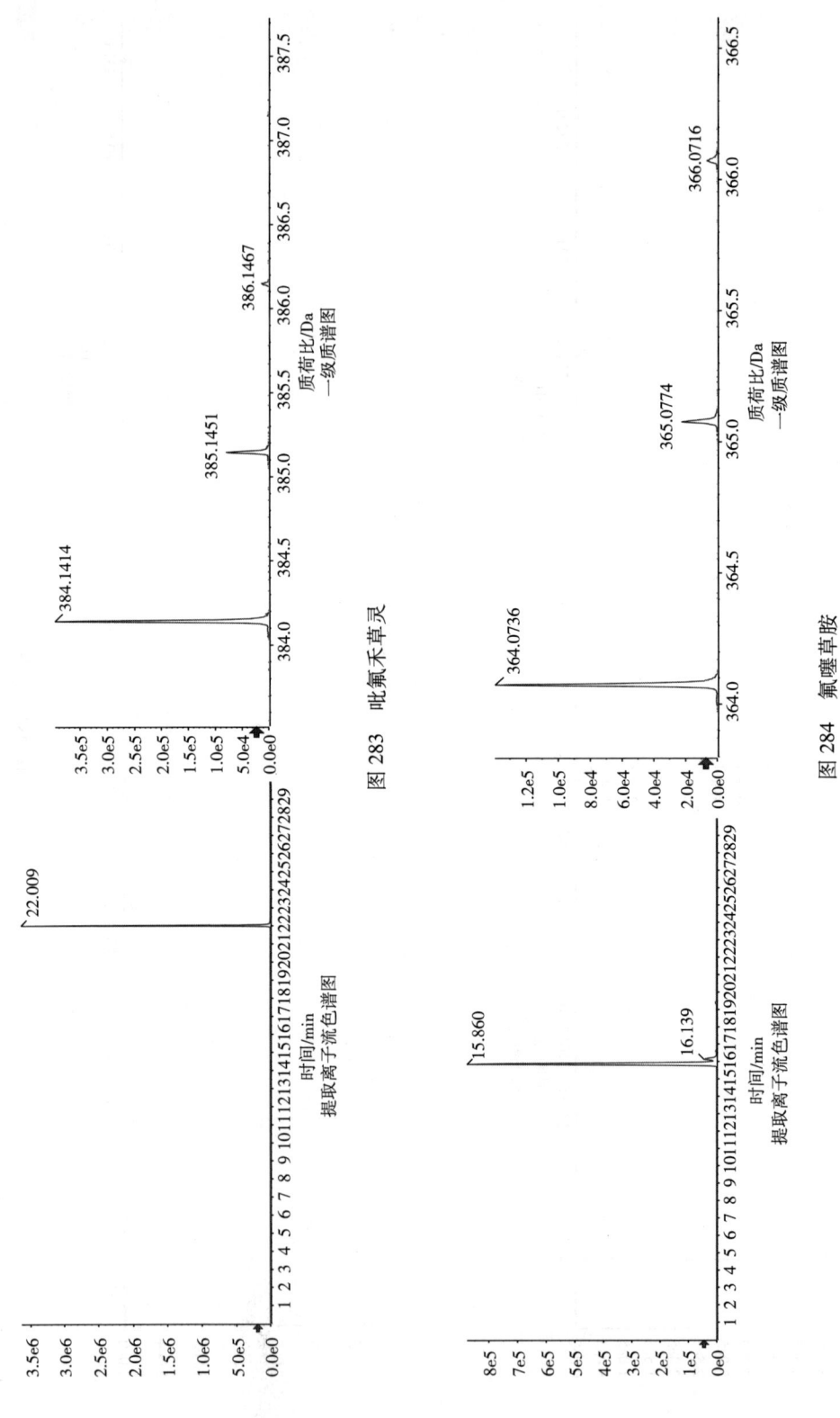

图 284 氟噻草胺

第五章 农药及其代谢物离子流图及一级质谱图

图 285 氟虫脲

图 286 丙炔氟草胺

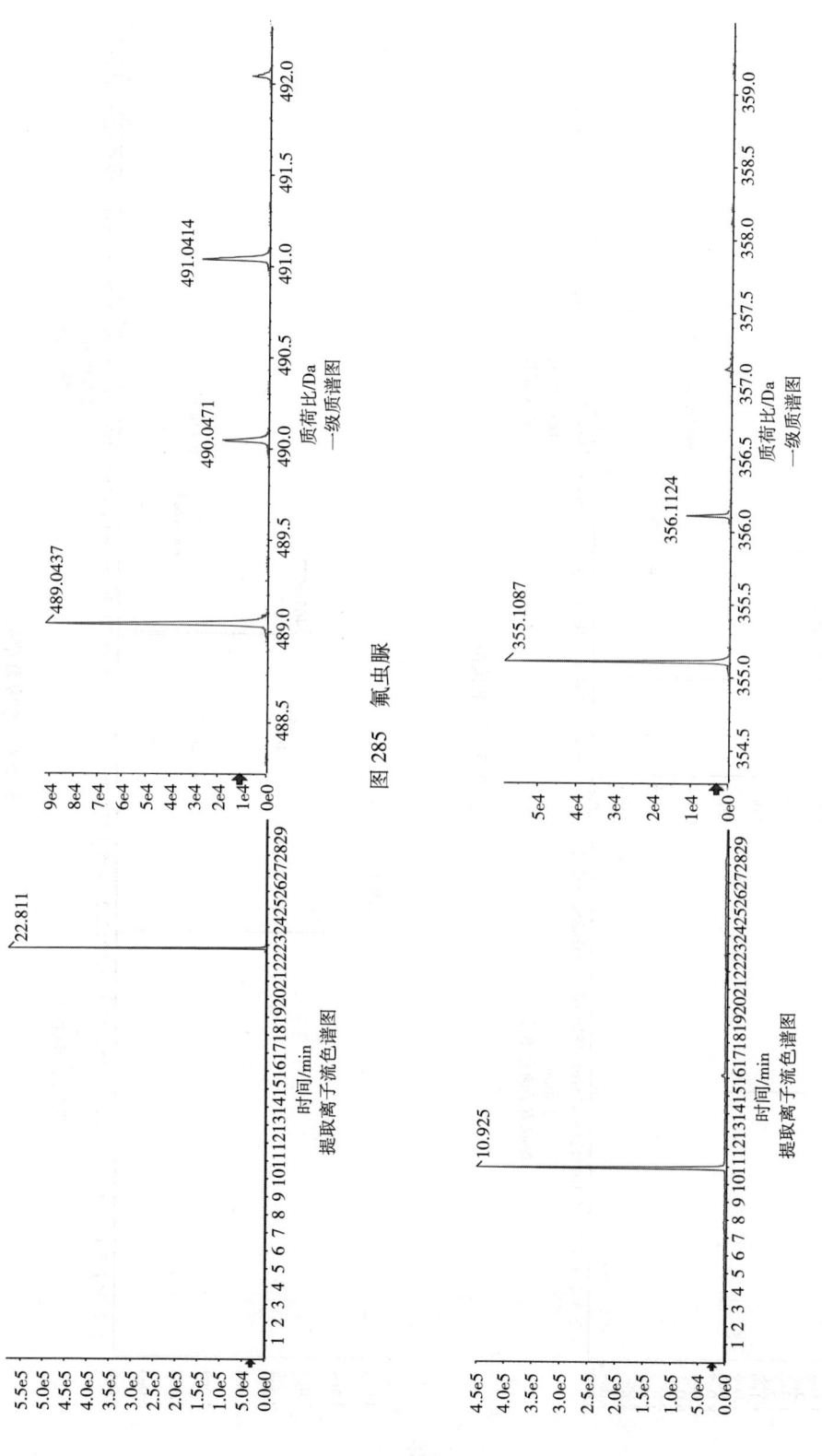

图 287 氟吡菌酰胺

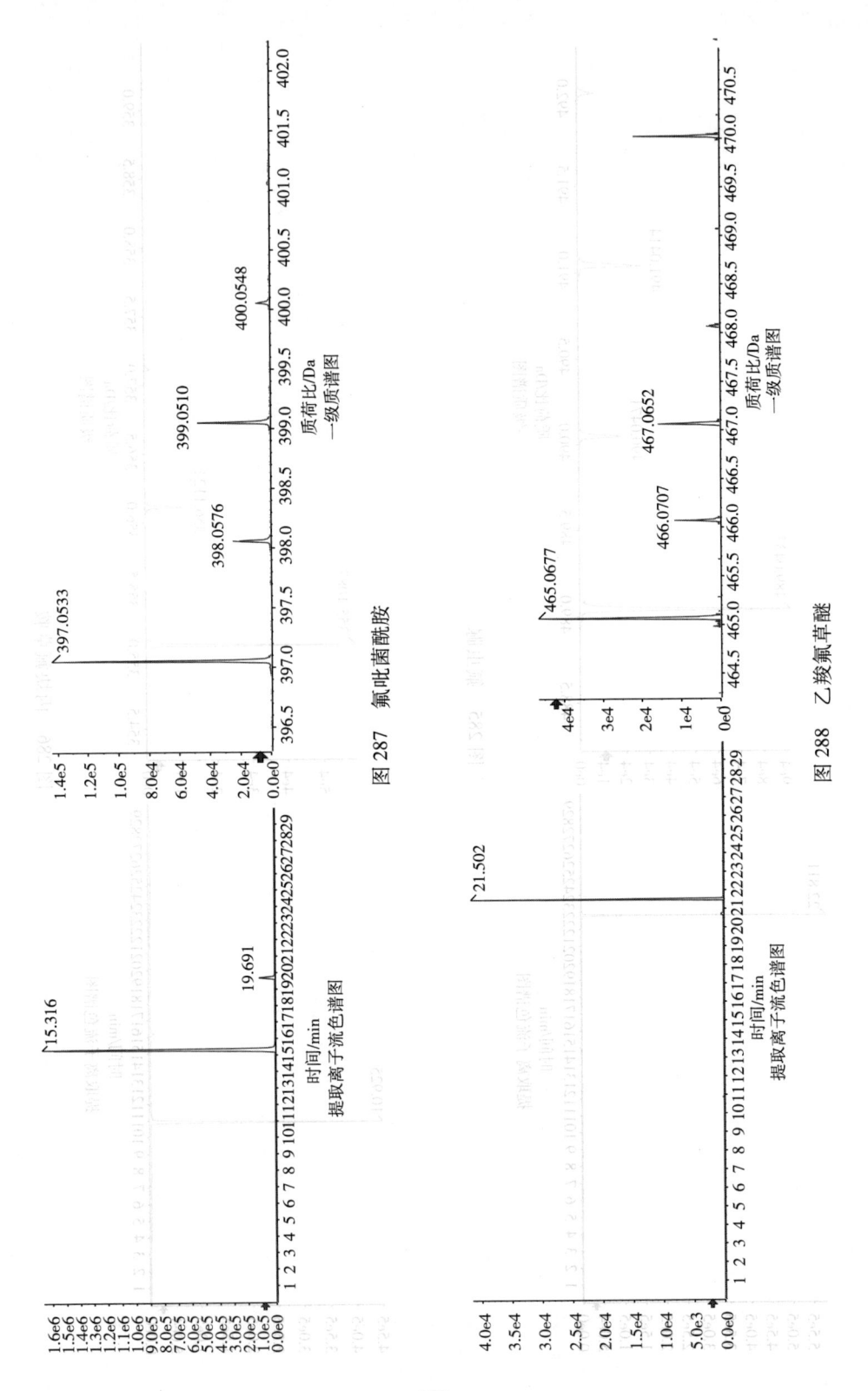

图 288 乙羧氟草醚

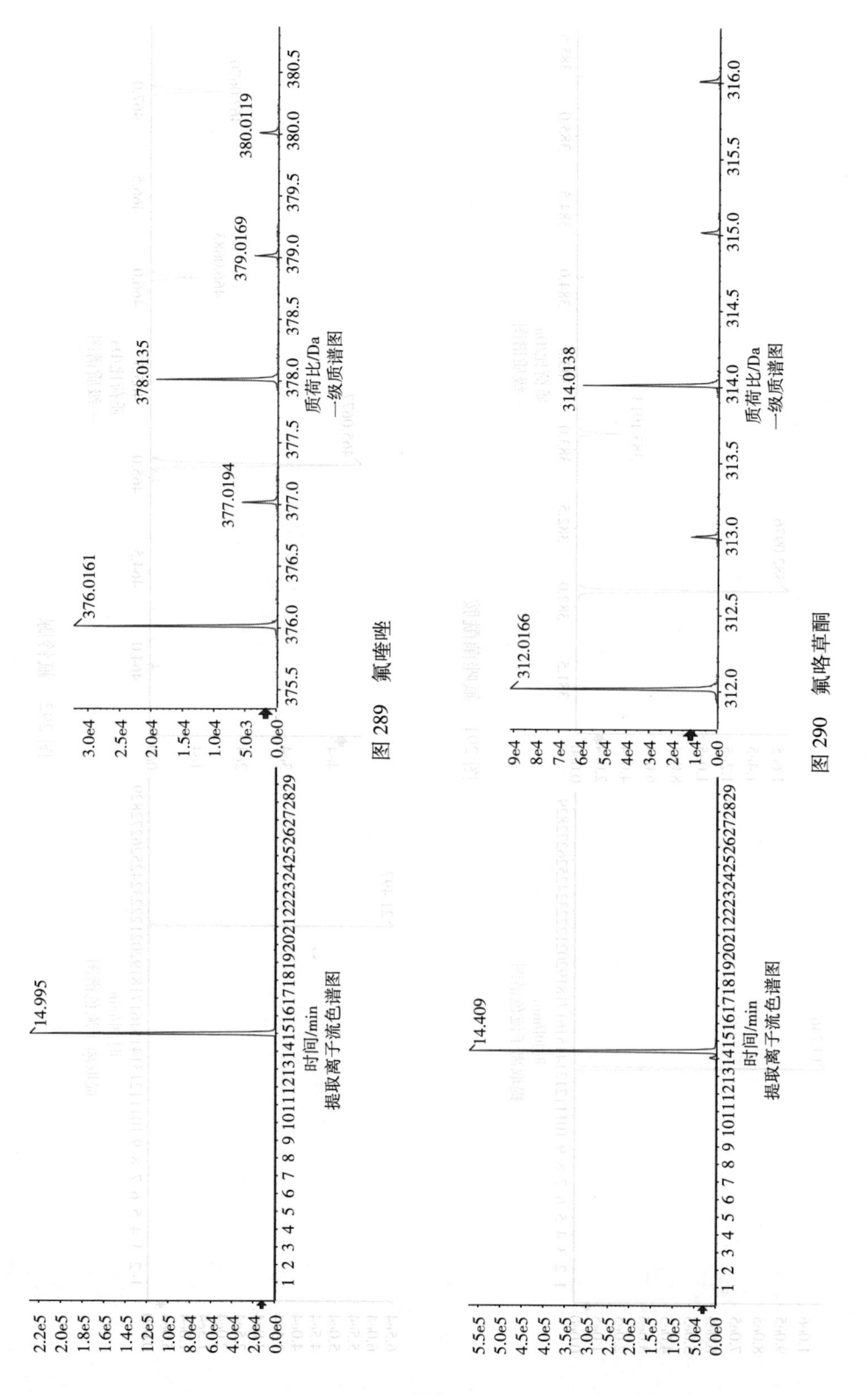

第五章 农药及其代谢物离子流图及一级质谱图

图 289 氟喹唑

图 290 氟咯草酮

图 291 氟唑菌酰胺

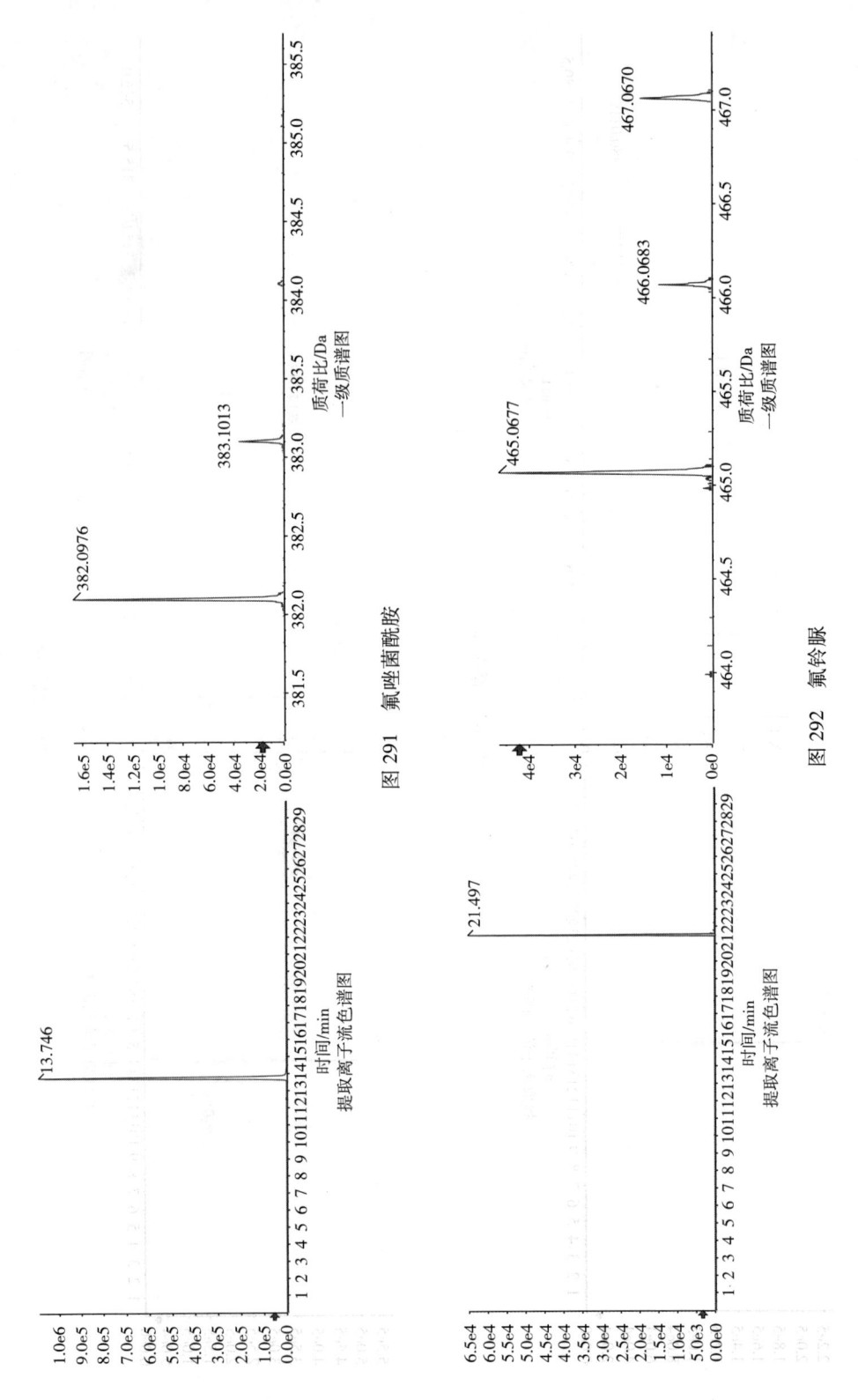

图 292 氟铃脲

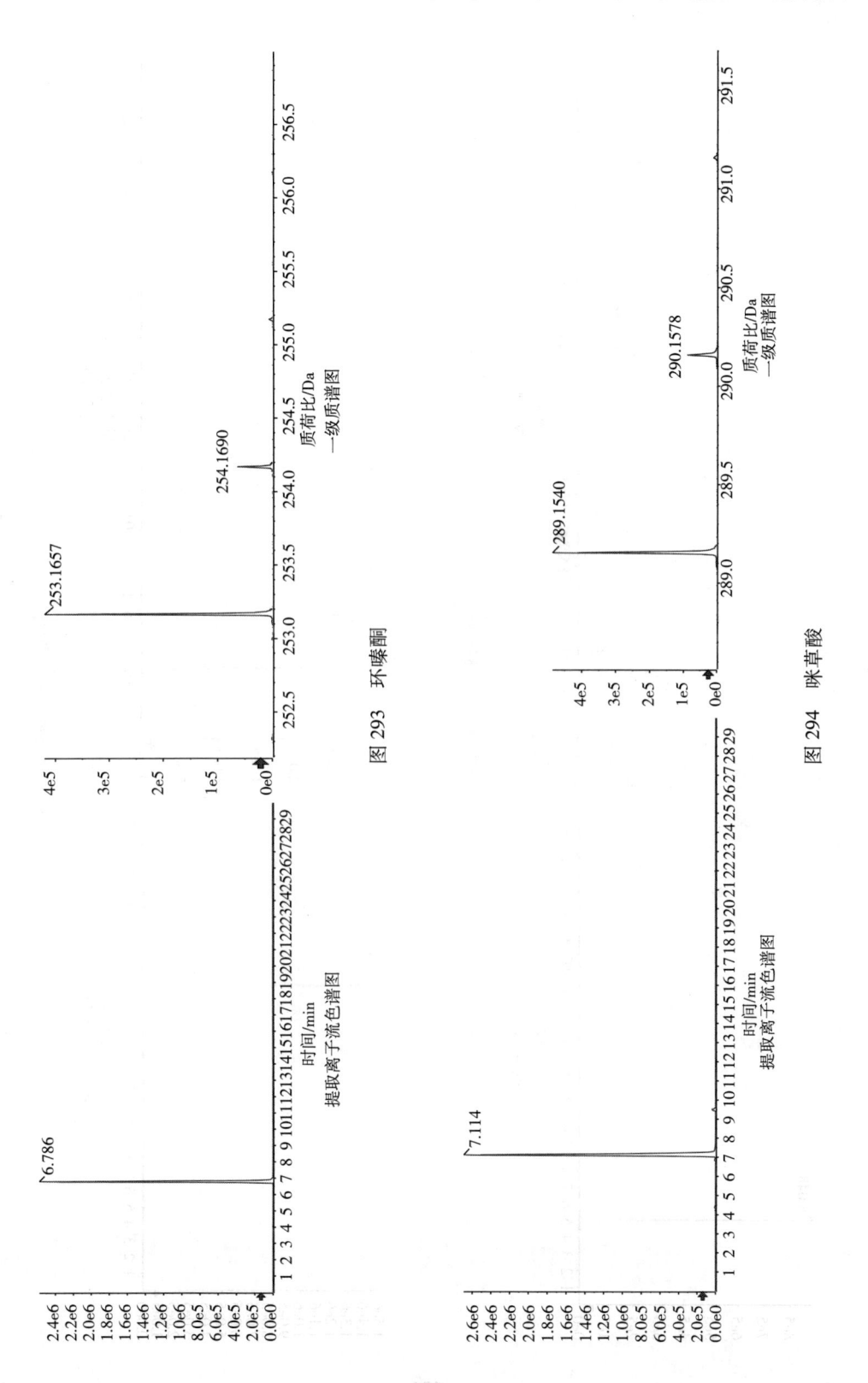

第五章　农药及其代谢物离子流图及一级质谱图

图 293　环嗪酮

图 294　咪草酸

图 295　丁脒酰胺

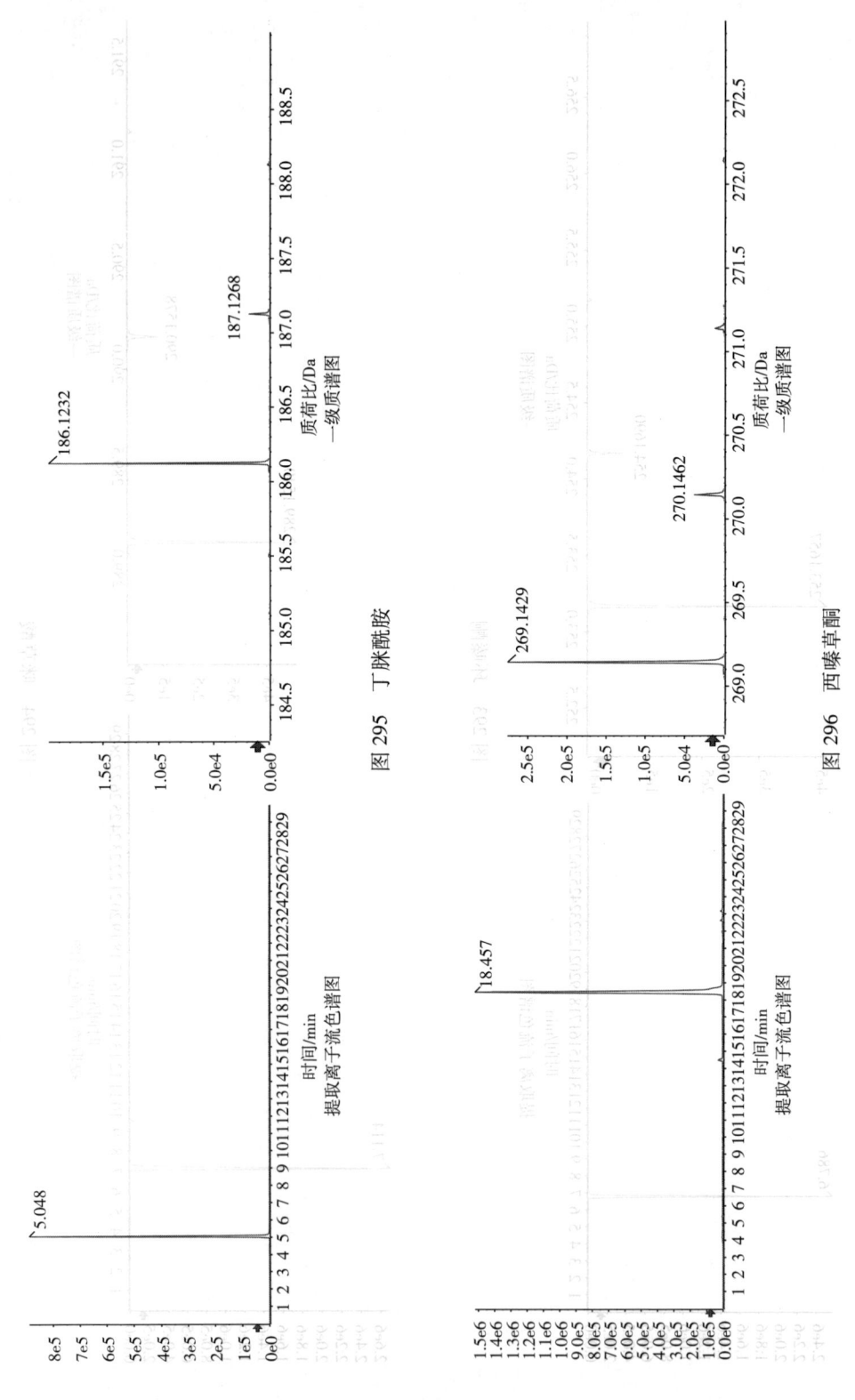

图 296　西嗪草酮

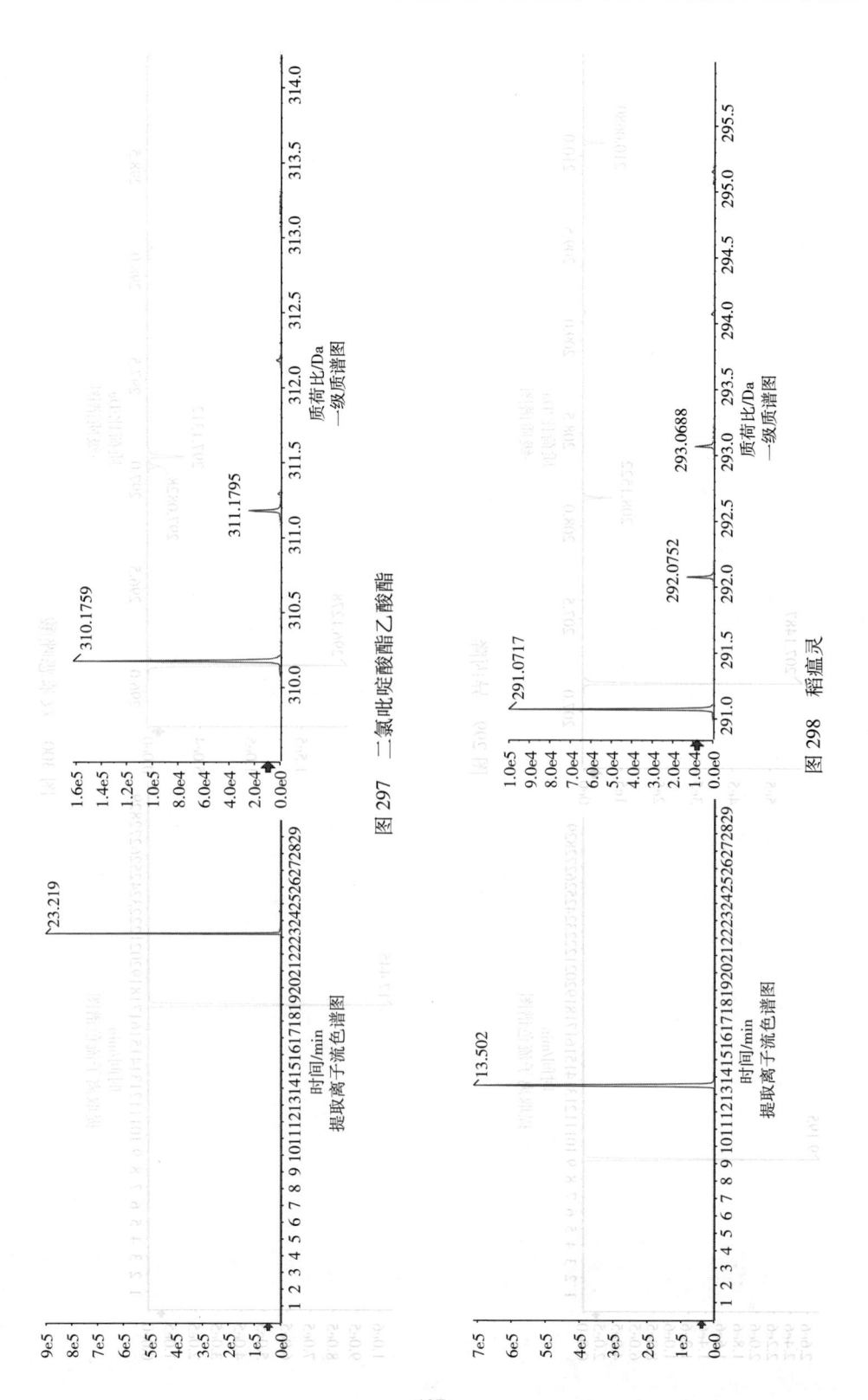

第五章 农药及其代谢物离子流图及一级质谱图

图 297 二氯吡啶酸乙酸酯

图 298 稻瘟灵

图 299　异丙隆

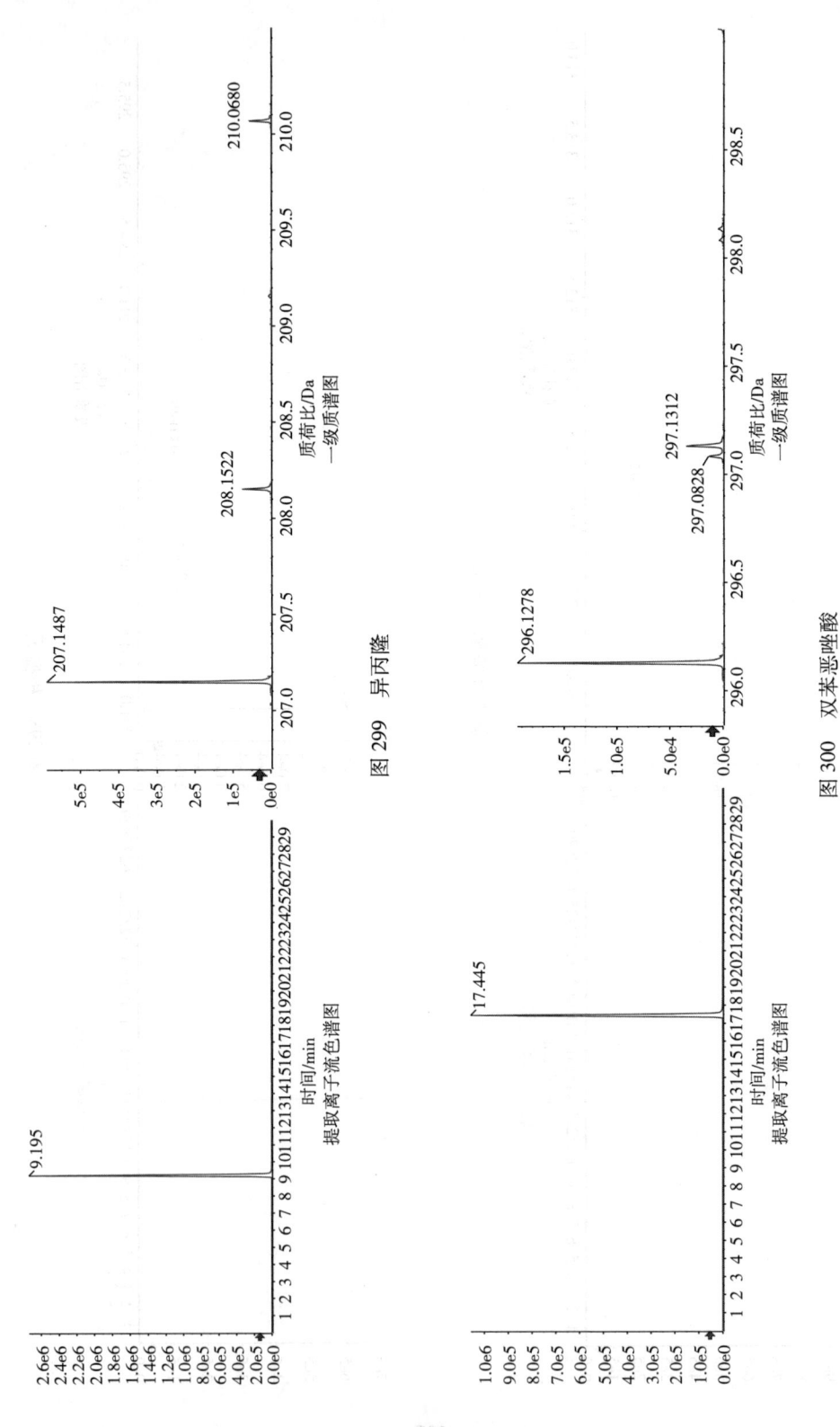

图 300　双苯噁唑酸

图 301　苯噻酰草胺

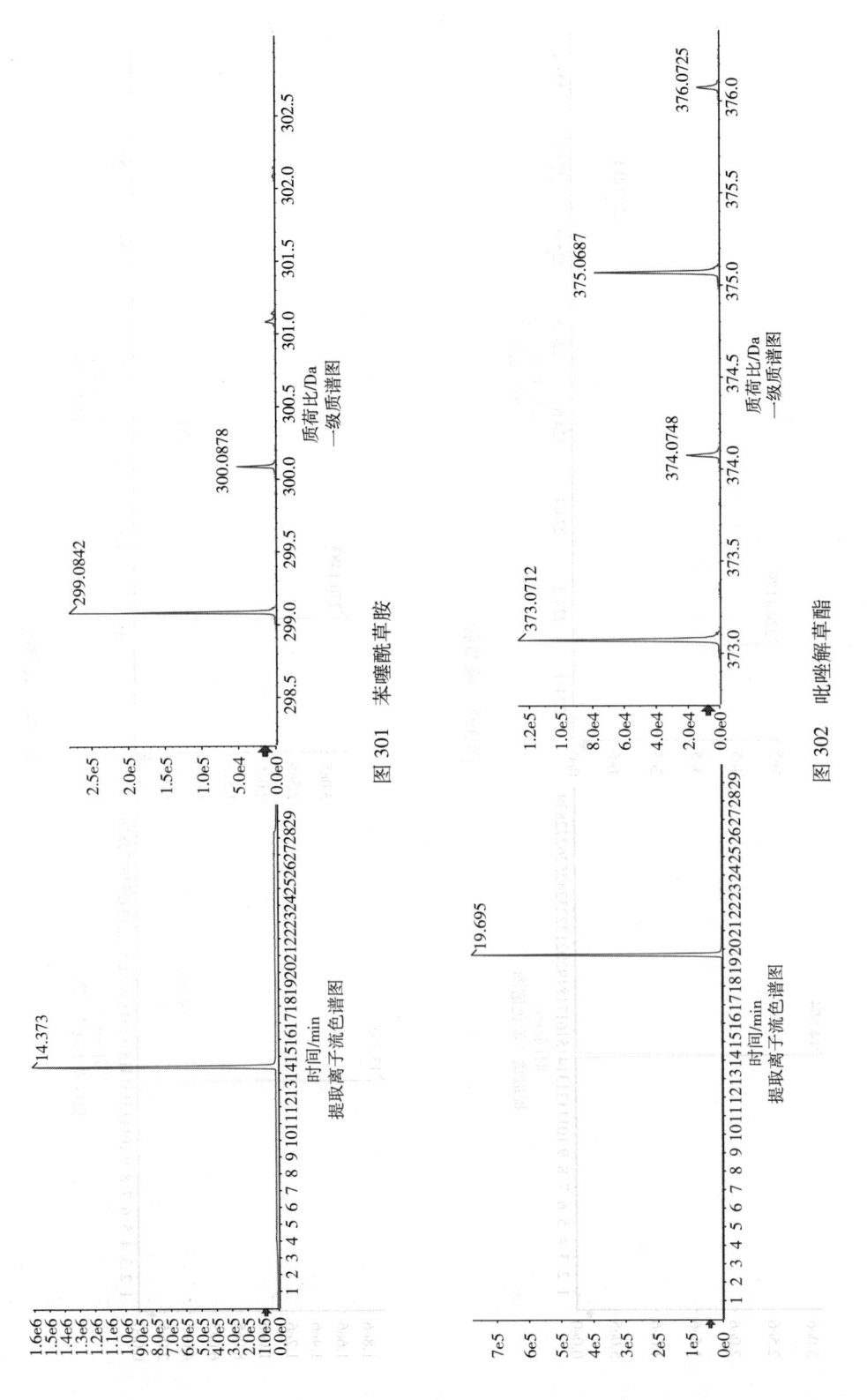

图 302　吡唑解草酯

图 303 嘧菌胺

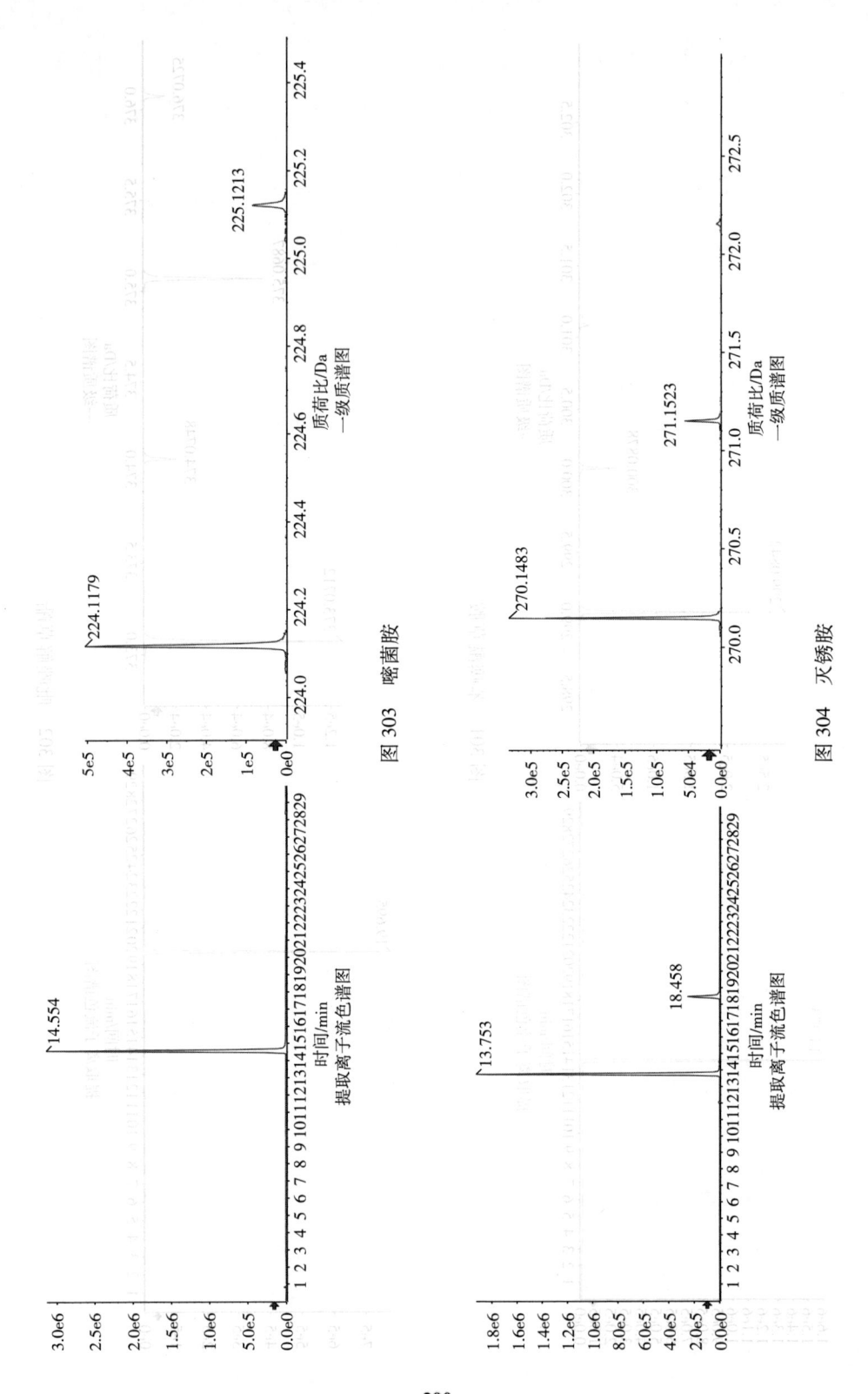

图 304 灭锈胺

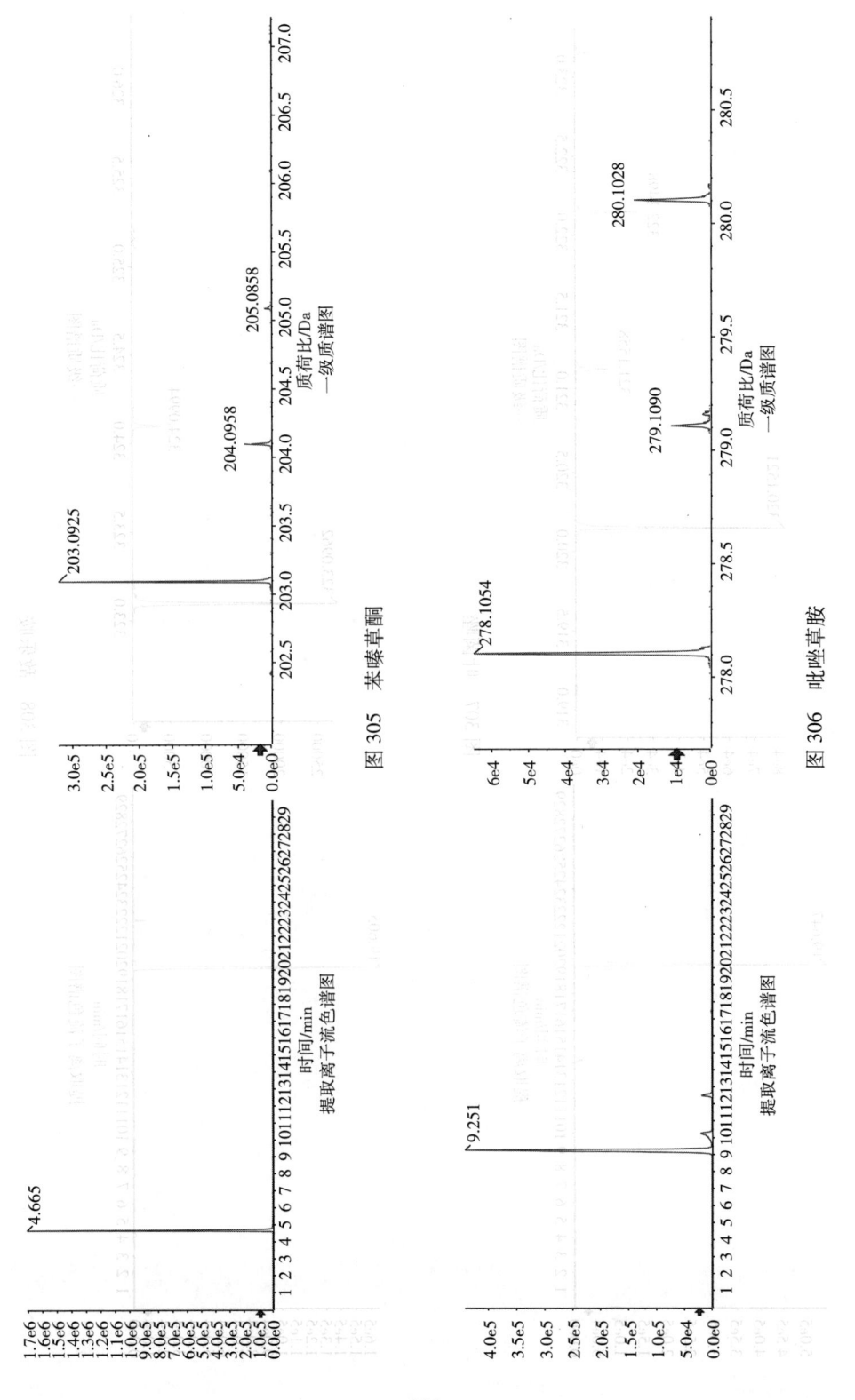

第五章　农药及其代谢物离子流图及一级质谱图

图 305　苯嗪草酮

图 306　吡唑草胺

图 307 叶菌唑

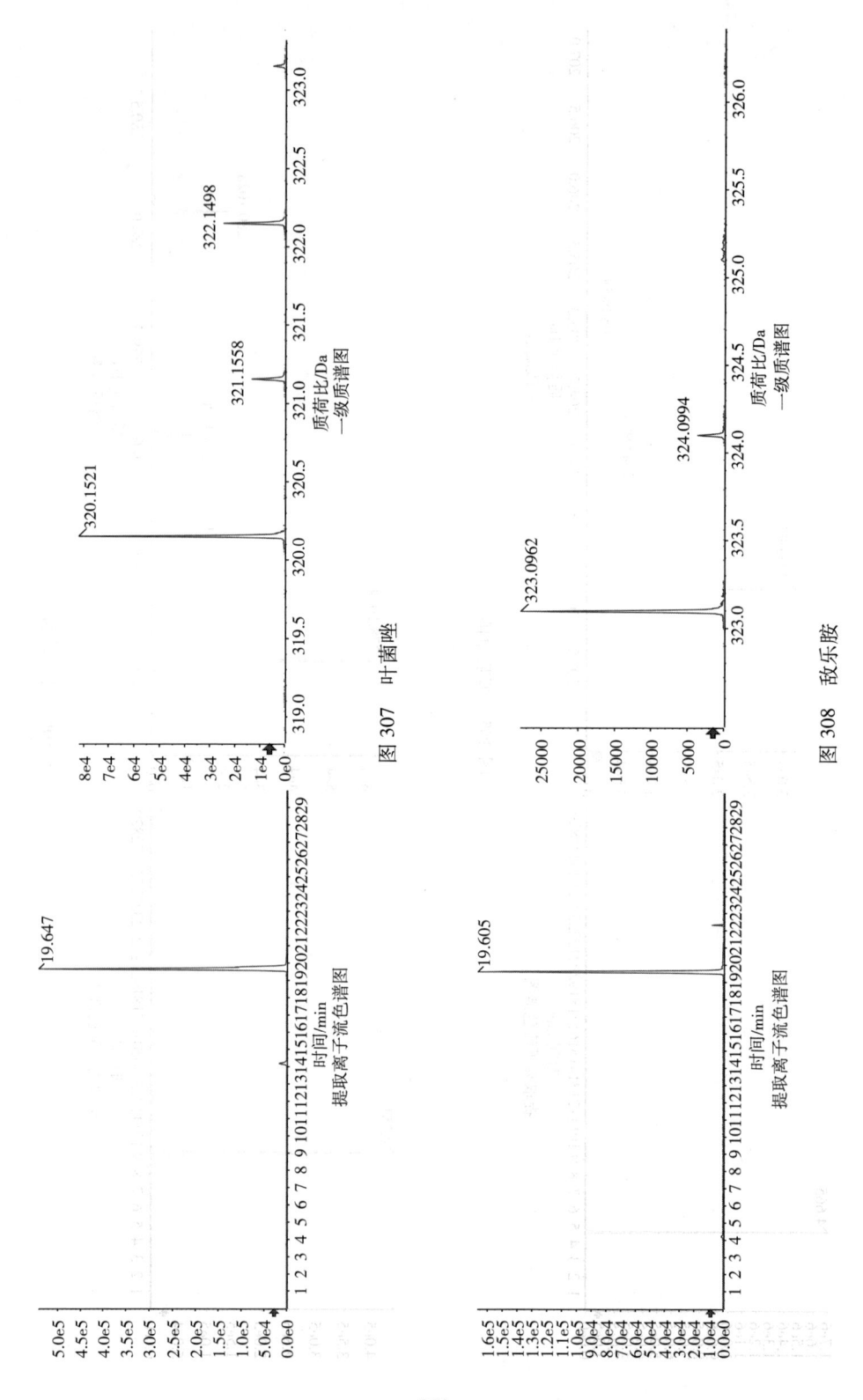

图 308 敌乐胺

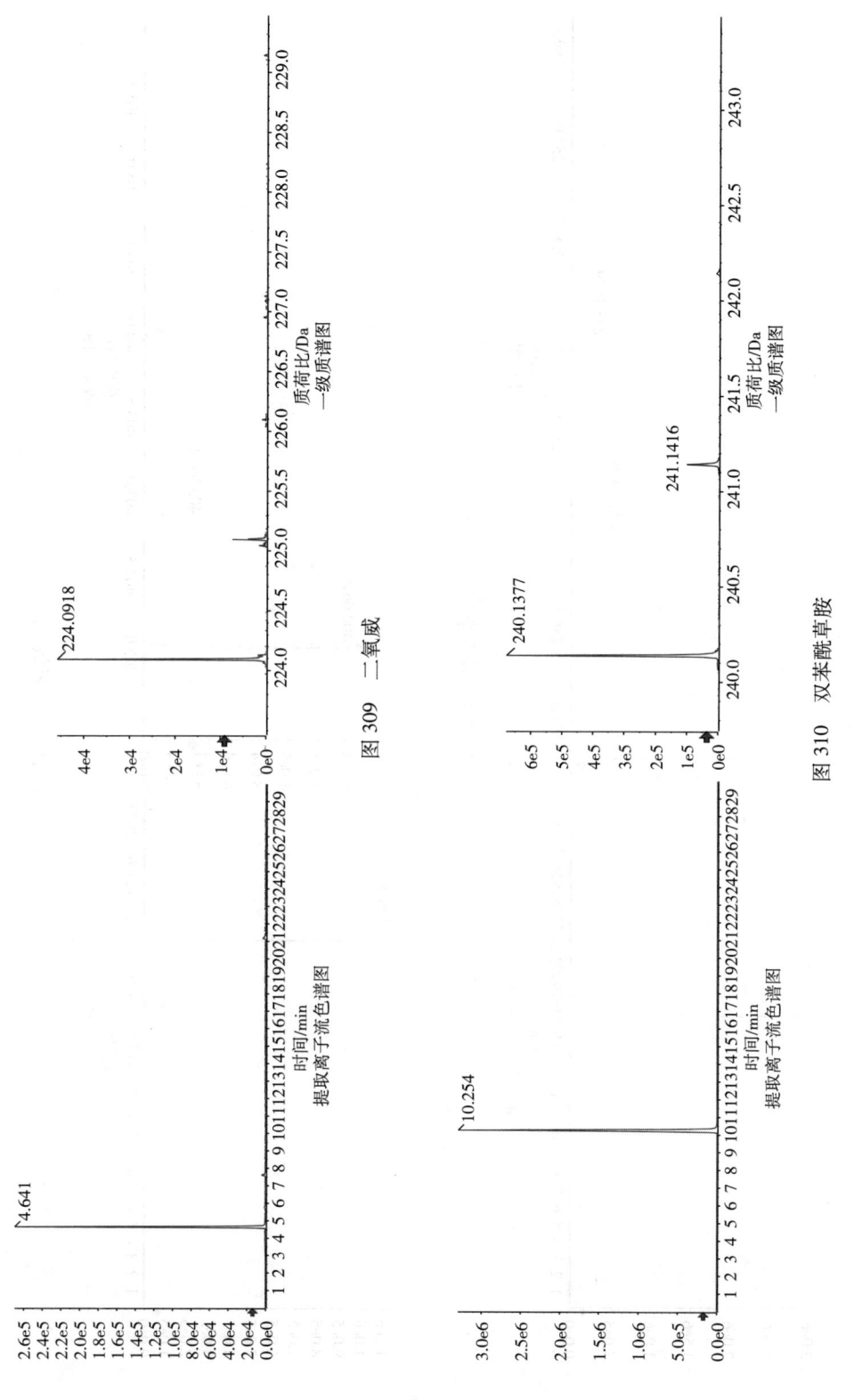

第五章 农药及其代谢离子流图及一级质谱图

图 309 二氧威

图 310 双苯酰草胺

豇豆中405种农药及其代谢物高通量非靶向筛查技术规程

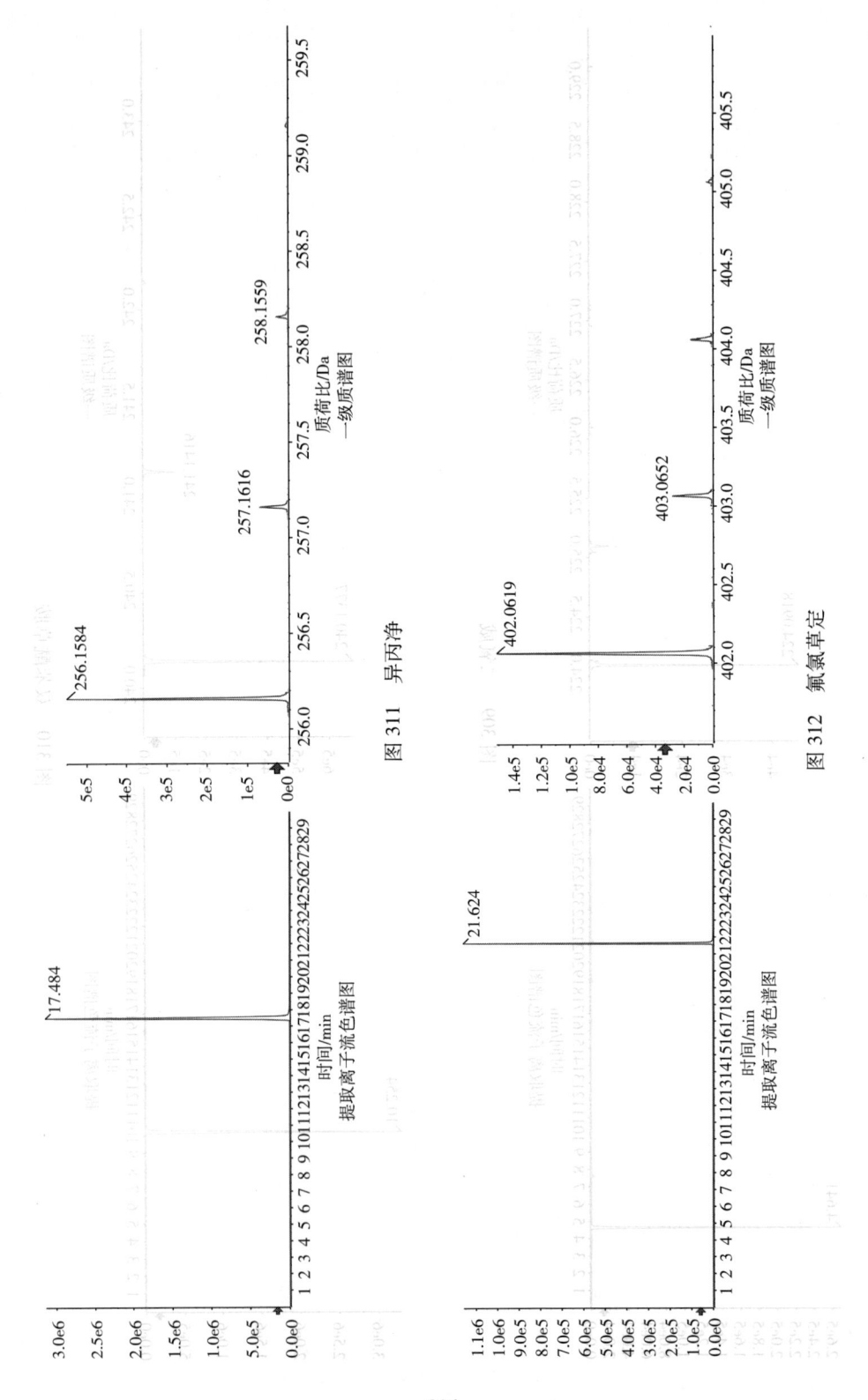

图 311 异丙净

图 312 氟氯草定

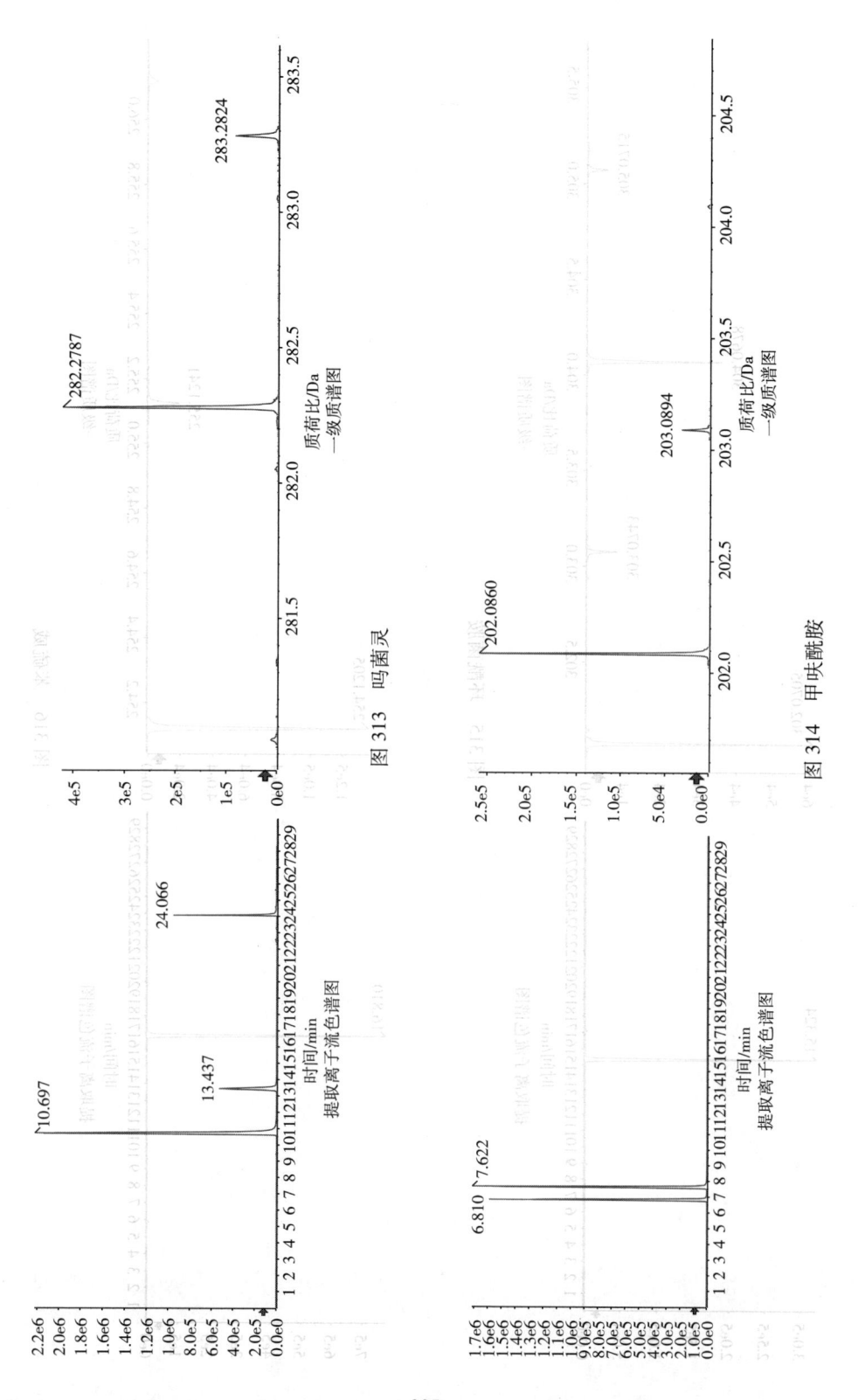

第五章 农药及其代谢物离子流图及一级质谱图

图 313 呜菌灵

图 314 甲呋酰胺

图 315 环酰菌胺

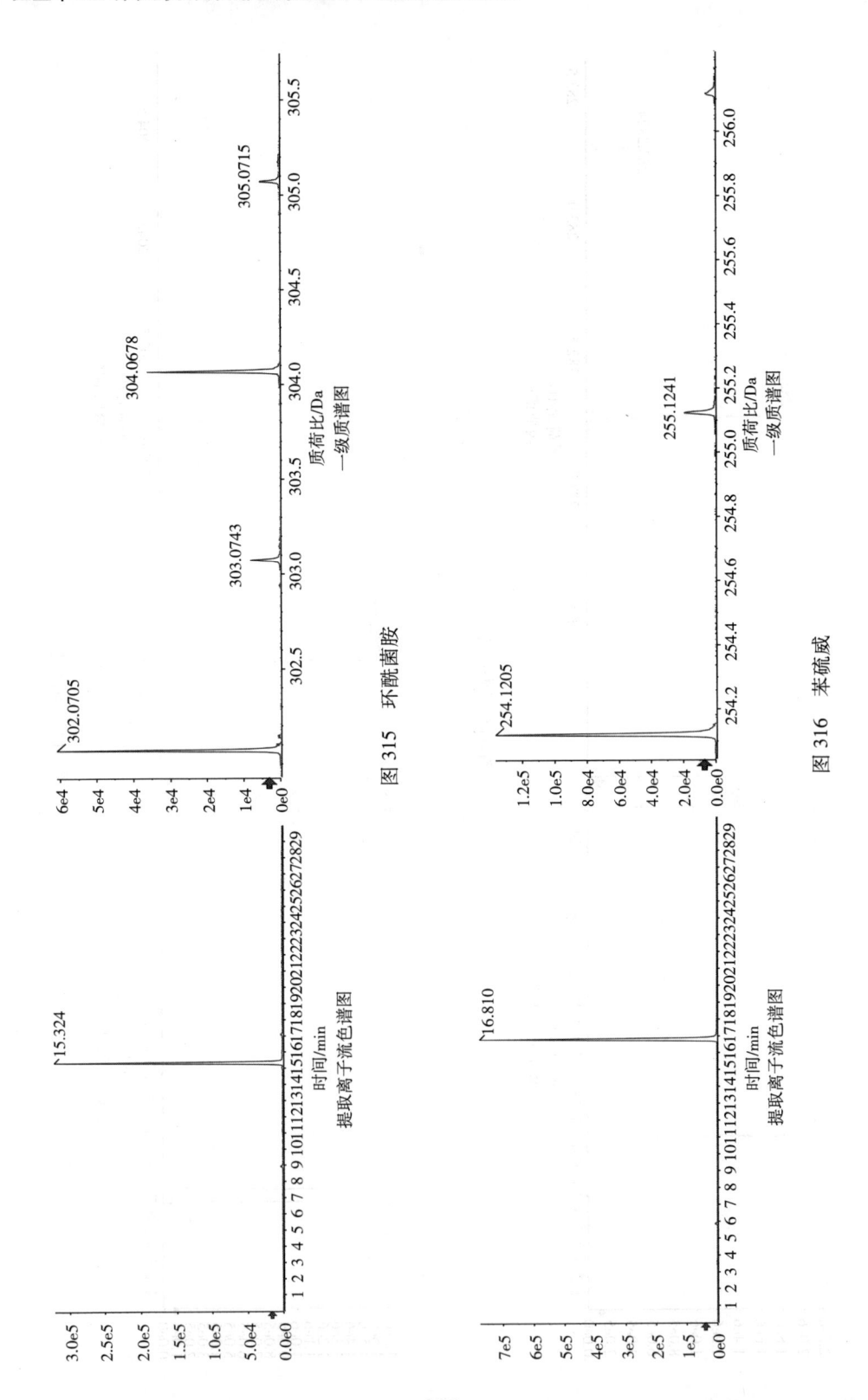

图 316 苯硫威

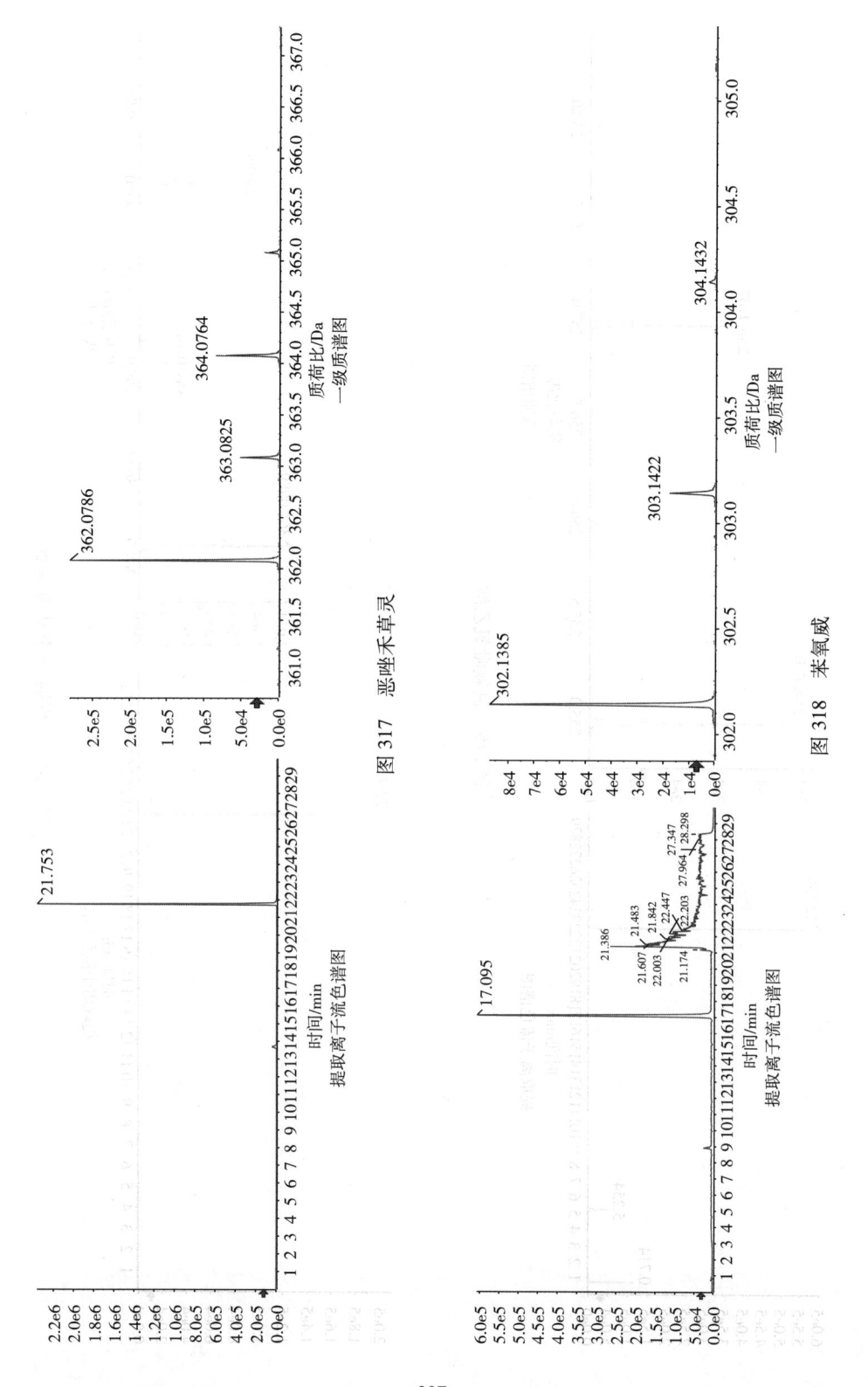

第五章 农药及其代谢物离子流图及一级质谱图

图 317 恶唑禾草灵

图 318 苯氧威

图319 氯氟吡氧乙酸

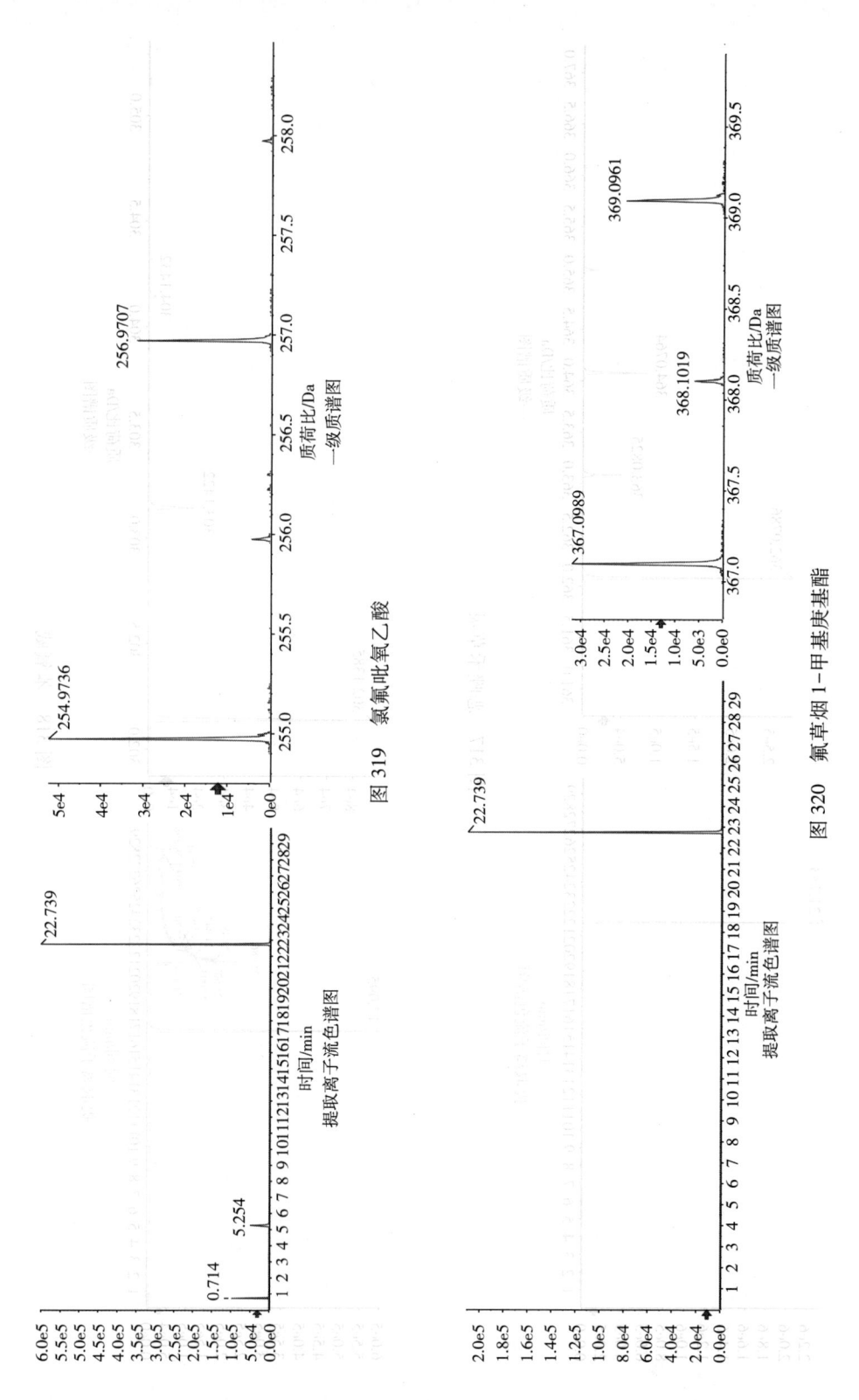

图320 氟草烟1-甲基庚基酯

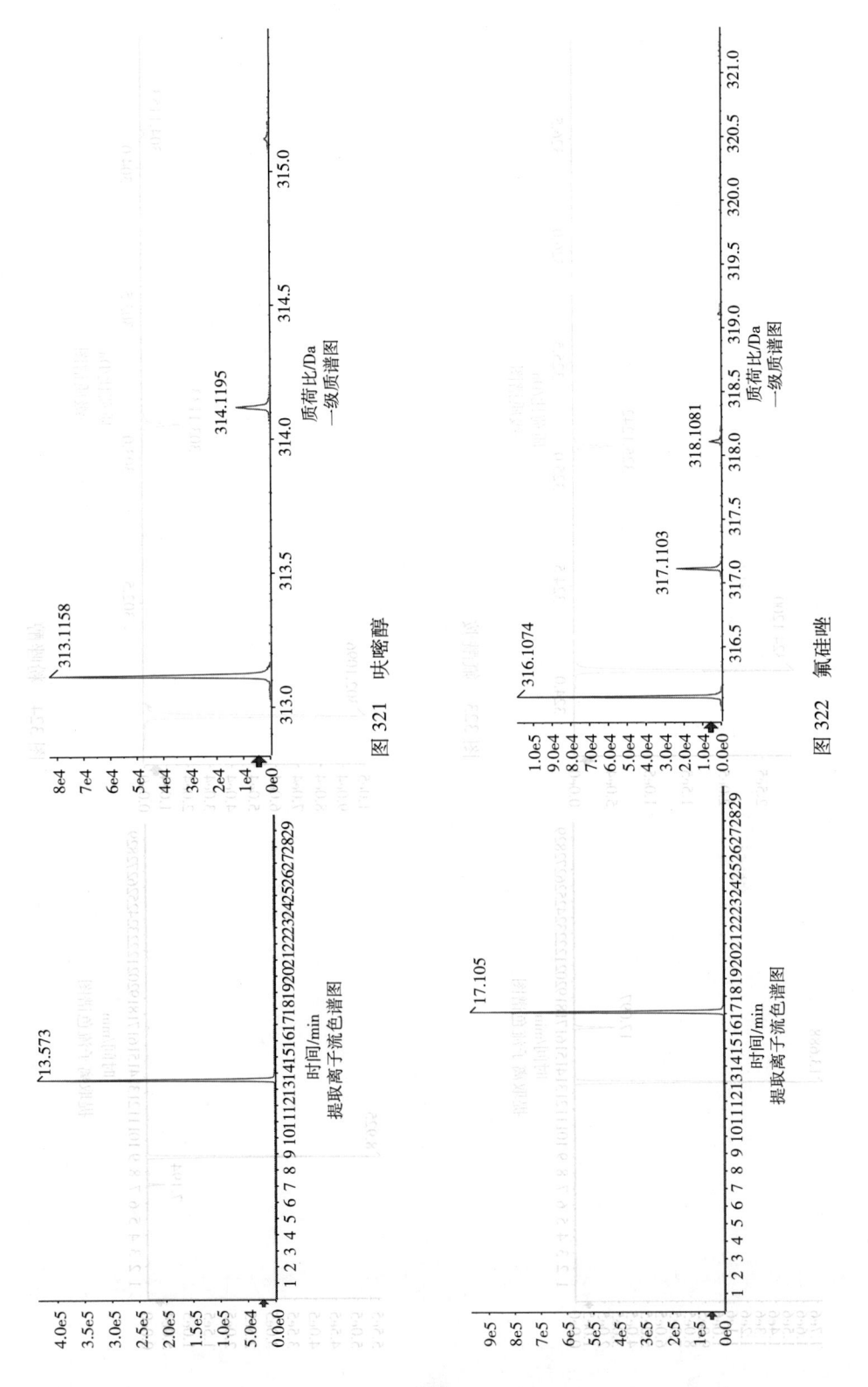

第五章 农药及其代谢离子流图及一级质谱图

图 321 呋嘧醇

图 322 氟硅唑

图 323 氟酰胺

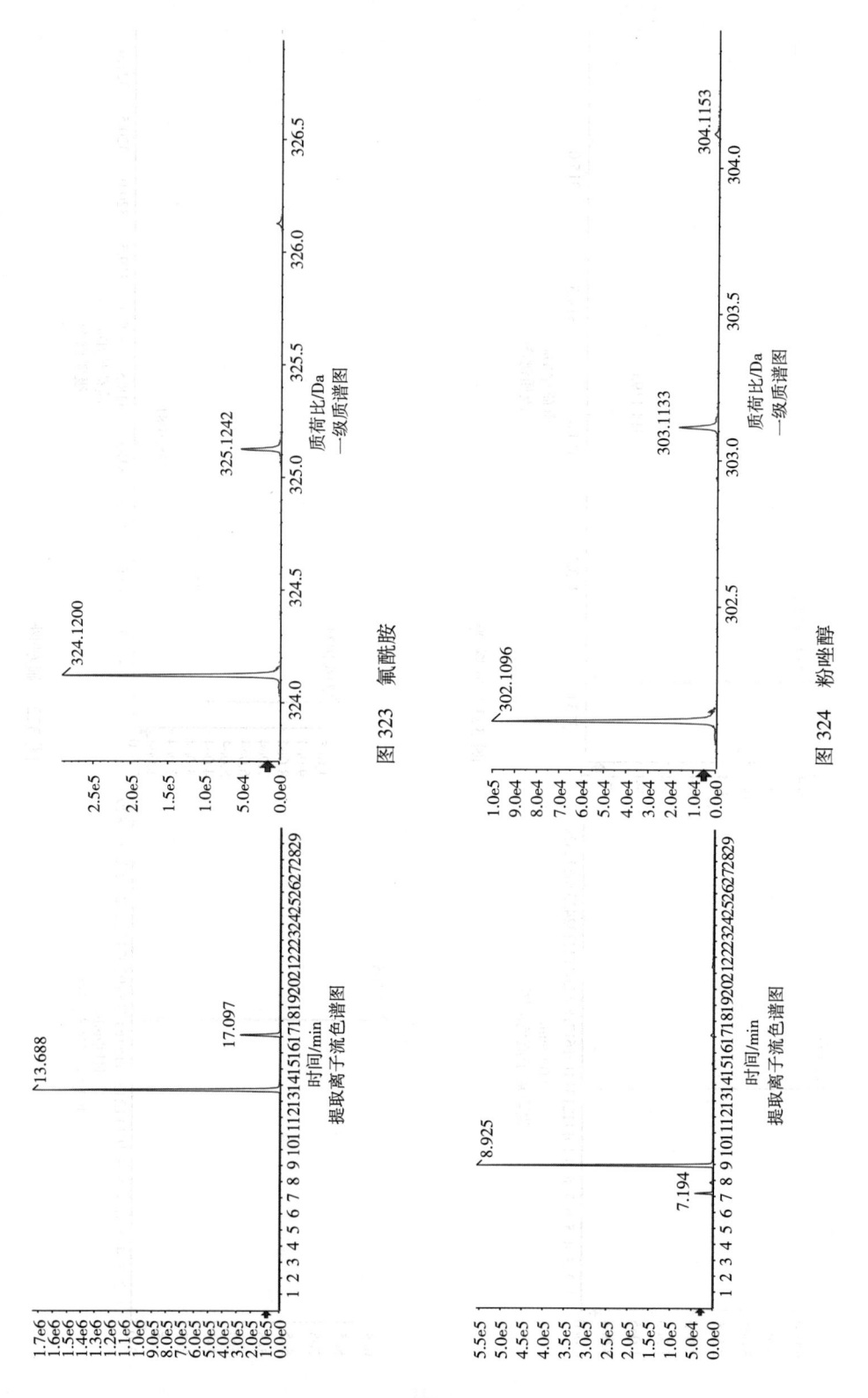

图 324 粉唑醇

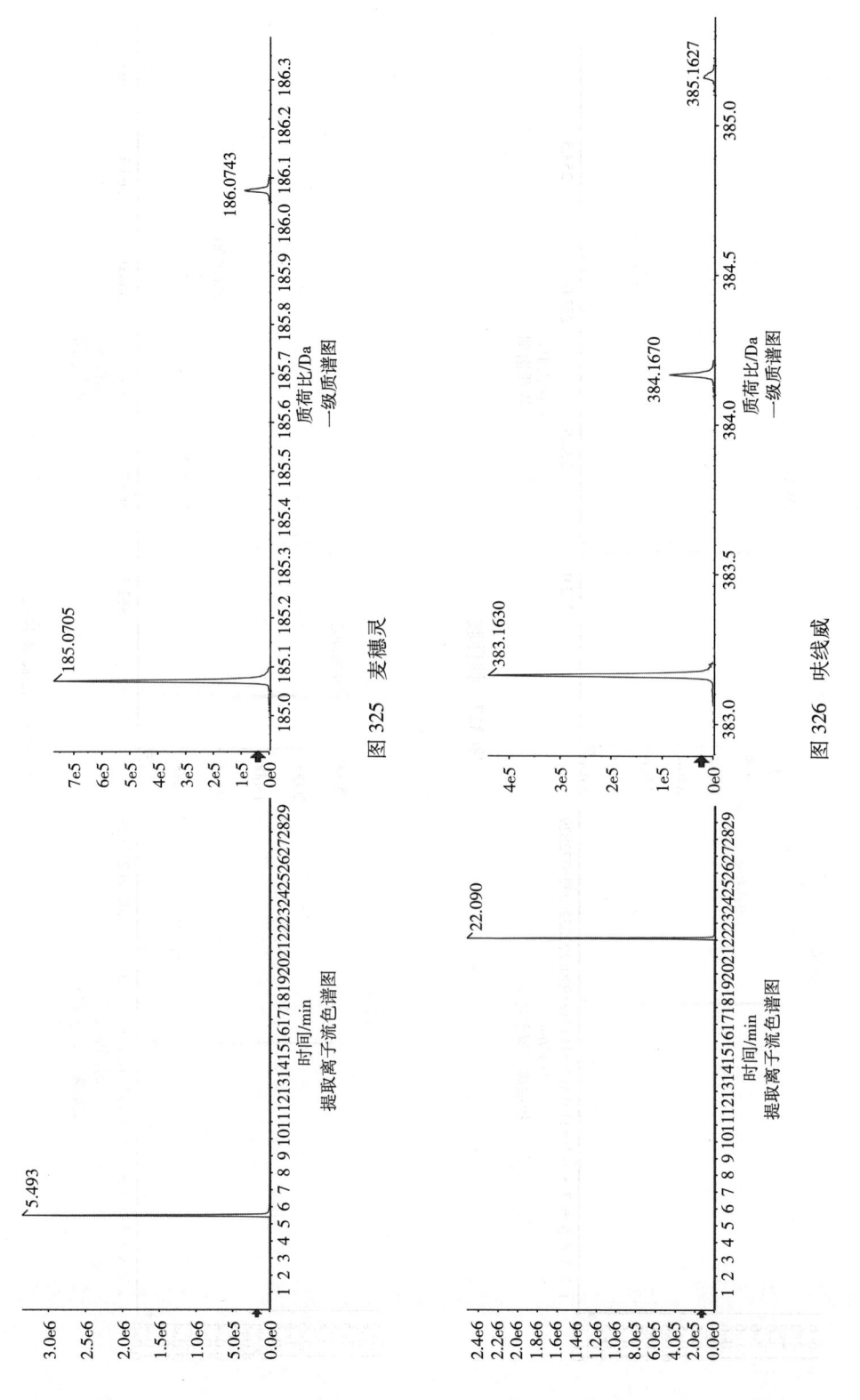

第五章 农药及其代谢物离子流图及一级质谱图

图 325 麦穗灵

图 326 呋线威

图 327 拌种胺

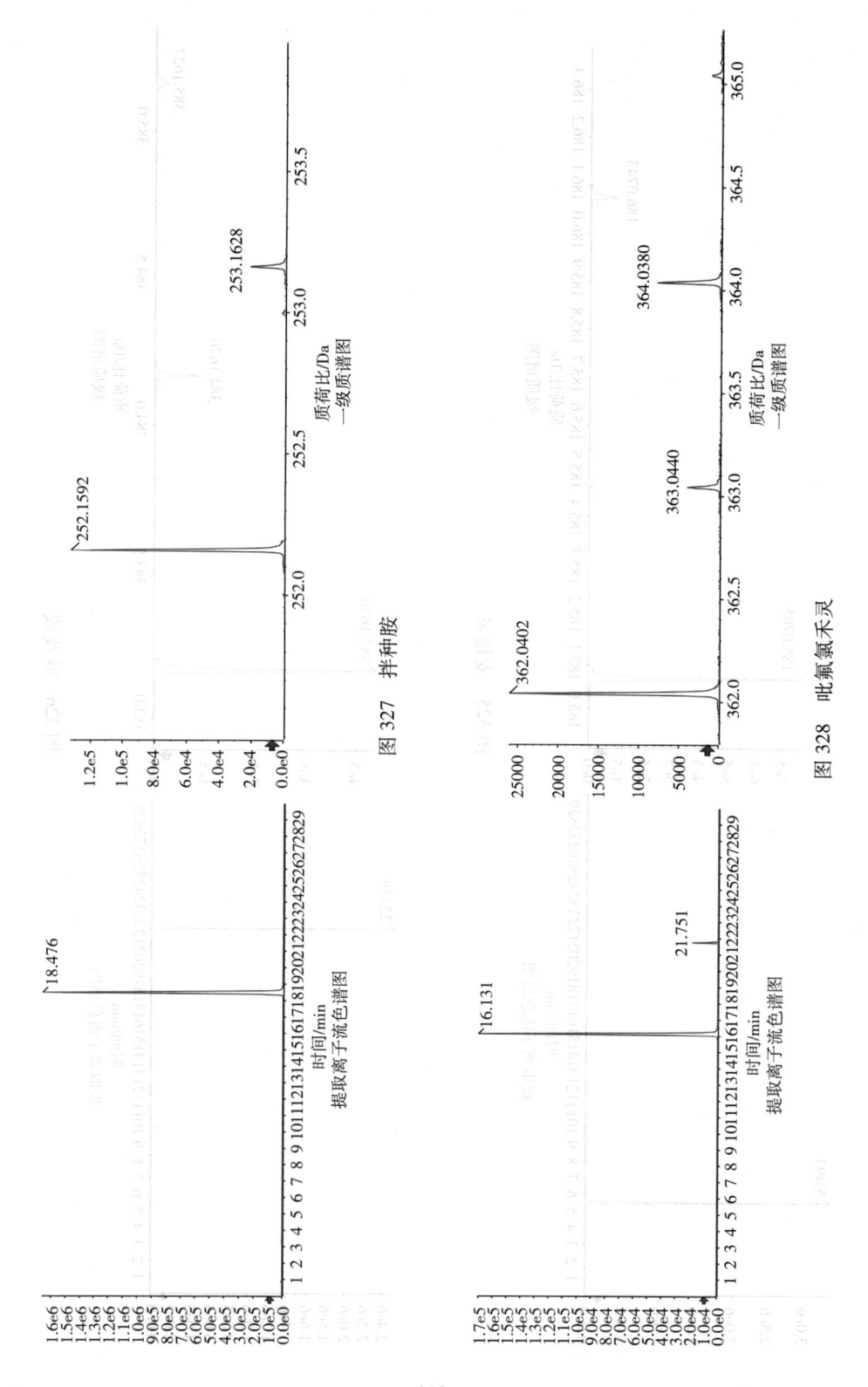

图 328 吡氟氯禾灵

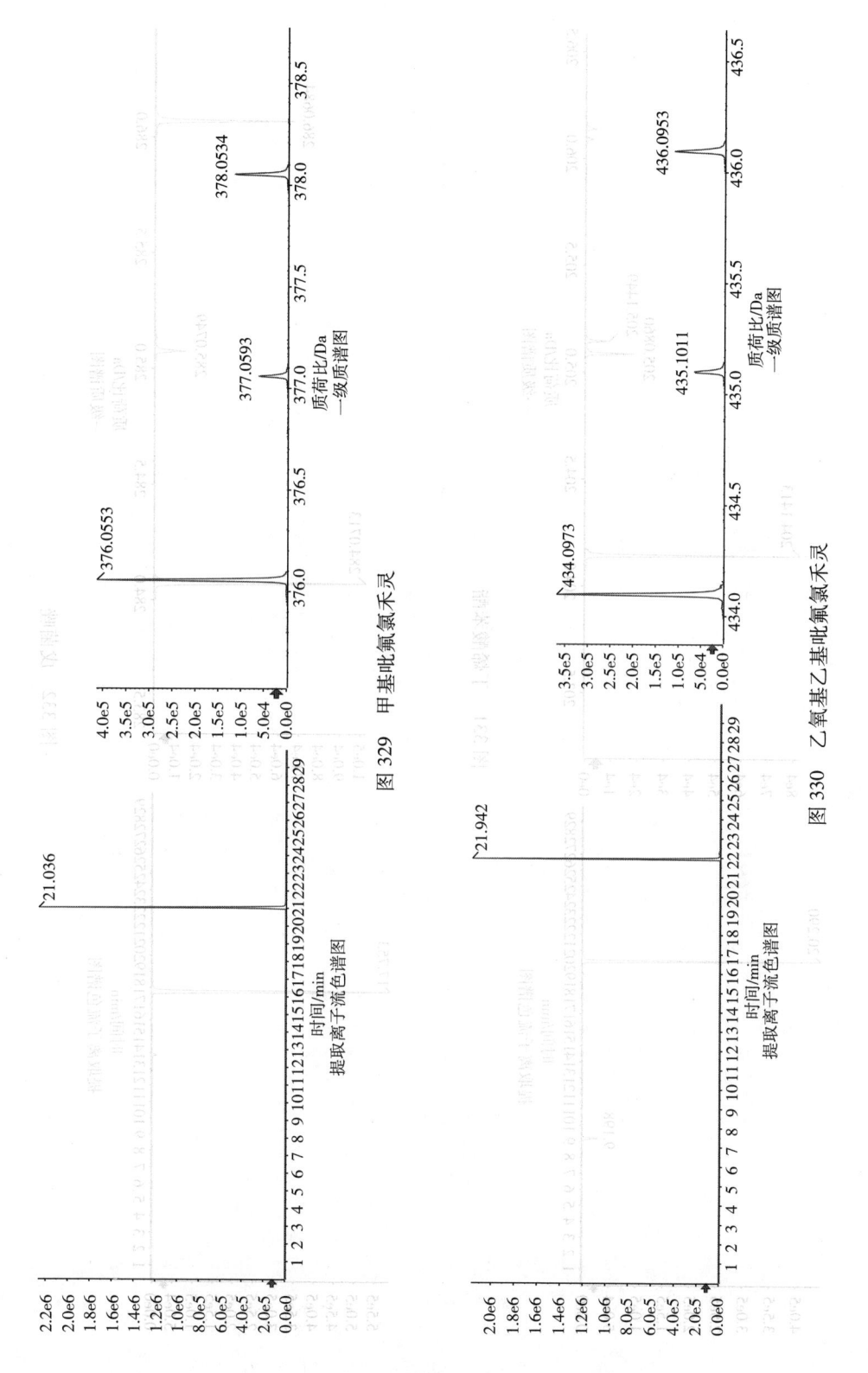

第五章 农药及其代谢物离子流图及一级质谱图

图 329 甲基吡氟氯禾灵

图 330 乙氧基乙基吡氟氯禾灵

图 331 丁烯酸苯酯

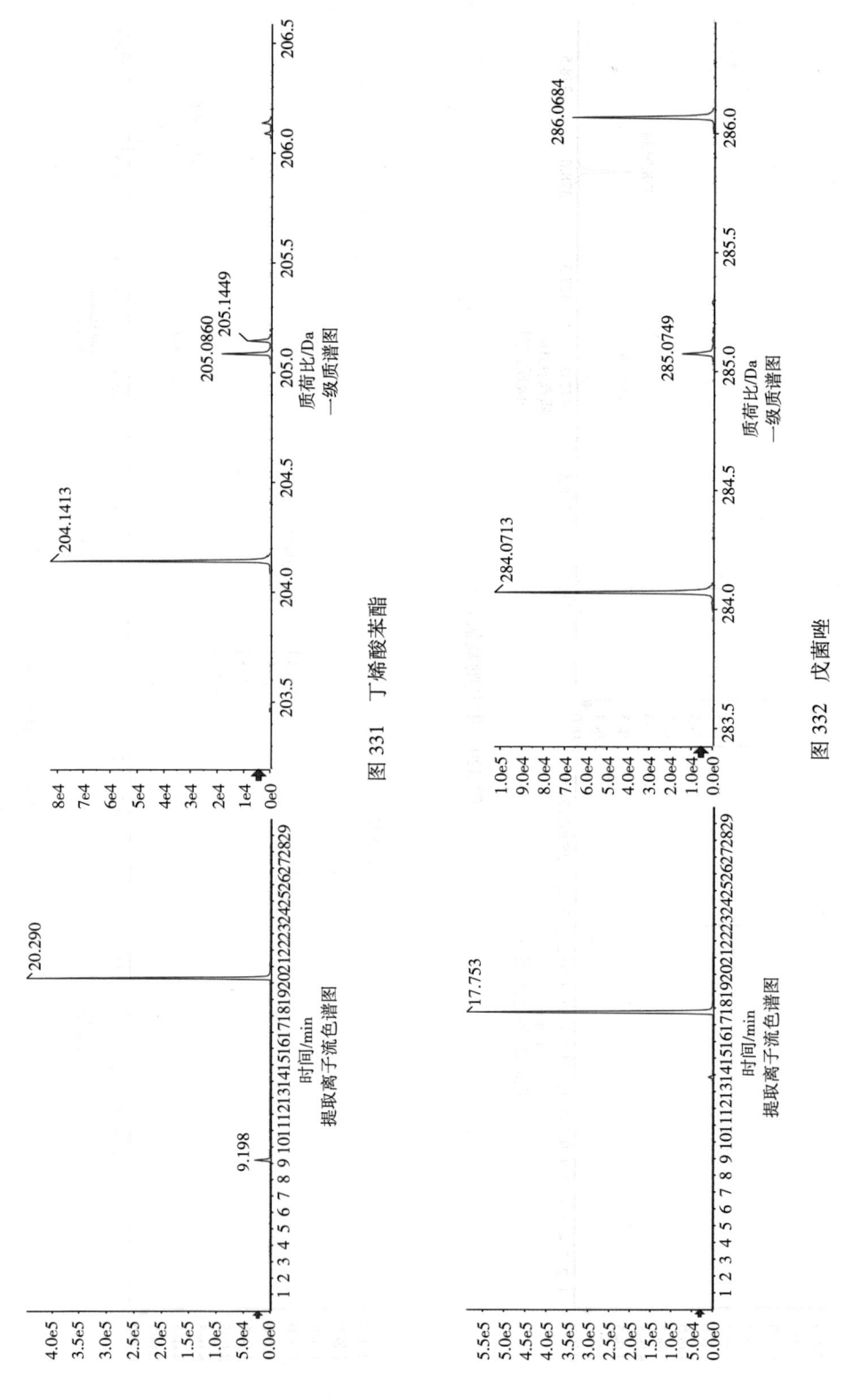

图 332 戊菌唑

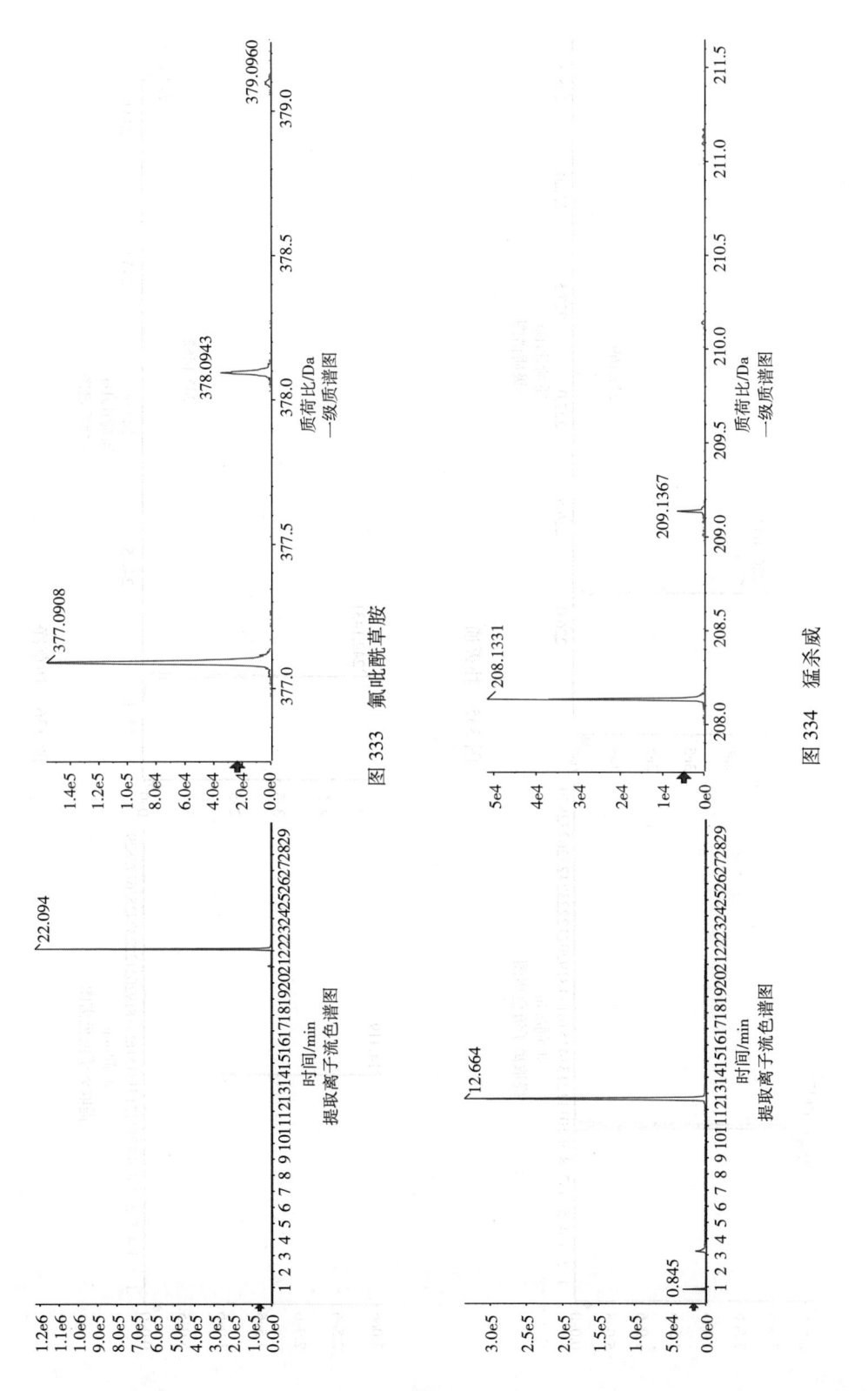

第五章 农药及其代谢物离子流图及一级质谱图

图 333 氟吡酰草胺

图 334 猛杀威

图 335 扑灭通

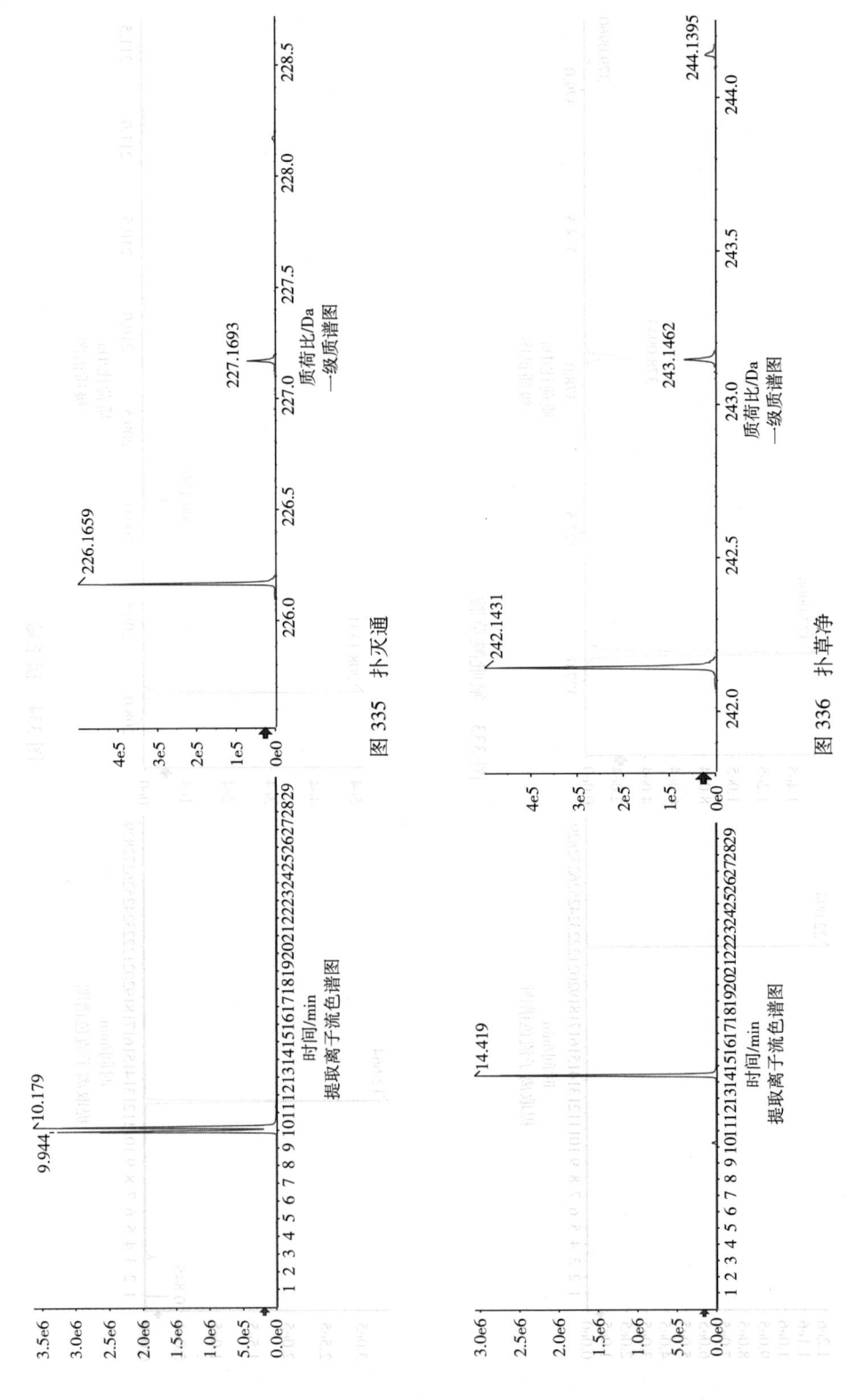

图 336 扑草净

图 337 毒草胺

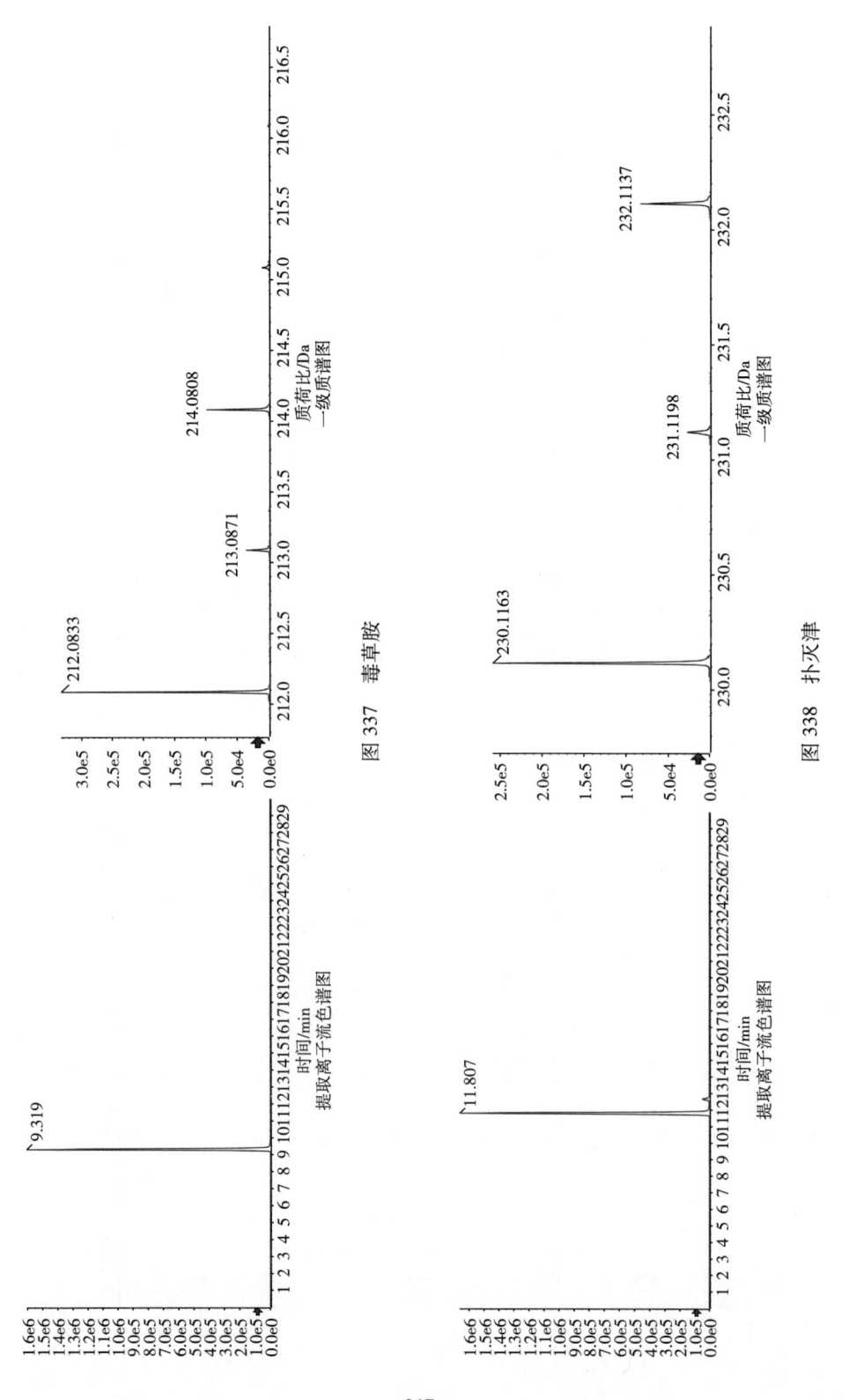

图 338 扑灭津

图 339 环酯草醚

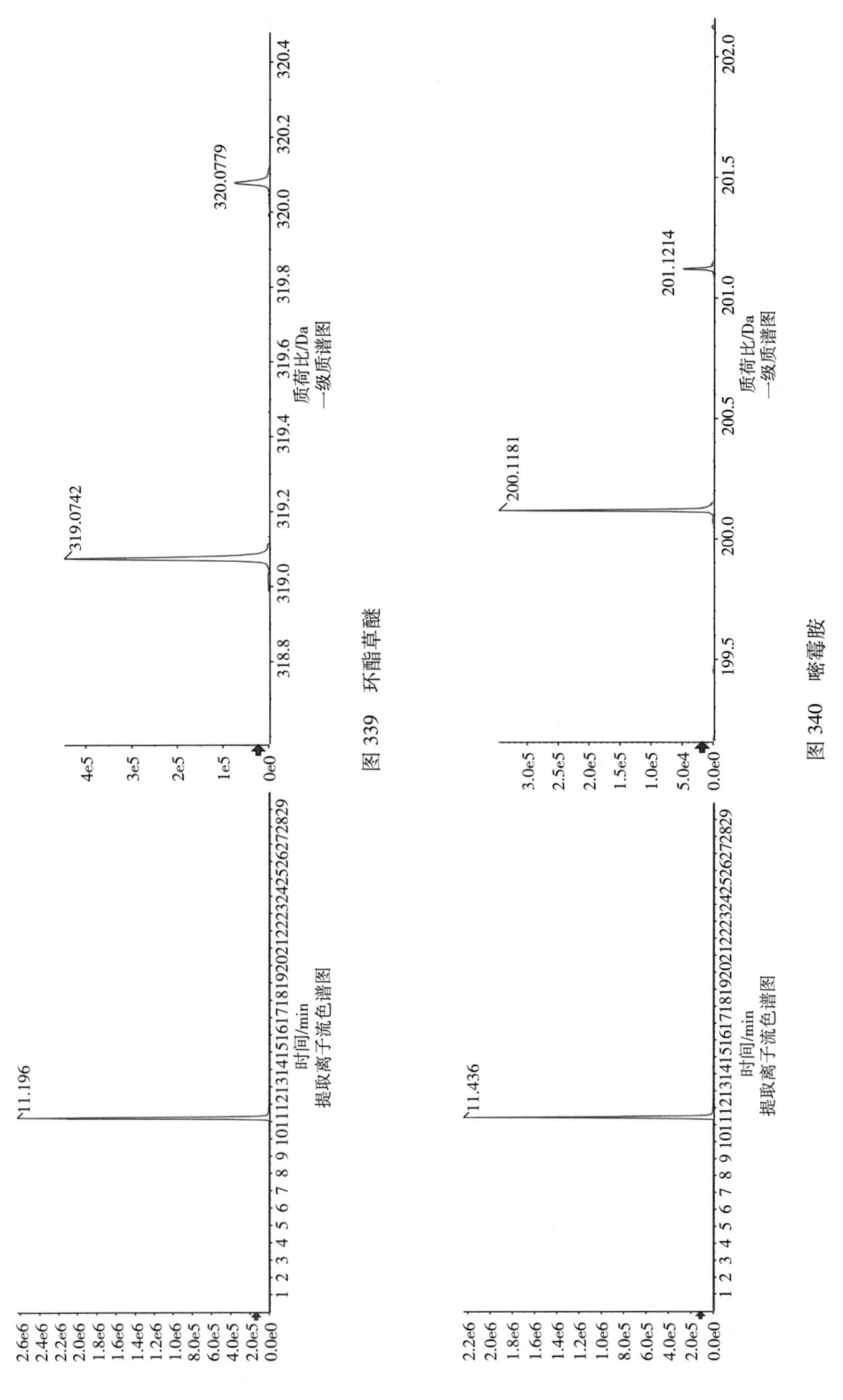

图 340 嘧霉胺

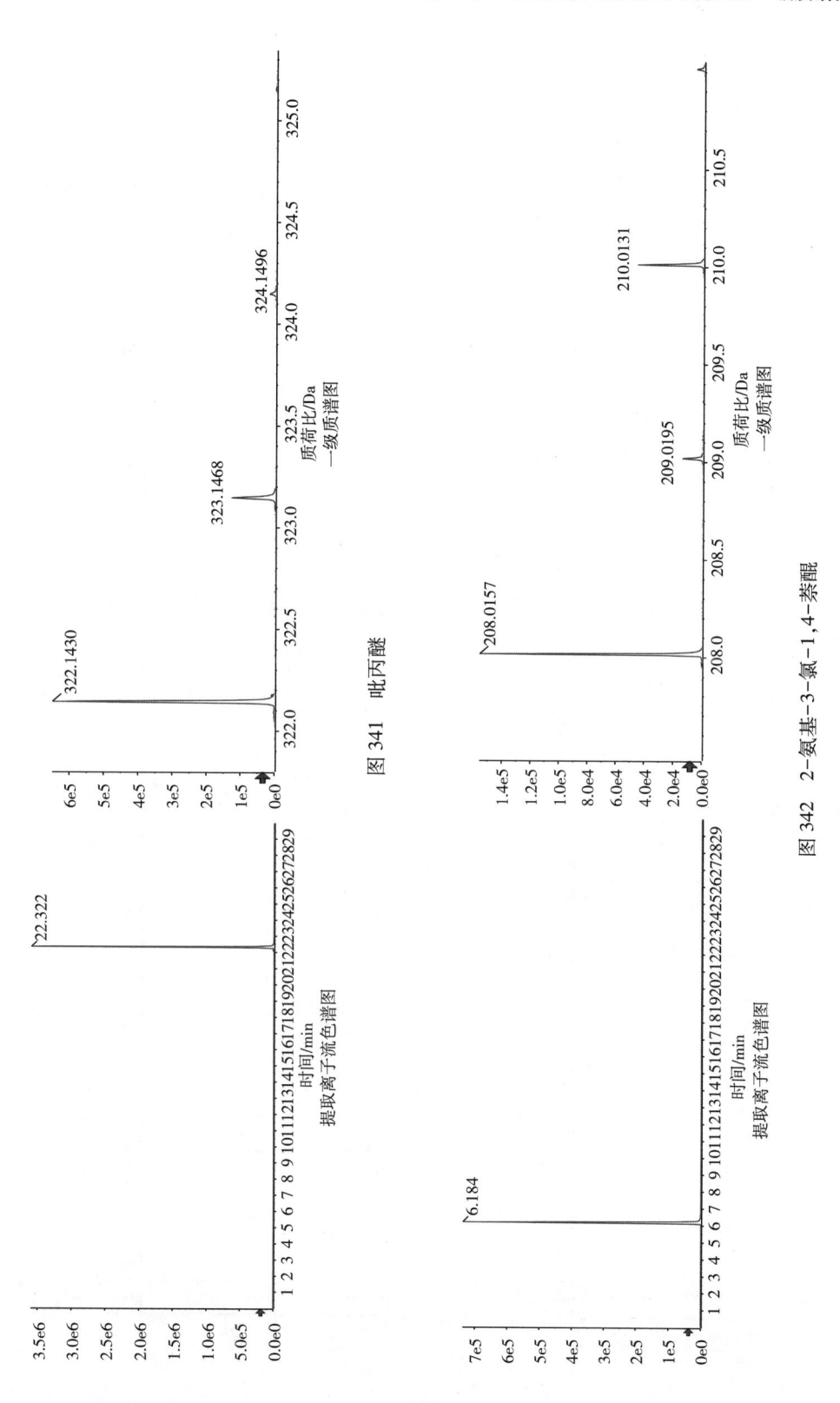

第五章 农药及其代谢物离子流图及一级质谱图

图 341 吡丙醚

图 342 2-氨基-3-氯-1,4-萘醌

豇豆中 405 种农药及其代谢物高通量非靶向筛查技术规程

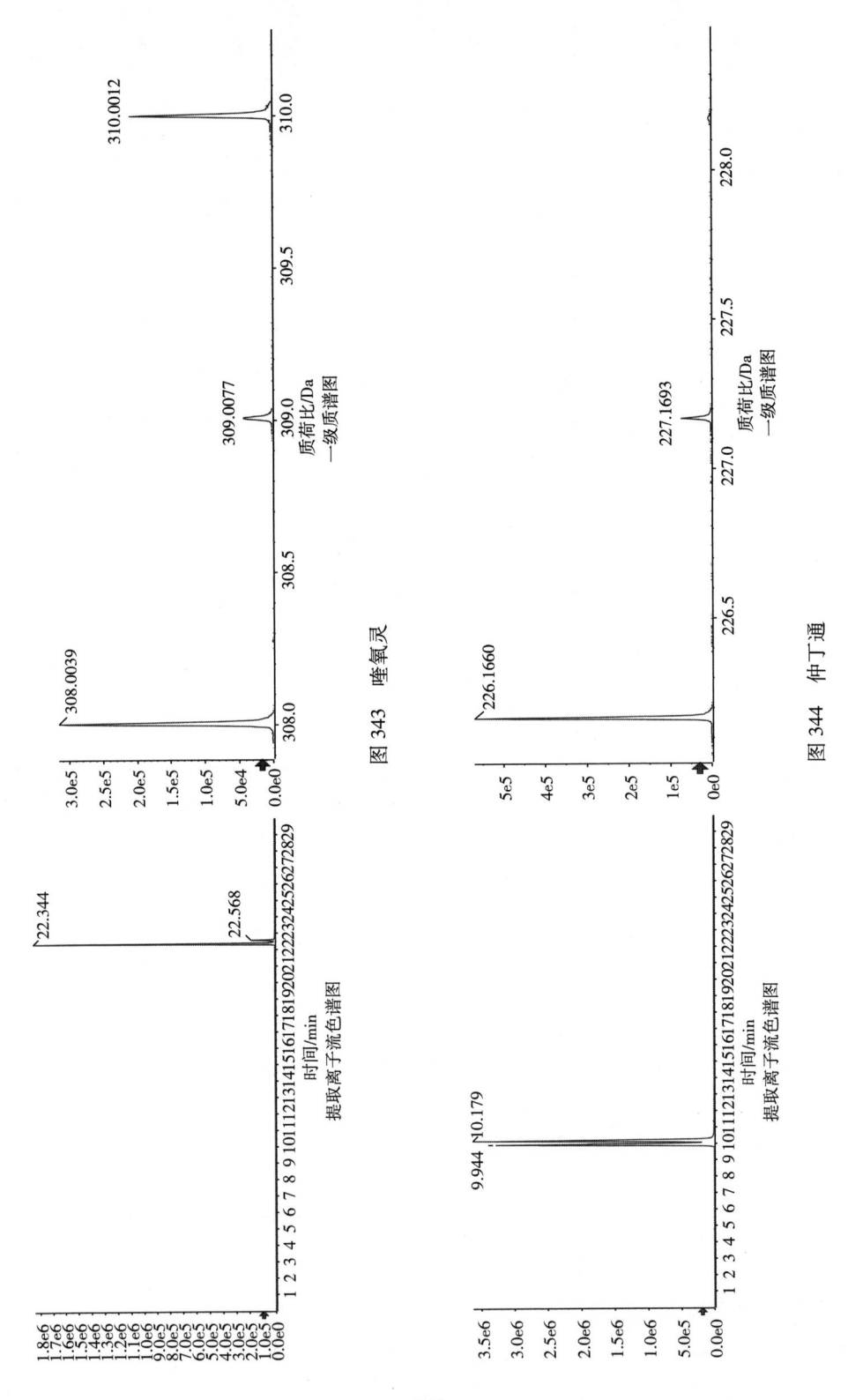

图 343 喹氧灵

图 344 仲丁通

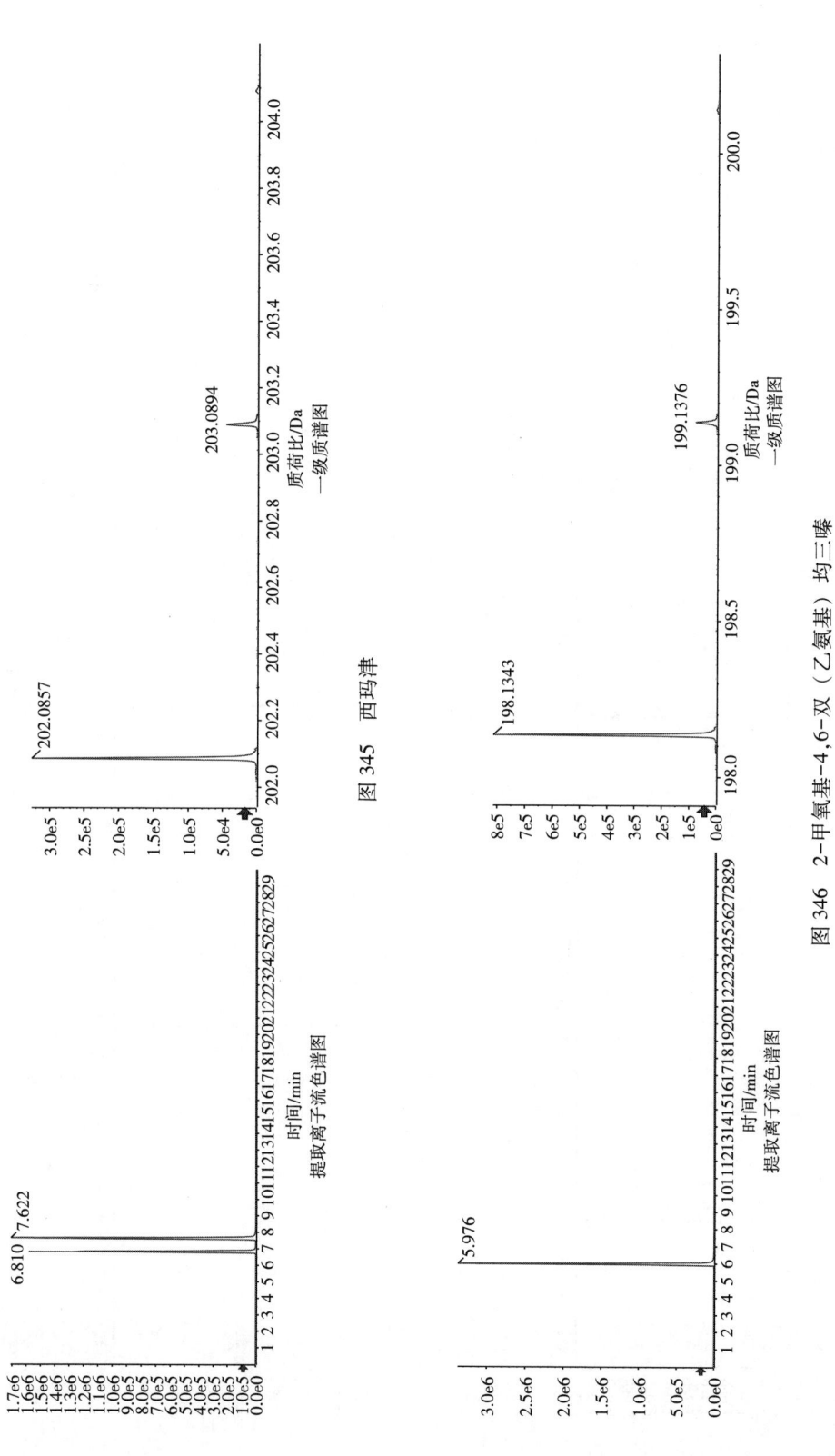

第五章 农药及其代谢物离子流图及一级质谱图

图 345 西玛津

图 346 2-甲氧基-4,6-双(乙氨基)均三嗪

图 347 西草净

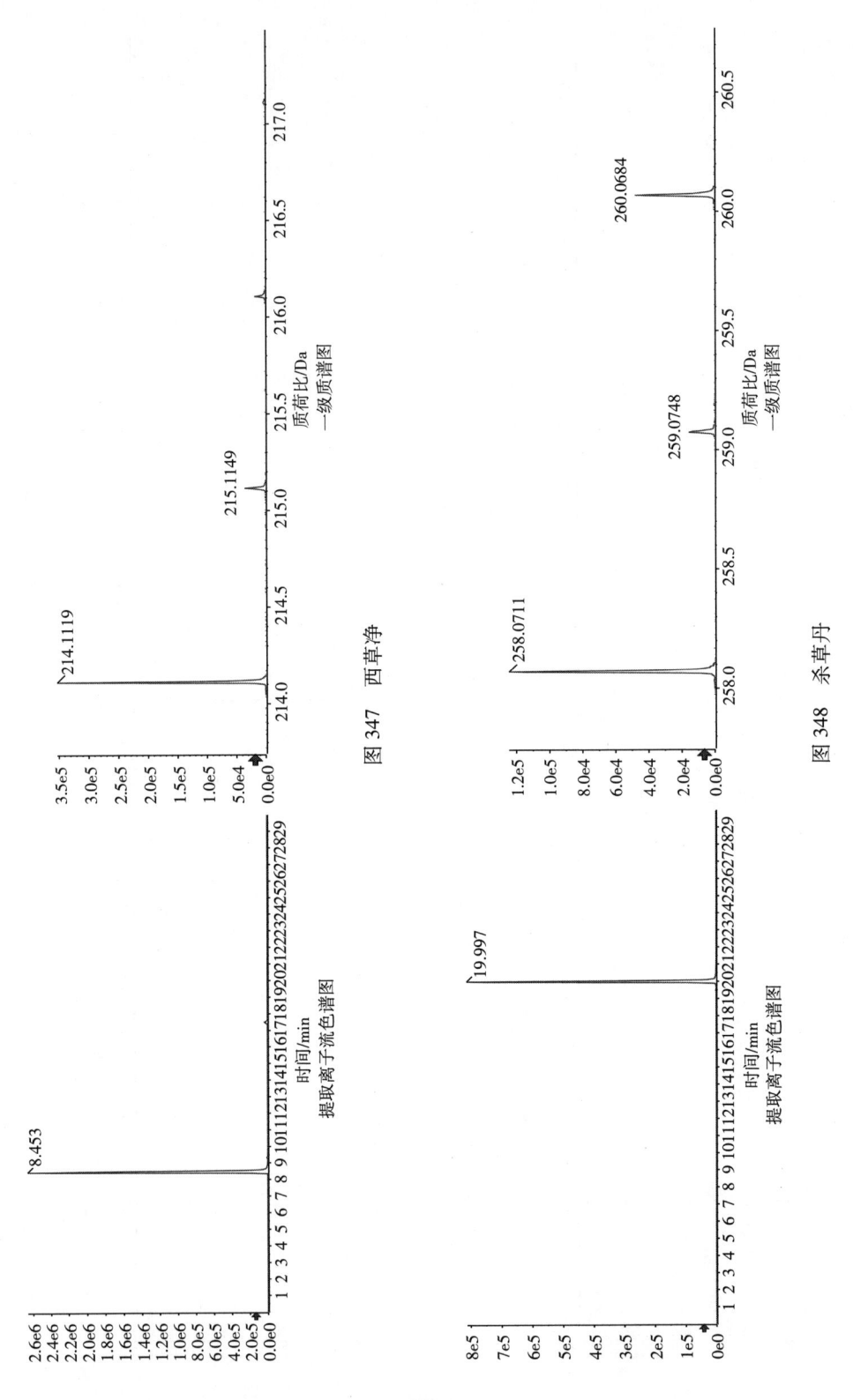

图 348 杀草丹

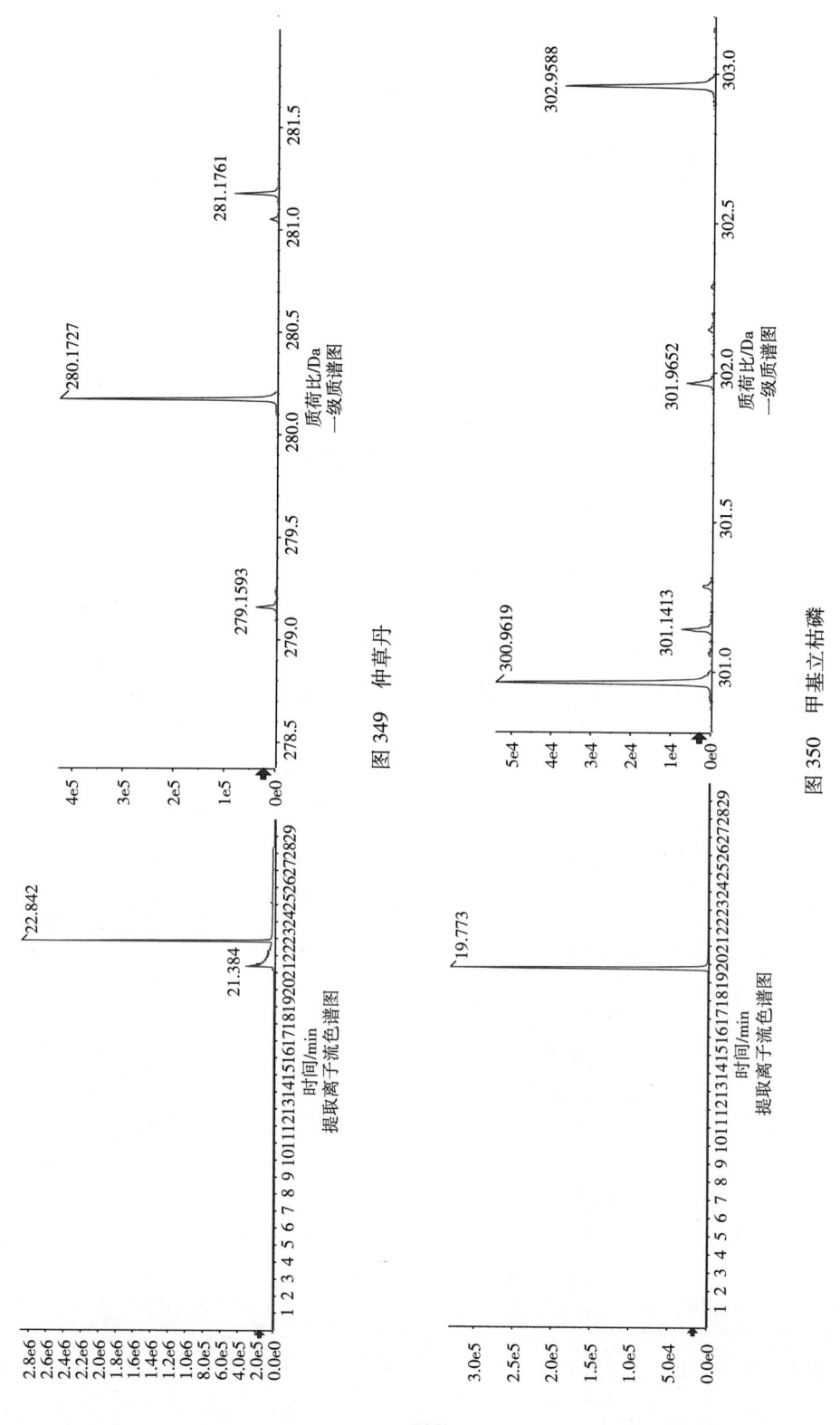

第五章 农药及其代谢物离子流图及一级质谱图

图 349 仲草丹

图 350 甲基立枯磷

图 351 唑虫酰胺

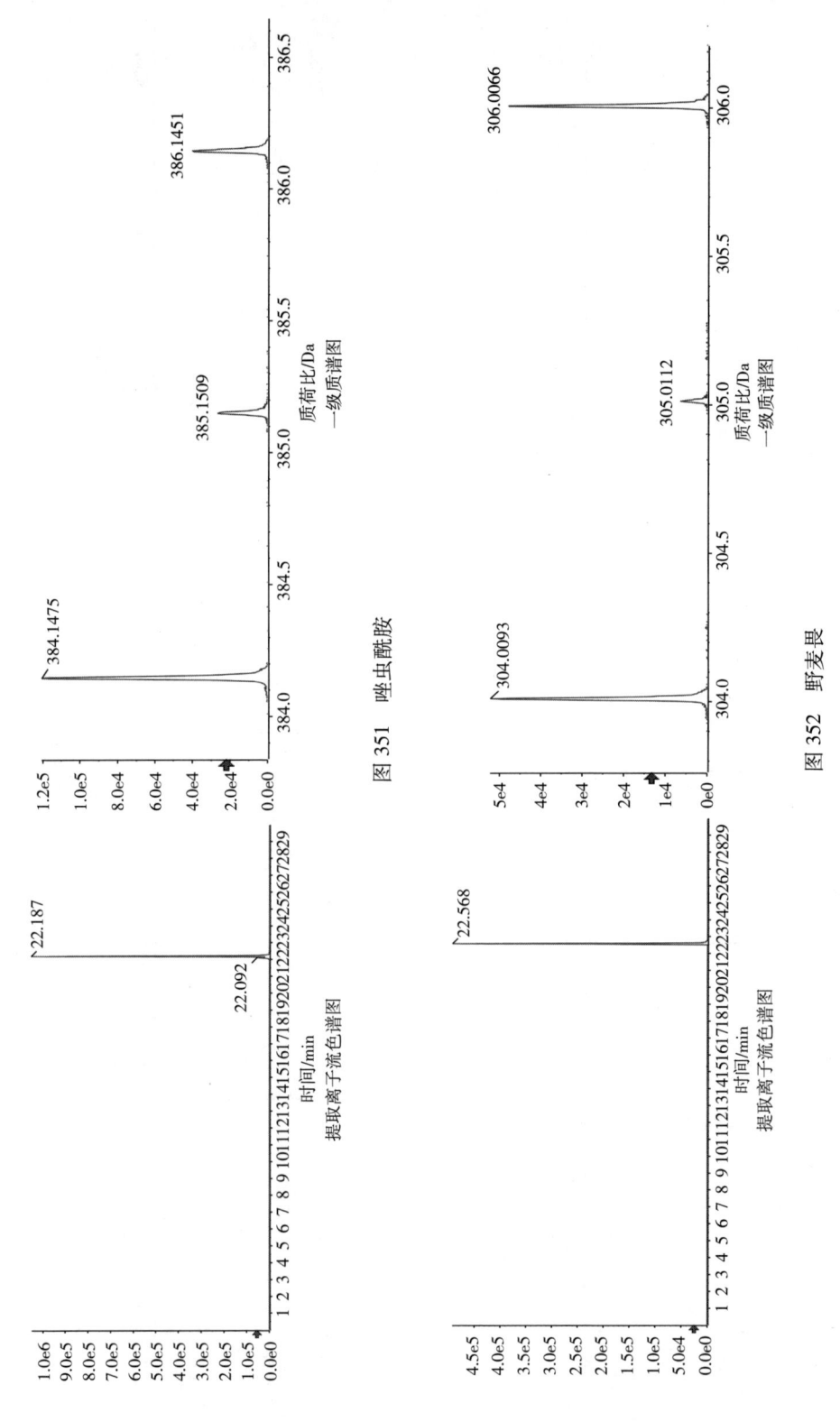

图 352 野麦畏

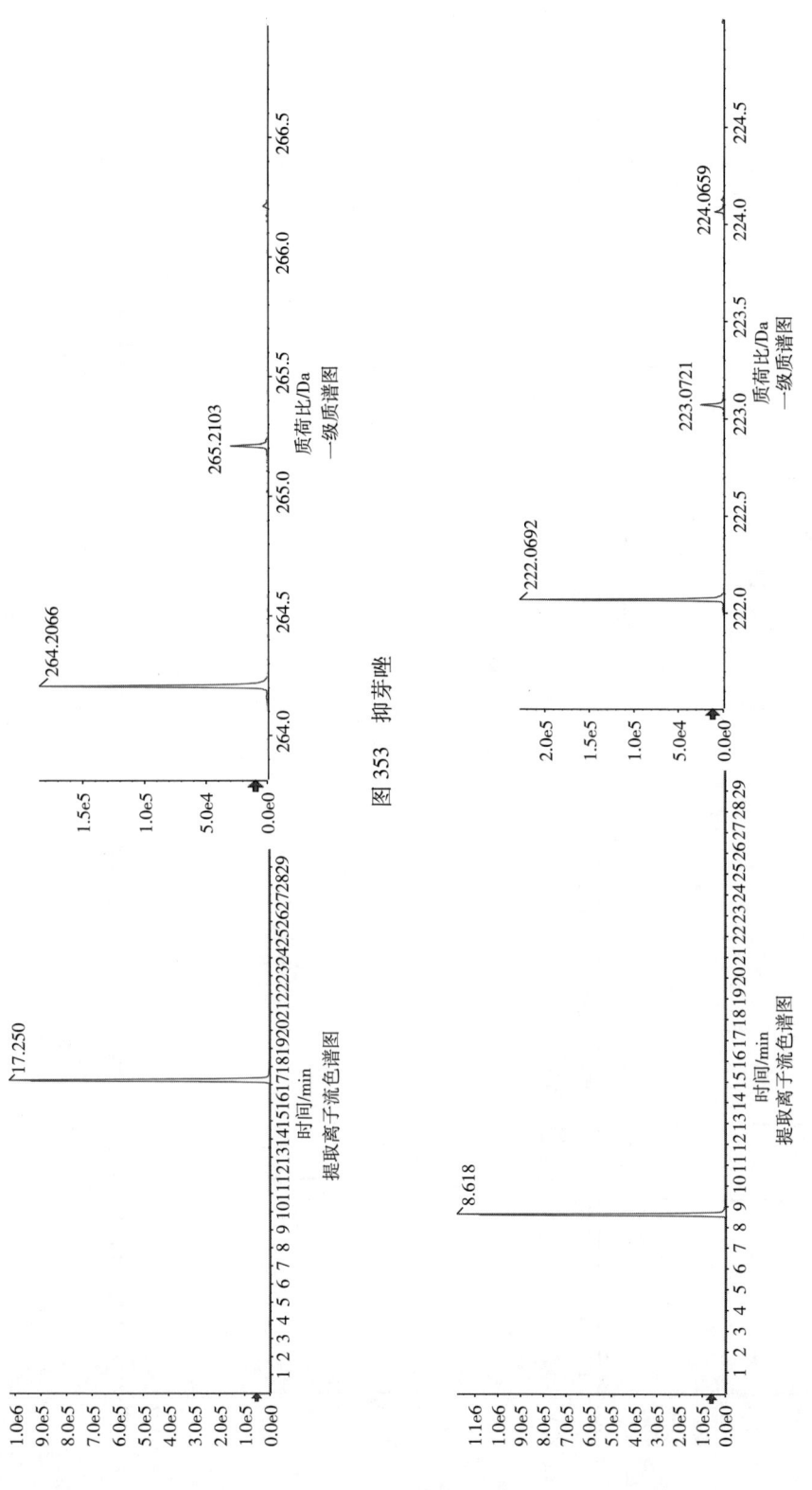

第五章 农药及其代谢物离子流图及一级质谱图

图 353 抑芽唑

图 354 甲基苯噻隆

图 355 呋菌胺

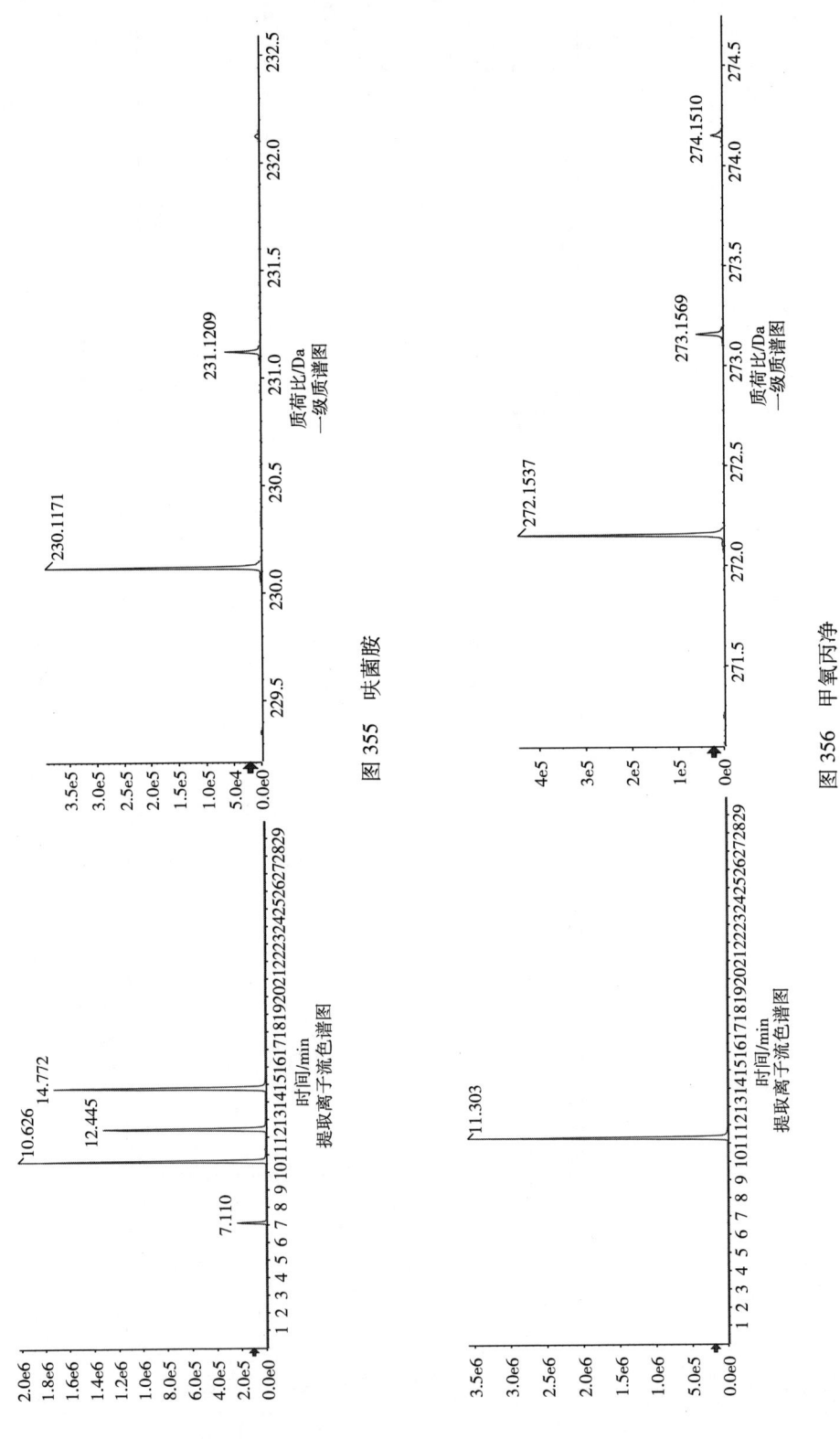

图 356 甲氧丙净

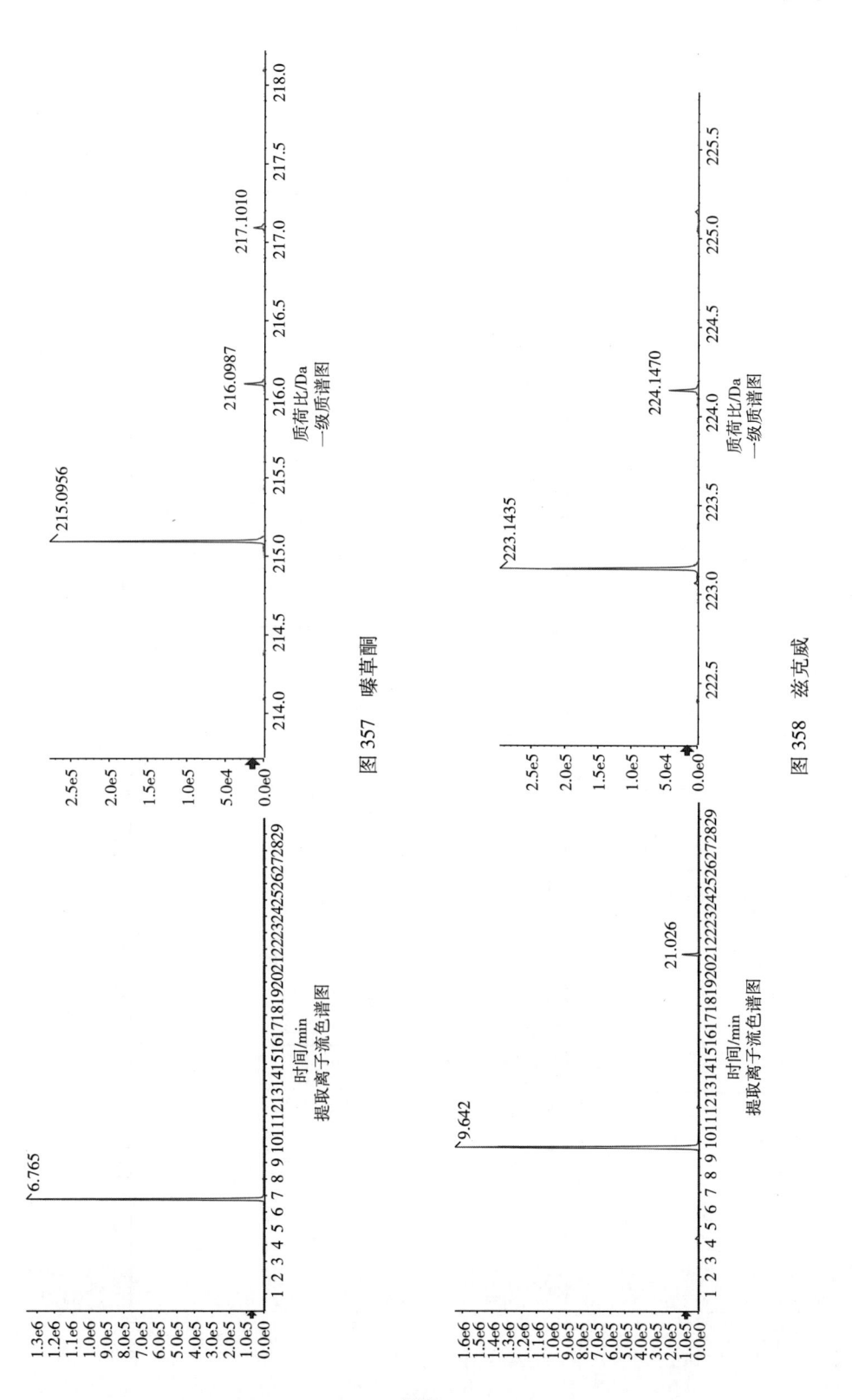

第五章 农药及其代谢物离子流图及一级质谱图

图 357 嗪草酮

图 358 兹克威

图 359 禾草敌

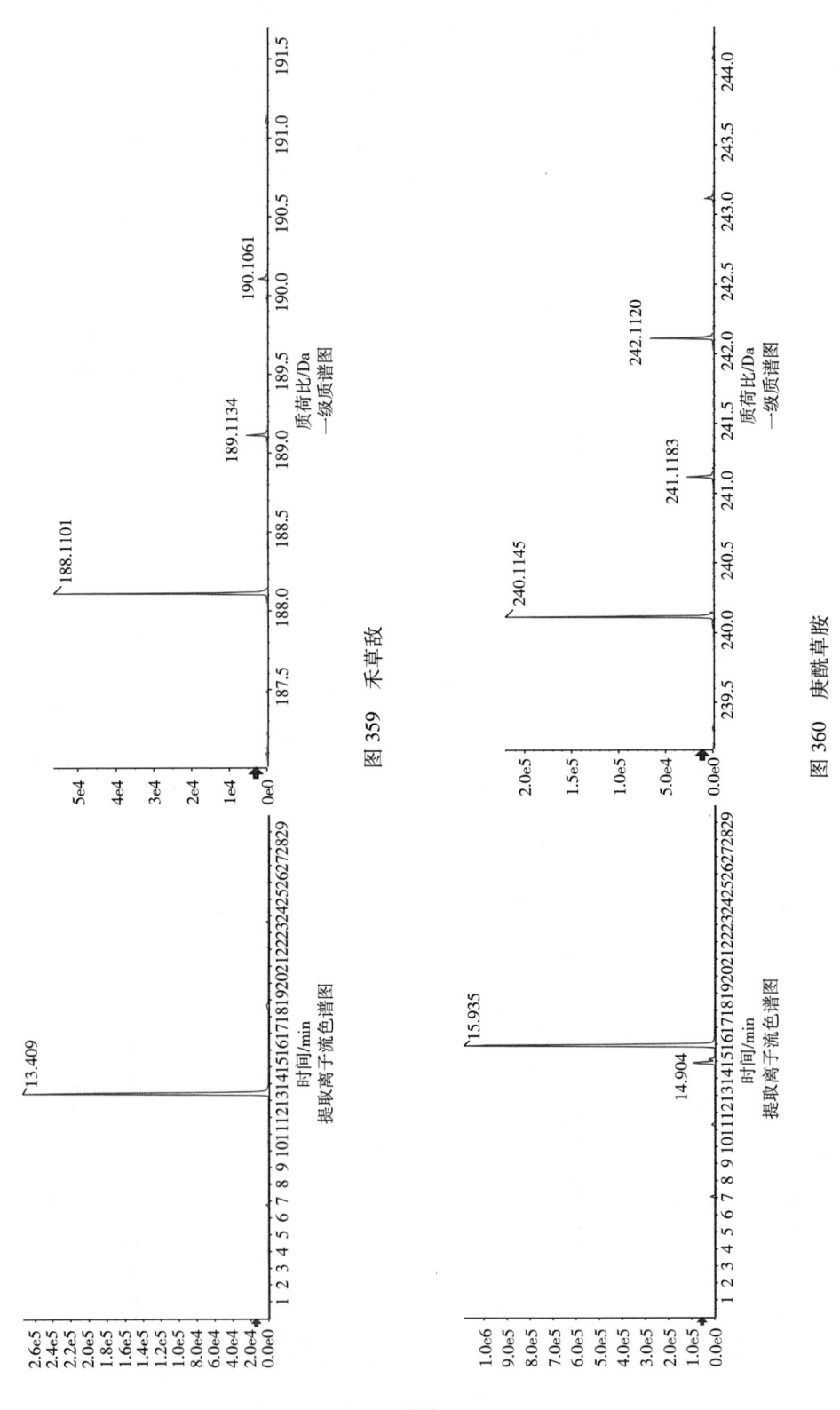

图 360 庚酰草胺

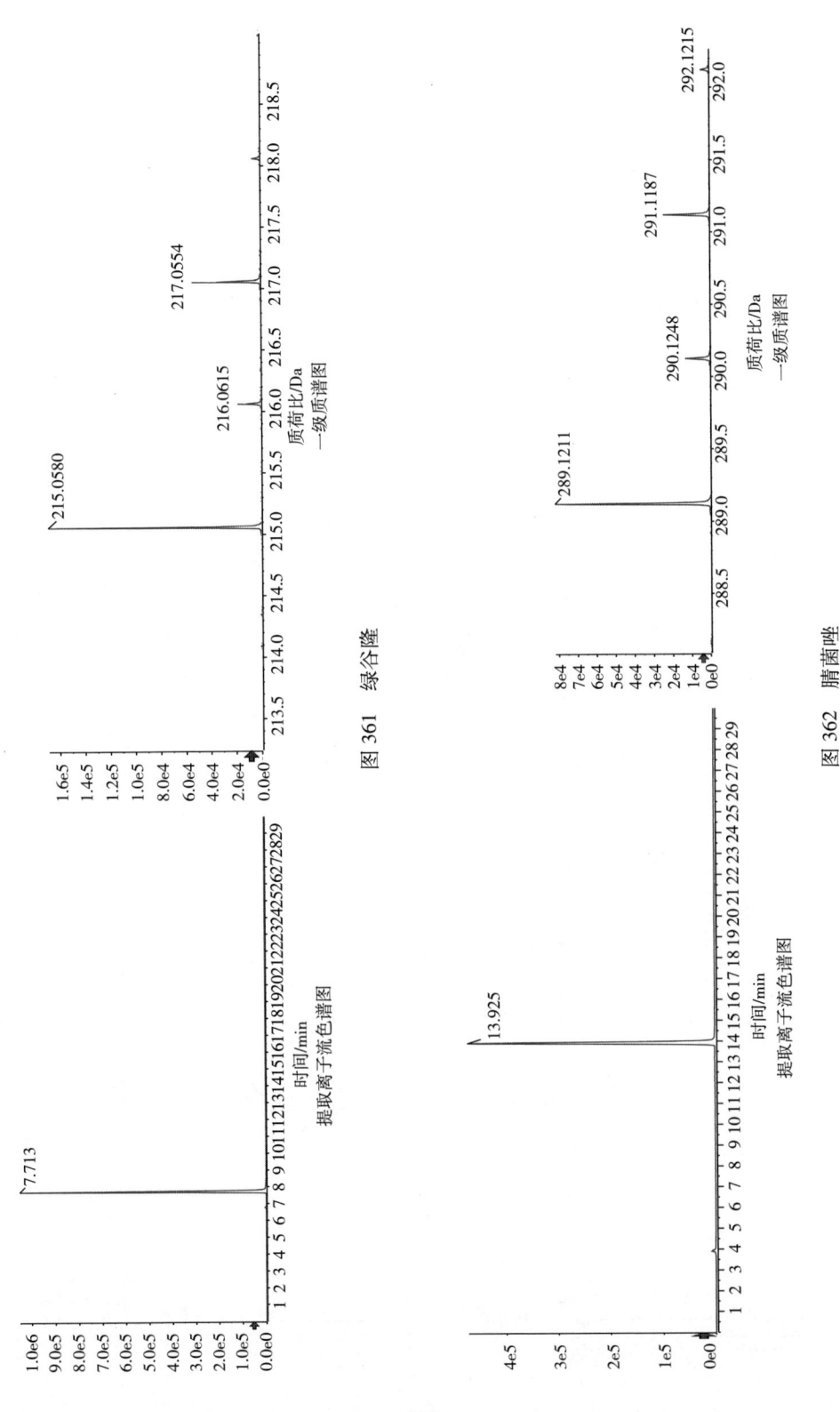

第五章　农药及其代谢物离子流图及一级质谱图

图 361　绿谷隆

图 362　腈菌唑

图 363 哒草呋

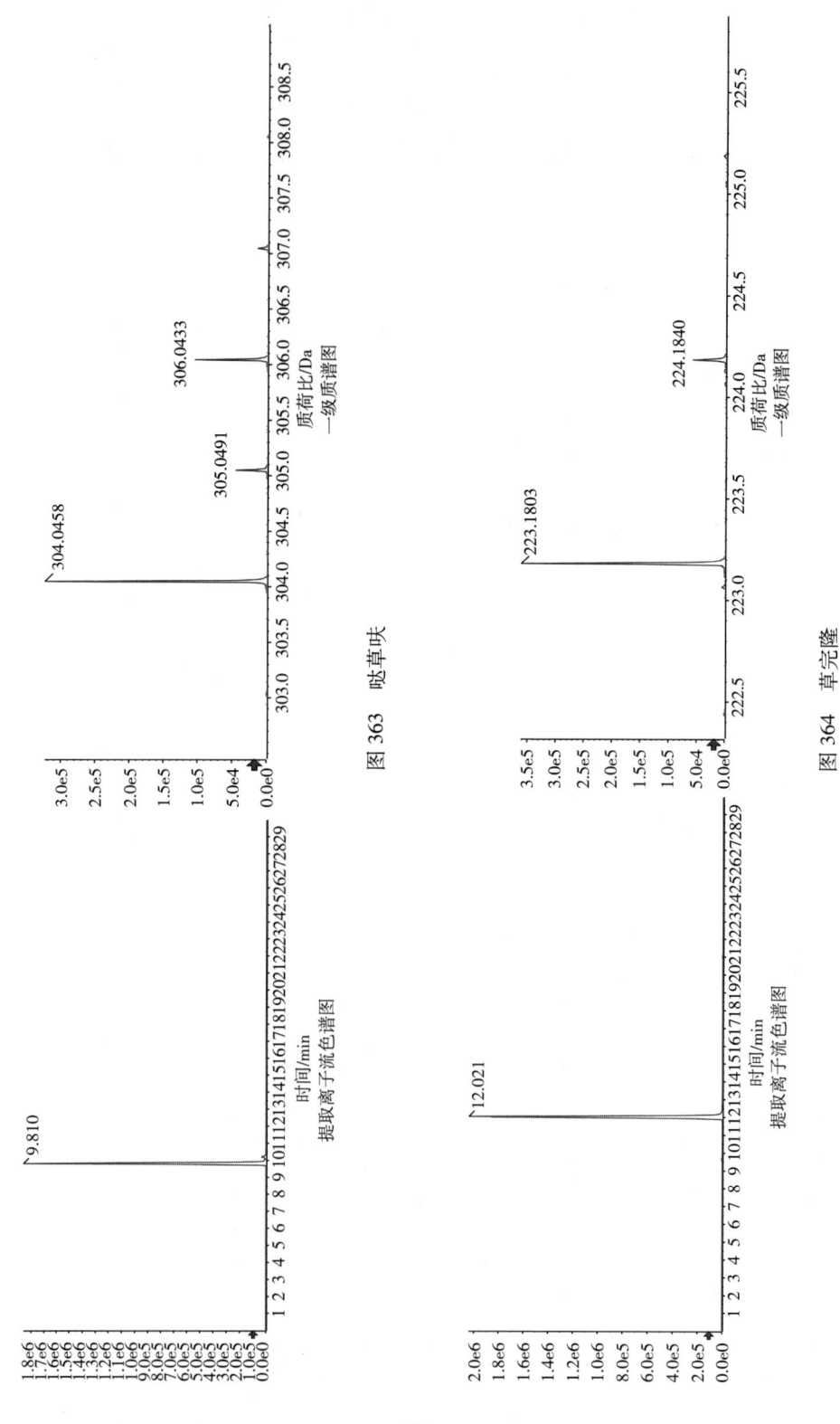

图 364 草完隆

图 365　氟酰脲

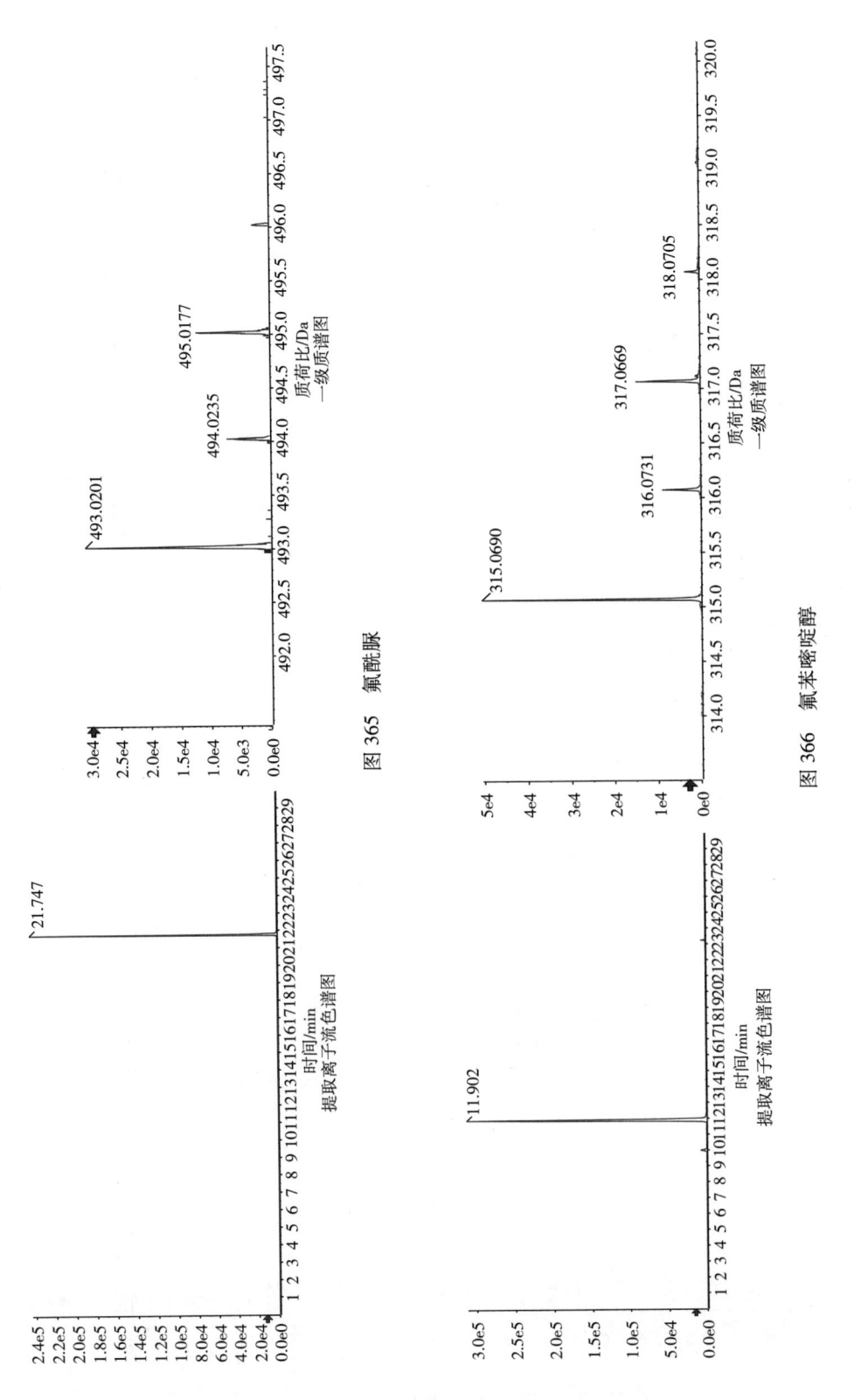

图 366　氟苯嘧啶醇

图 367 呋酰胺

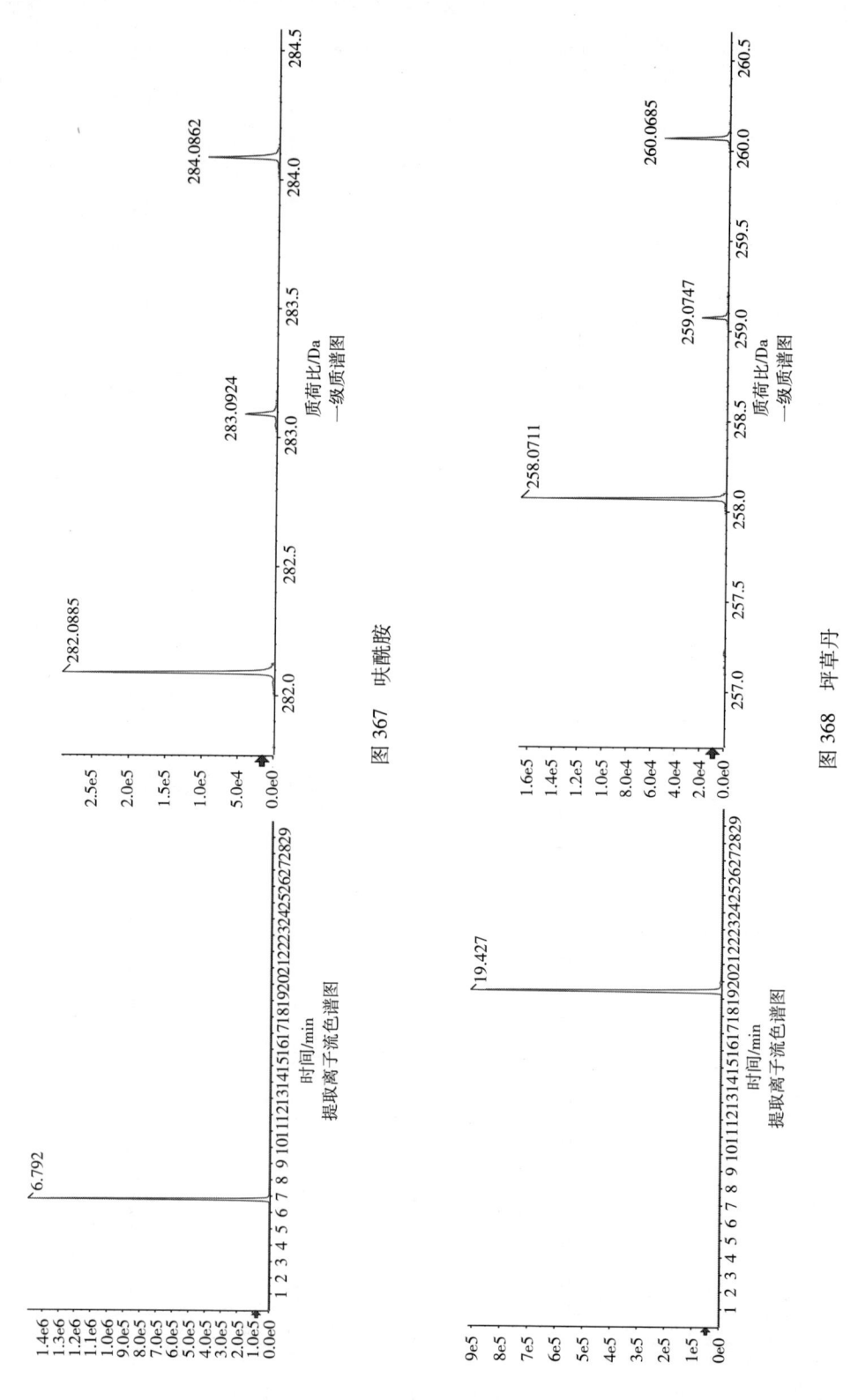

图 368 坪草丹

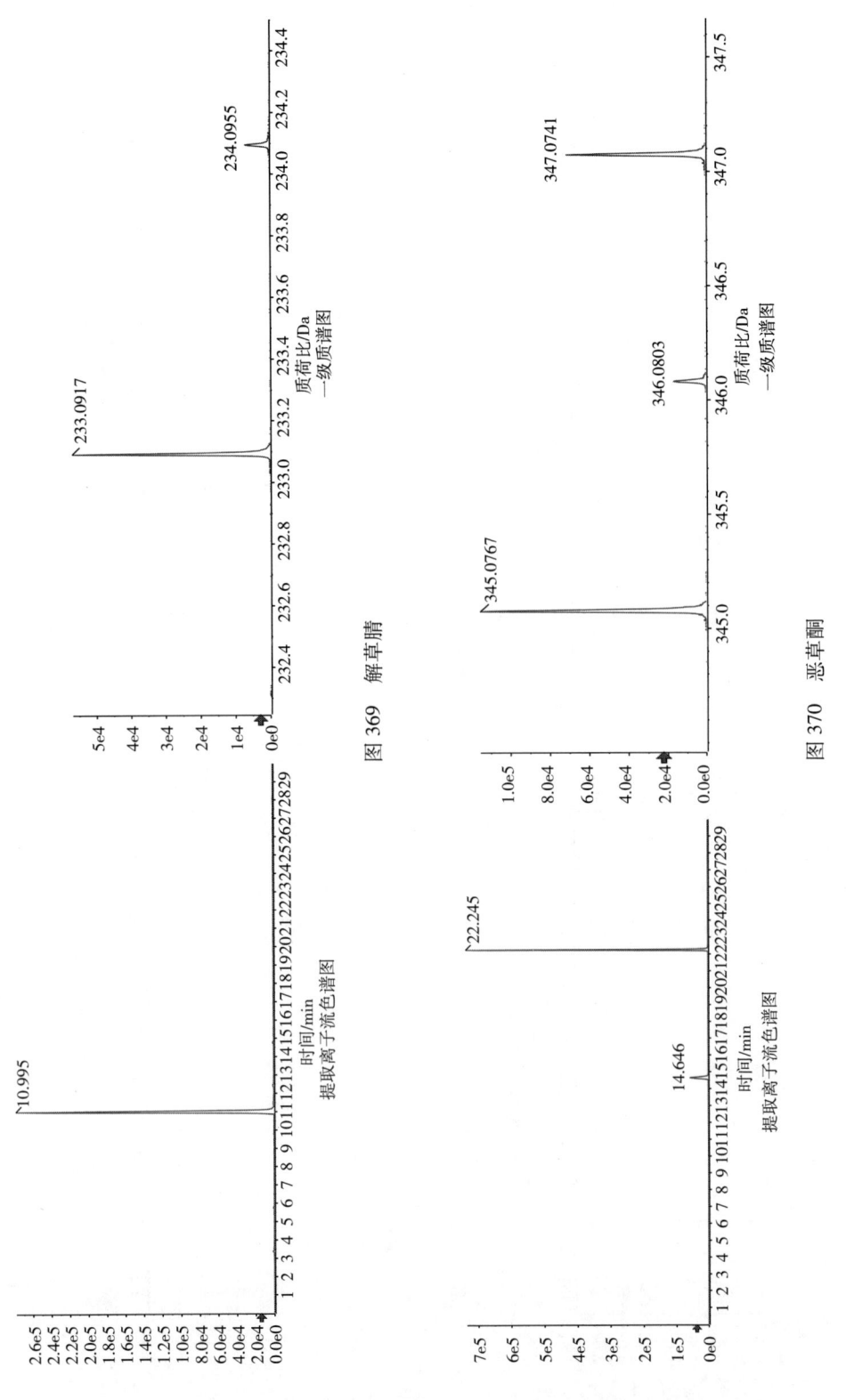

第五章　农药及其代谢物离子流图及一级质谱图

图 369　解草腈

图 370　恶草酮

图 371 恶霜灵

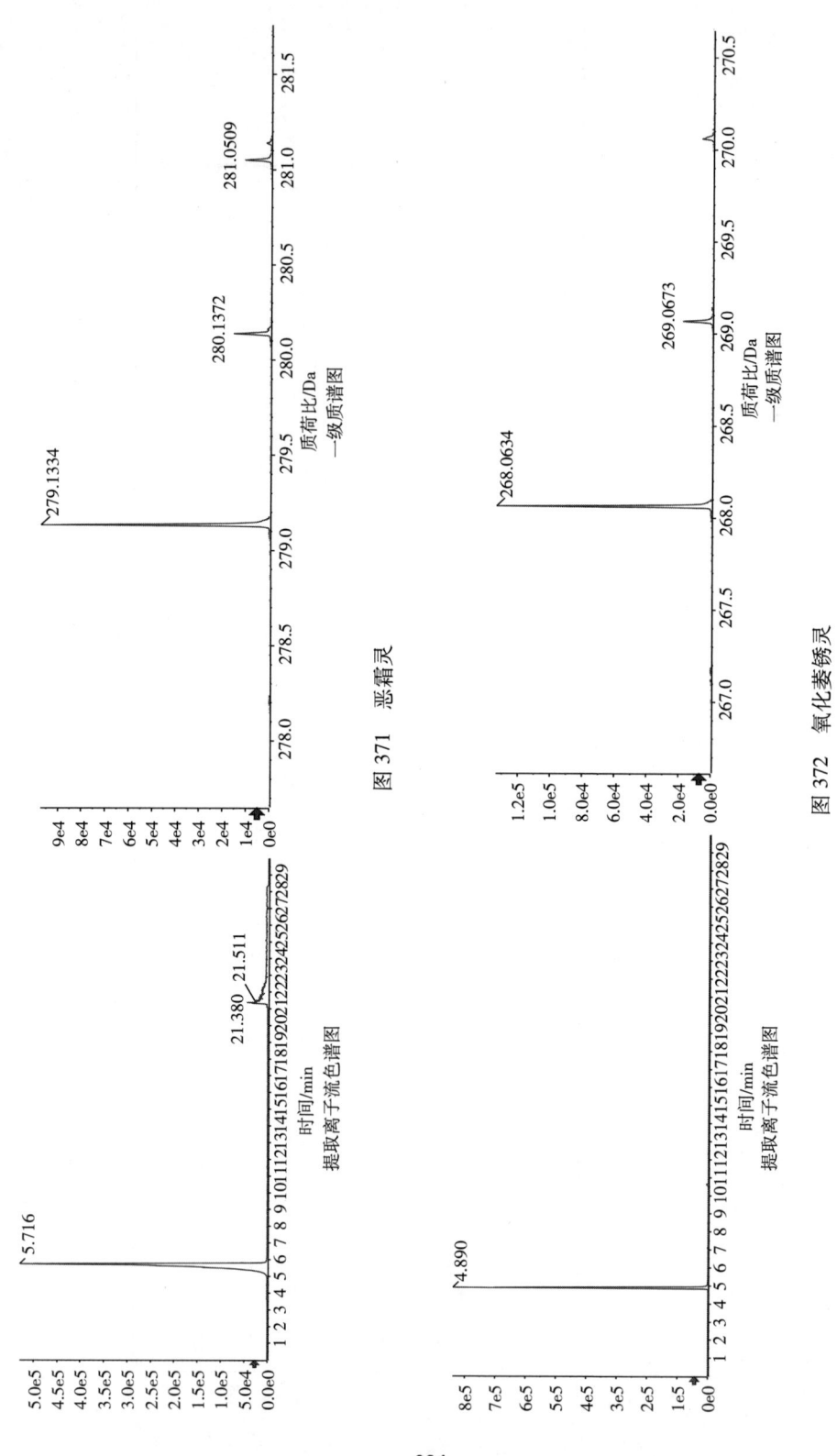

图 372 氧化萎锈灵

图 373　炔苯酰草胺

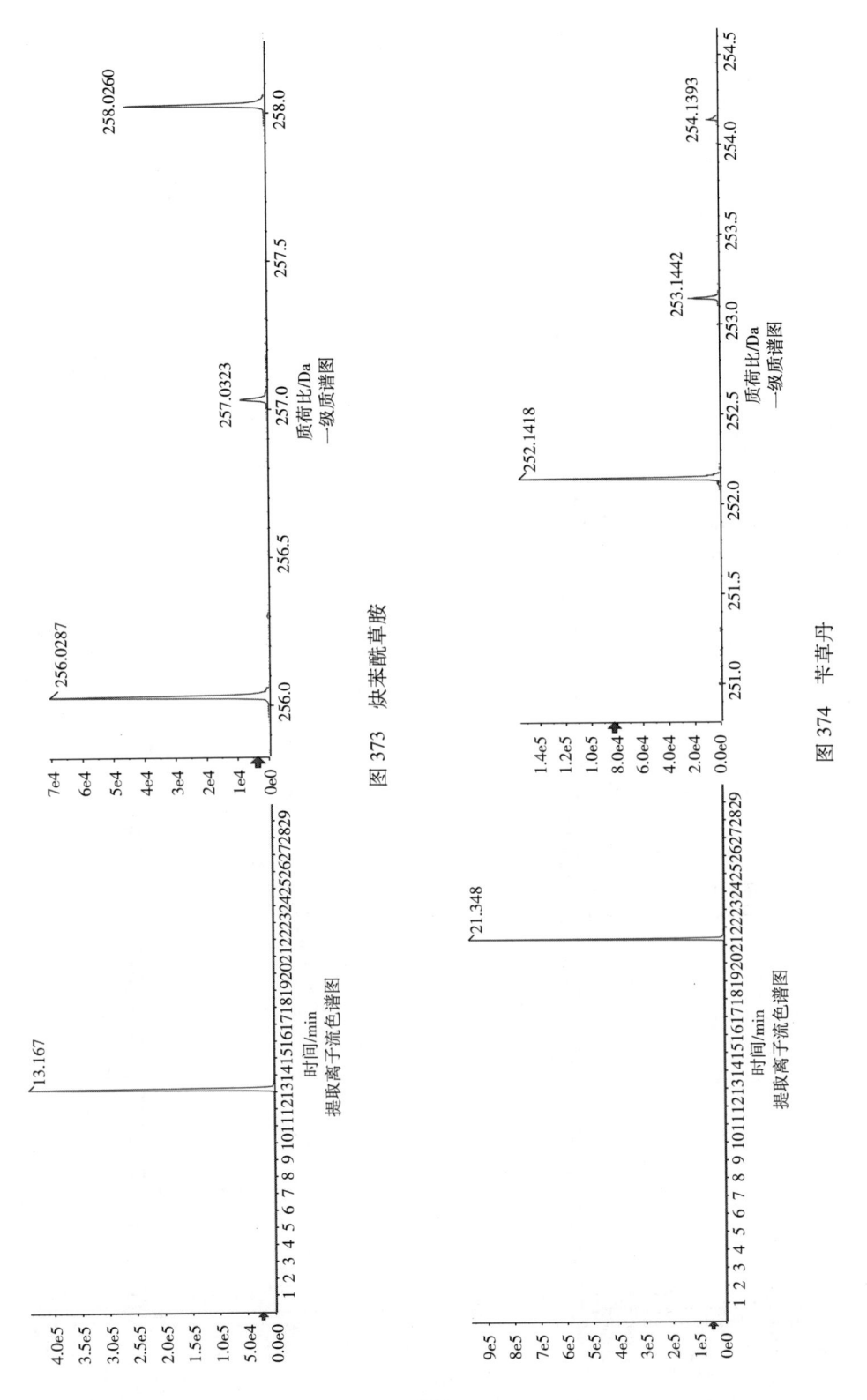

图 374　苄草丹

图 375 丙硫磷

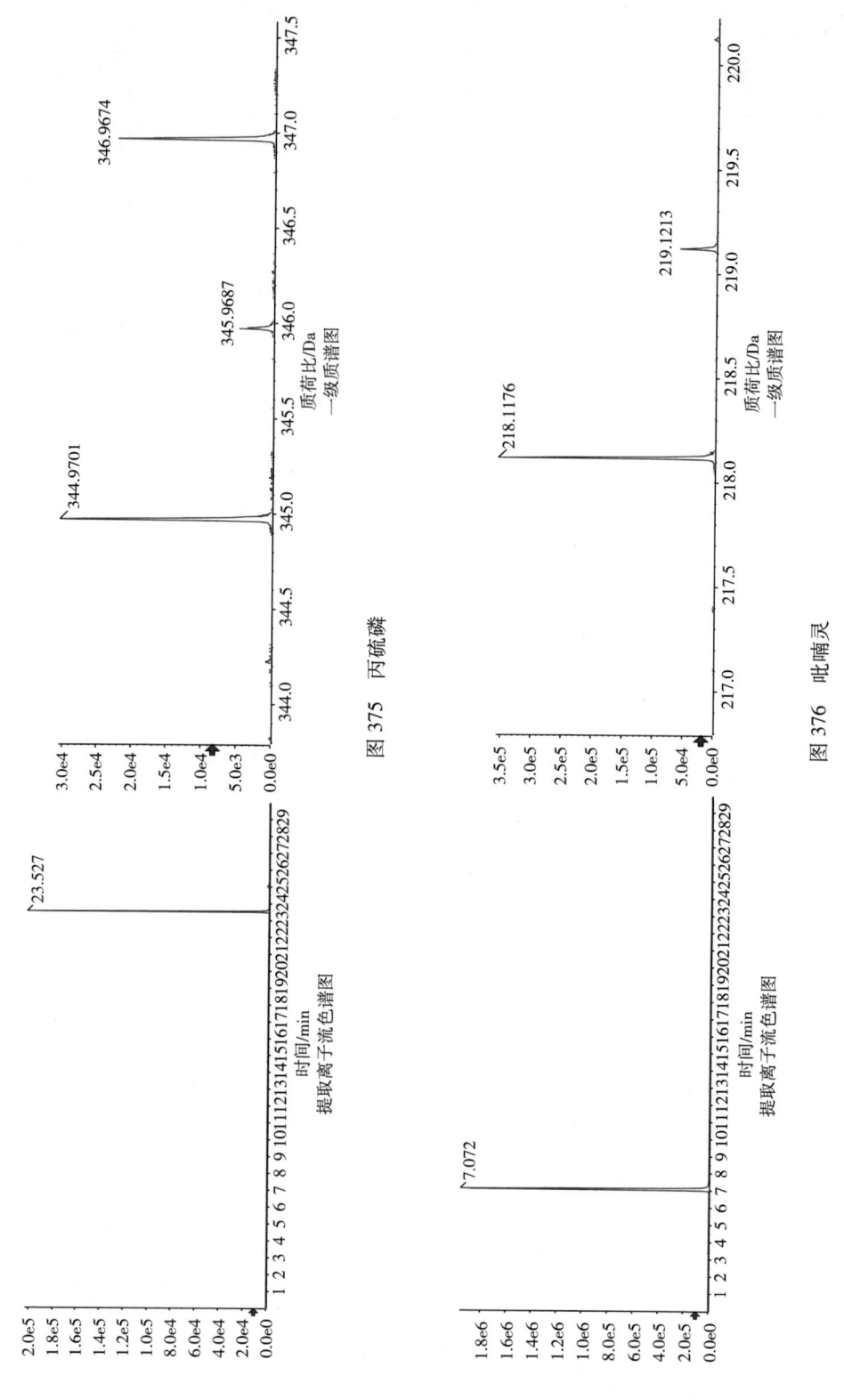

图 376 吡喃灵

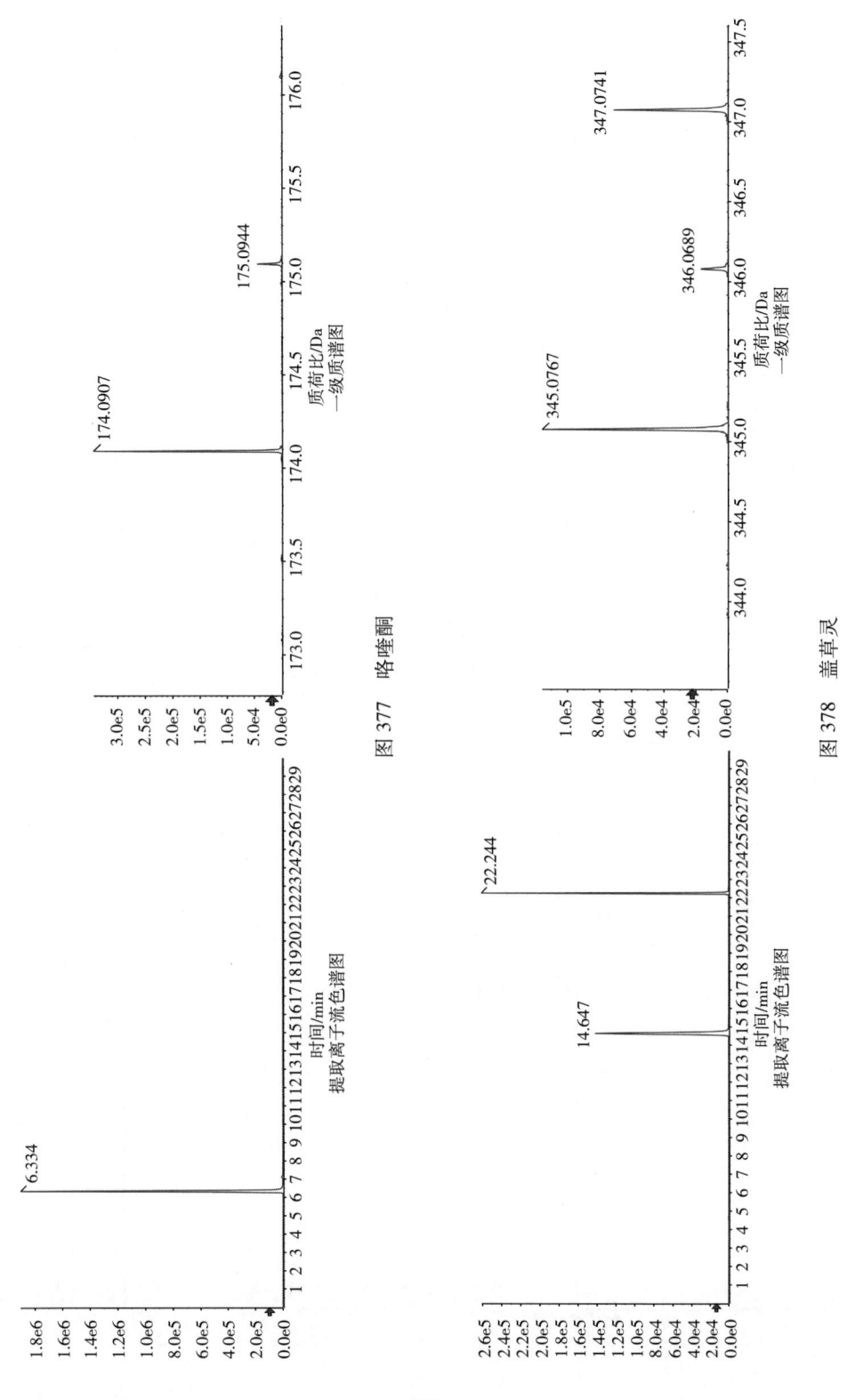

第五章　农药及其代谢物离子流图及一级质谱图

图 377　咯喹酮

图 378　盖草灵

图 379　喹禾灵

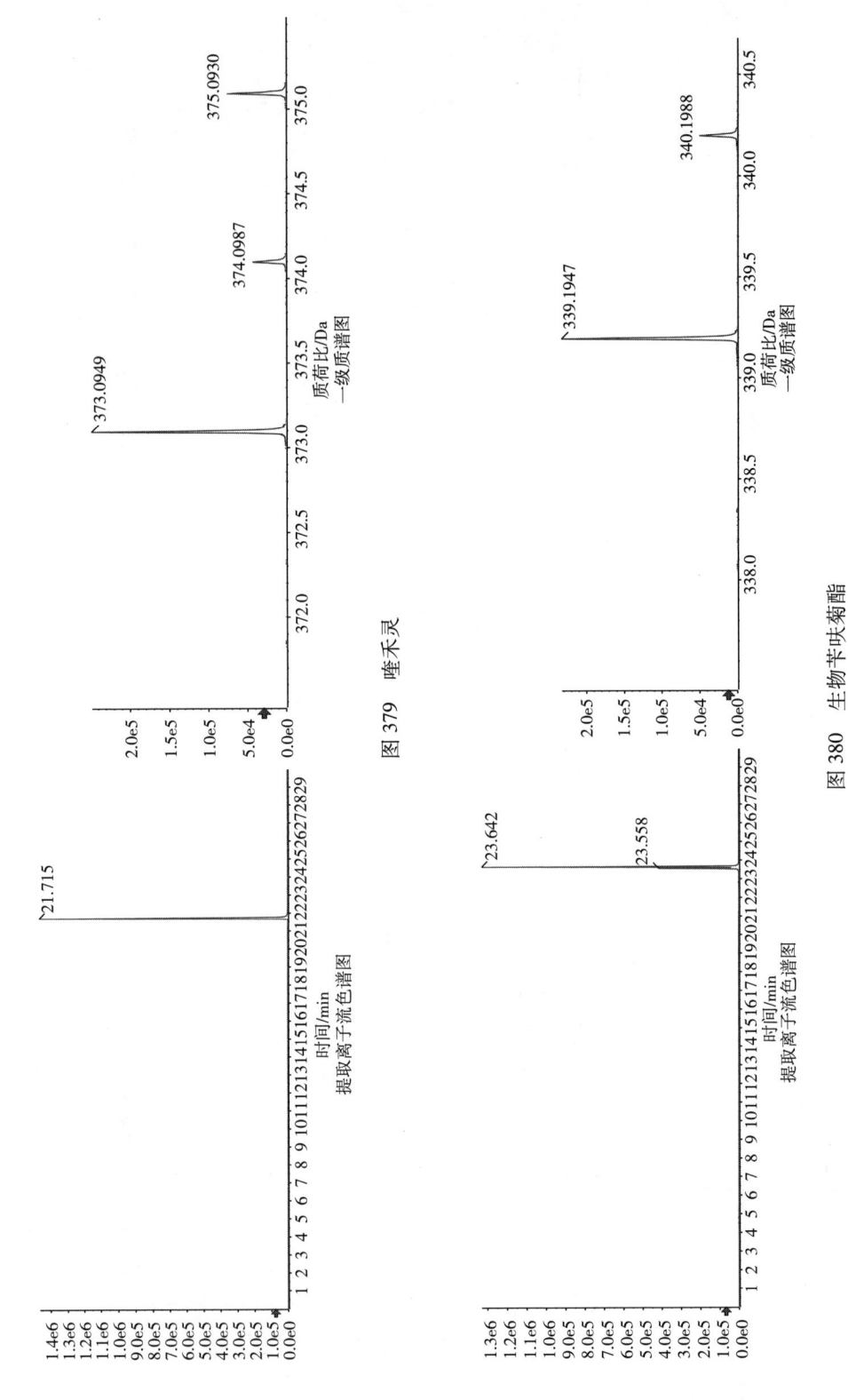

图 380　生物苄呋菊酯

图 381　螺螨酯

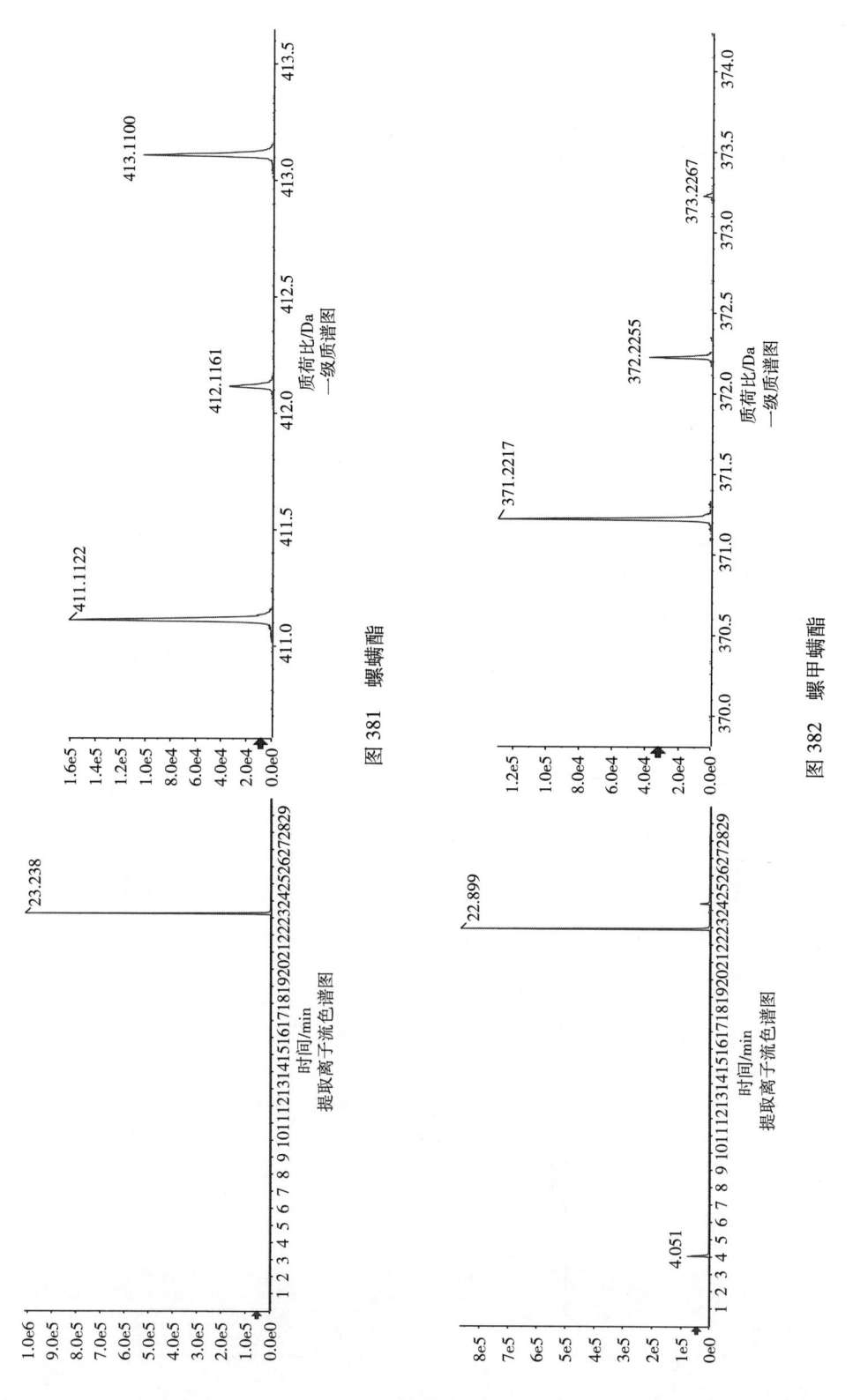

图 382　螺甲螨酯

豇豆中 405 种农药及其代谢物高通量非靶向筛查技术规程

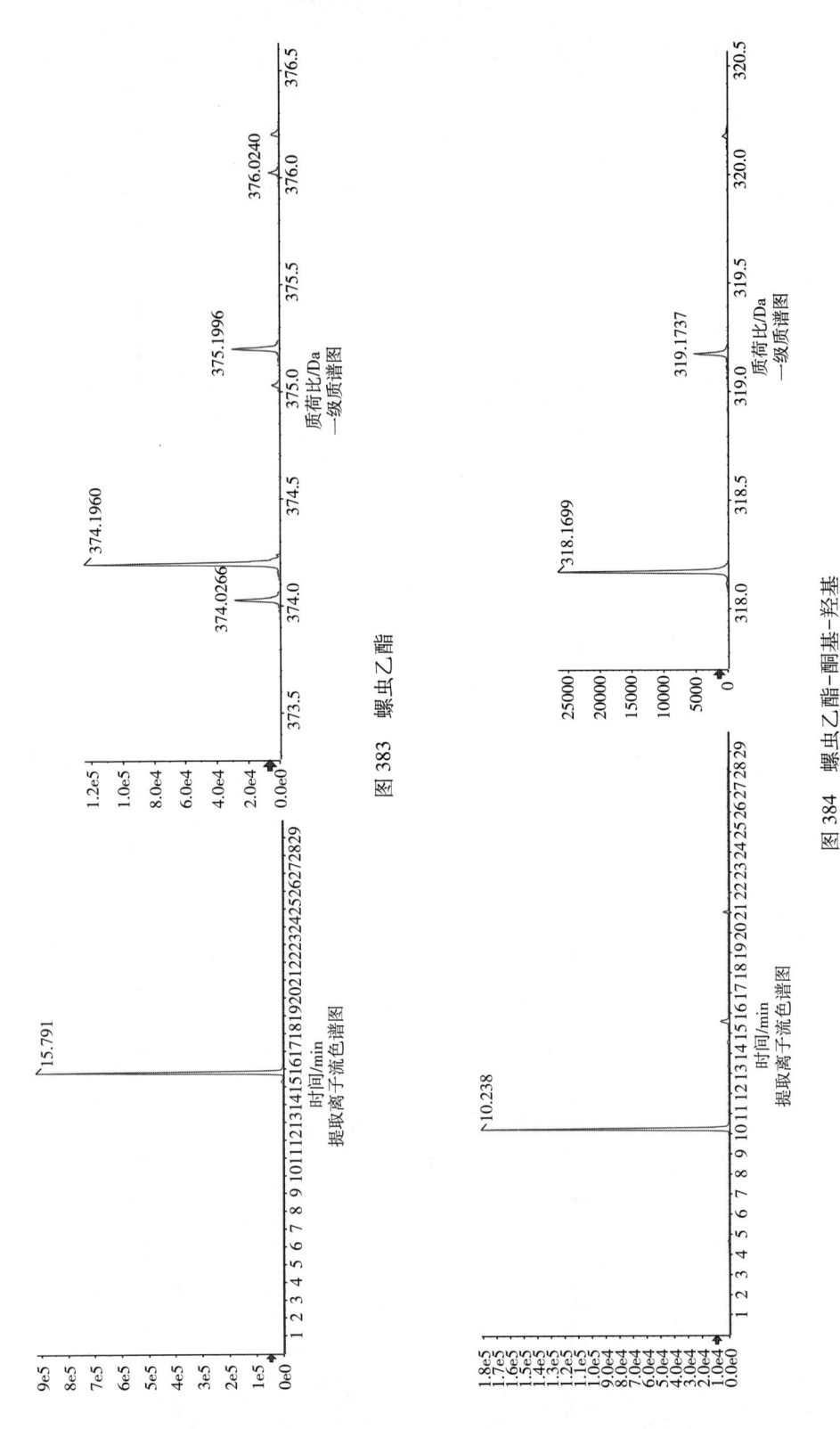

图 383 螺虫乙酯

图 384 螺虫乙酯-酮基-羟基

第五章　农药及其代谢物离子流图及一级质谱图

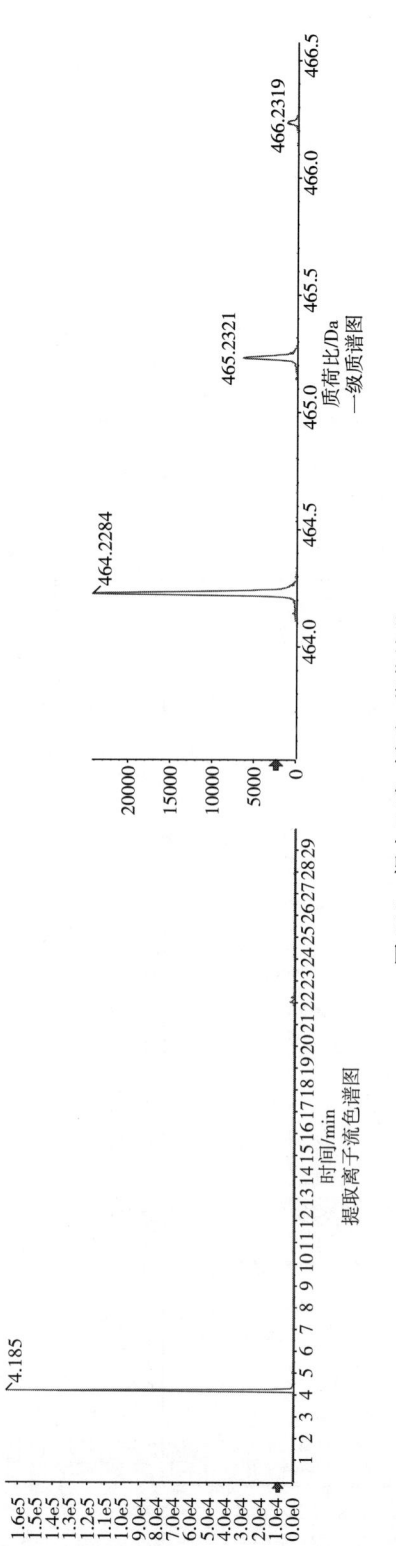

图385　螺虫乙酯-烯醇-葡糖苷

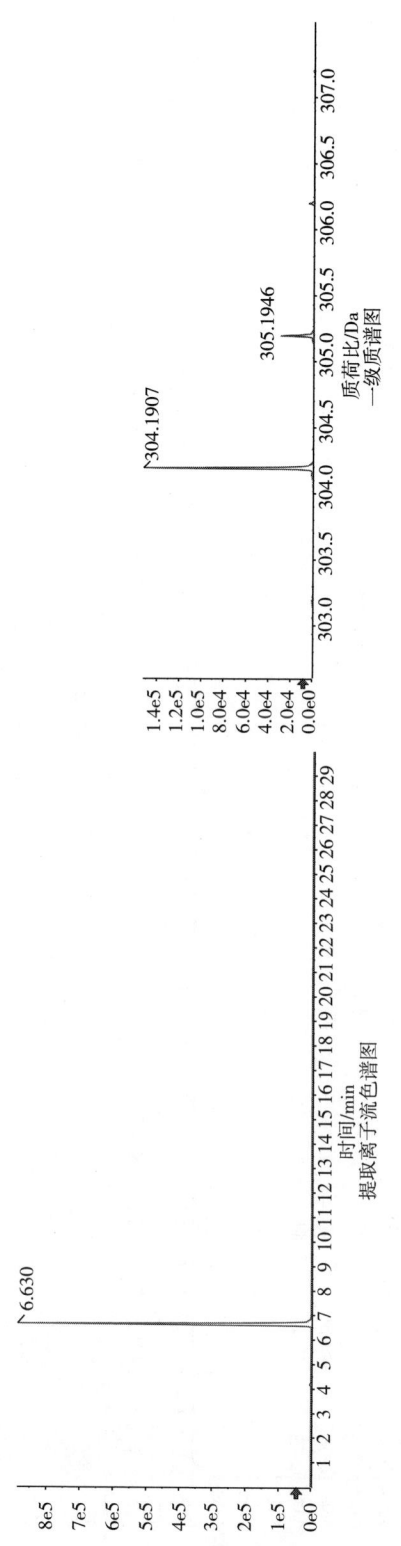

图386　螺虫乙酯-单-羟基

图 387　螺噁茂胺

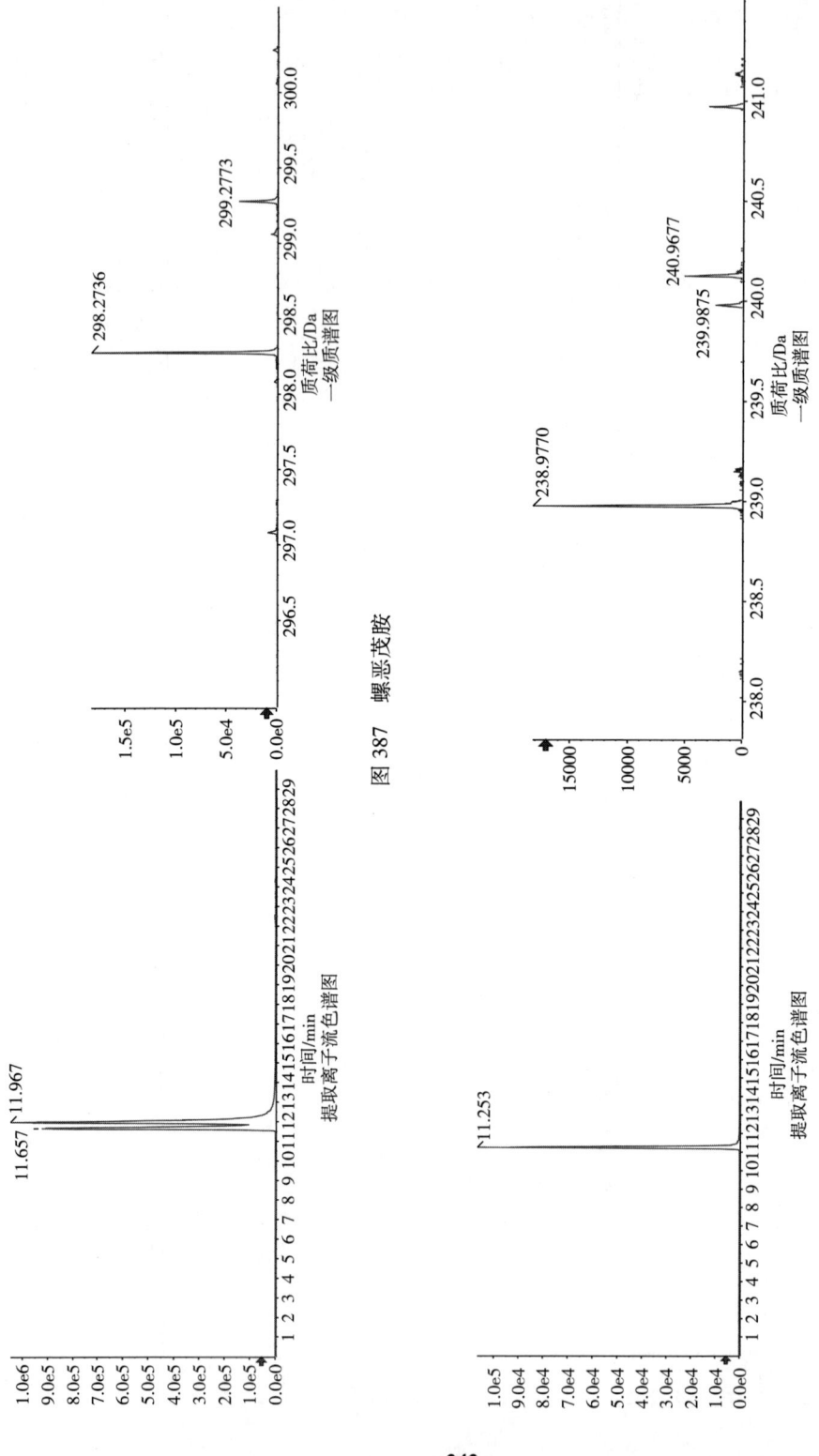

图 388　2-(硫氰酸甲基硫基)苯并噻唑

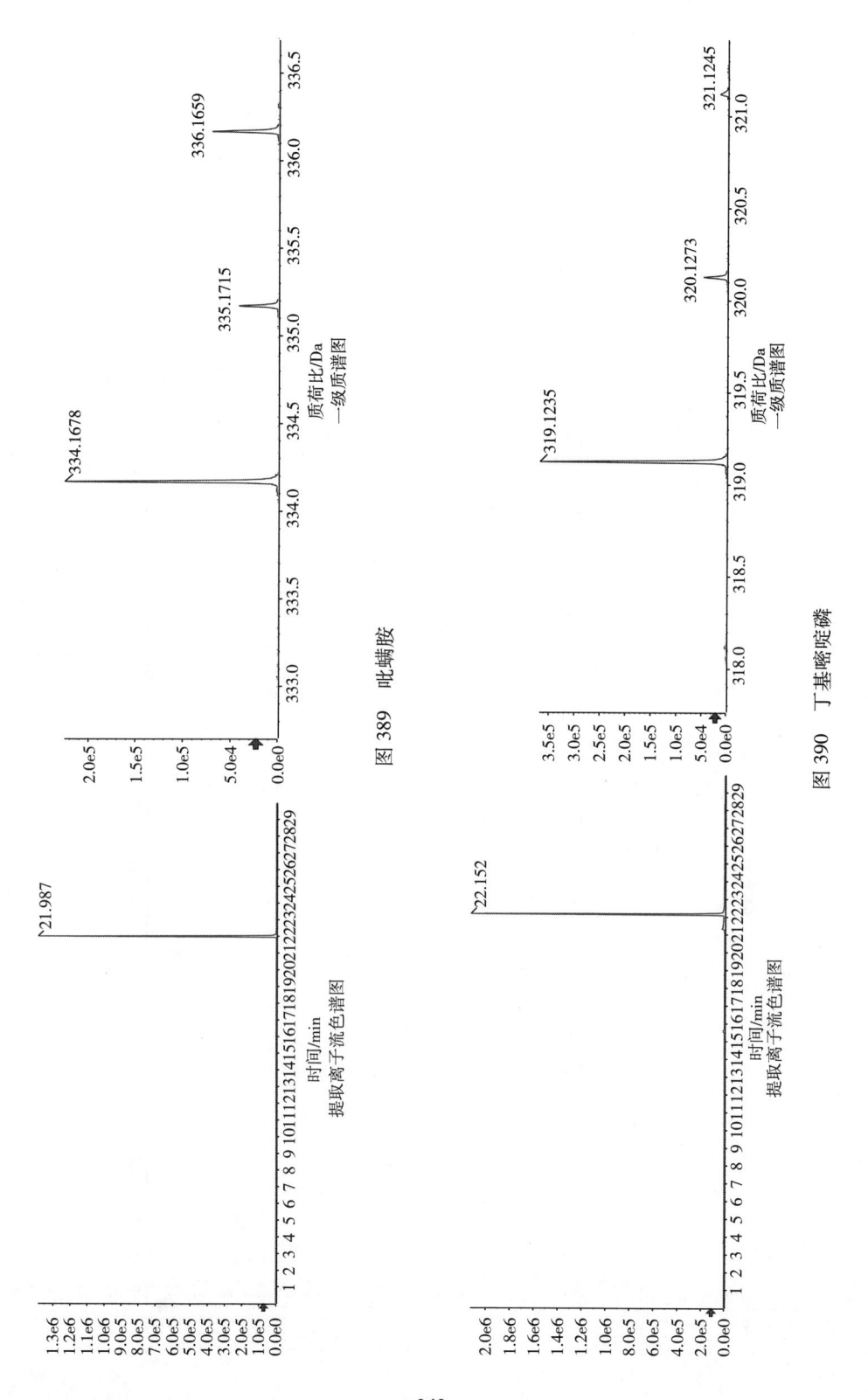

第五章 农药及其代谢物离子流图及一级质谱图

图 389 吡螨胺

图 390 丁基嘧啶磷

图 391　牧草胺

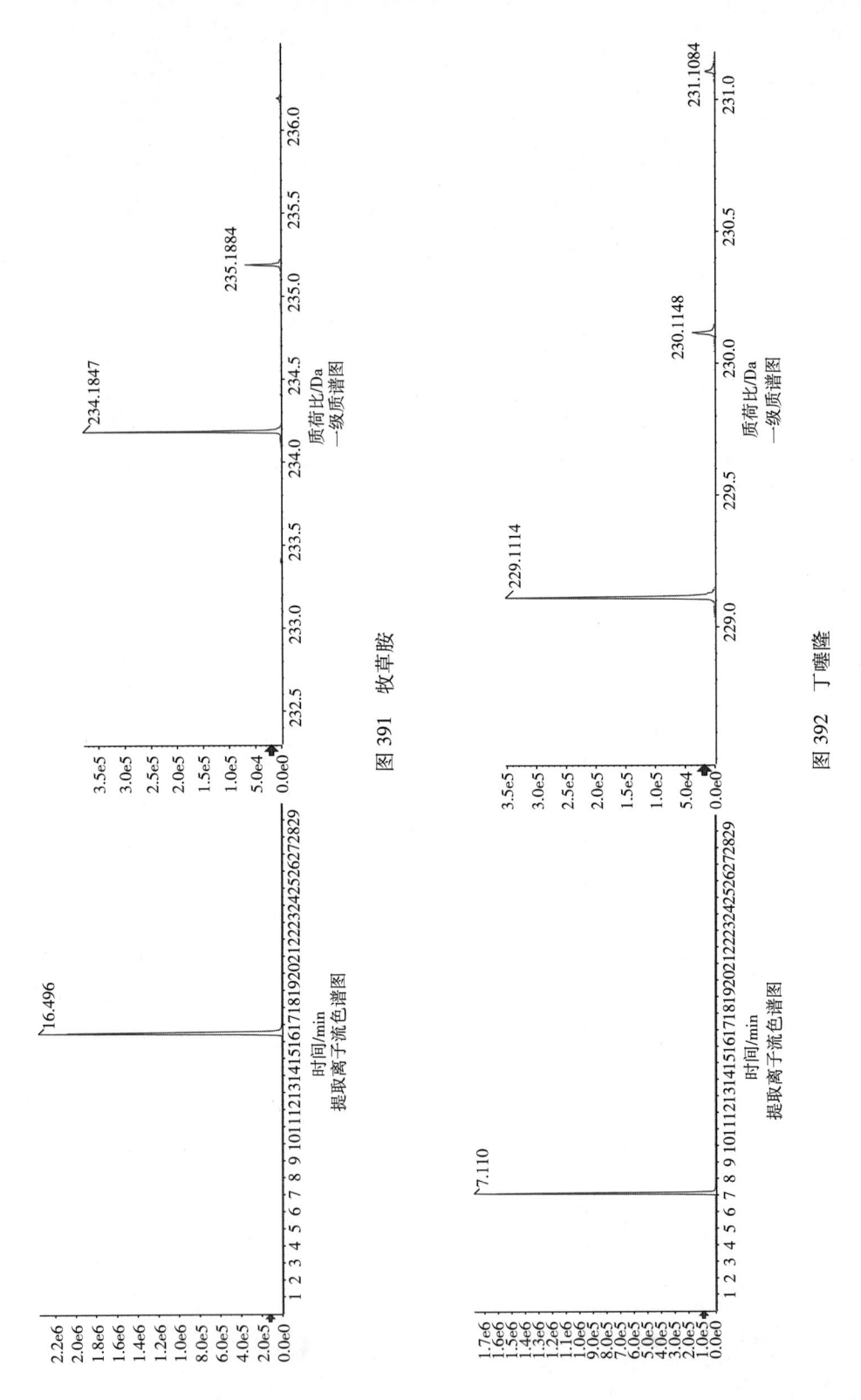

图 392　丁噻隆

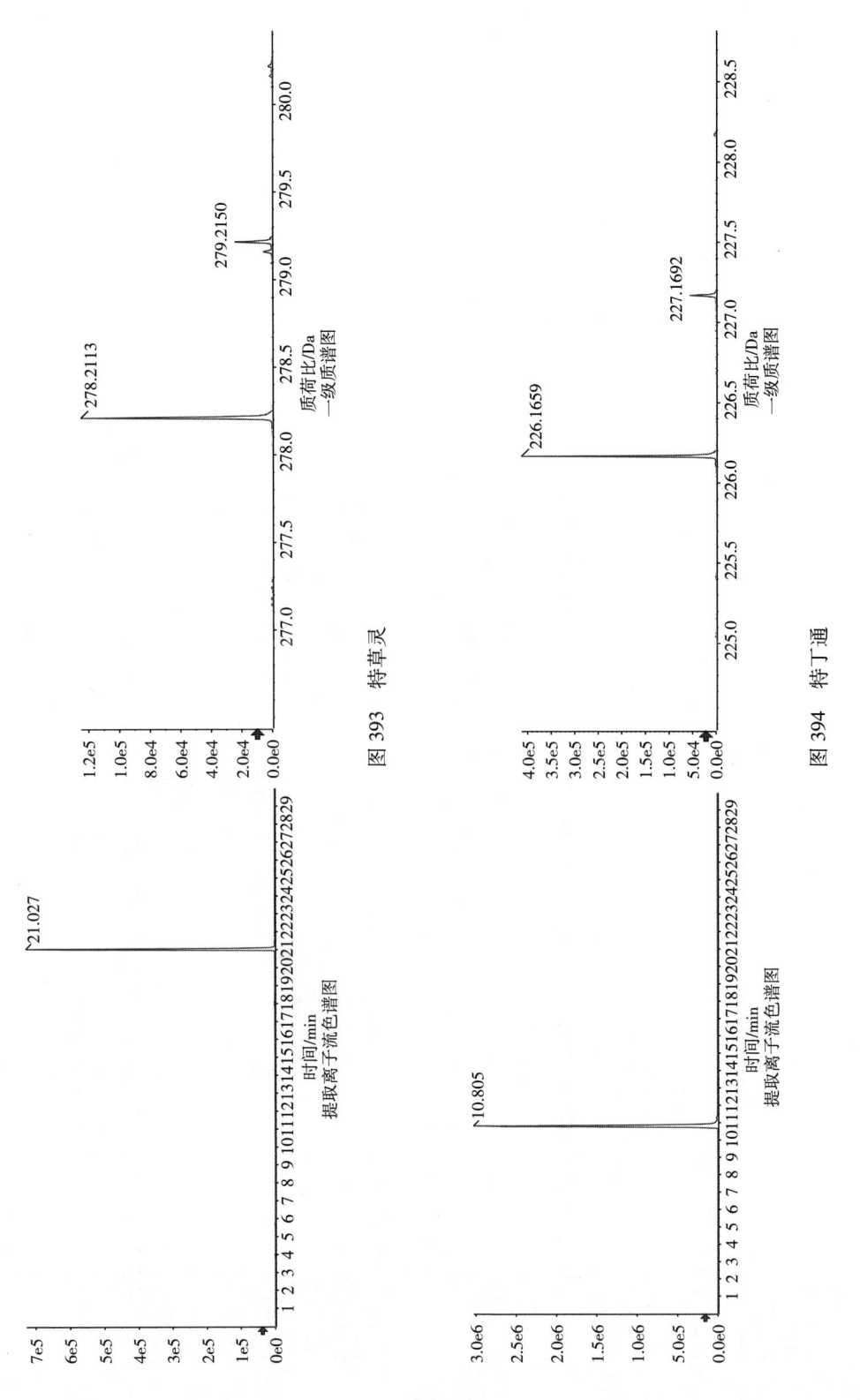

第五章　农药及其代谢物离子流图及一级质谱图

图 393　特草灵

图 394　特丁通

图 395　特丁津

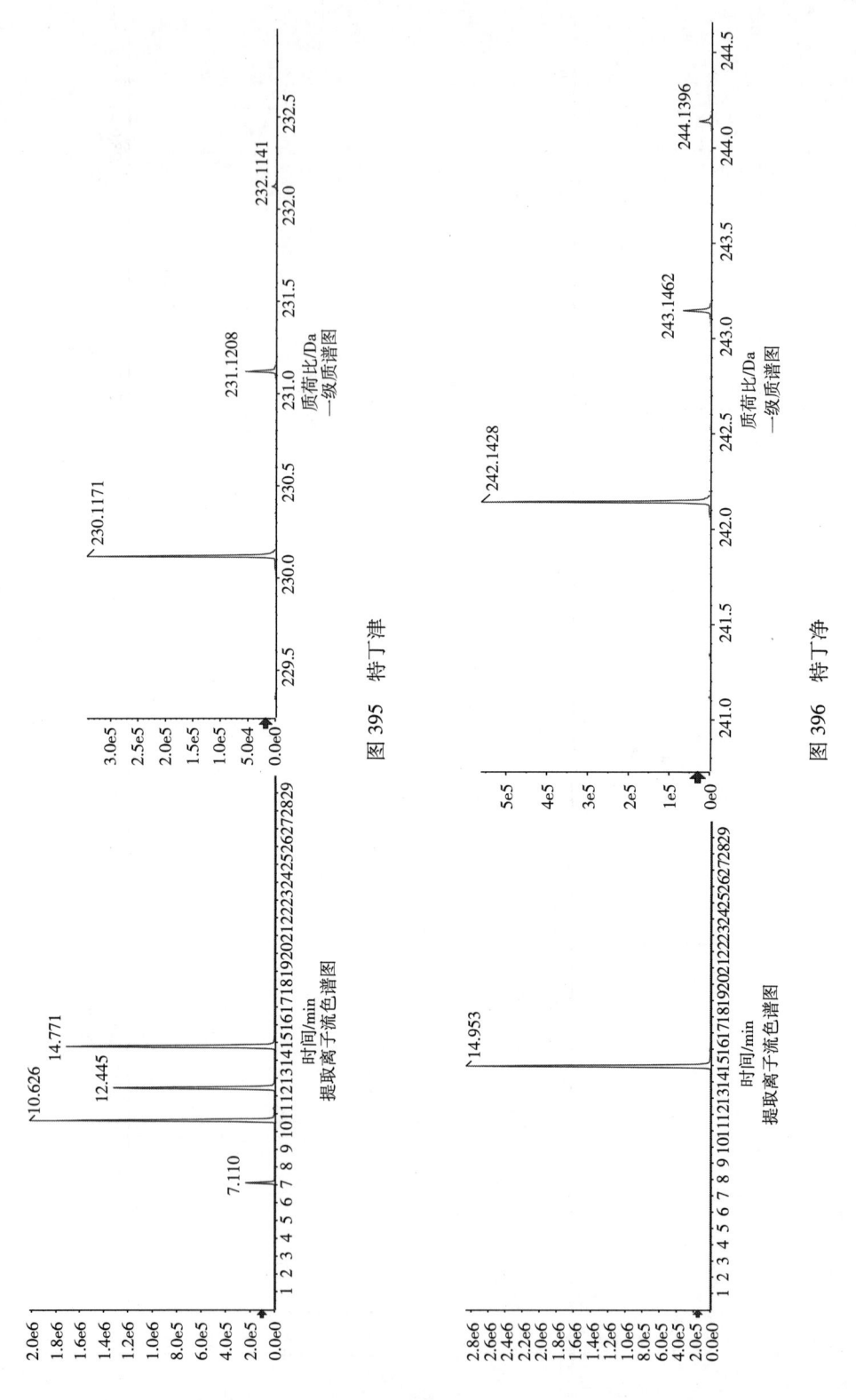

图 396　特丁净

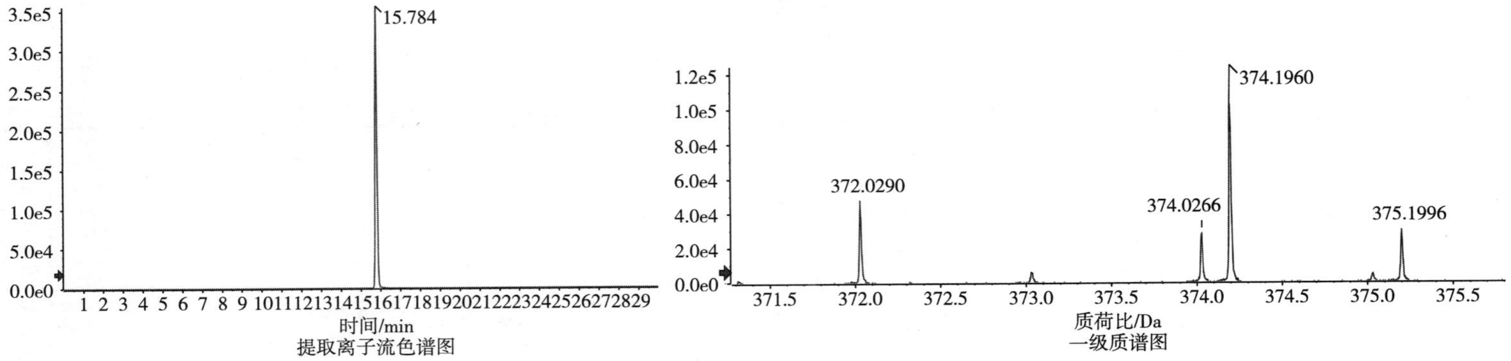

图 397　四氟醚唑

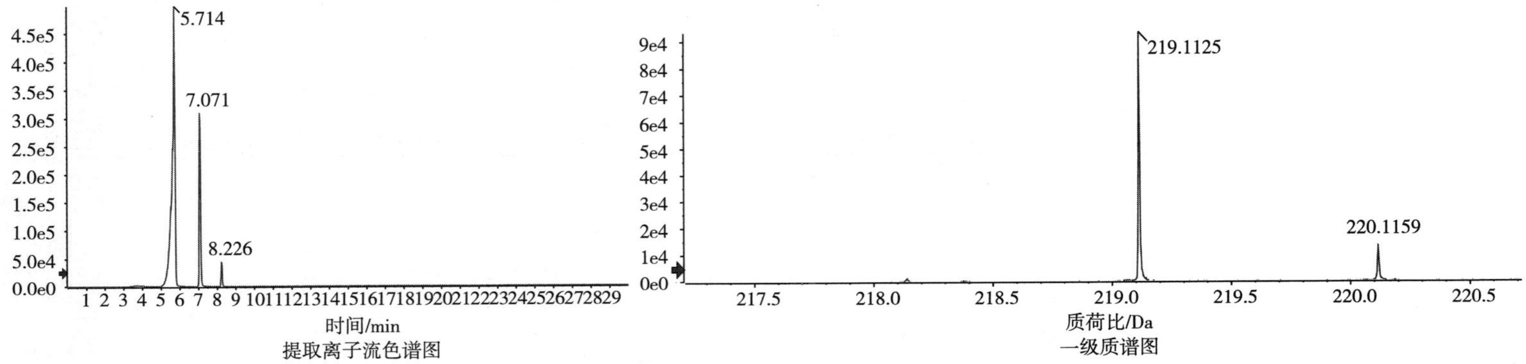

图 398　特氨叉威

图 399 肟菌酯

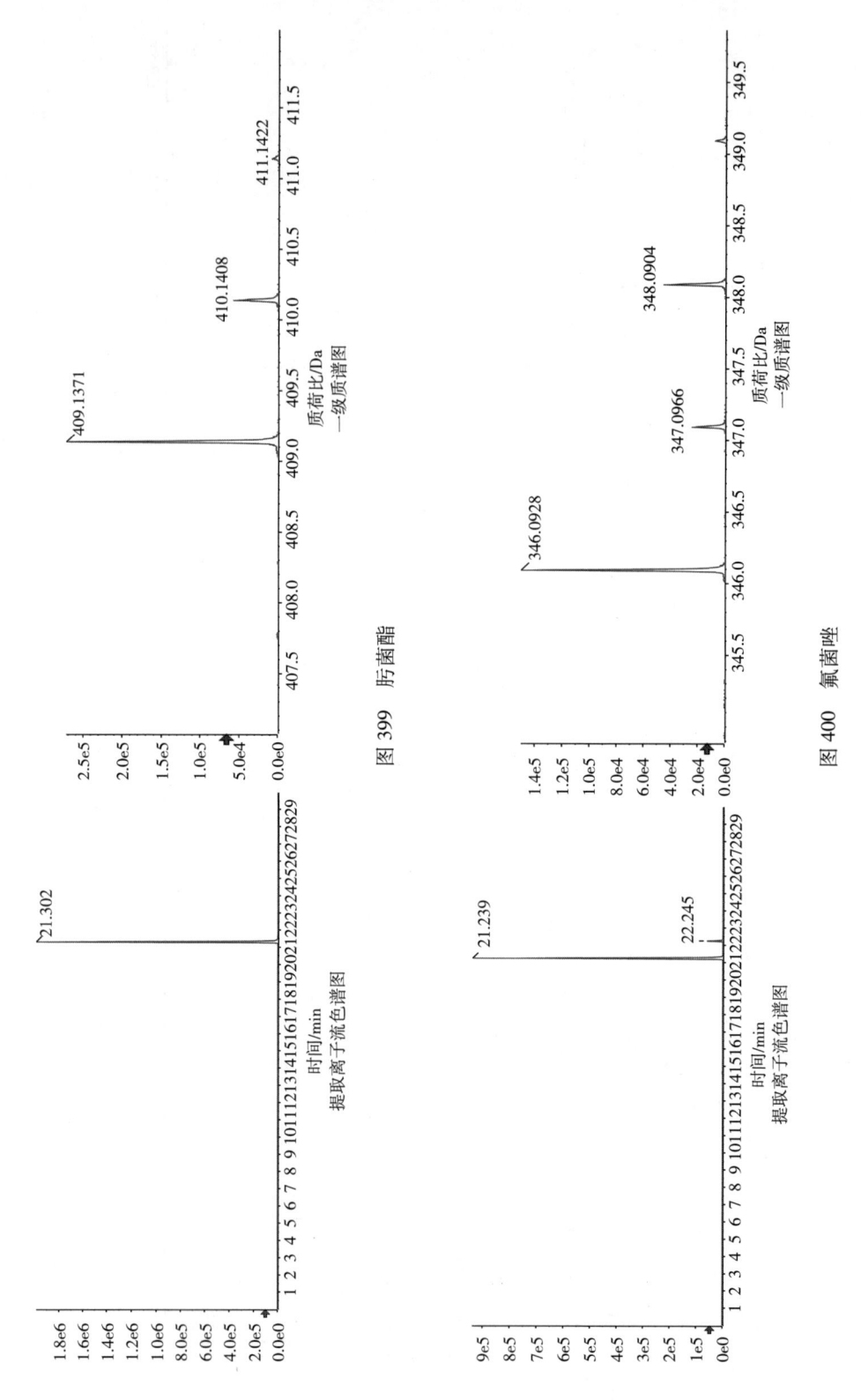

图 400 氟菌唑

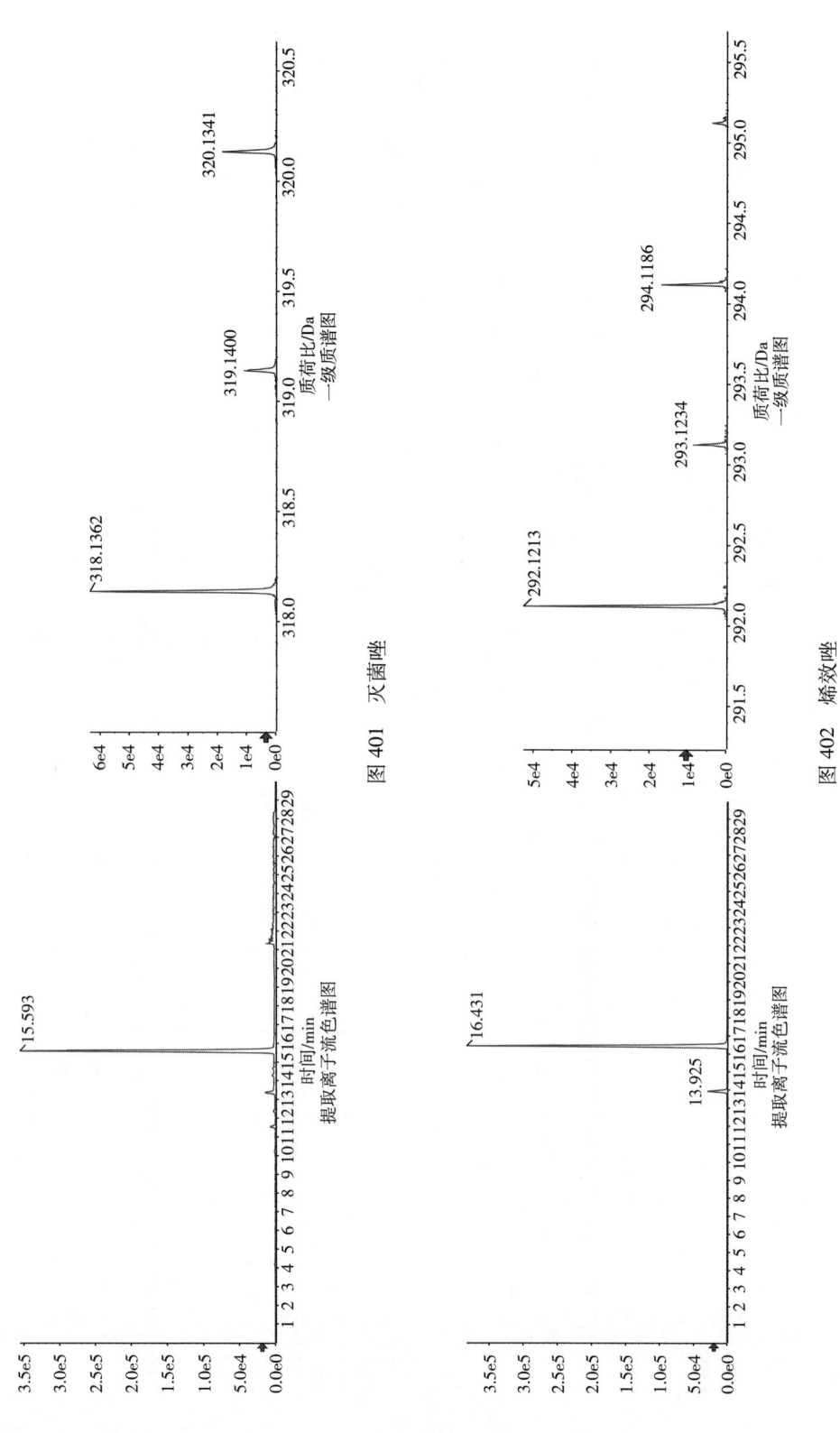

第五章　农药及其代谢物离子流图及一级质谱图

图 401　灭菌唑

图 402　烯效唑

图 403　灭草猛

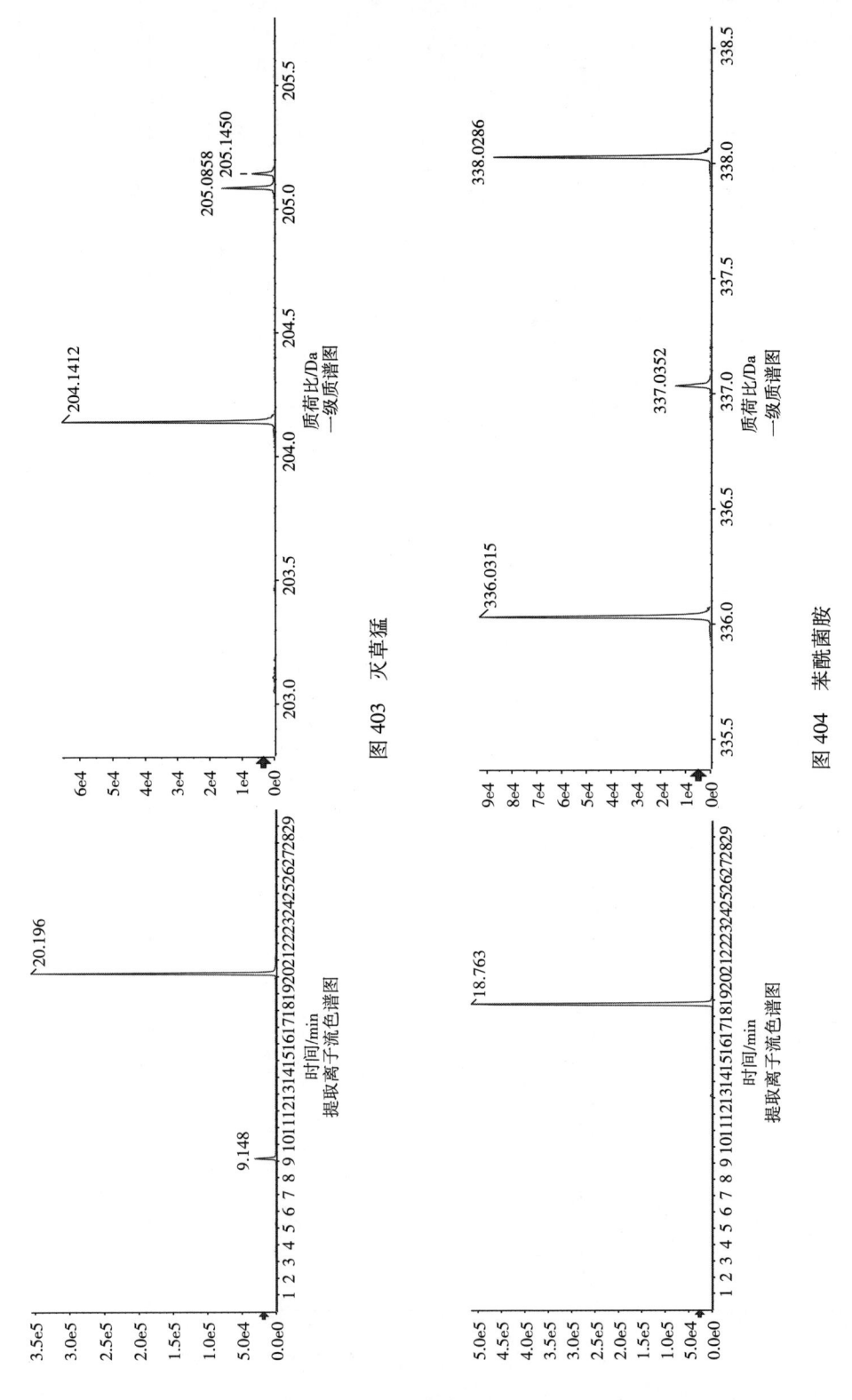

图 404　苯酰菌胺

图 405　吡咪唑

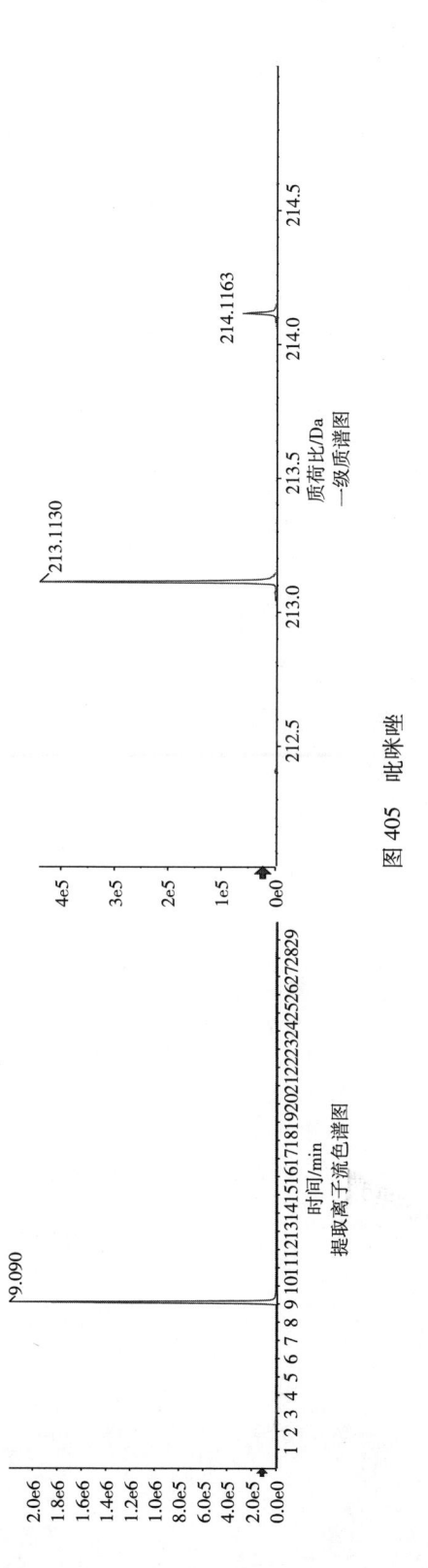